国家示范性高等院校核心课程教材

工程测量技术专业及专业群教材

GPS测量技术（第三版）

主　编　贺英魁

副主编　罗　强

重庆大学出版社

内容提要

本书是全国示范性高等职业院校建设教材,由重庆工程职业技术学院组织编写,是高职高专工程测量技术专业主干课程教材。全书共10个学习情境,学习情境1主要介绍了GPS的建立过程和组成概况;学习情境2介绍了坐标系统和时间系统;学习情境3介绍GPS卫星的星历和坐标计算;学习情境4介绍电磁波传播和GPS卫星的信号;学习情境5介绍GPS定位原理;学习情境6介绍GPS测量的误差分析;学习情境7介绍GPS控制网的设计、作业计划、观测和数据处理的方法及要求;学习情境8介绍GPS的应用领域;学习情境9介绍GPS工程项目实训的方法和要求;学习情境10介绍了GPS控制测量工程项目设计的方法和要求。全书融理论教学和实践技能训练于一体,重在能力培养,应用性强。

本书可作为高职高专院校工程测量技术专业及相关专业教材,也可作为成人教育GPS培训教材和从事GPS测量工作的技术人员学习GPS测量技术、提高GPS测量工作能力的参考书。

图书在版编目(CIP)数据

GPS测量技术/贺英魁主编.--3版.--重庆:重庆大学出版社,2019.2(2023.8重印)
工程测量技术专业及专业群教材
ISBN 978-7-5624-5279-9

Ⅰ.①G… Ⅱ.①贺… Ⅲ.①全球定位系统—测量技术—高等职业教育—教材 Ⅳ.①P228.4

中国版本图书馆CIP数据核字(2019)第021008号

GPS测量技术
(第三版)
主　编　贺英魁
副主编　罗　强
责任编辑:曾显跃　高鸿宽　　版式设计:曾显跃
责任校对:任卓惠　　责任印制:张　策
*
重庆大学出版社出版发行
出版人:陈晓阳
社址:重庆市沙坪坝区大学城西路21号
邮编:401331
电话:(023) 88617190　88617185(中小学)
传真:(023) 88617186　88617166
网址:http://www.cqup.com.cn
邮箱:fxk@cqup.com.cn(营销中心)
全国新华书店经销
重庆升光电力印务有限公司印刷
*
开本:787mm×1092mm　1/16　印张:17.25　字数:437千
2019年2月第3版　2023年8月第8次印刷
印数:10 501—12 000
ISBN 978-7-5624-5279-9　定价:49.00元

编写委员会

编委会主任 张亚杭

编委会副主任 李海燕

编委会委员 唐继红 黄福盛 吴再生 李天和 游普元 韩治华 陈光海 宁望辅 粟俊江 冯明伟 兰　玲 庞　成

本套系列教材是重庆工程职业技术学院国家示范高职院校专业建设的系列成果之一。根据《教育部 财政部关于实施国家示范性高等职业院校建设计划 加快高等职业教育改革与发展的意见》(教高[2006]14 号)和《教育部关于全面提高高等职业教育教学质量的若干意见》(教高[2006]16 号)文件精神,重庆工程职业技术学院以专业建设大力推进"校企合作、工学结合"的人才培养模式改革,在重构以能力为本位的课程体系的基础上,配套建设了重点建设专业和专业群的系列教材。

本套系列教材主要包括重庆工程职业技术学院五个重点建设专业及专业群的核心课程教材,涵盖了煤矿开采技术、工程测量技术、机电一体化技术、建筑工程技术和计算机网络技术专业及专业群的最新改革成果。系列教材的主要特色是:与行业企业密切合作,制定了突出专业职业能力培养的课程标准,课程教材反映了行业新规范、新方法和新工艺;教材的编写打破了传统的学科体系教材编写模式,以工作过程为导向系统设计课程的内容,融"教、学、做"为一体,体现了高职教育"工学结合"的特色,对高职院校专业课程改革进行了有益尝试。

我们希望这套系列教材的出版,能够推动高职院校的课程改革,为高职专业建设工作作出我们的贡献。

重庆工程职业技术学院示范建设教材编写委员会
2009 年 10 月

前言

20世纪70年代，由美国国防部建立的GPS全球定位系统，与传统的测量技术相比较，具有用途广、精度高、速度快、站间无须通视、操作简便、全天候作业、可提供三维坐标等特点。因此，当GPS建成后，很快在全世界得到了非常广泛的应用。在工程测量领域，除地下工程测量以外的其他各种工程测量的传统测量技术，正在逐渐被GPS测量技术取代。其中，以GPS静态相对定位方法为手段的地面控制测量和以实时载波相位差分（RTK）定位方法为手段的施工测量、地形测量以及地籍测量等GPS测量技术的应用尤为广泛。因此，自20世纪90年代以来，我国各高校的测绘专业逐渐开设了GPS测量技术课程，并作为主干课程之一。

在习近平新时代中国特色社会主义思想指导下，落实“新工科”建设要求，为了提高高职工程测量技术专业学生的动手能力，满足测绘行业对生产第一线高技能技术人才的需要，我们决定对GPS测量技术这门课程，采用“项目导向”和“基于工作过程”相结合的人才培养模式。为此，我们根据测绘工程项目和企业生产流程，在GPS测量技术课程中，为加强学生动手能力的培养，编写这本理论教学与实践环节训练融为一体的一体化教材。

本书编写分工：重庆工程职业技术学院贺英魁编写学习情境1、2、7和附录，重庆工程职业技术学院罗强编写学习情境4、6、8、9，重庆工程职业技术学院李玲编写学习情境3、5、10。全书由贺英魁任主编并定稿。

因作者水平有限，书中不足之处再所难免，恳请广大读者批评指正。

编　者

2018年12月

目录

学习情境 1　GPS 测量概论 ······ 1
子情境 1　GPS 的组成概况 ······ 1
子情境 2　美国政府的限制性政策 ······ 7
子情境 3　GPS 的重大发展 ······ 7
子情境 4　其他卫星定位系统 ······ 9
知识技能训练 ······ 10

学习情境 2　GPS 定位的坐标系统与时间系统 ······ 11
子情境 1　坐标系统的类型 ······ 11
子情境 2　天球坐标系 ······ 12
子情境 3　协议地球坐标系 ······ 16
子情境 4　大地测量基准及其转换 ······ 21
子情境 5　时间系统 ······ 27
知识技能训练 ······ 29

学习情境 3　卫星运动与 GPS 卫星的坐标计算 ······ 31
子情境 1　卫星的无摄运动 ······ 31
子情境 2　卫星的受摄运动 ······ 38
子情境 3　GPS 卫星的星历 ······ 40
子情境 4　GPS 卫星的坐标计算 ······ 42
知识技能训练 ······ 45

学习情境 4　电磁波的传播与 GPS 卫星的信号 ······ 46
子情境 1　电磁波传播的基本概念 ······ 47
子情境 2　大气层对电磁波传播的影响 ······ 49
子情境 3　GPS 卫星的测距码信号 ······ 59
子情境 4　GPS 卫星的导航电文 ······ 70
知识技能训练 ······ 74

学习情境 5　GPS 定位原理 …… 75
子情境 1　GPS 定位的方法与观测量 …… 75
子情境 2　观测方程及其线性化 …… 81
子情境 3　动态绝对定位原理 …… 82
子情境 4　静态绝对定位原理 …… 85
子情境 5　相对定位原理 …… 88
子情境 6　差分定位 …… 98
子情境 7　GPS 测速与测时简介 …… 125
知识技能训练 …… 128

学习情境 6　GPS 误差分析 …… 129
子情境 1　GPS 定位的误差分类 …… 129
子情境 2　与卫星有关的误差 …… 130
子情境 3　卫星信号的传播误差 …… 132
子情境 4　与接收设备有关的误差 …… 135
子情境 5　其他误差影响 …… 137
子情境 6　观测卫星的几何分布对绝对定位精度的影响 …… 139
知识技能训练 …… 142

学习情境 7　GPS 施测与数据处理 …… 143
子情境 1　GPS 网的技术设计 …… 143
子情境 2　GPS 网的选点与标石埋设 …… 159
子情境 3　静态 GPS 接收机 …… 160
子情境 4　外业观测工作 …… 172
子情境 5　GPS 测量的数据处理 …… 180
子情境 6　数据处理软件 …… 197
知识技能训练 …… 224

学习情境 8　GPS 测量技术的应用 …… 226
子情境 1　GPS 在大地测量及控制测量中的应用 …… 226
子情境 2　GPS 在工程测量中的应用 …… 231
子情境 3　GPS 在变形监测中的应用 …… 235
子情境 4　GPS 在地形测量中的应用 …… 239
子情境 5　GPS 在其他方面的应用 …… 240
知识技能训练 …… 245

学习情境 9　GPS 控制测量工程项目实训 ………………… 246

学习情境 10　GPS 控制测量工程项目设计 ………………… 249

附　录 …………………………………………………… 257
附录 1　年积日计算表 ……………………………………… 257
附录 2　GPS 点之记 ………………………………………… 258
附录 3　GPS 点环视图 ……………………………………… 260
附录 4　GPS 点标石类型与埋设要求 ……………………… 261
附录 5　GPS 外业观测手簿 ………………………………… 263

参考文献 ………………………………………………… 264

学习情境 1

GPS 测量概论

教学内容

GPS 的组成概况、GPS 定位的基本原理、美国政府的限制性政策、GPS 的应用领域等，重点是 GPS 的组成和 GPS 定位的基本原理。

知识目标

通过学习，学生能够了解 GPS 卫星的轨道分布，能使用 GPS 数据处理软件和历书数据识别观测卫星。初步了解 GPS 定位的基本原理和美国的限制性政策，了解 GPS 测量技术的应用领域。

子情境 1　GPS 的组成概况

一、GPS 的建立

1. 子午卫星导航系统简介

航海早先的导航是利用罗盘、灯塔等仪表或设施，结合天文现象进行的。20 世纪 20 年代，无线电信标问世，开创了陆基无线电导航的新纪元。但这种陆基无线电导航系统覆盖区域小，定位精度低(3.7 ~7.4 km)，难以适应现代航海的导航定位需要。

1957 年 10 月 4 日，苏联成功地发射了世界上第一颗人造地球卫星，使人类的活动范围延伸到了地球大气层以外。这颗卫星入轨运行后不久，美国霍普金斯大学应用物理实验室的韦芬巴赫(G. C. Weiffenbach)等学者，在地面已知坐标点位上，用自行研制的测量设备，捕获和跟踪到了苏联卫星发送的无线电信号，并测得它的多普勒频移，进而解算出卫星轨道参数。依据这项实验成果，该实验室的麦克雷(F. T. Meclure)等学者设想，若已知卫星轨道参数并测得卫星发送信号的多普勒频移，则可解算出地面点的坐标。这就是第一代卫星导航系统的基本工作原理。

1958 年 12 月,美国海军为了满足军用舰艇导航的需要,与霍普金斯大学应用物理实验室合作,开始研制卫星导航系统。因为这些卫星沿地球子午线运行,故称为子午卫星导航系统(TRANSIT)。1959 年 9 月开始发射试验性子午卫星,1963 年 12 月开始发射子午工作卫星并逐步形成由 6 颗工作卫星组成的子午卫星星座。从此揭开了星基无线电导航的历史新篇章。1967 年 7 月 29 日,美国政府宣布解密子午卫星所发送的导航电文的部分内容供民用。从此,大地测量由天文测量和三角测量时代进入到卫星大地测量时代。

利用卫星多普勒导航定位技术进行大地测量,与传统的三角测量相比较,具有"全球性"的特点。"千岛之国"的印度尼西亚,用常规的大地测量技术无法建立全国统一的大地测量控制网。但利用卫星多普勒定位技术在"千岛"之上共测设了 200 多个大地测量控制点,建成了全国统一的大地测量控制网。我国利用卫星多普勒定位技术实现了西沙群岛、南极长城站与大陆的连测。

苏联在美国的压力下,于 1965 年建立了类似的子午卫星导航系统,称为 CICADA。

子午卫星导航系统虽将导航和定位技术推向了一个新的发展时代,但相对于美国的军事需要而言,还有明显不足。其一是卫星少,不能连续导航定位。子午卫星导航系统一般有 5 ~ 6 颗工作卫星,在低纬度地区,地面上一点所见到的两次子午卫星通过的时间间隔约为 1.5 h,而子午卫星通过用户上空的持续时间为 10 ~ 18 min,故不能连续定位。就大地测量而言,测站点上的观测时间长达 1 ~ 2 天,才能达到 0.5 m 的定位精度。其二是轨道低,难以精密定轨。子午卫星平均飞行高度仅 1 070 km,地球引力场模型误差及空气阻力等因素影响导致卫星定轨误差较大。而卫星多普勒定位是以卫星作为动态已知点进行的,致使定位精度局限在 m 级水平。其三是载波频率低,难以补偿电离层的影响。

为了突破子午卫星导航系统的应用局限性,满足美国军事部门对连续、实时、精密、三维导航和武器制导的需要,第二代卫星导航系统——GPS 全球定位系统便应运而生。

2. GPS 全球定位系统的建立

1973 年,美国国防部组织海陆空三军联合研究建立新一代卫星导航系统,称为全球定位系统(Global Positioning System,简称 GPS)。其建立过程到目前为止经历了以下 4 个阶段:

1973—1979 年为概念构思分析测试阶段。这一阶段是指出 GPS 构成方案并验证其可行性。在此期间,美国发射了两颗概念验证卫星用于验证 GPS 原理可行性。另外,还发射了一颗组网试验卫星,研制了 3 种类型的 GPS 接收机,建立了一处卫星地面控制设施并完成了大量的测试项目。

1980—1989 年为系统建设阶段。这一阶段完成的主要工作是发射了 11 颗组网试验卫星 Block Ⅱ(其中一颗发射失败)和 1 颗工作卫星 Block ⅡA,进一步完善了地面监控系统,发展了 GPS 接收机。1984 年测量领域成为第一个 GPS 商用用户领域。

1990—1999 年为系统建成并进入完全运作能力阶段。此间发射了多颗 Block Ⅱ和 Block ⅡA 卫星,1993 年实现 24 颗在轨卫星满星座运行,满足民用的标准定位服务(100 m)的要求,1995 年实现了精密定位服务(10 m)。

2000—2030 年为 GPS 现代化更新阶段。1996 年美国由国防部和交通部组成了联合管理 GPS 事务局(IGEB),在 IGEB 的主持下,于 1997—1998 年期间讨论了增加 GPS 民用信号,从而改进民用 GPS 状况,并与空军已经开始的计划相结合,形成了更新 GPS 运行要求的文献,并于1999年1月由美国副总统戈尔以“GPS现代化”的名称发布通告，其具体实施是以2000年5月1日取消SA政策为标志。

二、GPS组成概况

GPS由空间卫星星座、地面监控系统和用户设备3部分组成。

1. 空间卫星星座

GPS空间卫星星座在1993年建成时由24颗卫星组成，目前有30颗工作卫星。这些卫星分布在6个轨道面上，如图1-1所示。这样分布的目的是为了保证在地球的任何地方可同时见到4～12颗卫星，从而使地球表面任何地点、任何时刻均能实现三维定位、测速和测时。GPS卫星星座的主要特征见表1-1所示。

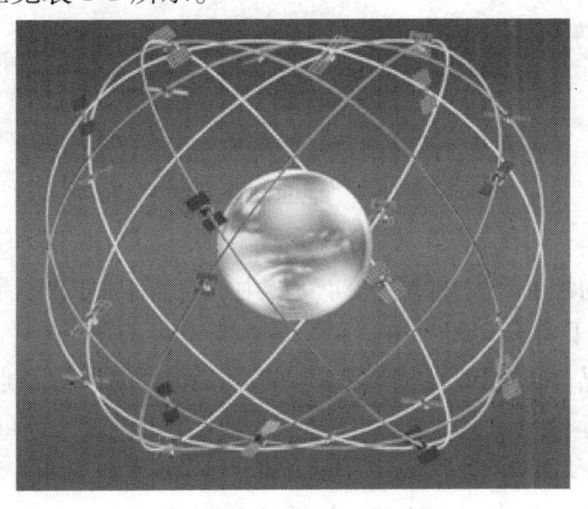

图1-1 GPS卫星星座

表1-1 GPS卫星星座的主要特征

载波频率/GHz	1.227 60、1.575 42
卫星平均高度/km	20 200
卫星运行周期/min	718
轨道面倾角/(°)	55
轨道数	6

GPS卫星外观如图1-2所示。每颗卫星装有4台高精度原子钟，是卫星的核心设备。

GPS卫星的功能如下：

①接收和存储由地面监控站发来的导航信息，接收并执行监控站的控制指令。

②进行部分必要的数据处理。

③提供精密的时间标准。

④向用户发送定位信息。

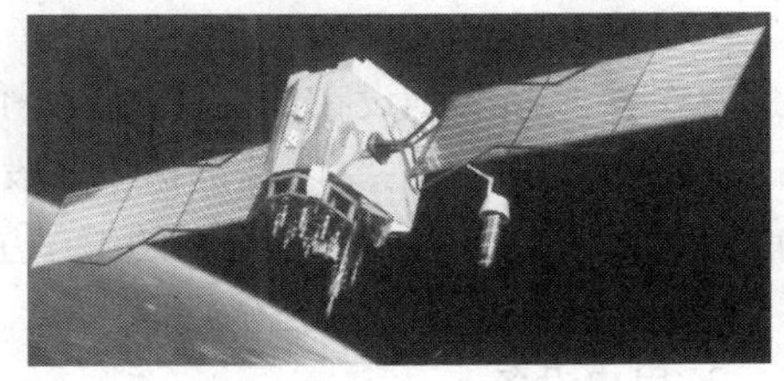

图1-2 Block Ⅱ卫星

2. 地面监控系统

为了监测 GPS 卫星的工作状态和测定 GPS 卫星运行轨道，为用户提供 GPS 卫星星历，必须建立 GPS 的地面监控系统。它由 5 个监测站、1 个主控站和 3 个注入站组成，如图 1-3 所示。

图 1-3　地面监控系统

(1) 监测站

监测站是在主控站的控制下的数据自动采集中心。站内设有双频 GPS 接收机、高精度原子钟、计算机各一台和若干台环境数据传感器。接收机对 GPS 卫星进行连续观测，以采集数据和监测卫星的工作状况。原子钟提供时间标准。环境数据传感器收集当地的气象数据。所有观测数据由计算机进行初步处理后送到主控站，用以确定 GPS 卫星的轨道参数。

5 个监测站分别位于太平洋的夏威夷、美国本土的科罗拉多州、大西洋的阿松森群岛、印度洋的迭哥伽西亚和太平洋的卡瓦加兰等，如图 1-3 所示。

(2) 主控站

主控站位于美国本土的科罗拉多州，拥有以大型电子计算机为主体的数据收集、计算、传输和诊断等设备。其主要任务如下：

①根据本站和其他监测站的所有观测资料，推算编制各卫星的星历、卫星钟差和大气层的修正参数等，并把这些数据传送到注入站。

②提供 GPS 时间基准。各监测站和 GPS 卫星的原子钟均应与主控站的原子钟同步，或者测出其钟差，并把这些钟差信息编入导航电文，送到注入站。

③调整偏离轨道的卫星，使之沿预定的轨道运行。

④启用备用卫星以代替失效的工作卫星。

(3) 注入站

3 个注入站分别设在印度洋的迭哥伽西亚、大西洋的阿松森群岛和太平洋的卡瓦加兰（见图 1-3）。注入站的主要设备包括 c 波段发射机、发射天线和计算机。其主要任务是在主控站的控制下，将主控站推算和编制的卫星星历、钟差、导航电文及控制指令注入相应卫星的存储系统，并监测注入信息的正确性。

3. 用户设备

GPS 的空间卫星星座和地面监控系统是用户应用该系统进行定位的基础，用户要使用 GPS 全球定位系统进行导航或定位，必须使用 GPS 接收机接收 GPS 卫星发射的无线电信号，获得必要的定位信息和观测数据,并经过数据处理而完成定位工作。

用户设备主要包括GPS接收机、数据传输设备、数据处理软件和计算机。

三、GPS定位的基本原理

定位是指测定点的空间位置。GPS定位是将GPS卫星作为动态已知点。根据GPS卫星星历求得GPS卫星的已知坐标,由接收机测得卫星发射的无线电信号到达接收机的传播时间Δt,即

$$\Delta t = t_2 - t_1 \tag{1-1}$$

式中 t_1——卫星发射定位信号时刻;

t_2——接收机接收到卫星定位信号的时刻。

卫星到接收机的观测距离为:

$$\rho' = c \cdot \Delta t \tag{1-2}$$

式中 c——电磁波传播速度。

如用X、Y、Z表示卫星坐标,用x、y、z表示接收机坐标,则星站间真实距离为:

$$\rho = \sqrt{(X-x)^2 + (Y-y)^2 + (Z-z)^2} \tag{1-3}$$

并考虑到接收机钟的误差δt,则可得如下观测值方程:

$$\rho' = \sqrt{(X-x)^2 + (Y-y)^2 + (Z-z)^2} + c \cdot \delta t \tag{1-4}$$

式中,ρ'为观测量,X、Y、Z为已知量,x、y、z、δt为未知数。可见,只要观测4颗以上卫星,即可列出4个以上像式(1-4)这样的方程式,便能解出4个未知数x、y、z、δt,从而确定接收机坐标x、y、z。这就是GPS定位的基本原理。

四、GPS定位的特点与问题

1. GPS定位的特点

由上述可知,GPS定位是以绕地球运行的GPS卫星作为动态已知点,以根据电磁波传播时间求得的星站距离作为观测量,进而求得接收机的坐标。因此,GPS定位与传统的测量方法相比较,具有以下特点:

(1)定位精度高

随着GPS接收机和数据处理软件性能的不断提高,GPS定位的精度远远超过了传统测量方法的精度。例如,用载波相位观测量进行静态相对定位,在小于50 km的基线上精度可达1×10^{-6},在100~500 km的基线上精度为0.1×10^{-6},在大于1 000 km的基线上精度可达0.01×10^{-6}。

(2)观测时间短

目前采用静态相对定位,观测20 km以内基线仅需15~20 min。采用RTK定位,每站只需几秒的时间。

(3)测站间无须通视

用传统的测量方法测定点位,要求测站间必须通视,迫使测量人员将点位选在能满足通视要求而在工程建设中使用价值不大的制高点上。GPS定位是由星站距离确定点位的,只需测量点与空间的卫星通视即可。这样,测量人员就可以将测量点位选在工程建设最需要的位置。

(4)仪器操作简便

目前,用于静态相对定位的 GPS 接收机,开机后就能自动观测。观测时测量人员的工作是将接收机在点位上进行对中整平,量取天线高,观察接收机的工作状态即可,操作十分简便。

(5)全天候作业

除打雷闪电不宜作业外,其他天气均可进行野外测量工作。

(6)提供三维坐标

传统测量方法是将平面测量与高程测量分开进行的,而 GPS 测量可同时测得点的三维坐标。

(7)可全球布网

只要在地面上两点能同时观测到相同的 4 颗以上卫星,便可求得两点在同一坐标系中的坐标增量。因此,在世界范围内,各大洲及岛屿均可联网。

(8)应用广泛

GPS 导航定位技术的应用领域十分广泛,主要应用于以下各领域:

①陆海空运动目标导航。

②测绘:

a. 大地测量及控制测量。

b. 地形地籍测量。

c. 工程施工测量。

d. 海洋测绘。

e. 航空摄影测量。

③交通管理。

④卫星发射及其运行轨道监测。

⑤地震监测与地壳变形监测。

⑥城市规划。

⑦气象预报。

⑧农业、林业。

⑨旅游业。

⑩资源调查。

⑪工程施工。

GPS 应用将在学习情境 8 中作较详细地介绍。本书将围绕控制测量和工程测量介绍 GPS 测量原理与方法。

2. GPS 存在的问题

①军用的国家安全及保密要求与民用精度要求相互冲突。

②对民用用户无安全承诺。

③三维测量精度不一致。

大量实践表明,用 GPS 测量所得点位坐标,其三维精度不一致,其中,高程误差最大,x 坐标误差次之,y 坐标误差最小。

子情境2　美国政府的限制性政策

美国建立GPS全球定位系统的目的是用于美国军事目的的各种飞行器和运载器的实时导航。为了防止非经美国特许的用户利用GPS导航定位技术对美国的自身安全构成威胁，保障美国的利益和安全，对非经美国特许的GPS用户实行了下列限制性政策：

一、对不同的GPS用户，提供不同的服务方式

GPS卫星发射的无线电信号，含有两种不同精度的测距码，即保密的高精度的P码和公开的低精度的C/A码。与此相对应，GPS提供的定位方式也分为两种，即精密定位服务（Precise Positioning Service，简称PPS）和标准定位服务（Standard Positioning Service，简称SPS）。

精密定位服务（PPS），可提供L_1和L_2载波上的P码，L_1载波上的C/A码，导航电文和消除SA影响的密匙。PPS的服务对象是美国军事部门和其他经美国特许的用户。这类用户可利用P码获得高精度的观测量，且能通过卫星发射的L_1和L_2两种频率的信号测量来消除电离层折射的影响。利用PPS单点定位的精度为5 m，1995年提高到1 m。

标准定位服务（SPS）仅提供L_1载波上的C/A码和导航电文，其服务对象是广大的民用用户。这类用户只能利用C/A码获得低精度的观测量，且只能采用调制在L_1载波上的C/A码测量距离，无法利用双频技术消除电离层折射的影响。其单点定位的精度为30 m。

二、实施选择可用性（SA）政策

为了进一步降低标准定位服务（SPS）的定位精度，美国对GPS卫星播发的信号实行了SA政策，进行人为干扰。这种干扰是通过δ技术和ε技术实现的。δ技术是对GPS的基准信号人为地引入一个高频抖动信号，从而使载波、测距码和数据码频率受到干扰，降低星站距离测量精度。ε技术干扰卫星星历数据，使得利用C/A码星历进行单点实时定位的精度降低。

在SA的影响下，单点实时定位的精度降低到100 m。2000年5月1日取消了SA政策。

三、反电子诱骗（A-S）技术

当P码已被解密，或在战时，敌对方如果知道了特许用户接收机所接收卫星信号的频率和相位，便可发射适当频率的干扰信号，诱使特许用户的接收机错锁信号，产生错误的导航信息。为了防止这种诱骗，美国采用了反诱骗（anti-spoofing）技术对P码进一步保密。即通过P码与保密的W码进行模二相加，将P码转换成Y码。美国特许用户可从接收到的Y码中剔除W码而得到P码，非特许用户因无法得到W码而不能得到P码。

子情境3　GPS的重大发展

自从1973年美国开始研制GPS以来，已经过了30多年。在这期间，由于美国国内外形势变化和广大用户应用研究，GPS系统性能、应用领域及定位精度均发生了巨大变化。

一、美国对 GPS 的政策调整与技术改进

1. 政策调整

GPS 的最初设计目的是为了美国军事用途的各种飞行器和运载器的实时导航,但为了经济利益,美国也对民用的 GPS 标准定位服务进行了初步规划设计。在研制过程中逐步发现了民用与军用的相互冲突,主要是精码被解密、民用精度过高以及精码必须借助粗码来捕获等问题。因此,美国于 1986 年前后就考虑 A-S 和 SA 技术,1990 年开始采用该项技术来限制民用。1995 年以后,由于美国国内就业压力和国际竞争的原因,美国政府又着手 GPS 现代化的研究,以彻底解决军用与民用的相互冲突问题并提高民用精度。1999 年 1 月美国副总统戈尔发布了"GPS 现代化"通告,2000 年 5 月 1 日取消 SA 政策。2004 年 GPS 工作卫星数达到 30 颗。这些政策使得目前民用 GPS 定位精度大幅度提高。

2. 技术改进及 GPS 现代化的内容

(1)增加卫星数

GPS 的设计工作卫星数为 21 颗,基本上能保证地球表面 98% 的地区能同时观测到 4 颗以上 GPS 卫星,但在定位时往往因卫星在空间的分布不合理而导致定位精度较低,而且有少数死角不能观测到 4 颗以上卫星。为此美国将工作卫星数增加到 30 颗,以确保全球覆盖的连续实时定位。

(2)卫星钟稳定度的提高

20 世纪 80 年代发射的 GPS 工作卫星,采用的卫星钟为铷钟和铯钟。其稳定度为 10^{-12}。预计今后 GPS 工作卫星将采用氢钟,其稳定度可达 10^{-15}。此外,卫星的设计使用寿命也从 7.5年延长到 15 年。

(3)GPS 现代化

GPS 现代化的主要目的是:保护战区内的美方军用,防止敌方开拓 GPS 军用;保护战区外的 GPS 民用。GPS 现代化的内容如下:

①在 2005 年发射的 Block Ⅱ R-M 卫星的 L_2 载波上增加 C/A 码,使 GPS 民用用户实现实时的电离层折射改正。在 L_1、L_2 载波上增加军用 M 码。此外,该卫星还能够进行 GPS 卫星间的距离测量和星间在轨数据通信,实现不依赖于地面注入站的星历数据及星钟改正数据的自主更新。

②在 2006 年发射的 Block Ⅱ F 卫星上增加民用的 L_5 载波,使测地用户能够实现伪距和载波相位测量的无电离层折射影响的组合解算。使动态定位的用户获得厘米级的实时点位精度。该卫星还可增强军用信号强度,以提高抗干扰能力。

③在 2012 年以后发射的 GPSⅢ卫星上增加其他特殊功能。

二、GPS 应用技术的重大发展

在 20 多年的 GPS 民用期间,广大民用用户经过潜心研究和奋力开拓,使 GPS 应用技术取得了长足进展。其发展主要有以下 6 个方面。

①通过国际 GPS 大会战,建立了全球 GPS 大地网,使各国对本国以往的大地网得以检验,并获得本国坐标系与美国 WGS-84 坐标系之间进行坐标转换的精确参数。

②各个国家、城市、部门以及 GPS 用户接收机开发商纷纷建立地面监测站,获得了高精度

的 GPS 后处理星历。

③GPS 民用用户通过对 GPS 卫星广播的卫星钟差改正进行内插等方法，使 GPS 实时单点定位的精度达到了 0.1 m。

④各城市及地区纷纷建立区域(似)大地水准面模型，精确求得了大地水准面与参考椭球面间的差距(亚 dm 级)，使 GPS 测高可代替水准测量。

⑤抗强电磁干扰、抗遮挡的 GPS 接收机已普及，使 GPS 的应用条件限制大大放宽。

⑥GPS/GLONASS 兼容机广泛应用，使得用户可在天空被大面积遮挡的情况下获取足够数量的观测数据。

子情境4　其他卫星定位系统

苏联于 1965 年开始建立卫星全球定位系统。第一代全球卫星定位系统即子午卫星导航系统称为 CICADA，与美国的 TRANSIT 类似。自 1982 年 10 月开始，苏联总结了 CICADA 的优劣，吸取了美国 GPS 的成功经验，着手建立自己的第二代卫星全球定位系统，称为 Global Orbiting Navigation Satellite System，简称 GLONASS。于 1995 年建成由 24 颗卫星组成的 GLONASS工作卫星星座(卫星数 24 +3)。

GLONASS 与 GPS 相比较，除表 1-2 中所列差别之外，另一个重要的差别是每颗 GLONASS 卫星采用不同的载波频率。此外，GLONASS 卫星的作业寿命比较短，仅为 22 个月。

表 1-2　GLONASS 卫星星座的主要特征

卫星平均高度/km	19 100
卫星运行周期/min	676
轨道面倾角/(°)	64.8
轨道数	3

2002 年 3 月 24 日，欧盟首脑会议冲破美国政府的再三干扰，终于批准了建设 Galileo 卫星导航定位系统的实施计划。该系统计划由 30 颗卫星组成，于 2005 年 12 月 28 日发射了第一颗试验卫星，于 2008 年底建成并投入运行。Galileo 卫星星座的主要特点见表 1-3。

表 1-3　Galileo 卫星星座的主要特征

卫星平均高度/km	23 616
卫星运行周期/min	844
轨道面倾角/(°)	56
轨道数	3

Galileo 卫星导航定位系统是民用导航定位系统，不存在军用与民用的冲突问题。同时也必须对用户安全负责。此外，其卫星运行高度高于 GPS 卫星，因而覆盖率较高，导航定位精度将优于 GPS 全球定位系统。

北斗卫星定位系统是由我国自主开发的主动式卫星定位系统，于 2000 年 10 月 31 日发射第一颗北斗卫星到 2003 年 5 月 24 日为止，建成了第一代由三颗地球同步卫星构成的导航星座，可用于我国境内及周边地区的导航定位。目前，具有全球导航定位功能的第二代北斗星卫星导航系统处于研制阶段。

1-1　GPS 由哪些部分组成？各部分起何作用？

1-2　GPS 测量是怎样确定点位的？

1-3　与经典测量方法相比较，GPS 测量有什么特点？存在哪些问题？

1-4　标准定位服务和精密定位服务各有哪些服务内容？

1-5　简述 SA 政策和 A-S 措施。

1-6　美国政府对 GPS 作过哪些政策调整和技术改进？

1-7　GPS 测量技术的应用近年来有哪些重大发展？

1-8　GPS 有哪些重要的应用领域？

学习情境 2 GPS定位的坐标系统与时间系统

教学内容

主要介绍坐标系的类型、天球坐标系、地球坐标系、大地测量基准及其转换、常用高程基准与常用大地水准面模型、时间系统。重点是大地测量基准及其转换。

知识目标

能正确陈述天球坐标系、地球坐标系、大地测量基准及其转换的方法步骤、平太阳时、原子时、协调世界时、GPS时和时间基准。

技能目标

能正确使用计算机软件进行大地测量基准转换参数的估算,能正确进行大地测量基准转换。

子情境1 坐标系统的类型

由GPS定位的基本原理可知,GPS定位是以GPS卫星为动态已知点,根据GPS接收机观测的星站距离来确定接收机或测站的位置的。而位置的确定离不开坐标系。GPS定位所采用的坐标系与经典测量的坐标系相同之处甚多,但也有其显著特点,主要如下:

①由于GPS定位以沿轨道运行的GPS卫星为动态已知点,而GPS卫星轨道与地面点的相对位置关系是时刻变化的,为了便于确定GPS卫星轨道及卫星的位置,须建立与天球固连的空固坐标系。同时,为了便于确定地面点的位置,还须建立与地球固连的地固坐标系。因而,GPS定位的坐标系既有空固坐标系,又有地固坐标系。

②经典大地测量是根据地面局部测量数据确定地球形状、大小,进而建立坐标系的。而GPS卫星可覆盖全球,因而由GPS卫星运行确定地球形状、大小,进而建立的地球坐标系是真

正意义上的全球坐标系,而不是像我国 1980 年国家大地坐标系那样以我国的测量数据为依据建立的局部坐标系。

③GPS 卫星的运行是建立在地球与卫星之间的万有引力基础上的,而经典大地测量主要是以几何原理为基础的,因而 GPS 定位中采用的地球坐标系的原点与经典大地测量坐标系的原点不同。经典大地测量是根据本国的测量数据进行参考椭球体定位,以此参考椭球体中心为原点建立坐标系,称为参心坐标系。而 GPS 定位的地球坐标系原点在地球的质量中心,称为地心坐标系。因而进行 GPS 测量,常需进行地心坐标系与参心坐标系的转换。

④对于小区域而言,经典测量工作通常无须考虑坐标系的问题,只需简单地使新点与已知点的坐标系一致便可,而 GPS 定位中,无论测区多么小,也涉及 WGS-84 坐标系与当地坐标系的转换问题。这就对从事简单测量工作的技术人员提出了较高的要求——必须掌握坐标系的建立与转换的知识。

由此可见,GPS 定位中所采用的坐标系比较复杂。为便于读者学习掌握,可将 GPS 定位中所采用的坐标系进行如下分类:

1. 空固坐标系与地固坐标系

空固坐标系与天球固连,与地球自转无关,用来确定天体位置较方便。地固坐标系与地球固连,随地球一起转动,用来确定地面点位置较方便。

2. 地心坐标系与参心坐标系

地心坐标系以地球的质量中心为原点,如 WGS-84 坐标系和 ITRF 参考框架均为地心坐标系。而参心坐标系以参考椭球体的几何中心为原点,如北京 54 坐标系和 80 国家大地坐标系。

3. 空间直角坐标系、球面坐标系、大地坐标系及平面直角坐标系

经典大地测量采用的坐标系通常有两种:一是以大地经纬度表示点位的大地坐标系,二是将大地经纬度进行高斯投影或横轴墨卡托投影后的平面直角坐标系。在 GPS 测量中,为进行不同大地坐标系之间的坐标转换,还会用到空间直角坐标系和球面坐标系。

4. 国家统一坐标系与地方独立坐标系

我国国家统一坐标系常用的是 80 国家大地坐标系和北京 54 坐标系,采用高斯投影,分 6°带和 3°带,而对于诸多城市和工程建设来说,因高斯投影变形以及高程归化变形而引起实地上两点间的距离与高斯平面距离有较大差异,为便于城市建设和工程的设计、施工,常采用地方独立坐标系,即以通过测区中央的子午线为中央子午线,以测区平均高程面代替参考椭球体面进行高斯投影而建立的坐标系。

子情境 2 天球坐标系

一、天球的概念

如图 2-1 所示,以地球质心 M 为球心,以任意长为半径的假想球体称为天球。天文学中常将天体沿天球半径方向投影到天球面上,再根据天球面上的参考点、线、面来确定天体位置。下面介绍图 2-1 中天球面上的参考点、线、面。

天轴与天极:地球自转轴的延伸直线为天轴,天轴与天球面的交点称为天极,交点 P_n 为北

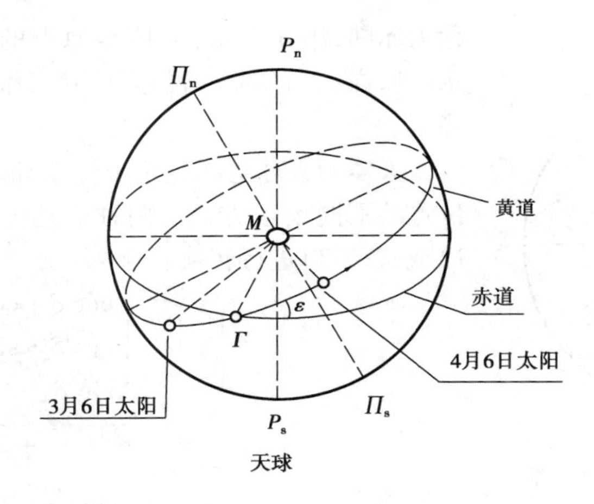

图 2-1　天球的概念

天极,位于北极星附近,P_s 为南天极。位于地球北半球的观测者,因地球遮挡不能看到南天极。

天球赤道面与天球赤道:通过地球质心 M 且垂直于天轴的平面称为天球赤道面,与地球赤道面重合。天球赤道面与天球面的交线称为天球赤道。

天球子午面与天球子午圈:包含天轴的平面称为天球子午面,与地球子午面重合。天球子午面与天球面的交线为一大圆,称为天球子午圈。天球子午圈被天轴截成的两个半圆称为时圈。

黄道:地球绕太阳公转的轨道面称为黄道面。黄道面与赤道面的夹角 ε 称为黄赤交角,约为 23.5°。黄道面与天球面相交成的大圆称黄道,也就是地球上的观测者见到的太阳在天球面上的运行轨道。由于地球自转,对于地面上的观测者来说,天球赤道面不动而黄道面每日绕天轴旋转一周。又由于地球绕太阳公转,直观上看,太阳在黄道上每日自西向东运行约 1°,每年运行一周。而斗柄在天球上的指向每年自东向西旋转一周。由于黄赤交角的缘故,在地球自转与公转的共同作用下产生了一年四季的变化。

黄极:通过天球中心且垂直于黄道面的直线与天球面的两个交点称为黄极,靠近北天极 P_n 的交点 Π_n 称为北黄极,Π_s 称为南黄极。

春分点:当太阳在黄道上从天球南半球向北半球运行时,黄道与天球赤道的交点称为春分点,也就是春分时刻太阳在天球上的位置,如图 2-1 所示的 Γ。春分之前,春分点位于太阳以东。春分过后,春分点位于太阳以西。春分点与太阳之间的距离每日改变约 1°。

二、天球坐标系

常用的天球坐标系有天球空间直角坐标系和天球球面坐标系。

天球空间直角坐标系的坐标原点位于地球质心。z 轴指向北天极 P_n,x 轴指向春分点 Γ,y 轴垂直于 xMz 平面,与 x 轴和 z 轴构成右手坐标系,即伸开右手,大拇指和食指伸直,其余三指曲 90°,大拇指指向 z 轴,食指指向 x 轴,其余三指指向 y 轴。在天球空间直角坐标系中,任一天体的位置可用天体的三维坐标 (x,y,z) 表示。

天球球面坐标系的坐标原点也位于地球质心。天体所在天球子午面与春分点所在天球子午面之间的夹角称为天体的赤经,用 α 表示;天体到原点 M 的连线与天球赤道面之间的夹角

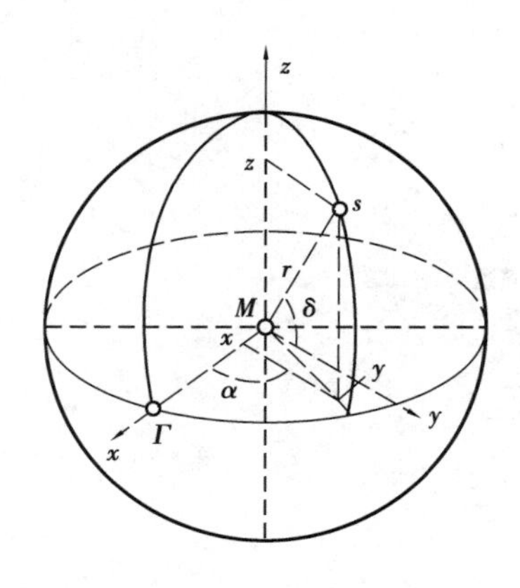

图 2-2　天球空间直角坐标系与天球球面坐标系

称为赤纬,用 δ 表示;天体至原点的距离称为向径,用 r 表示。这样,天体的位置也可用三维坐标(α,δ,r)唯一地确定。

天体的天球空间直角坐标系和球面坐标系是同一天体位置的不同表达方式。两种表达方式可通过下面的式(2-1)或式(2-2)进行转换。

$$\begin{pmatrix} x \\ y \\ z \end{pmatrix} = r\begin{pmatrix} \cos\delta\cdot\cos\alpha \\ \cos\delta\cdot\sin\alpha \\ \sin\delta \end{pmatrix} \tag{2-1}$$

$$\left.\begin{aligned} r &= \sqrt{x^2+y^2+z^2} \\ \alpha &= \arctan\frac{y}{x} \\ \delta &= \arctan\frac{z}{\sqrt{x^2+y^2}} \end{aligned}\right\} \tag{2-2}$$

三、岁差与章动的影响

地球绕自转轴旋转,在无外力矩作用时,其旋转轴指向应该不变。但由于日月对地球赤道隆起部分的引力作用,使得地球自转受到外力矩作用而发生旋转轴的进动现象,即从北天极上方观察时,北天极绕北黄极在圆形轨道上沿顺时针方向缓慢运动,致使春分点每年西移50.2″,25 800 年移动一周。这种现象称岁差。在岁差影响下的北天极称为瞬时平北天极,相应的春分点称为瞬时平春分点。瞬时平北天极绕北黄极旋转的圆称为岁差圆。

事实上,由于月球轨道和月地距离的变化,使实际北天极沿椭圆形轨道绕瞬时平北天极旋转,这种现象称为章动,周期为 18.6 年。在章动影响下,实际的北天极称为瞬时北天极,相应的春分点称为真春分点。瞬时北天极绕瞬时平北天极旋转的椭圆称为章动椭圆,长半径约为 9.2″。

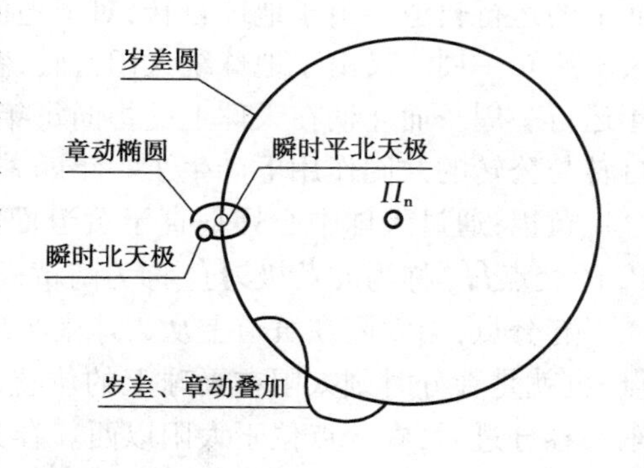

图 2-3　岁差与章动

四、协议天球坐标系

由上可知,北天极和春分点是运动的,这样,在建立天球坐标系时,z 轴和 x 轴的指向也会随之而运动,给天体位置的描述带来不便。为此,人们通常选择某一时刻作为标准历元,并将标准历元的瞬时北天极和真春分点作章动改正,得 z 轴和 x 轴的指向,这样建立的坐标系称为协议天球坐标系。国际大地测量学协会(IAG)和国际天文学联合会(IAU)决定,从 1984 年 1 月 1 日起,以 2000 年 1 月 15 日为标准历元。也就是说,目前使用的协议天球坐标系,其 z 轴和 x 轴分别指向 2000 年 1 月 15 日的瞬时平北天极和瞬时平春分点。为了便于区别,z 轴和 x 轴分别指向某观测历元的瞬时平北天极和瞬时平春分点的天球坐标系称为平天球坐标系,z 轴和 x 轴分别指向某观测历元的瞬时北天极和真春分点的天球坐标系称为瞬时天球坐标系。

为了将协议天球坐标系的坐标转换为瞬时天球坐标系的坐标，须经过如下两个步骤的坐标转换：

1. 将协议天球坐标系的坐标转换为瞬时平天球坐标系的坐标

以$(x,y,z)_{Mt}^{T}$和$(x,y,z)_{CIS}^{T}$分别表示天体在瞬时平天球坐标系和协议天球坐标系中的坐标，因两坐标系原点同为地球质心，故只要将协议天球坐标系的坐标轴旋转3次，便可转换为瞬时平天球坐标系的坐标，转换公式如下：

$$\begin{pmatrix} x \\ y \\ z \end{pmatrix}_{Mt} = R_z(-Z)R_y(\theta)R_z(-\zeta)\begin{pmatrix} x \\ y \\ z \end{pmatrix}_{CIS} \tag{2-3}$$

式中，ζ、θ、z为坐标系绕z轴和y轴旋转的角度，其值由观测历元与标准历元之间的时间差计算。“－”号表示旋转向量与该坐标轴方向相反，无“－”号表示旋转向量与该坐标轴方向相同。$R_z(-z)$、$R_y(\theta)$、$R_z(-\zeta)$为坐标变换矩阵。

2. 将瞬时平天球坐标系的坐标转换为瞬时天球坐标系的坐标

以$(x,y,z)_t^T$表示瞬时天球坐标系的坐标，则转换公式如下：

$$\begin{pmatrix} x \\ y \\ z \end{pmatrix}_{t} = R_x(-\varepsilon-\Delta\varepsilon)R_z(-\Delta\psi)R_x(\varepsilon)\begin{pmatrix} x \\ y \\ z \end{pmatrix}_{Mt} \tag{2-4}$$

式中　ε——观测历元的平黄赤交角；

$\Delta\psi$、$\Delta\varepsilon$——黄经章动和交角章动。

五、GPS卫星的轨道平面坐标系

GPS卫星的位置是根据星历计算的，而由星历不能直接计算卫星在协议天球坐标系中的坐标。为便于根据星历确定卫星的位置，需要建立卫星轨道平面坐标系。

如图2-4所示，在卫星运行的轨道平面内，以地球质心M为原点，以地心与升交点连线为x_0轴，y_0轴与x_0轴垂直，这样建立的坐标系称为轨道平面坐标系。如果由卫星星历求得某观测历元卫星s的升交距角$\mu=V+\omega$和向径r，便可很容易地得到卫星在轨道平面坐标系中的坐标，即

$$\begin{pmatrix} x_0 \\ y_0 \\ z_0 \end{pmatrix} = r\begin{pmatrix} \cos\mu \\ \sin\mu \\ 0 \end{pmatrix} \tag{2-5}$$

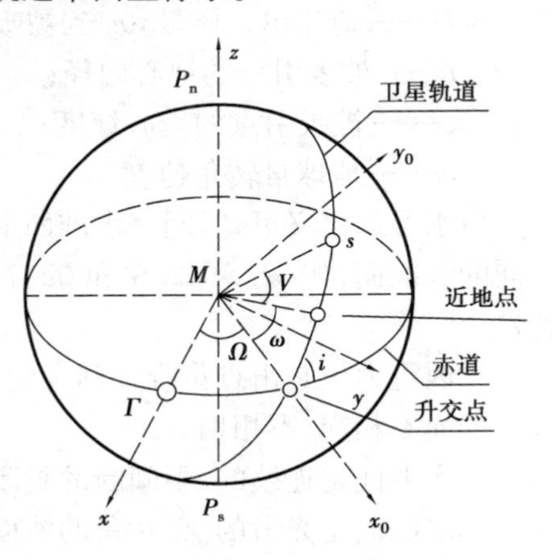

图2-4　轨道平面坐标系

要将卫星在轨道平面坐标系中的坐标转换为天球坐标系中的坐标，因两坐标系的原点均在地球质心，因此，只要将轨道平面坐标系依次绕x_0轴旋转轨道面倾角i和绕$z(z_0)$轴旋转升交点赤经Ω即可。转换公式为：

$$\begin{pmatrix} x \\ y \\ z \end{pmatrix} = R_z(-\Omega)R_x(-i)\begin{pmatrix} x_0 \\ y_0 \\ z_0 \end{pmatrix} \tag{2-6}$$

子情境3　协议地球坐标系

一、地球的形状和大小

在地球表面,陆地约占总面积的29%,海洋约占71%。陆地最高峰高出海平面8 848.13 m,海沟最深处低于海平面11 034 m,与地球半径相比均很小,因此,海水面就成为描述地球形状大小的重要参照。但静止海水面受海水中矿物质、海水温度及海面气压的影响,其表面复杂,不便使用。在大地测量中,常借助于以下几种与静止海水面很接近的曲面来描述地球的形状大小。

1. 水准面

水准面也称重力等位面,就是重力位相等的曲面。重力位是引力位与离心力位之和,即

$$W = V + Q = G \cdot \int_M \frac{\mathrm{d}m}{D} + \frac{\omega^2}{2} r^2 \cos^2 \varphi \tag{2-7}$$

式中　V——地球引力位;

Q——地球离心力位;

G——万有引力常数;

M——地球总质量;

$\mathrm{d}m$——将地球质量分割成的无穷多个微小的单元质量;

D——地球单元质量 $\mathrm{d}m$ 到被吸引点的距离;

r——被吸引点的地心向径;

φ——被吸引点的地心纬度;

ω——地球自转角速度。

由水准面定义可知,同一水准面上各点的重力位相等,当给出不同的重力位数值时,可得不同的水准面,如62.5、62.6和62.7 $\mathrm{km^2/s^2}$ 等。因此,水准面有无穷多个。水准面有以下特性:

①因重力位是由点位唯一确定的,因此,在同一点上不可能出现两个以上的重力位数值,故水准面不相交、不相切。

②水准面是连续的、不间断的封闭曲面。

③水准面是光滑的、无棱角的曲面。

④由式(2-7)知,重力位的数值不仅取决于地球总质量 M 和被吸引点的位置,而且还取决于地球内部物质分布及地面起伏。由于地球内部物质分布不均及地面起伏的不规则性,决定了水准面是不规则曲面。

⑤将物体沿水准面移动时,重力不做功,故水准面与重力线即铅垂线正交。

⑥两水准面间不平行。

事实上,将单位质量的物体由一个水准面移到无穷接近的另一水准面,不论该物体位于什么位置,重力做功 dw 都是相等的,而重力做功与移动距离之间的关系为:

$$dh = -\frac{dw}{g} \tag{2-8}$$

由于各点的重力加速度 g 不等,故 dh 也不等,即水准面不平行。

2. 大地水准面

如前所述,水准面有无穷多个,其中通过平均海水面的水准面称为大地水准面。由大地水准面所包围的形体称为大地体。因为大地水准面是水准面之一,故大地水准面具有水准面的所有特性。

研究大地水准面的形状是大地测量学的重要任务之一。由于地球内部物质分布的复杂性和地面高低起伏的不规则性,决定了大地水准面的不规则性。为便于研究,将地球看作规则的椭球体,并将其分成许多圈层,假定同一圈层内物质密度相同,所有圈层的质量之和等于地球总质量,在这样假设的前提下得到的重力位面称为正常重力位面。然后再设法求得大地水准面与正常重力位面之差,按此差值对正常重力位面进行改正,得大地水准面。目前,世界上还没有精确的适合全球的大地水准面模型。因此,世界各国根据本国的具体情况使用不同的大地水准面。我国是在青岛设立黄海验潮站,求得黄海平均海水面,以过此平均海水面的水准面作为大地水准面。换言之,我国的大地水准面上任一点处的重力位与黄海验潮站平均海水面的重力位相等。

3. 总地球椭球面与参考椭球面

大地水准面作为高程起算面解决了高程测量基准问题。由于其不规则性,对于平面测量和三维空间位置测量很不方便。为此,用一个形状大小与大地体非常接近的椭球体代替大地体。

在卫星大地测量中用总地球椭球代替大地体来计算地面点位。总地球椭球的定义包括如下4个方面:

①椭球的形状大小参数采用国际大地测量与地球物理联合会的推荐值。如WGS-84坐标系采用1979年第17届国际大地测量与地球物理联合会的推荐值:长半径 $a=6\ 378\ 137$ m,由相关数据算得扁率 $\alpha=1/298.257\ 223\ 563$。

②椭球中心位置位于地球质量中心。

③椭球旋转轴与地球自转轴重合。

④起始大地子午面与起始天文子午面重合。

在天文大地测量与几何大地测量中用参考椭球代替大地体来计算地面点位。参考椭球定义如下:

①形状大小采用国际组织推荐值或采用天文大地测量和几何大地测量的计算值。如1980年国家大地坐标系采用1975年第16届国际大地测量与地球物理联合会推荐值,长半径 $a=6\ 378\ 140$ m,由相关参数算得扁率 $\alpha=1/298.257$。北京54坐标系采用1940年克拉索夫斯基椭球参数,$a=6\ 378\ 245$ m,$\alpha=1/298.3$。

②椭球旋转轴与地球自转轴重合。

③起始大地子午面与起始天文子午面重合。

④椭球体与大地体之间满足垂线偏差及大地水准面差距的平方和最小。这样定位的参考椭球体其中心位置不在地球质量中心。

二、地球坐标系

确定卫星位置用天球坐标系比较方便，而确定地面点位则用地球坐标系比较方便。最常用的地球坐标系有两种：一种是地球空间直角坐标系，另一种是大地坐标系。

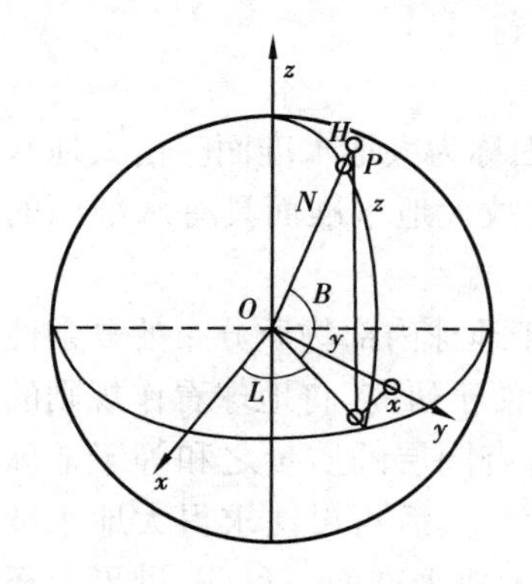

图 2-5　地球空间直角坐标系与大地坐标系

如图 2-5 所示，地球空间直角坐标系的坐标原点位于地球质心（地心坐标系）或参考椭球中心（参心坐标系），z 轴指向地球北极，x 轴指向起始子午面与地球赤道的交点，y 轴垂直于 xOz 面并构成右手坐标系。

大地坐标系是用大地经度 L、大地纬度 B 和大地高 H 表示地面点位的。过地面点 P 的子午面与起始子午面间的夹角叫 P 点的大地经度。由起始子午面起算，向东为正，称东经（0° ~ 180°），向西为负，叫西经（0° ~ －180°）。过 P 点的椭球法线与赤道面的夹角称 P 点的大地纬度。由赤道面起算，向北为正，叫北纬（0° ~ 90°），向南为负，叫南纬（0° ~ －90°）。从地面点 P 沿椭球法线到椭球面的距离称大地高。

同一地面点在地球空间直角坐标系中的坐标和在大地坐标系中的坐标可用如下两组公式转换：

$$\left.\begin{aligned} x &= (N+H)\cos B\cos L \\ y &= (N+H)\cos B\sin L \\ z &= [N(1-e^2)+H]\sin B \end{aligned}\right\} \tag{2-9}$$

$$\left.\begin{aligned} L &= \arctan\frac{y}{x} \\ B &= \arctan\frac{z+Ne^2\sin B}{\sqrt{x^2+y^2}} \\ H &= \frac{z}{\sin B}-N(1-e^2) \end{aligned}\right\} \tag{2-10}$$

式中　e——子午椭圆第一偏心率，可由长短半径按式 $e^2=(a^2-b^2)/a^2$ 算得。

N——法线长度，可由式 $N=a/\sqrt{1-e^2\sin^2 B}$ 算得。式（2-10）第二式中的 B 必须用迭代的方法求解。

三、地极移动与协议地球坐标系

由于地球不是刚体，在地幔对流以及其他物质迁移的影响下，地球自转轴相对于地球体发生移动，这种现象称为地极移动，简称极移。在建立地球坐标系时，如果使 z 轴指向某一观测时刻的地球北极，这样的地球坐标系称为瞬时地球坐标系。显然，瞬时地球坐标系并未与地球固连，因而，地面点在瞬时地球坐标系中的位置也是变化的。

为了比较简明地描述地极移动规律，国际纬度局根据 1900. 0 至 1905. 0 期间 5 个国际纬度站的观测结果取平均，定义了协议原点（CIO）。过 CIO 作地球切平面，并以 CIO 为原点建立平面直角坐标系，其中 x_p 轴指向格林尼治方向，y_p 轴指向西经 90°方向。某一观测时刻的地极位置可用瞬时地极坐标 x_p 和 y_p 表示。国际地球自转服务组织（IERS）定期公布瞬时地极坐标和各年度的平均地极坐标，如图 2-6 所示为 1995—1998 年的地极移动情况。

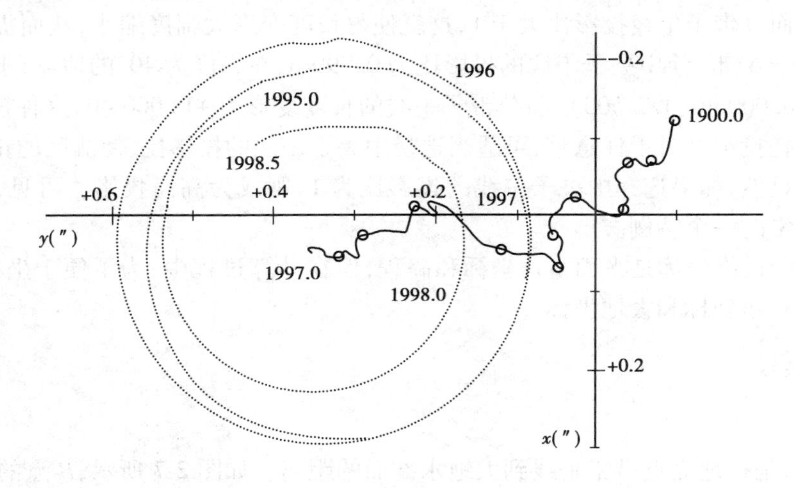

图 2-6　1995—1998 年地极移动轨迹

以 CIO 为参照，国际时间局(BIH)等其他国际组织也根据观测数据定义了不同的协议地极，如 BIH84.0 等。

z 轴指向协议地球北极的地球坐标系称为协议地球坐标系。瞬时地球坐标系与协议地球坐标系之间的坐标可通过式(2-11)转换，即

$$\begin{pmatrix} x \\ y \\ z \end{pmatrix}_{协议} = \begin{pmatrix} 1 & 0 & x_p \\ 0 & 1 & -y_p \\ -x_p & y_p & 1 \end{pmatrix} \begin{pmatrix} x \\ y \\ z \end{pmatrix}_{瞬时} \tag{2-11}$$

在 GPS 测量中，为确定地面点的位置，需要将 GPS 卫星在协议天球坐标系中的坐标转换为协议地球坐标系中的坐标，转换步骤为：协议天球坐标系—瞬时平天球坐标系—瞬时天球坐标系—瞬时地球坐标系—协议地球坐标系。其中除第 3 步由瞬时天球坐标系转换为瞬时地球坐标系外，其他步骤的转换方法前已述及，此处只介绍第 3 步的转换。

瞬时天球坐标系与瞬时地球坐标系的坐标原点相同，z 轴指向相同，只是两坐标系的 x 轴在赤道上有一夹角，角值为春分点的格林尼治恒星时。因此，只需将瞬时天球坐标系绕 z 轴旋转春分点的格林尼治恒星时时角 GAST 即可。计算公式如下：

$$\begin{pmatrix} x \\ y \\ z \end{pmatrix}_{瞬地} = \begin{pmatrix} \cos(\mathrm{GAST}) & \sin(\mathrm{GAST}) & 0 \\ -\sin(\mathrm{GAST}) & \cos(\mathrm{GAST}) & 0 \\ 0 & 0 & 1 \end{pmatrix} \begin{pmatrix} x \\ y \\ z \end{pmatrix}_{瞬天} \tag{2-12}$$

四、高斯投影与横轴墨卡托投影

各种测绘图纸都是平面图纸。为了便于绘制测量图件，有必要将椭球形的地球表面投影到平面上。也就是将大地坐标系中的大地经纬度通过一定的投影法则换算为平面直角坐标系的坐标。我国大地测量采用高斯投影，中央子午线投影后长度不变，即投影比为 1。其他曲线的长度均变长，即投影比均大于 1。离中央子午线越远，长度变形越大。对于 6°带分带子午线，其最大相对变形量可达 1/730。

为缩小高斯投影的长度变形，世界上大多数国家采用横轴墨卡托投影。即使中央子午线投影比小于 1 而分带子午线投影比大于 1，这就使得长度变形大幅度缩小，从而提高了平面图形的精度。对于 6°带，使中央子午线的投影比为 0.999 6，在纬度为 40°的地点，中央子午线的长度变形为 -0.000 40（1/2 500），而分带子午线的长度变形为 +0.000 40，这种投影方法称为通用横轴墨卡托投影。对于任意带，可适当选择中央子午线的投影比，使测区的正负最大投影变形量接近。显然，如果选择中央子午线的投影比为 1，则成为高斯投影。可见，高斯投影是横轴墨卡托投影的一个特例。

GPS 测量的最终坐标是平面直角坐标和高程，但在计算过程中，为了便于坐标系的转换，也要建立空间直角坐标和大地坐标。

五、高程系统

1. 正高

所谓正高，是指地面点沿铅垂线到大地水准面的距离。如图 2-7 所示，B 点的正高为：

$$H_{正}^{B}=\sum\Delta H_i$$

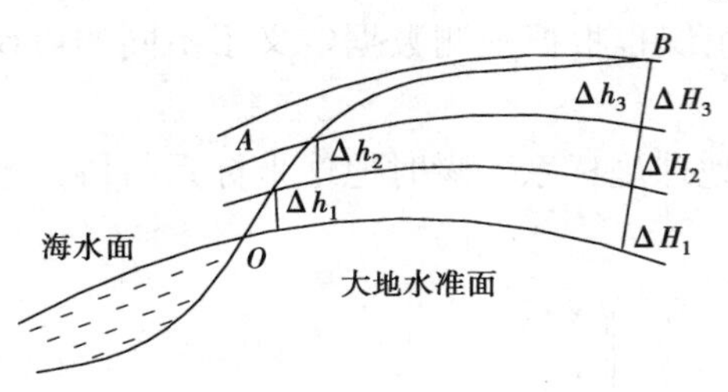

图 2-7　正高系统

由于水准面不平行，从 O 点出发，沿 OAB 路线用几何水准测量 B 点高程，显然：

$$\sum\Delta h_i\neq\sum\Delta H_i$$

为此，应在水准路线上测量相应的重力加速度 g_i，则 B 点的正高为：

$$H_{正}^{B}=\frac{1}{g_m^B}\int_{OAB}g\mathrm{d}h \tag{2-13}$$

式(2-13)中的 g 和 $\mathrm{d}h$ 可在水准路线上测得，而 g_m^B 为 B 点不同深度处的重力加速度平均值，只能由重力场模型确定，在没有精确的重力场模型的情况下，$H_{正}^{B}$ 无法求得。

2. 正常高

在式(2-13)中，用 B 点不同深度处的正常重力加速度 γ_m^B 代替实测重力加速度 g_m^B，可得 B 点正常高，即

$$H_{常}^{B}=\frac{1}{\gamma_m^B}\int_{OAB}g\mathrm{d}h \tag{2-14}$$

从地面点沿铅垂线向下量取正常高所得曲面称为似大地水准面。我国采用正常高系统，也就是说，我国的高程起算面实际上不是大地水准面而是似大地水准面。似大地水准面在海平面上与大地水准面重合，在我国东部平原地区，两者相差若干厘米，在西部高原地区相差若干米。

3. 大地高

地面点沿椭球法线到椭球面的距离称为该点的大地高，用 H 表示。大地高与正常高有如下关系：

$$\left.\begin{aligned}H&=H_{正}+N\\H&=H_{常}+\xi\end{aligned}\right\} \tag{2-15}$$

式中　N——大地水准面差距；
　　　ξ——高程异常。

子情境4　大地测量基准及其转换

当涉及坐标系的问题时，有两个相关概念应当加以区分：一是大地测量的坐标系，它是根据有关理论建立的，不存在测量误差。同一个点在不同坐标系中的坐标转换也不影响点位。二是大地测量基准，它是根据测量数据建立的坐标系，由于测量数据有误差，因此，大地测量基准也有误差，因而同一点在不同基准之间转换将不可避免地要产生误差。通常，人们对两个概念都用坐标系来表达，不加严格区分。例如，WGS-84 坐标系和北京 54 坐标系实际上都是大地测量基准。

一、WGS-84 坐标系

WGS-84 坐标系是美国根据卫星大地测量数据建立的大地测量基准，是目前 GPS 所采用的坐标系。GPS 卫星发布的星历就是基于此坐标系的，用 GPS 所测的地面点位，如不经过坐标系的转换，也是此坐标系中的坐标。

WGS-84 坐标系属地心坐标系。

坐标系定义如下：

原点：地球质量中心。

z 轴：指向国际时间局定义的 BIH1984.0 的协议地球北极。

x 轴：指向 BIH1984.0 的起始子午线与赤道的交点。

椭球参数采用 1979 年第 17 届国际大地测量与地球物理联合会推荐值：

椭球长半径：$a=6\ 378\ 137$ m。

由相关参数计算的扁率：$\alpha=1/298.257\ 223\ 563$。

二、1954 年北京坐标系

1954 年北京坐标系实际上是苏联的大地测量基准，属参心坐标系，参考椭球在苏联境内与大地水准面最为吻合，在我国境内大地水准面与参考椭球面相差最大为 67 m。

z 轴和 x 轴指向没有明确定义。参考椭球采用 1940 年克拉索夫斯基椭球，参数为：

$a=6\ 378\ 245$ m；

$\alpha=1/298.3$。

1954 年 54 坐标系存在以下问题：

①椭球参数与现代精确参数相差很大，且无物理参数。

②椭球定向不够明确。

③该坐标系中的大地点坐标是经过局部分区平差得到的，在区与区的接合部，同一点在不同区的坐标值相差 1～2 m。

④不同区的尺度差异很大。

⑤坐标是从我国东北传递到西北和西南，后一区是以前一区的最弱部作为坐标起算点，因

此有明显的坐标积累误差。

三、1980 年国家大地坐标系

1980 年国家大地测量坐标系是根据 20 世纪 50—70 年代观测的国家大地网进行整体平差而建立的大地测量基准。椭球定位在我国境内与大地水准面最佳吻合。坐标轴指向为：

z 轴指向平行于由地心到我国定义的 1968. 0JYD 地极原点方向；起始子午面平行于格林尼治平均天文子午面。

椭球参数采用 1975 年第 16 届国际大地测量与地球物理联合会的推荐值，参数为：

椭球长半径：$a = 6\ 378\ 140$ m；

由相关参数求得的扁率：$\alpha = 1/298.257$。

相对于 1954 年北京坐标系而言，1980 年国家大地坐标系的内符合性要好得多。

1954 年北京坐标系和 1980 年国家大地坐标系中大地点的高程起算面是似大地水准面，是二维平面与高程分离的系统。而 WGS-84 坐标系中大地点的高程是以 84 椭球作为高程起算面的，故是完全意义上的三维坐标系。

四、ITRF 国际参考框架

国际地球自转服务组织（IERS）每年将其所属全球站的观测数据进行综合处理分析，得到一个 ITRF 框架，并以 IERS 年报和 IERS 技术备忘录的形式发布。自 1988 年起，IERS 已经发布了 ITRF88、ITRF89、ITRF90、ITRF91、ITRF92、ITRF93、ITRF94、ITRF96、ITRF97、ITRF2000 等全球坐标参考框架。各框架在原点、定向、尺度及时间演变基准的定义上有微小差别。

目前，ITRF 参考框架已在世界上得到广泛应用，我国各地建立的网络系统也为用户提供 ITRF 框架的转换服务。

五、地方坐标系

为了便于绘制平面图形，地面点应沿椭球法线投影到椭球面上，再通过高斯投影将地面点在椭球面上的投影点投影到高斯平面上。地面点的位置最终以平面坐标 x、y 和高程 H 表示。在这一投影过程中会产生以下两种变形：

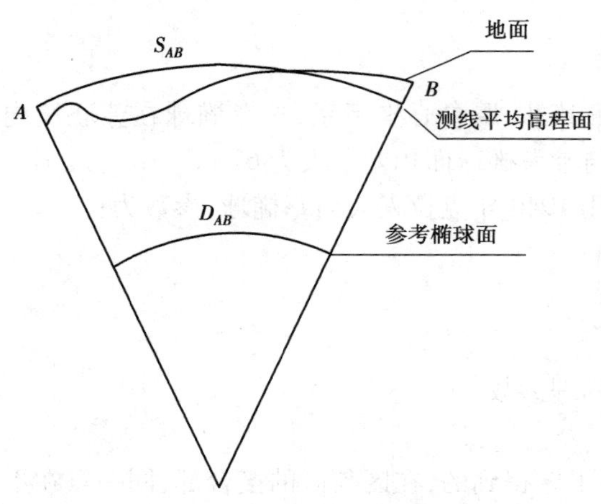

图 2-8　高程归化变形

1. 高程归化变形

由于椭球面上两点的法线不平行，在不同高度上测量两点的两条法线之间的距离也不相同，高度越大，距离越长。如图 2-8 所示，将 A、B 两点沿法线投影到椭球面上，会引起椭球面上的距离 D_{AB} 与地面上的距离 S_{AB} 不等，其差值称为高程归化变形。对于一般工程而言，$(S_{AB} - D_{AB})/D_{AB}$ 应不超过1/40 000。因 $(S_{AB} - D_{AB})/D_{AB} = H/R$，由此求得 H 应不超过 160 m。在我国东部沿海地区，地面高程一般较小，可以不考虑高程归化变形。而对于中西部地区，地面高程较大，高程归化变形引起的图上长度与实地长度相差过大，不利于工程建设。因此，需要用测区平均高程面代替椭球面，将地面点沿法线投影到测区平均高程面上之后，再进行高斯投影。例如，某测区地面到北京 54 椭球的距离为1 500 ~ 1 800 m，则可选择 1 650 m 的高程面作为测区平均高程面，也就是将北京 54 的椭球长半径由 6 378 245 m增大到 6 379 895 m，而椭球扁率仍为 1/298. 3。

2. **高斯投影长度变形**

在高斯投影时，中央子午线投影后长度不变，离中央子午线越远，长度变形越大。设 A、B 两点在椭球面上的长度为 D_{AB}，在高斯平面上的长度为 L_{AB}，则

$$\frac{L_{AB} - D_{AB}}{L_{AB}} = \frac{y_m^2}{2R^2}$$

一般工程要求这一变形不超过 1/40 000，由此求得 AB 离中央子午线的距离应不超过 45 km。对于国家 3°带，离中央子午线的最大距离可达 167 km。因此，当测区到中央子午线的距离超过 45 km 时，应重新选择中央子午线。例如，某测区经度为 106°12′ ~ 106°30′，则该测区所在 3°带中央子午线经度为 105°，测区纬度为 32°30′ ~ 32°38′，该测区离 3°带中央子午线的最大距离为 150 km，因此，在高斯投影时应另行选择中央子午线经度为 106°21′。

综上所述，当测区高程大于 160 m 或离中央子午线距离大于 45 km 时，不应采用国家统一坐标系而应建立地方坐标系。建立地方坐标系的最简单的方法如下：

①选择测区任意带中央子午线经度，使中央子午线通过测区中央，并对已知点的国家统一坐标 x_i、y_i 进行换带计算，求得已知点在任意带中的坐标 x'_i、y'_i；

②选择测区平均高程面的高程 h_0，使椭球长半径增大 h_0，或者将已知点在任意带中的坐标增量增大 h_0/R 倍，求得改正后坐标增量 $\Delta x'$、$\Delta y'$。

$$\left.\begin{aligned} \Delta x' &= \Delta x\left(1 + \frac{h_0}{R}\right) \\ \Delta y' &= \Delta y\left(1 + \frac{h_0}{R}\right) \end{aligned}\right\} \tag{2-16}$$

③选择一个已知点作为坐标原点，使该点坐标仍为任意带坐标不变，即

$$\left.\begin{aligned} x''_0 &= x'_0 \\ y'' &= y'_0 \end{aligned}\right\} \tag{2-17}$$

或者给原点坐标加一个常数：

$$\left.\begin{aligned} x''_0 &= x'_0 + C_x \\ y''_0 &= y'_0 + C_y \end{aligned}\right\} \tag{2-18}$$

或者直接取原点坐标为某值。

④其他各已知点坐标按原点坐标和改正后坐标增量计算，即

$$\left.\begin{aligned} x''_i &= x''_0 + \Delta x'_{0\sim i} \\ y''_i &= y''_0 + \Delta y'_{0\sim i} \end{aligned}\right\} \tag{2-19}$$

例 2. 1　某测区位于东经 106°12′ ~ 106°30′，北纬 32°30′ ~ 32°38′，地面高程为 1 500 ~ 1 800 m，测区有 A、B、C 3 个已知点，它们在北京 54 坐标系中 3°带的坐标为：

$$x_A = 3\ 597\ 360.333 \text{ m}$$

$$y_A = 35\ 613\ 557.185 \text{ m}$$

$$x_B = 3\ 598\ 454.256\ \text{m}$$
$$y_B = 35\ 619\ 466.228\ \text{m}$$
$$x_C = 3\ 605\ 432.018\ \text{m}$$
$$y_C = 35\ 614\ 772.066\ \text{m}$$

试建立地方坐标系并求 A、B、C 3 点在地方坐标系中的坐标。

①选择中央子午线经度为 106°21′00.00″，对 A、B、C 3 点进行换带计算，求得换带的坐标为：

$$x'_A = 3\ 596\ 725.919$$
$$y'_A = 486\ 674.673$$
$$x'_B = 3\ 597\ 744.775$$
$$y'_B = 492\ 596.109$$
$$x'_C = 3\ 604\ 780.284$$
$$y'_C = 487\ 991.526$$

②选择测区平均高程面的高程为 $h_0 = 1\ 650$ m，并根据测区纬度求得平均曲率半径为 $R = 6\ 369\ 215$ m，由此求得改正后坐标增量为：

$$\Delta x'_{AB} = +1\ 019.120$$
$$\Delta y'_{AB} = +5\ 922.970$$
$$\Delta x'_{AC} = +8\ 056.452$$
$$\Delta y'_{AC} = +1\ 317.194$$

③选择 A 点为坐标原点，并取 A 点的地方坐标系坐标为：

$$x''_A = 50\ 000.000$$
$$y''_A = 50\ 000.000$$

④由式(2-19)算得 B、C 两点在地方坐标系中的坐标为：

$$x''_B = 51\ 019.120$$
$$y''_B = 55\ 922.970$$
$$x''_C = 58\ 056.452$$
$$y''_C = 51\ 317.194$$

由于高程归化变形与高斯投影变形的符号相反，因此，可将地面长度投影到参考椭球面而不选择测区平均高程面，用适当选择投影带中央子午线的方法抵消高程归化变形。也可使中央子午线与国家统一坐标的中央子午线一致，而通过适当选择高程面来抵消高斯投影变形。这两种建立地方坐标系的方法与前述的第一种方法原理相同，计算方法大同小异，此处不再赘述。

六、坐标系统的转换

GPS 采用 WGS-84 坐标系，而在工程测量中所采用的是北京 54 坐标系或西安 80 坐标系或地方坐标系。因此，需要将 WGS-84 坐标系转换为工程测量中所采用的坐标系。

1. 空间直角坐标系的转换

如图 2-9 所示，WGS-84 坐标系的坐标原点为地球质量中心，而北京 54 和西安 80 坐标系

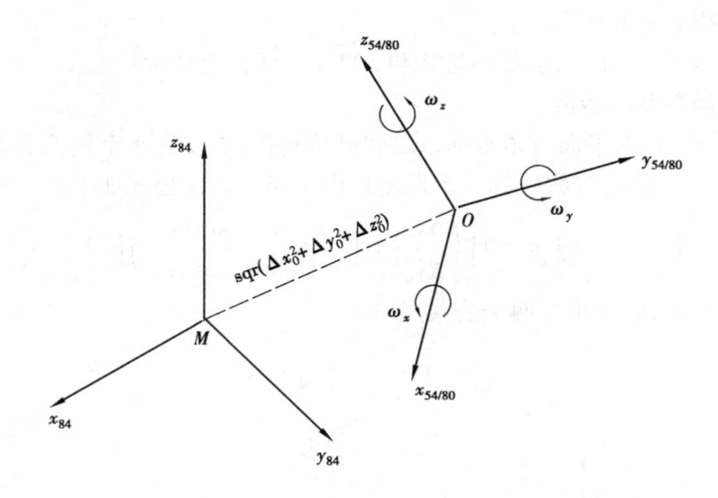

图2-9　空间直角坐标系的转换

的坐标原点是参考椭球中心。因此,在两个坐标系之间进行转换时,应进行坐标系的平移,平移量可分解为 Δx_0、Δy_0 和 Δz_0。又因为WGS-84坐标系的3个坐标轴方向也与北京54或西安80的坐标轴方向不同,因此,还需将北京54或西安80坐标系分别绕 x 轴、y 轴和 z 轴旋转 ω_x、ω_y、ω_z。此外,两坐标系的尺度也不相同,还需进行尺度转换。两坐标系间转换的公式如下:

$$\begin{pmatrix} x \\ y \\ z \end{pmatrix}_{84} = \begin{pmatrix} \Delta x_0 \\ \Delta y_0 \\ \Delta z_0 \end{pmatrix} + (1+m)\begin{pmatrix} 1 & \omega_z & -\omega_y \\ -\omega_z & 1 & \omega_x \\ \omega_y & -\omega_x & 1 \end{pmatrix}\begin{pmatrix} x \\ y \\ z \end{pmatrix}_{54/80} \tag{2-20}$$

式中　m——尺度比因子。

要在两个空间直角坐标系之间转换,需要知道3个平移参数($\Delta x_0,\Delta y_0,\Delta z_0$),3个旋转参数($\omega_x,\omega_y,\omega_z$)以及尺度比因子 m。为求得7个转换参数,在两个坐标系中至少应有3个公共点,即已知3个点在WGS-84中的坐标和在北京54或西安80坐标系中的坐标。在求解转换参数时,公共点坐标的误差对所求参数影响很大,因此,所选公共点应满足下列条件:

①点的数目要足够多,以便检核。

②坐标精度要足够高。

③分布要均匀。

④覆盖面要大,以免因公共点坐标误差引起较大的尺度比因子误差和旋转角度误差。

在WGS-84坐标系与北京54或西安80坐标系的大地坐标系之间进行转换,除上述7参数外,还应给出两坐标系的两个椭球参数:一个是长半径,另一个是扁率。

以上转换步骤中,计算人员只需输入7个转换参数或公共点坐标、椭球参数、中央子午线经度和 x、y 加常数即可,其他计算工作由软件自动完成。

在WGS-84坐标系与地方坐标系之间进行转换的方法与北京54或西安80坐标系类似,但有以下3点不同:

①地方坐标系的参考椭球长半径是在北京54或西安80坐标系的椭球长半径上加上测区平均高程面的高程 h_0。

②中央子午线通过测区中央。

③平面直角坐标 x、y 的加常数不是 0 和 500 km，而另有加常数。

2. 平面直角坐标系的转换

如图 2-10 所示，在两平面直角坐标系之间进行转换，需要有 4 个转换参数，其中两个平移参数（$\Delta x_0, \Delta y_0$），一个旋转参数 α 和一个尺度比因子 m。转换公式如下：

$$\begin{pmatrix} x \\ y \end{pmatrix}_{84} = (1+m)\left[\begin{pmatrix} \Delta x_0 \\ \Delta y_0 \end{pmatrix} + \begin{pmatrix} \cos\alpha & \sin\alpha \\ -\sin\alpha & \cos\alpha \end{pmatrix}\begin{pmatrix} x \\ y \end{pmatrix}_{54/80}\right] \tag{2-21}$$

为求得 4 个转换参数，应至少有两个公共点。

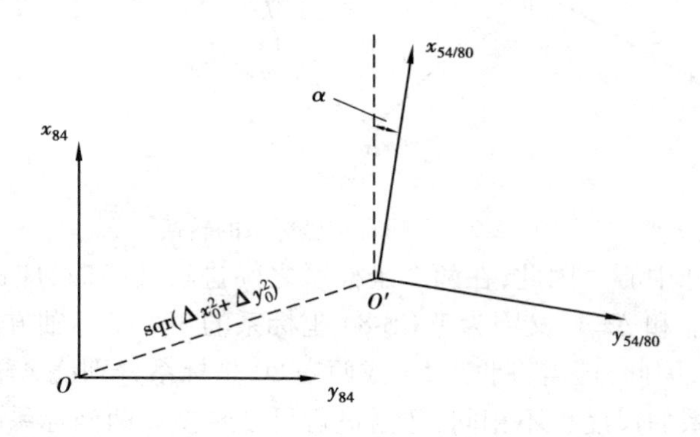

图 2-10　平面直角坐标系的转换

3. 高程系统的转换

GPS 所测得的地面高程是以 WGS-84 椭球面为高程起算面的，而我国的 1956 年黄海高程系和 1985 年国家高程基准是以似大地水准面作为高程起算面的。因此，必须进行高程系统的转换。使用较多的高程系统转换方法是高程拟合法、区域似大地水准面精化法和地球模型法。因目前还没有适合于全球的大地水准面模型，故此处只介绍前两种方法。

（1）高程拟合法

虽然似大地水准面与椭球面之间的距离变化极不规则，但在小区域内，用斜面或二次曲面来确定似大地水准面与椭球面之间的距离还是可行的。

1）斜面拟合法

由式（2-15）知，大地高与正常高之差就是高程异常 ξ，在小区域内可将 ξ 看成平面位置 x、y 的一函数，即

$$\xi = ax + by + c \tag{2-22}$$

或

$$H - H_{常} = ax + by + c \tag{2-23}$$

如果已知至少 3 个点的正常高 $H_{常}$ 并测出其大地高 H，则可解出式（2-23）中的系数 a、b、c，然后便可根据任一点的大地高按式（2-23）求得相应的正常高，即

$$H_{常} = H - ax - by - c \tag{2-24}$$

2）二次曲面拟合法

二次曲面拟合法的方程式为：

$$H - H_{常} = ax^2 + by^2 + cxy + dx + ey + f \tag{2-25}$$

如已知至少6个点的正常高并测得大地高，便可解出 a、b、… f 等6个参数，然后根据任一点的大地高便可求得相应的正常高。

(2)区域似大地水准面精化法

区域似大地水准面精化法就是在一定区域内采用精密水准测量、重力测量及GPS测量，先建立区域内精确的似大地水准面模型(如图2-11)，然后便可根据此模型快速准确地进行高程系统的转换。精确求定区域似大地水准面是大地测量学的一项重要科学目标，也是一项极具实用价值的工程任务。我国高精度省级似大地水准面精化工作正在部分省、市展开，如青岛、深圳、江苏等省市已建成cm级的区域似大地水准面模型。在具有如此高精度的似大地水准面模型的地方，用GPS测高程可代替三等水准。

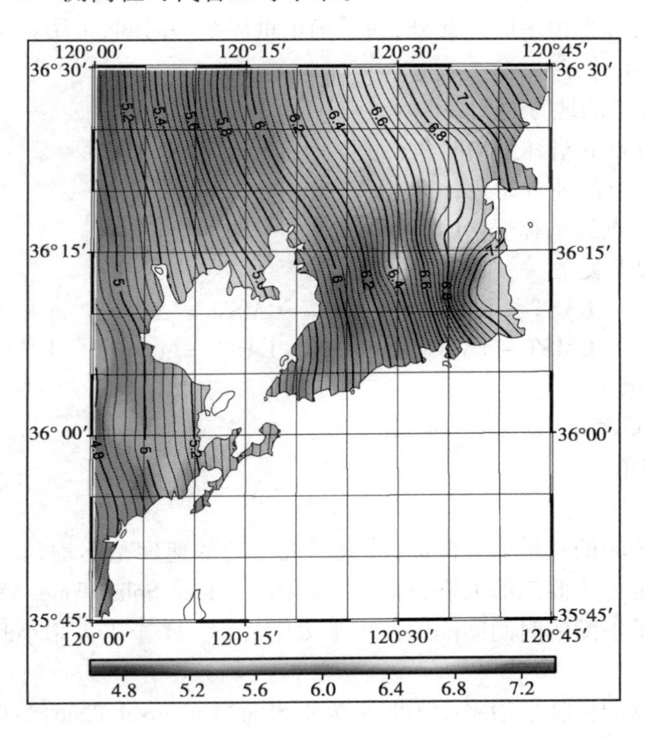

图2-11　区域似大地水准面精化

子情境5　时间系统

在现代大地测量中，为了研究诸如地壳升降和地球板块运动等地球动力学现象，时间也和描述观测点的空间坐标一样，成为研究点位运动过程和规律的一个重要分量，从而使大地网点成为空间与时间参考系中的四维大地网点。

在GPS测量中，时间对点位的精度具有决定性的作用。首先，作为动态已知点的GPS卫星的位置是不断变化的，在星历中，除了要给出卫星的空间位置参数以外，还要给出相应的时间参数。其次，GPS测量是通过接收和处理GPS卫星发射的电磁波信号来确定星站距离进而求得测站坐标的。要精确测定星站距离，就必须精确测定信号传播时间。再次，由于地球自转的缘故,地面点在天球坐标系中的位置是不断变化的,为了根据 GPS 卫星位置确定地面点位置,就必须进行天球坐标系与地球坐标系的转换。为此必须精确测定时间。因此,在建立 GPS 定位系统的同时,就必须建立相应的时间系统。

一、世界时系统

1. 恒星时

由春分点的周日视运动确定的时间称为恒星时(Sidereal Time,简称 ST)。春分点连续两次经过本地子午线的时间间隔为一恒星日,含 24 个恒星小时。恒星时在数值上等于春分点相对于本地子午圈的时角。在岁差和章动的影响下,春分点分为真春分点和平春分点,相应的恒星时也分为真恒星时和平恒星时。此外,为了确定世界统一时间,也用到格林尼治恒星时。因此,恒星时分为以下 4 种:

①LAST:真春分点的地方时角;

②GAST:真春分点的格林尼治时角;

③LMST:平春分点的地方时角;

④GMST:平春分点的格林尼治时角。

4 种恒星时有如下关系:

$$\left.\begin{aligned}\text{LAST} - \text{LMST} = \text{GAST} - \text{GMST} = \Delta\Psi\cos\varepsilon\\ \text{GMST} - \text{LMST} = \text{GAST} - \text{LAST} = \lambda\end{aligned}\right\} \tag{2-26}$$

式中 λ——天文经度;

$\Delta\psi$——黄经章动;

ε——黄赤交角。

2. 平太阳时

因地球绕太阳公转的轨道为一椭圆,故太阳视运动的速度是不均匀的。以真太阳周年视运动的平均速度确定一个假想的太阳,称为平太阳时(Mean Solar Time,简称 MT)。以平太阳连续两次经过本地子午圈的时间间隔为一个平太阳日,含 24 个平太阳小时。

3. 世界时

以子夜零时起算的格林尼治平太阳时称为世界时(Universal Time,简称 UT)。如以 GAMT 表示平太阳相对于格林尼治子午圈的时角,则世界时 UT 与平太阳时之间的关系为:

$$\text{UT} = \text{GAMT} + 12 \tag{2-27}$$

在地极移动的影响下,平太阳连续两次经过格林尼治子午圈的时间间隔并不均等。此外,地球自转速度也不均匀,它不仅包含有长期的减缓趋势,而且还含有一些短周期的变化和季节性变化。因此,世界时也不均匀。从 1956 年开始,在世界时中加入了极移改正和地球自转速度的季节性改正,改正后的世界时分别用 UT_1 和 UT_2 表示,未经改正的世界时用 UT_0 表示,其关系为:

$$\left.\begin{aligned}UT_1 = UT_0 + \Delta\lambda\\ UT_2 = UT_1 + \Delta TS\end{aligned}\right\} \tag{2-28}$$

式中 $\Delta\lambda$——极移改正;

ΔTS——地球自转速度的季节性变化改正。

世界时 UT_2 虽经过以上两项改正,但仍含有地球自转速度逐年减缓和不规则变化的影响,因此,世界时 UT_2 仍是一个不均匀的时间系统。

二、原子时

随着科技的发展,人们对时间稳定度的要求不断提高。以地球自转为基础的世界时系统已不能满足要求。为此,从 20 世纪 50 年代起,便建立了以原子能级间的跃迁特征为基础的原子时(Atomic Time,简称 AT)系统。

原子时秒长定义为:位于海平面上的铯 C_s^{133} 原子基态两个超精细能级间,在零磁场中跃迁辐射振荡 9 192 631 770 周所持续的时间,为一原子秒。原子时的起点定义为 1958 年 1 月 1 日零时的 UT_2(事后发现 AT 比 UT_2 慢 0.003 9 s)国际上用约 100 台原子钟推算统一的原子时系统,称为国际原子时系统(IAT)。

三、协调世界时

原子时的优点是稳定度极高,缺点是与昼夜交替不一致。为了保持原子时的优点而避免其缺点,从 1972 年起,采用了以原子时秒长为尺度,时刻上接近于世界时的一种折中时间系统,称为协调世界时(Coordinate Universal Time,简称 UTC)。

协调世界时秒长等于原子时秒长,采用闰秒的办法使协调世界时的时刻与世界时接近。两者之差应不超过 0.9 s,否则在协调世界时的时刻上减去 1 s,称为闰秒。闰秒的时间定在 6 月 30 日末或 12 月 31 日末,由国际地球自转服务组织(IERS)确定并事先公布。目前几乎所有国家发播的时号,都以 UTC 为基准。

四、GPS 时间系统

为了精确导航和测量的需要,GPS 建立了专用的时间系统(GPST)。由 GPS 主控站的原子钟控制。

GPS 时属原子时系统,其秒长与原子时相同。原点定义为 1980 年 1 月 6 日零时与协调世界时的时刻一致。GPS 时与国际原子时的关系为:

$$\mathrm{IAT} - \mathrm{GPST} = 19\ \mathrm{s} \tag{2-29}$$

GPS 时与协调世界时的关系为:

$$\mathrm{GPST} = \mathrm{UTC} + n \times 1\ \mathrm{s} - 19\ \mathrm{s} \tag{2-30}$$

n 值由国际地球自转服务组织公布。1987 年 $n=23$,GPS 时比协调世界时快 4 s,即 GPST = UTC +4 s,2005 年 12 月,$n=32$,2006 年 1 月,$n=33$,因此,2006 年 1 月 GPS 时与协调世界时的关系是:

$$\mathrm{GPST} = \mathrm{UTC} + 14\ \mathrm{s}$$

2-1　解释下列名词:

天球　天轴　天极　北天极　黄道　北黄极　春分点　天球坐标系(空间直角和球面坐标系)　岁差　章动　协议天球坐标系

2-2 怎样进行瞬时天球坐标系与协议天球坐标系之间的转换？

2-3 解释下列名词：

水准面、大地水准面、总地球椭球、参考椭球、地球坐标系、地球空间直角坐标系、大地坐标系、地极移动、协议地球坐标系、高斯投影、通用横轴墨卡托投影、正高、大地高

2-4 怎样将协议天球坐标系的坐标转换为协议地球坐标系的坐标？

2-5 解释下列名词：

大地测量基准、参心坐标系、地心坐标系、7 参数法、4 参数法、转换参数、转换参数估算、高程拟合法

2-6 回答问题：

①在什么情况下需要建立地方坐标系？

②怎样求得二次曲面拟合法的参数？

2-7 计算：

建立地方坐标系。

某测区位于东经 106°08′~106°24′，北纬 29°30′~29°40′，高程为 280~540 m，A、B 两点在北京 54 坐标系中的坐标如下，试建立地方坐标系。

$x_A = 3\ 278\ 012.222$ m，$y_A = 35\ 608\ 666.666$ m，$x_B = 3\ 286\ 222.286$ m，$y_B = 35\ 618\ 338.338$ m

2-8 熟悉下列概念：恒星时、世界时、原子时、协调世界时、GPS 时

2-9 GPS 时与协调世界时和原子时的关系如何？GPS 时的时间基准是怎样建立的？

学习情境 3

卫星运动与 GPS 卫星的坐标计算

教学内容

卫星的无摄运动与卫星轨道描述,卫星的受摄运动,GPS 卫星预报星历与后处理星历,GPS 卫星的坐标计算。

知识目标

基本正确陈述卫星的无摄运动及轨道参数,了解卫星受摄运动,理解并正确陈述 GPS 卫星星历,理解 GPS 卫星坐标的计算步骤。

子情境 1　卫星的无摄运动

只考虑地球质心引力作用的卫星运动称为卫星的无摄运动。卫星在空间绕地球运动时,除了受地球重力场的引力作用外,还受到太阳、月亮和其他天体引力的影响,以及太阳光压、大气阻力和地球潮汐力等因素的影响。卫星实际的运动轨道极为复杂,很难用简单而精确的数学模型加以描述。在各种作用力对卫星运行轨道的影响中,以地球引力场的影响力最主要,其他作用力的影响相对小得多。通常把作用于卫星上的各种力,按其影响的大小分为两类:一类是中心力,另一类是摄动力,也称非中心力。假定地球为匀质球体的地球引力,称为中心力,它决定着卫星运动的基本规律和特征,由此决定卫星的轨道,可视为理想的轨道。非中心力包括地球非球形对称的作用力、日月引力、大气阻力、光辐射压力以及地球潮汐力等。摄动力的作用,使得卫星的运动偏离了理想轨道。在摄动力的作用下,卫星的运动称为受摄运动。上述理想状态的卫星运动称为无摄运动。卫星在地球引力场中作无摄运动,也称开普勒运动,其规律可通过开普勒定律来描述。

一、卫星运动的开普勒定律

1. 开普勒第一定律

卫星运行的轨道是一个椭圆,而该椭圆的一个焦点与地球的质心重合。这一定律表明,在中心引力场中,卫星绕地球运行的轨道面,是一个通过地球质心的静止平面。轨道椭圆一般称为开普勒椭圆,其形状和大小不变。在椭圆轨道上,卫星离地球质心(简称地心)最远的一点称为远地点,而离地心最近的一点称为近地点,它们在惯性空间的位置也是固定不变的(见图 3-1 和图 3-2)。

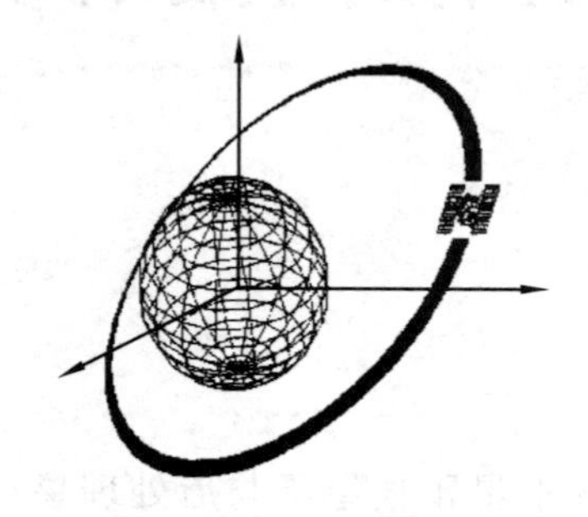

图 3-1　卫星绕地球运行的轨道

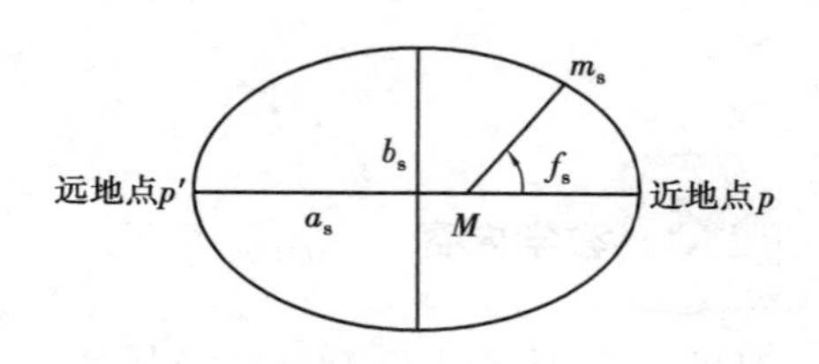

图 3-2　开普勒椭圆

卫星绕地球质心运动的轨道方程为:

$$r = \frac{a_s(1 - e_s^2)}{1 + e_s \cos \nu} \tag{3-1}$$

式中　r——卫星的地心距离;

a_s——开普勒椭圆的长半径;

e_s——开普勒椭圆的偏心率;

ν——真近点角,它描述了任意时刻,卫星在轨道上相对近地点的位置,是时间的函数。

这一定律,阐明了卫星运行轨道的基本形态及其与地心的关系。

2. 开普勒第二定律

卫星的地心向径,即地球质心与卫星质心间的距离向量,在相同的时间内所扫过的面积相等(见图 3-3)。

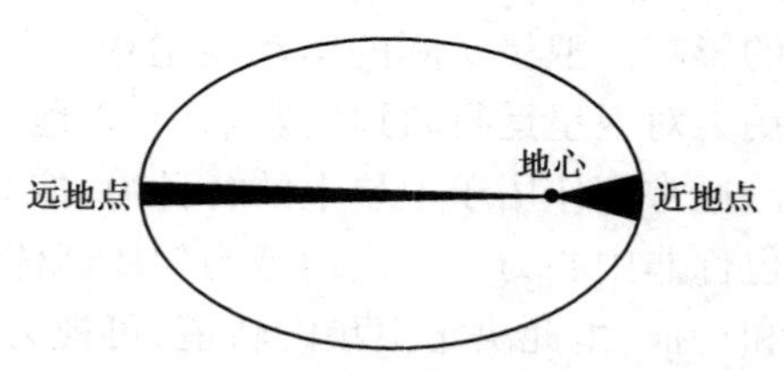

图 3-3　卫星地心向径在相同时间扫过的面积示意

与任何其他运动物体一样,在轨道上运行的卫星,也具有两种能量,即位能和动能。位能仅受地球重力场的影响,其大小和卫星在轨道上所处的位置有关。在近地点其位能最小,而在远地点时为最大。卫星在任一时刻 t 所具有的位能 Gm_s/r(G 为地球引力常数)。动能是由卫星的运动所引起的,其大小是卫星运动速度的函数。如果取卫星的运动速度为 v,则其动能为 $m_s v_s^2/2$。根据能量守恒定理,卫星在运动过程中,其位能和动能之总和应保持不变,即

$$\frac{1}{2}m_s v_s^2 - \frac{\mathrm{GM}m_s}{r} = 常量 \tag{3-2}$$

因此，卫星运行在近地点时，其动能最大，在远地点时最小。由此，开普勒第二定律所包含的内容是：卫星在椭圆轨道上的运行速度是不断变化的，在近地点处速度为最大，而在远地点时速度为最小。

3. 开普勒第三定律

卫星运行周期的平方，与轨道椭圆长半径的立方之比为一常数，而该常数等于地球引力常数GM的倒数。开普勒第三定律的数学形式为：

$$\frac{T_s^2}{a_s^3} = \frac{4\pi^2}{\mathrm{GM}} \tag{3-3}$$

式中　T_s——卫星运动的周期，即卫星绕地球运行一周所需的时间；

其余符号同前。

若假设卫星运动的平均角速度为 n，则有：

$$n = \frac{2\pi}{T_s} \tag{3-4}$$

于是，开普勒第三定律由式(3-3)可写为：

$$n = \left(\frac{\mathrm{GM}}{a_s^3}\right)^{\frac{1}{2}} \tag{3-5}$$

显然，当开普勒椭圆的长半径确定后，卫星运行的平均角速度随之确定，且保持不变。

二、卫星的无摄运动轨道参数

由开普勒定律可知，卫星运动的轨道，是通过地心平面上的一个椭圆，且椭圆的一个焦点与地心相重合。确定椭圆的形状和大小至少需要两个参数，即椭圆的长半径及其偏心率 e_s（或椭圆的短半径 b_s）。另外，为确定任意时刻卫星在轨道上的位置，需要1个参数，一般取真近点角 ν。

参数 a_s、e_s 和 ν，唯一地确定了卫星轨道的形状、大小以及卫星在轨道上的瞬时位置。但是，这时卫星轨道平面与地球体的相对位置和方向还无法确定。确定卫星轨道与地球体之间的相互关系，可以表达为确定开普勒椭圆在天球坐标系中的位置和方向。因为根据开普勒第一定律，轨道椭圆的一个焦点与地球质心相重合，故为了确定该椭圆在上述坐标系中的方向，尚需3个参数。

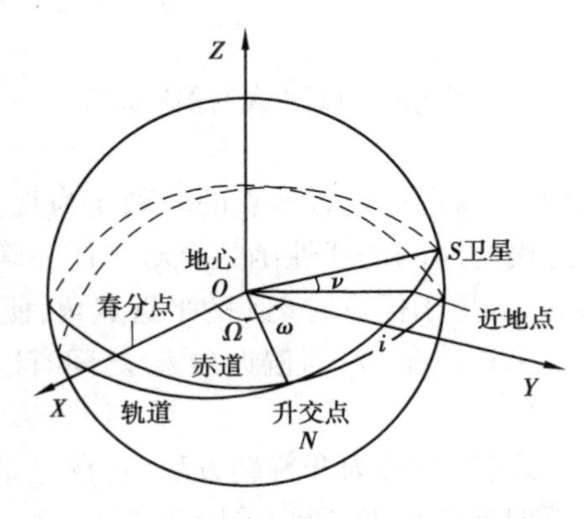

图3-4　开普勒轨道参数

卫星的无摄运动，一般可通过一组适宜的参数来描述。但是，这组参数的选择并不是唯一的。其中一组应用最广泛的参数，$(a、e、V、\Omega、i、\omega)$ 称为开普勒轨道参数（见图3-4），或称开普勒轨道根数。现将这组参数的惯用符号及其定义简介如下：

①a 为轨道椭圆的长半径。

②e 为轨道椭圆的偏心率。

以上两个参数，确定了开普勒椭圆的形状和大小。

③Ω 为升交点的赤经，即在地球赤道平面上，升交点与春分点之间的地心夹角，升交点，即当卫星由南向北运行时，其轨道与地球赤道的一个交点。

④i 为轨道面的倾角，即卫星轨道平面与地球赤道面之间的夹角。

以上两个参数，唯一地确定了卫星轨道平面与地球体之间的夹角。

⑤ω 为近地点角距，即在轨道平面，升交点与近地点之间的地心夹角。

这一参数表达了开普勒椭圆在轨道平面上的定向。

⑥ν 为卫星的真近点角，即在轨道平面上，卫星与近地点之间的地心角距。该参数为时间的函数，它确定了卫星在轨道上的瞬时位置。

一般而言，选用上述 6 个参数来描述卫星运动的轨道是合理而必要的。但在特殊情况下，如当卫星轨道为一圆形轨道，即 $e=0$ 时，参数 ω 和 ν 便失去意义。对于 GPS 卫星来说，$e=0.01$，故采用上述 6 个轨道参数是适宜的。至于参数 a、e、Ω、i、ω 的大小，则是由卫星的发射条件来决定的。

三、真近点角的计算

在描述卫星无摄运动的 6 个开普勒轨道参数中，只有真近点角 ν 是时间的函数，其余均为一般参数。因此，计算卫星瞬时位置的关键，在于计算参数 ν，并由此确定卫星的空间位置与时间的关系。

为此，需要引进有关计算真近点角的两个辅助参数 E_s 和 M_s。

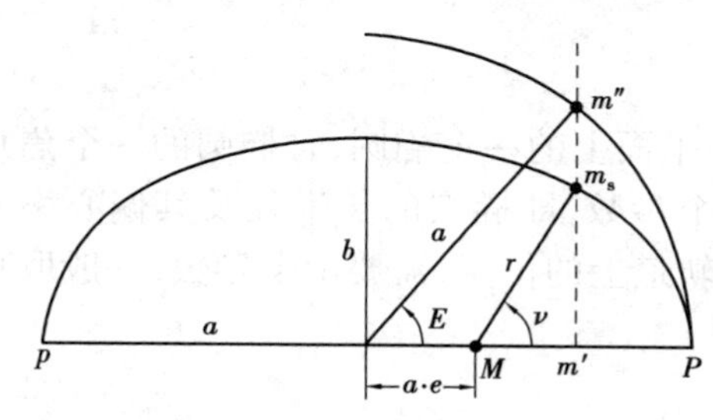

图 3-5　真近点角与偏近点角

①E_s 为偏近点角。如图 3-5 所示，假设过卫星质心 m_s，作平行于椭圆短半轴的直线，则 m' 为该直线与近地点至椭圆中心连线的交点，m'' 为该直线与以椭圆中心为原点并以 a_s 为半径的大圆的交点。E_s 就是椭圆平面上近地点 P 至 m'' 点的圆弧所对应的圆心角。

②M_s 为平近点角。它是一个假设量，若卫星在轨道上运动的平均速度为 n，则平近点角定义为：

$$M_s = n(t - t_0) \tag{3-6}$$

式中，t_0 为卫星过近地点的时刻，t 为观测卫星的时刻。由式(3-6)可知，平近点角仅为卫星平均速度与时间的线性函数。对于任一确定的卫星而言，其平均速度是一个常数(见式(3-6))。因此，卫星于任意时刻 t 的平近点角，便可由式(3-6)唯一地确定。

平近点角 M_s 与偏近角 E_s 之间有以下重要关系：

$$E_s = M_s + e_s \sin E_s \tag{3-7}$$

式(3-7)称为开普勒方程，它在卫星轨道计算中具有重要的意义。为了根据平近点角 M_s 计算偏近点角 E_s 通常采用迭代法，这一方法对利用计算机进行计算尤为适宜。迭代法的初始值可近似取 $E_{s0}=E_s$，依次取：

$$E_{s1} = M_s + e_s \sin E_{s0}$$
$$E_{s2} = M_s + e_s \sin E_{s1}$$
$$\vdots$$

$$E_{sn} = M_s + e_s \sin E_{s(n-1)}$$

直至 $\delta E_s = E_{sn} - E_{s(n-1)}$ 小于某一微小量为止。对于 GPS 卫星而言,由于 e_s 很小,故计算收敛较快。也可采用微分迭代法更进一步加快迭代速度,此处不再详述。

若采用直接解法,计算偏近点角的级数式为:

$$\begin{aligned} E_s = M_s &+ \left(e_s - \frac{1}{8}e_s^3 - \frac{1}{9\ 216}e_s^7\right)\sin M_s + \left(\frac{1}{2}e_s^2 - \frac{1}{6}e_s^4 + \frac{1}{98}e_s^6\right)\sin 2M_s + \\ &\left(\frac{3}{8}e_s^3 - \frac{27}{128}e_s^5 + \frac{243}{5\ 120}e_s^7\right)\sin 3M_s + \left(\frac{1}{3}e_s^4 - \frac{4}{15}e_s^6\right)\sin 4M_s + \\ &\left(\frac{125}{384}e_s^5 - \frac{3\ 125}{9\ 216}e_s^7\right)\sin 5M_s + \frac{27}{80}e_s^6 \sin 6M_s + \frac{16\ 807}{46\ 080}e_s^7 \sin 7M_s \end{aligned} \tag{3-8}$$

对于 GPS 卫星,该式的模型误差将小于 $3.4'' \times 10^{-8}$。

为了计算卫星的瞬时位置,需要确定卫星运行的真近点角 ν 按图 3-5 容易导出,偏近点角与真近点角的关系为:

$$a_s \cos E_s = r \cos \nu + a_s e_s \tag{3-9}$$

$$\cos \nu = \frac{a_s}{r}(\cos E_s - e_s) \tag{3-10}$$

若将(3-10)代入开普勒椭圆方程式(3-1),可得:

$$r = a_s(1 - e_s \cos E_s) \tag{3-11}$$

顾及公式(3-1)和式(3-10)

$$\begin{cases} \cos \nu = \dfrac{\cos E_s - e_s}{1 - e_s \cos E_s} \\ \sin \nu = \dfrac{(1 - e_s^2)^{\frac{1}{2}} \sin E_s}{1 - e_s \cos E_s} \end{cases} \tag{3-12}$$

根据式(3-12)写成常用形式为:

$$\tan\left(\frac{\nu}{2}\right) = \left(\frac{1 + e_s}{1 - e_s}\right)^{\frac{1}{2}} \tan\left(\frac{E_s}{2}\right) \tag{3-13}$$

因此,根据卫星的平近点角 M_s,首先按式(3-7)确定相应的偏近角 E_s,再利用式(3-13)即可计算出相应的真近点角 ν。

四、卫星的瞬时位置

根据卫星的平均运行速度,便可以确定相应的真近点角 ν。卫星于任一观测历元 T,相对于地球的瞬时空间位置,便可以随即确定。但是,为了实用上的方便,卫星的瞬时位置一般都采用与地球质心相联系的直角坐标系来描述。下面介绍在不同直角坐标系中,卫星位置表示的方法。

1. 在轨道直角坐标系中卫星的位置

若取直角坐标系的原点与地球质心 M 相重合,ξ_s 轴指向近地点,ζ_s 轴垂直于轨道平面上,η_s 轴在轨道平面上垂直 ξ_s 轴,构成右手坐标系。于是在该坐标系统中,卫星 m_s 在任意时刻的坐标 (ξ_s, η_s, ζ_s),由图 3-6 可得:

$$\begin{bmatrix} \xi_s \\ \eta_s \\ \zeta_s \end{bmatrix} = r \begin{bmatrix} \cos \nu \\ \sin \nu \\ 0 \end{bmatrix} \tag{3-14}$$

由式(3-1)和(3-10)得：

$$\begin{bmatrix} \xi_s \\ \eta_s \\ \zeta_s \end{bmatrix} = a_s \begin{bmatrix} (\cos E_s - e_s) \\ (1 - e_s^2)^{\frac{1}{2}} \sin E_s \\ 0 \end{bmatrix} \tag{3-15}$$

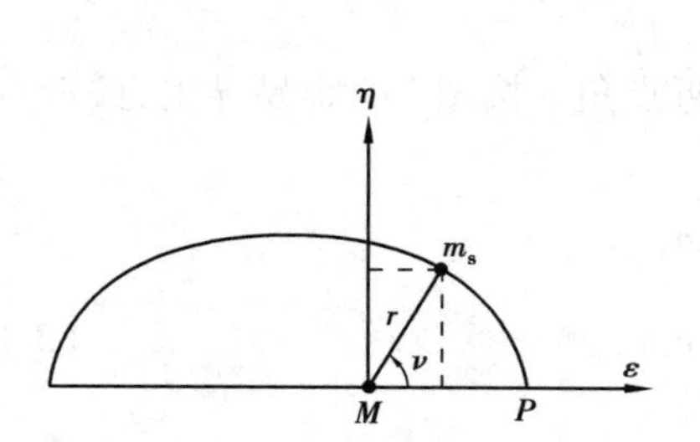

图 3-6　轨道平面坐标系(ε,η)

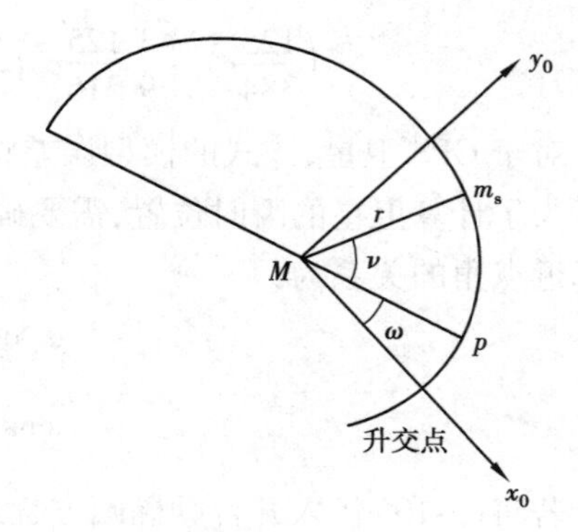

图 3-7　轨道平面坐标系(x_0,y_0)

若取另一种定向不同的轨道直角坐标系(x_0,y_0,z_0)，其原点与质心 M 相重合，x_0 轴指向升交点，z_0 轴垂直于轨道平面向上，y_0 轴在轨道平面上垂直于 x_0 轴，构成右手坐标系，则此时卫星的瞬时坐标由图 3-7 可得：

$$\begin{bmatrix} x_0 \\ y_0 \\ z_0 \end{bmatrix} = a_s \begin{bmatrix} (1 - e_s \cos E_s) \cos \mu \\ (1 - e_s \cos E_s) \sin \mu \\ 0 \end{bmatrix} \tag{3-16}$$

式中，$\mu = \omega + \nu$ 称为升交距角；r 为卫星至地心的距离。

2. 在天球坐标系中卫星的位置

实际上，式(3-14)或式(3-16)只确定了卫星在轨道平面上的位置，而卫星轨道平面与地球体的相对定向尚需由轨道参数 Ω、i 和 ω 确定。

为了在天球坐标系中表示卫星的瞬时位置，需要建立天球空间直角坐标系(x,y,z)与轨道参数之间的数学关系式。而这一关系，可通过建立轨道直角坐标与天球空间直角坐标之间的关系来实现。根据定义已知，天球坐标系(x,y,z)与轨道坐标系(ξ_s,η_s,ζ_s) 具有相同的原点，其差别在于坐标系的定向不同。因此，为了使两坐标系的定向一致，需将坐标系(ξ_s,η_s,ζ_s)依次作如下旋转：

①绕 ζ 轴顺转角度 ω，使 ξ 轴的指向由近地点改为升交点。

②绕 ξ 轴顺转角度 i，以使 ξ 轴与 z 轴相重合。

③绕 ζ 轴顺转角度 Ω，使两坐标系的 x 轴和 ξ 轴相重合。

这一过程可用旋转矩阵表示为：

$$\begin{bmatrix} x \\ y \\ z \end{bmatrix} = R_3(-\Omega)R_1(-i)R_3(-\omega_s)\begin{bmatrix} \xi_s \\ \eta_s \\ \zeta_s \end{bmatrix} \tag{3-17}$$

$$R_3(-\Omega) = \begin{bmatrix} \cos\Omega & -\sin\Omega & 0 \\ \sin\Omega & \cos\Omega & 0 \\ 0 & 0 & 1 \end{bmatrix}$$

$$R_1(-i) = \begin{bmatrix} 1 & 0 & 0 \\ 0 & \cos i & -\sin i \\ 0 & \sin i & \cos i \end{bmatrix}$$

$$R_3(-\omega_s) = \begin{bmatrix} \cos\omega_s & -\sin\omega_s & 0 \\ \sin\omega_s & \cos\omega_s & 0 \\ 0 & 0 & 1 \end{bmatrix}$$

若设 $\boldsymbol{R} = \boldsymbol{R}_3(-\Omega)\boldsymbol{R}_1(-i)\boldsymbol{R}_3(-\omega)$，则

$$\begin{bmatrix} x \\ y \\ z \end{bmatrix} = R\begin{bmatrix} a_s(\cos E_s - e_s) \\ a_s(1-e_s^2)^{\frac{1}{2}}\sin E_s \\ 0 \end{bmatrix} \tag{3-18}$$

3. 卫星在地球坐标系中的位置

为了利用 GPS 卫星进行定位，一般应使观测的卫星和观测站位置处于统一的坐标系统。为此，必须给出地球坐标系中卫星位置的表示形式。由于瞬时地球空间直角坐标系与瞬时天球空间直角坐标系的差别在于 x 轴的指向不同，若取其间的夹角为春分点的格林尼治恒星时 GAST，则地球坐标系中，卫星的瞬时坐标 (X,Y,Z) 与在天球坐标系中的瞬时坐标 (x,y,z) 之间的关系为：

$$\begin{bmatrix} X \\ Y \\ Z \end{bmatrix} = R_3(GAST)\begin{bmatrix} x \\ y \\ z \end{bmatrix} \tag{3-19}$$

$$R_3(GAST) = \begin{bmatrix} \cos(GAST) & \sin(GAST) & 0 \\ -\sin(GAST) & \cos(GAST) & 0 \\ 0 & 0 & 1 \end{bmatrix}$$

将式(3-18)代入式(3-19)得：

$$\begin{bmatrix} X \\ Y \\ Z \end{bmatrix} = R_3(GAST)R\begin{bmatrix} a_s(\cos E_s - e_s) \\ a_s(1-e_s^2)^{\frac{1}{2}}\sin E_s \\ 0 \end{bmatrix} \tag{3-20}$$

若考虑到地极移动的影响，则卫星在协议地球坐标系中的位置为：

$$\begin{bmatrix} X \\ Y \\ Z \end{bmatrix}_{CTS} = R_2(-x_p)R_1(-y_p)\begin{bmatrix} X \\ Y \\ Z \end{bmatrix} \tag{3-21}$$

子情境 2　卫星的受摄运动

一、卫星运动的摄动力

由于受到多种非地球中心引力的影响，卫星的运行轨道，实际上是偏离开普勒轨道的。对于 GPS 卫星来说，仅地球的非球性影响，在 3 h 的弧段上就可能使卫星的位置偏差达 2 km，而在两天弧段上达 14 km。显然，这种偏差对于任何用途的定位工作都是不容忽视的。为此，必须建立各种摄动力模型，对卫星的开普勒轨道加以修正，以满足精密定轨和定位的要求。

卫星在运行中，除主要受到地球中心引力 F_C 的作用外，还将受到以下各种摄动力的影响，从而引起轨道的摄动（见图 3-8）。

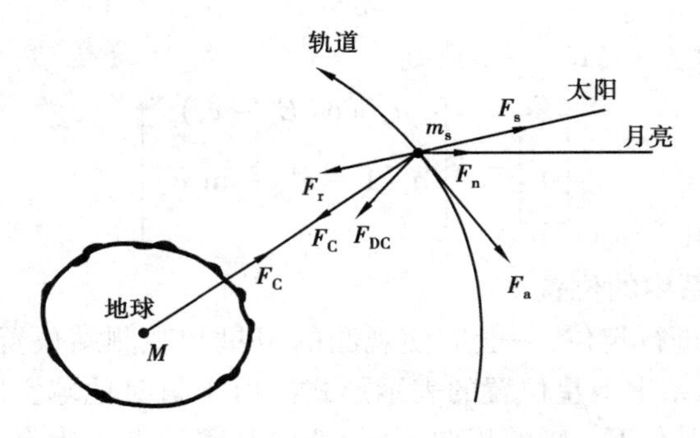

图 3-8　作用于卫星上的力

①地球体的非球性及其质量分布不均匀而引起的作用力，即地球的非中心引力 F_{DC}。

②太阳的引力 F_s 和月球的引力 F_n。

③太阳的直接与间接辐射压力 F_r。

④大气的阻力 F_a。

⑤地球潮汐的作用力。

⑥磁力等。

受日月引力的影响，地球产生潮汐现象。这对卫星的运动也产生影响，属于日月引力对卫星运动的一种间接影响。理论分析表明，对 GPS 卫星来说，这种影响并不明显。因此，本节将简要介绍其他一些摄动力对 GPS 卫星轨道的影响。

二、地球引力场摄动力的影响

地球不仅其内部的质量分布不均匀，而且形状也不规则。现代大地测量学已经确定，地球的实际形状大体上接近于一个长短轴相差 21 km 的椭球，但在北极仍高出椭球面约 19 km，而在南极却凹下约 26 km（见图 3-9）。一般来说，大地水准面与椭球面的高差均不超过 100 m。地球引力位模型一般形式为：

$$\nu = \frac{\mathrm{GM}}{r} + \Delta\nu \tag{3-22}$$

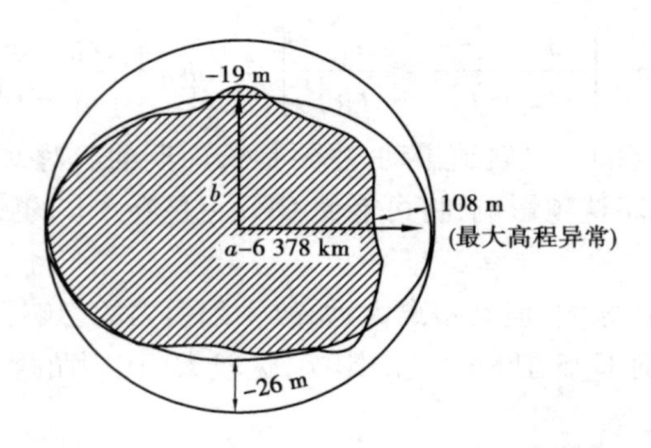

图 3-9　球体、地球椭球与大地水准面

式中，$\Delta\nu$ 为摄动位，其球谐函数展开式的一般形式为：

$$\Delta\nu = GM\sum_{n=2}^{n'}\frac{a^n}{r^{n+1}}\sum_{m=0}^{n}P_{nm}(\sin\varphi)(C_{nm}\cos m\lambda + S_{nm}\sin m\lambda) \tag{3-23}$$

式中　GM——引力常数和地球质量的乘积；

a——地球赤道半径；

r——卫星至地心的距离；

$P_{nm}(\sin\varphi)$——n 阶 m 次勒让德（让 gendre）函数；

C_{nm}、S_{nm}——球谐系数；

n'——预定的某一最高阶次；

λ、φ——观测站的经度和纬度。

由于 GPS 卫星的轨道较高，而随着高度的增加，地球非球形引力的影响将迅速减小，因此，只要应用展开式的较少项数，便可以满足确定 GPS 卫星轨道的精度要求。地球引力场摄动位的影响，主要由与地球扁率有关的二阶球谐系数项所引起，它对卫星轨道的影响主要表现如下：

①引起轨道平面在空间的旋转。这一影响，使升交点沿地球赤道产生缓慢的推动，进而使升交点的赤经 Ω，产生周期性的变化。

②引起近地点在轨道面内旋转。近地点的变化，说明开普勒椭圆平面内定向的改变，从而引起了卫星轨道近地点角距 ω 的缓慢变化。

③引起平近点角 M_s 的变化。在地球引力场二阶带谐项的影响下，卫星轨道平近点角 M_s 的变率可估算为：

$$M_s = -\frac{3}{2}K(1 - e_s^2)^{\frac{1}{2}}(1 - 3\cos^2 i) \tag{3-24}$$

于是，相应历元 t 的平近点角可表示为：

$$M_s(t) = M_s(t_0) + M_s(t - t_0) + n(t - t_0) \tag{3-25}$$

三、日月引力的影响

日月引力对卫星轨道的影响，是由太阳和月亮的质量对卫星所产生的引力加速度而产生的。如果取 $m_日$、$m_月$ 分别表示日、月的质量，$r_日$、$r_月$ 为日、月的地心向径，而 r 为卫星的地心向径，则日月引力对卫星的摄动加速度可表示为：

$$\ddot{r}_{日} + \ddot{r}_{月} = Gm_{日}\left[\frac{r_{日} - r}{|r_{日} - r|^3} - \frac{r_{日}}{|r_{日}|^3}\right] + Gm_{月}\left[\frac{r_{月} - r}{|r_{月} - r|^3} - \frac{r_{月}}{|r_{月}|^3}\right] \tag{3-26}$$

由日月引力加速度引起的卫星轨道摄动，主要是长周期的。对 GPS 卫星产生的摄动加速度约为 $5 \times 10^6\ m/s^2$。若忽略这项影响，将可能使 GPS 卫星在 3 h 的弧段上产生 50 ~ 150 m 的位置误差。

虽然太阳的质量远较月球大，但其距离太远，故太阳引力的影响仅约月球引力影响的0.46倍。至于太阳系其他行星对 GPS 卫星轨道的影响，远较太阳引力的影响力小，一般均可忽略。

四、太阳光压的影响

卫星在运行中，除直接受到太阳光辐射压力的影响外，还将受到由地球反射的太阳光间接辐射压力的影响（见图 3-10）。不过，间接辐射压对 GPS 卫星运动的影响较小，一般只有直接辐射压影响的 1% ~ 2%。太阳辐射压对球形卫星所产生的摄动加速度，既与卫星、太阳和地球之间的相对位置有关，也与卫星表面的反射特性、卫星的截面积与质量比有关，其间关系比

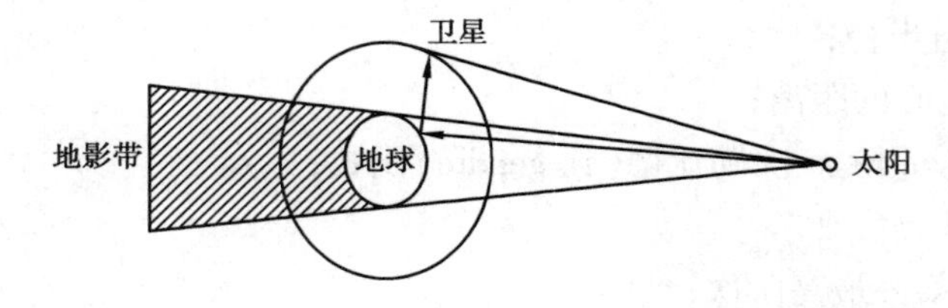

图 3-10　太阳光压

较复杂，一般可近似表示为：

$$\ddot{r}_{光压} = rP_{\gamma}C_{\gamma}\frac{F}{m_s}r_{日}^2\left[\frac{r - r_{日}}{|r - r_{日}|^3}\right] \tag{3-27}$$

式中　P_r——太阳的光压；

C_r——卫星表面的反射因子；

F/m_s——卫星的截面积与卫星质量之比；

$r_{日}$——太阳的地心向径；

r——表示卫星被地球阴影区掩盖程度参数，通常称为蚀因子。在阴影区 $r = 0$；在阳光直接照射下 $r = 1$，一般 $0 < r < 1$。

太阳光压对 GPS 卫星产生的摄动加速度约为 10^{-7}/ m 存量级，将使卫星轨道在 3 h 的弧段上产生 5 ~ 10 m 的偏差。因此，对于基线大于 50 km 的精密相对定位而言，这一轨道偏差一般也是不能忽略的。

随着精密定位技术的发展，对卫星轨道的精度要求将会随之提高。因此，充分考虑到各种摄动力的影响，并不断完善摄动力模型，始终是卫星精密轨道理论的一个重要课题。

子情境 3　GPS 卫星的星历

卫星的星历是描述有关卫星运行轨道的信息。利用 GPS 进行定位，就是根据已知的卫星

轨道信息和用户的观测资料，通过数据处理来确定接收机的位置及其载体的运动速度。因此，精确的轨道信息是精密定位的基础。GPS卫星星历的提供方式有两种：一种是预报星历，又称广播星历；另一种是后处理星历，又称精密星历。

一、预报星历

所谓预报星历，就是GPS卫星将含有轨道信息的导航电文发送给用户接收机，然后经过解码获得的卫星星历。因此，这种星历也称为广播星历。预报星历包括相对某一参考历元的开普勒轨道参数以及必要的轨道摄动改正项参数。

对应于某参考历元的卫星开普勒轨道参数，也称参考星历，它是根据GPS监测站约一周的观测资料推算的。参考星历只代表卫星在参考历元的瞬时轨道参数（也称为密切轨道参数），但是在摄动力的影响下，卫星的实际轨道，随后将偏离其参考轨道，偏离的程度主要决定于观测历元与所选参考历元间的时间差。一般而言，用轨道参数的摄动项对已知的卫星参考星历加以改正，就可以外推出任意观测历元的卫星星历。

不难理解，若观测历元与所选参考历元的时间差很大，为了保障外推的轨道参数具有必要的精度，就必须采用更严密的摄动力模型和考虑更多的摄动因素。实际上，为了保持卫星预报星历的必要精度，一般采用限制预报星历外推时间间隔的方法。为此，GPS跟踪站每天都利用其观测资料，更新用以确定卫星参考星历的数据，以计算每天卫星轨道参数的更新值，并按时将其注入相应的卫星加以储存和发送。事实上，GPS卫星发射的广播星历每小时更新一次，以供用户使用。

若将上述计算参考星历的参考历元 t_{oe} 选在两次更新星历的中央时刻，则外推的时间间隔最大将不会超过0.5 h，从而可以在采用同样摄动力模型的情况下有效地保持外推轨道参数的精度。目前，预报星历的精度一般估计为20～40 m。由于预报星历每小时更新一次，因此，在数据更新前后，各表达式之间将会产生小的跳跃，其值可达数分米。对此，一般可利用适当的拟合技术（如切比雪夫多项式）予以平滑。

GPS用户通过卫星广播星历，可以获得16个卫星星历参数。其中，包括1个参考时刻，6个相应参考时刻的开普勒轨道参数和9个摄动力影响的参数。AODE表示从最后一次注入电文起外推星历时的外推时间间隔，它反映了外推星历的可靠程度。有关卫星实际轨道的描述如图3-11和表4-6所示。根据上述数据，便可外推出观测时刻 t 的轨道参数，从而可计算卫星在不同参考系中的相应坐标。

二、后处理星历及其获取

卫星的预报星历具有实时获取的特点，这对于导航或实时定位是非常重要的。但是，对于某些精密定位工作的用户来说，其精度尚难以满足要求，尤其当预报星历受到人为干预而降低精度时，就更难以保障精密定位工作的要求。

后处理星历是一些国家的某些部门根据各自建立的跟踪站所获得的精密观测资料，应用于确定预报星历相似的方法计算的卫星星历。它可以向用户提供在用户观测时间的卫星星历，避免了预报星历外推的误差。

由于这种星历通常是在事后向用户提供并在其观测时间的卫星精密轨道信息，因此称为后处理星历或精密星历。该星历的精度，目前可达分米级。

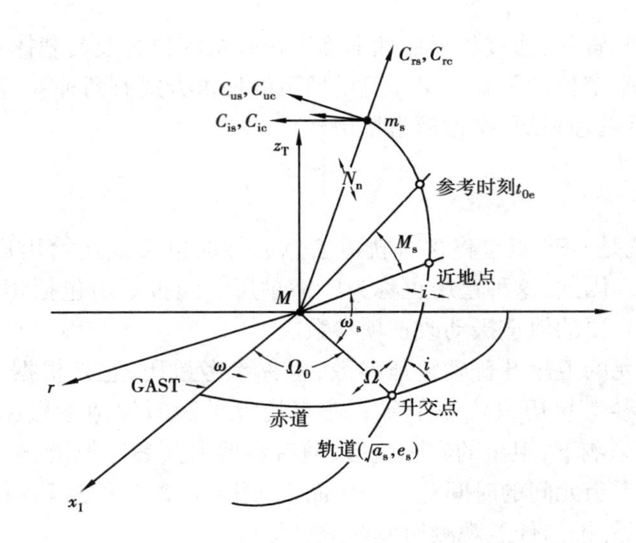

图 3-11　预报星历参数的图示

后处理星历一般不是通过卫星的无线电信号向用户传递的，而是利用磁盘(卡)或通过电传通信等方式，有偿地为所需要的用户服务。但是，建立和维持一个独立的跟踪系统，其技术比较复杂，投资也较大，因此，利用 GPS 的预报星历进行精密定位工作，仍是目前一个重要的研究和开发领域。

子情境 4　GPS 卫星的坐标计算

在子情境 1 卫星的无摄运动中，介绍了计算无摄运动卫星在不同坐标系中瞬时坐标的基本方法。在实际工作中，因轨道摄动力的影响，受摄卫星瞬时坐标的计算方法与前述有所不同。下面介绍根据 GPS 卫星导航电文中的星历参数，计算 GPS 卫星在地球坐标系中瞬时坐标的方法。

一、升交点经度的计算

为了根据 GPS 卫星的广播星历计算卫星在协议地球坐标系中的位置，首先应当知道卫星升交点在观测历元 t 的经度。

以 Ω 表示观测历元 t 的升交点赤经。以 GAST 表示同一历元春分点的格林尼治恒星时。则由图 3-12 可写出以下简单关系：

$$\lambda = \Omega - \text{GAST} \tag{3-28}$$

但在广播星历参数中，并不直接给出观测历元 t 的 Ω 和 GAST，而给出的是与参考历元 t_{0e} 有关的 Ω_0。如以 Ω_{0e} 表示星历参考时刻 t_{0e} 的升交点赤经，$\dot{\Omega}$ 为升交点的赤经变率，那么，根据图 3-13，可得观测历元 t 的升交点赤经 Ω 为：

$$\Omega = \Omega_{0e} + \dot{\Omega}(t - t_{0e}) \tag{3-29}$$

另外，上述春分点的格林尼治恒星时 GAST，是以 GPS 时间系统表示的，而在 GPS 时间系

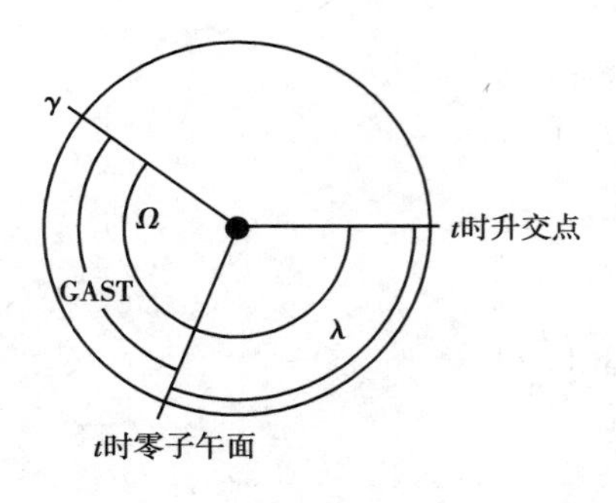

图3-12　观测时的升交点经度

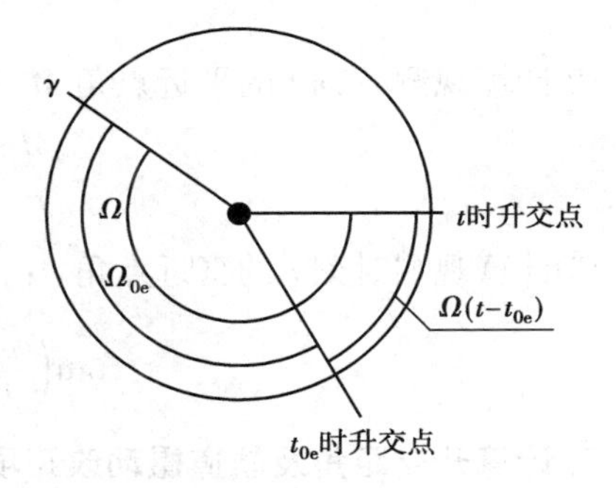

图3-13　观测时的升交点赤经

统中,时间是从一周的开始(星期日子夜零时)连续以秒计算的。因为地球的自转速度已知为ω,故可写出(见图3-14):

$$\text{GAST} = \text{GAST}(t_0) + \omega(t - t_0) \tag{3-30}$$

式中　t_0——一周开始的GPS时。

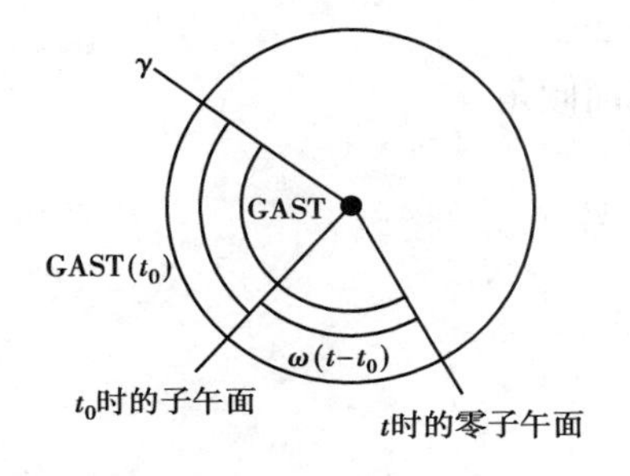

图3-14　观测时春分点格林尼治恒星时

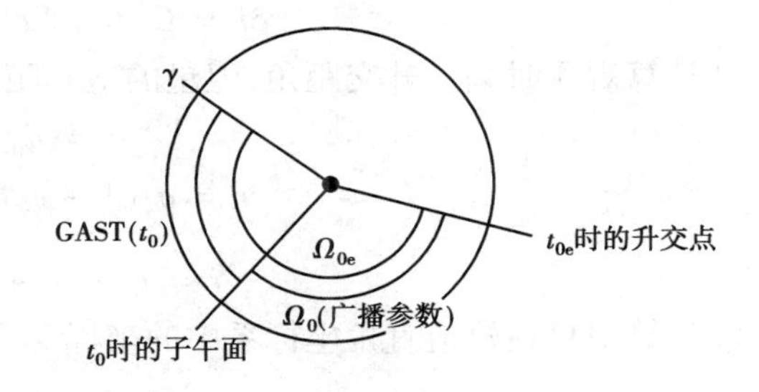

图3-15　广播星历中升交点赤经

由于t_{0e}是从t_0起算的,因此,实际上广播星历参数与参考时刻t_{oe}参数之间的关系如图3-15所示,即

$$\Omega_0 = \Omega_{0e} - \text{GAST}(t_0) \tag{3-31}$$

或

$$\Omega_{0e} = \Omega_0 + \text{GAST}(t_0)$$

将式(3-29)至式(3-31)一并代入式(3-28),并考虑到t_{0e}和t都是从t_0算起的,而可设t_0为0,于是,最后可得升交点的经度为:

$$\lambda = \Omega_0 + (\dot{\Omega} - \omega)(t - t_0) - \omega t_{0e} \tag{3-32}$$

二、在协议地球坐标系中GPS卫星坐标的计算

此处结合前面所述的GPS卫星位置的计算方法和GPS卫星星历,介绍实际计算GPS卫星坐标的步骤和方法。

1. 计算真近点角ν

①计算平均角速度:

$$n_0 = \left[\frac{GM}{a_s^3}\right]^{\frac{1}{2}}$$

$$GM = 398\ 600.5\ \text{km}^3/\text{s}^2$$

$$n = n_0 + \Delta n$$

②计算观测时刻 t 的平近点角 M_s 和偏近点角 E_s：

$$M_s = M_{s0} + n(t - t_{0e})$$

$$E_s = M_s + e_s \sin E_s$$

③计算观测时刻 t 的真近点角 ν：

$$\tan\left(\frac{\nu}{2}\right) = \left(\frac{1 + e_s}{1 - e_s}\right)^{\frac{1}{2}} \tan\left(\frac{E_s}{2}\right)$$

2. 计算升交距角及轨道摄动改正项

①升交距角

$$u = \omega + \nu$$

②摄动改正项

$$\delta u = C_{us} \sin 2u_0 + C_{uc} \cos 2u_0$$

$$\delta r = C_{rs} \sin 2u_0 + C_{rc} \cos 2u_0$$

$$\delta i = C_{is} \sin 2u_0 + C_{ic} \cos 2u_0$$

③计算观测时刻的升交距角、卫星的地心距离及轨道面倾角

$$u = u_0 + \delta u$$

$$r = a_s(1 - e_s \cos E_s) + \delta r$$

$$i = i_0 + \delta i + \dot{i}(t - t_{0e})$$

④计算卫星在轨道直角坐标系中的坐标

$$\begin{bmatrix} x \\ y \\ z \end{bmatrix} = \begin{bmatrix} r \cos u \\ r \sin u \\ 0 \end{bmatrix}$$

⑤计算升交点经度

$$\lambda = \Omega_0 + (\dot{\Omega} - \omega)(t - t_0) - \omega t_{0e}$$

$$\omega = 7.292\ 115 \times 10^{-5}\ \text{rad/s}$$

⑥计算卫星在协议地球坐标系中的空间直角坐标

类似式(3-17)、式(3-19)，可得观测瞬间的空间直角坐标：

$$\begin{bmatrix} X \\ Y \\ Z \end{bmatrix} = R_3(-\lambda)R_1(-i)\begin{bmatrix} x \\ y \\ z \end{bmatrix}$$

$$R_3(-\lambda)R(-i) = \begin{bmatrix} \cos\lambda & -\sin\lambda \sin i & \sin\lambda \sin i \\ \sin\lambda & \cos\lambda \cos i & -\cos\lambda \sin i \\ 0 & \sin i & \cos i \end{bmatrix}$$

考虑到地极移动的影响，最后便得在协议地球坐标系中的空间直角坐标：

$$\begin{bmatrix} X \\ Y \\ Z \end{bmatrix}_{CTS} = R_2(-x_p)R_1(-y_p)\begin{bmatrix} X \\ Y \\ Z \end{bmatrix}$$

$$R_2(-x_p)R_1(-y_p) = \begin{bmatrix} 1 & 0 & x_p \\ 0 & 1 & -y_p \\ -x_p & y_p & 1 \end{bmatrix}$$

知识技能训练

3-1　开普勒三定律的内容是什么？试列出其相应的数学模型。

3-2　试解释卫星轨道各参数的含义。

3-3　试描述真近点角的计算步骤。

3-4　简述影响卫星的各种摄动力的特征。

3-5　什么叫星历？有哪几种星历？各有何特点？

3-6　简述 GPS 卫星坐标计算的步骤。

学习情境 4
电磁波的传播与 GPS 卫星的信号

教学内容

电磁波传播的基本概念,大气层对电磁波传播的影响,GPS 卫星的测距码信号,GPS 卫星的导航电文。

知识目标

了解电磁波的基本概念和其参数的构成;了解大气环境对电磁波传播的主要影响因素和其相应的减弱影响的措施;掌握码的相关概念、码的构成及其相应的特性;掌握 GPS 导航电文的格式及其内容。

技能目标

能针对具体环境制订减弱大气层对 GPS 观测信号影响的措施;能进行 GPS 卫星信号的解调。

GPS 卫星定位的基本观测量,是观测站(用户接收天线)到 GPS 卫星(信号发射天线)之间的距离(或称信号传播路径)。它是通过测定卫星信号在该路径上的传播时间(时间延迟),或测定卫星载波信号相位在该路径上变化的周期(相位延迟)来导出的。这与一般的电磁波测距原理相似,只要已知卫星信号的传播时间 Δt 和传播速度 v。就可得到卫星至观测站的距离 ρ,即

$$\rho = v \cdot \Delta t \tag{4-1}$$

而 GPS 信号是 GPS 卫星向广大用户发送的用于导航定位的调制波,它是卫星电文和伪随机噪声码的组合码。对于距离地面两万余公里且电能紧张的 GPS 卫星,怎样才能有效地将很低码率的导航电文发送给广大用户?这是关系到 GPS 系统成败的大问题。

为方便理解 GPS 的定位原理,这里首先扼要地介绍一下有关电磁波传播的基本知识及大气层折射的影响,然后,进一步说明有关 GPS 卫星的信号问题。

子情境1　电磁波传播的基本概念

一、电磁波及其参数

从物理学中的有关概念知道,电磁波是一种随时间 t 变化的正弦(或余弦)波。如果设振幅为 A_0,电磁波的频率为 f,周期为 T,相位为 Φ,且当 $t=0$ 时有初相位 Φ_0,则有关系式:

$$y = A \cdot \sin 2\pi\left(\frac{t}{T} + \Phi_0\right) \tag{4-2}$$

由式(4-1)可知,利用电磁波测距,除了必须精确地测定电磁波的传播时间(或相位的变化)之外,还应该准确地确定电磁波的传播速度 v。若设电磁波的波长为 λ,相位常数为 k,则有关系式:

$$k = \frac{2\pi}{\lambda} = \frac{\omega}{v} \tag{4-3}$$

$$v = \lambda \cdot f = \frac{\lambda}{T} = \frac{\omega}{k} \tag{4-4}$$

式中　λ——波长,m;

f——频率,Hz 或 1/s;

ω——角频率,rad/s;

v——波速,m/s。

二、电磁波的传播速度与大气折射

假设电磁波在真空中的传播速度为 c,并以下标"vac"表示在真空中电磁波的相应参数,那么根据式(4-4)有:

$$c = \lambda_{vac} \cdot f = \frac{\lambda_{vac}}{T} = \frac{\omega}{k_{vac}} \tag{4-5}$$

在卫星大地测量中,国际上目前采用的真空光速值为:

$$c = 2.997\,924\,58 \times 10^8 \quad \text{m/s} \tag{4-6}$$

对于 GPS 而言,卫星的电磁波信号,从发射天线传播到地面接收机天线大约需要 0.1 s。因此,对于光速值的最后一位,若含有一个单位的误差,则在上述传播时间内,将会引起约 0.1 m的距离误差。这说明准确地确定电磁波的传播速度是非常重要的。

事实上,电磁波传播的空间并不是真空,而是充满着大气介质。GPS 卫星发射的电磁波信号到达地面接收机,要穿过性质与状态各异且不稳定的若干大气层,这些因素可能改变电磁波传播的方向、速度和强度,这种现象称为大气折射。

大气折射对 GPS 观测结果所产生的影响,往往都超过 GPS 精密定位所允许的精度范围。对于这种影响,如何在数据处理过程中通过模型加以改正,或者在观测中通过适当的观测方法来减弱,以提高 GPS 定位的精度,已成为广大用户普遍关注的问题。

电磁波在大气中的传播速度,可用折射率 n 来描述,其定义为:

$$n = \frac{c}{v} = \frac{\lambda_{vac}}{\lambda} = \frac{k}{k_{vac}} \tag{4-7}$$

折射率 n 与大气的组成和结构密切相关。考虑到其实际值接近于 1,故常用折射数 N^0 来代替,即有定义:

$$N^0 = (n-1) \times 10^6 \tag{4-8}$$

根据大气物理学中的概念,若电磁波在某种介质中的传播速度与频率有关,则称该介质为弥散性介质。介质的弥散现象是由于传播介质的内电场和入射波的外电场之间的电磁转换效应而产生的。当介质的原子频率与入射波的频率接近一致时,便发生共振,由此而影响电磁波的传播速度。而且,通常称 dv/df 为速度弥散。若把具有不同频率的多种波叠加而成的复合波称为群波,那么在具有速度弥散现象的介质中,单一频率正弦波的传播与群波的传播是不同的。假设,单一频率正弦波的相位传播速度为相速 v_p,群波的传播速度为群速 v_g,则有:

$$v_g = v_p - \lambda \frac{\partial v_p}{\partial \lambda} \tag{4-9}$$

式中 λ——通过大气层的电磁波波长。

若取通过大气层的电磁波频率 f,则相应的折射率为:

$$n_g = n_p - n \frac{\partial n_p}{\partial f} \tag{4-10}$$

在 GPS 定位中,群速 v_g 与码相位测量有关,而相速 v_p 与载波相位测量有关。

在卫星大地测量中,一般按其频率(或波长)可将载波信号划分为不同的波段,表 4-1 给出了常用波段的划分方法及其表示符号,而整个电磁波的频谱参见图 4-1。

表 4-1 电磁波波段的划分

符 号	频率/GHz	平均波长/cm
P-波段	220 ~ 300	115
L-波段	1 ~ 2	20
S-波段	2 ~ 4	10
C-波段	4 ~ 8	5
X-波段	8 ~ 12.5	3
Ku-波段	12.5 ~ 18	2
K-波段	18 ~ 26.5	1.35
Ka-波段	26.5 ~ 40	1

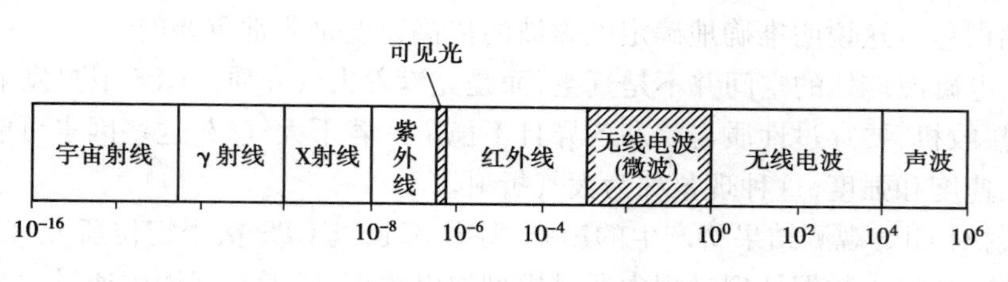

图 4-1 电磁波的频谱

子情境2　大气层对电磁波传播的影响

一、大气的结构及性质

1. 大气结构概况

众所周知，地球的表面包围着一层很厚的大气，大气的总质量约为 3.9×10^{18} kg，大约是地球总质量的百万分之一。由于地球吸引力的作用，引起大气的质量在垂直方向分布极不均匀，主要集中在大气层的底部，其中 75% 的质量分布在 10 km 以下，而 90% 以上的质量分布在 30 km 以下。

通过大量观测资料的分析表明，大气在垂直方向的物理性质也有很大的差异。根据温度、成分和荷电等物理性质的不同，大气可分为性质各异的若干大气层。按不同标准，对大气层也有不同的分层方法，图 4-2 给出了这种分类的概况。根据对电磁波传播的不同影响，一般可将大气层分为对流层和电离层。

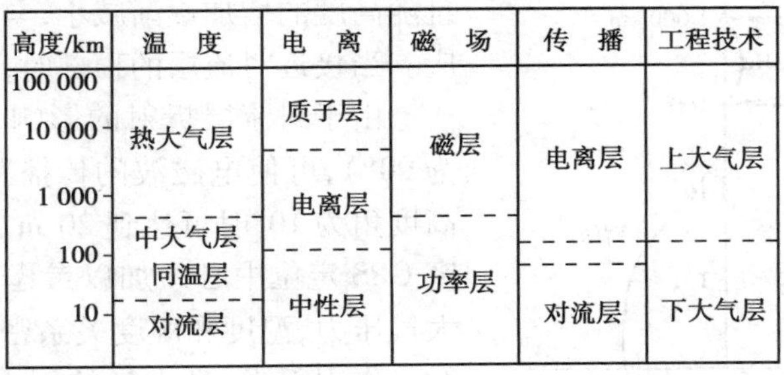

高度/km	温　度	电　离	磁　场	传　播	工程技术
100 000					
10 000	热大气层	质子层	磁层	电离层	上大气层
1 000		电离层			
100	中大气层		功率层		
	同温层	中性层			
10	对流层			对流层	下大气层

图 4-2　大气层的分类

2. 对流层的性质

对流层，指从地面向上约 40 km 范围内的大气底层。整个大气层质量的 99%，几乎都集中在该大气层中。对流层与地面接触，并从地面得到辐射热能，其温度一般随高度的上升而降低，平均每升高 1 km 降低约 6.5 ℃。而在水平方向（南北方向），温度差每 100 km 一般不会超过 1 ℃。

在对流层中，虽有少量带电离子，但其对电磁波的传播几乎没有什么影响。因此对流层的大气，实际上是属中性，对于电磁波的传播不属弥散性的介质。也就是说，电磁波在其中的传播速度与频率无关。

对流层具有很强的对流作用，像云、雾、雨、雪、风等这些主要天气现象，都出现在其中。该层大气的组成，除含有各种气体元素外，还含有水滴、冰晶和尘埃等杂质，它们对电磁波的传播具有很大的影响。大气中水汽的含量，依空间位置和季节的交替而变化，在热带含量有时可达 4%，而在两极地区则不到 0.1%。

在对流层中，如果以 $N_T^0(h)$ 表示电磁波的折射数，则其随高度的变化如图 4-3 所示。

3. 电离层的性质

电离层是高度位于 50 ~ 1 000 km 的大气层。由于原子氧吸收了太阳紫外线的能量，故该大气层的温度,随高度的上升而迅速升高。同时,由于太阳和其他天体的辐射作用,使该层的大气分子大部分发生电离,从而具有密度较高的带电粒子。大气层中电子的密度,决定于太阳辐射的强度和大气的密度。因此,电离层的电子密度不仅随高度而异,而且与太阳黑子的活动密切相关。

由于电离层含有较高密度的电子,当电磁波信号穿过该层时,信号的路径会发生弯曲(但对测距的影响很微小,一般可不顾及),所以,该层大气对电磁波的传播属弥散性介质。也就是说,这时电磁波的传播速度与频率有关。

在电离层中,如果以 $N_{\mathrm{I}}^{0}(h)$ 表示电磁波的折射数,则其随高度的变化如图 4-3 所示的上部曲线。

二、对流层的影响和改正

由于对流层的大气实际上是属于中性的,它对于频率低于 30 GHz 的电磁波的传播,可认为是非弥散性介质。因此,电磁波在其中的传播速度与频率无关,即这时折射率与电磁波的频率或波长无关。因而相折射率 n_p 与群折射率 n_g 相等。

由图 4-3 可知,在对流层中折射率略大于 1,而且随高度的增加逐渐减小,与大气密度的降低相对应。当接近对流层的顶部时,其值趋近于 1。

由于对流层折射的影响,在天顶方向(高度角为 90°),可使电磁波的传播路径差达到 2.3 m;当高度角为 10°时可达到 20 m。因此,这种影响在精密 GPS 定位中必须加以考虑。对流层的折射率与大气压力、温度和湿度关系密切。由于该层大气的对流作用很强,且大气的压力、温度和湿度等因素变化比较复杂,因此,对于大气折射率的变化及其影响,目前尚难以准确地模型化。

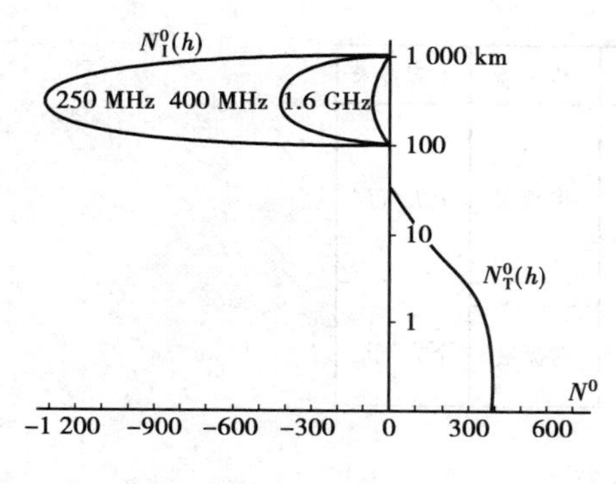

图 4-3 折射数 N^0 随高度的变化

为了分析的方便,通常都是将对流层的大气折射分为干分量和湿分量两部分,这两个分量,与大气的压力、温度和湿度有一定的关系。如果以符号 N_d 和 N_w 分别表示折射数的干分量和湿分量,则有:

$$N^0 = 77.6 \frac{P}{T_k} + 3.73 \times 10^5 \frac{e_0}{T_k^2} \tag{4-11}$$

式中 P——大气压力,Pa;

T_k——绝对温度,K;

e_0——水汽分压,Pa。

这时,沿天顶方向对流层对电磁波传播路径的影响,可相应表示为:

$$\delta S = 1.552 \times 10^{-5} \frac{P}{T_k} H_d + 1.552 \times 10^{-5} \frac{4\,810 e_0}{T_k^2} H_w \tag{4-12}$$

式中 δS——沿天顶方向电磁波传播路径的距离差,m。

干分量 δS_d 主要与地面的大气压力和温度有关;而湿分量 δS_w 主要与电磁波传播路径上的大气状况密切相关。

结合式(4-11)，由地球表面向上，沿天顶方向的电磁波传播路径 S 为：

$$S = S_0 + 10^{-6}\int^{H_d} 77.6 \frac{P}{T_k} dH + 10^{-6}\int^{H_w} 3.73 \times 10^5 \frac{e_0}{T_k^2} dH \tag{4-13}$$

式中　S_0——电磁波在真空中的传播路径，m；

H_d——当 N_d 趋近于 0 时之高程值，$m(\approx 40\ \text{km})$；

H_w——当 N_w 趋近于 0 时之高程值，$m(\approx 10\ \text{km})$。

因为一般不可能沿电磁波传播路线直接测定对流层的折射数，故在卫星大地测量中已有多种模型，可以根据地面的气象数据来描述折射数与高程的关系。

根据理论的分析，折射数的干分量与高程 H 之间的关系为：

$$N_d = N_{d0}\left(\frac{H_d - H}{H_d}\right)^4 \tag{4-14}$$

式中　N_{d0}——地面大气折射数的干分量。

对于参数 H_d，霍普菲尔德(H. Hopfield)通过对全球高空气象探测资料的分析，推荐了以下经验公式：

$$H_d = 40\ 136 + 148.72(T_k - 273.16) \tag{4-15}$$

对于折射数的湿分量则比较复杂。由于天气湿度随地理纬度、季节和大气状况等不同而异，故还难以建立相应的理论模型。这时，如果近似地采用与式(4-14)相类似的表达式，则有：

$$N_w = N_{w0}\left(\frac{H_w - H}{H_w}\right)^4 \tag{4-16}$$

式中　N_{w0}——地面大气折射数的湿分量。

高程的平均值可取：

$$H_w = 11\ 000\ \text{m}$$

以上讨论的是电磁波沿天顶方向传播路径的变化。但是，实际上观测站接收的卫星信号，往往不是来自天顶方向，而是偏离天顶方向的。这样，在考虑对流层对电磁波传播路径的影响时，就需要顾及电磁波传播方向的高度角。为此，电磁波的传播路径一般取为：

$$\rho = \int^{H} n \csc h_s dH \tag{4-17}$$

式中　h_s——GPS 卫星相对于观测站的高度角。

如果取 ρ^0 表示上述观测站至卫星的正确距离，则可写出：

$$\delta\rho = \rho - \rho_0 = \delta\rho_d + \delta\rho_w \tag{4-18}$$

$$\left.\begin{aligned}\delta\rho_d &\approx \delta S_d / \sin h_s \\ \delta\rho_w &\approx \delta S_w / \sin h_s\end{aligned}\right\} \tag{4-19}$$

实践表明，近似式(4-19)含有较大的模型误差，例如，当 $h_s > 10°$时，改正量的估算误差约可达 0.5 m。为此，许多国外学者都先后推荐了改进的模型，一种比较精确的改进模型的形式为：

$$\left.\begin{aligned}\delta\rho_d &= \delta S_d / \sin(h_s^2 + 6.25)^{\frac{1}{2}} \\ \delta\rho_w &= \delta S_w / \sin(h_s^2 + 2.25)^{\frac{1}{2}}\end{aligned}\right\} \tag{4-20}$$

以及

$$
\left.\begin{aligned}
\delta S_{\mathrm{d}} &= 1.552 \times 10^{-5} \frac{P}{T_{\mathrm{k}}}[40\,136 + 148.72(T_{\mathrm{k}} - 273.16) - H_{\mathrm{T}}] \\
\delta S_{\mathrm{w}} &= 7.465\,12 \times 10^{-2} \frac{e_0}{T_{\mathrm{k}}^2}(11\,000 - H_{\mathrm{T}})
\end{aligned}\right\} \tag{4-21}
$$

式中　H_{T}——观测站之高程,m。

为了说明高度角的变化对对流层折射的影响,现将电磁波传播路径的差值随高度角的变化情况列于表 4-2。

理论的分析与实践表明,目前采用的各种对流层模型,即使是采用实时测量的气象资料,电磁波的传播路径经对流层折射改正后的残差,仍保持在对流层影响的5%左右。

减弱对流层折射改正项残差的主要措施如下:

①尽可能充分地掌握观测站周围地区的实时气象资料。

②利用水汽辐射计,准确地测定电磁波传播路径上的水汽积累量,以便精确地计算大气湿分量的改正项。虽然这一方法的精度很高(如数厘米的精度),但是,其设备目前相对 GPS 接收机来说,尚过于庞大且价格昂贵,一般难以得到普及。

③利用相对定位的差分法来减弱对流层大气折射的影响。当基线较短时(如小于 20 km),在稳定的大气条件下,由于基线两端的水汽含量、大气压及温度均相类似,故通过基线两端同步观测量的差分技术,可以有效地减弱上述大气折射的影响。

④完善对流层大气折射改正模型。

表 4-2　高度角对电磁波传播路径的影响

高度角	90°	20°	15°	10°	5°
δS_{d}	2.31	6.71	8.81	12.90	23.61
δS_{w}	0.20	0.58	0.77	1.14	2.21
δS	2.51	7.29	9.58	14.04	25.82

三、电离层的影响和改正

前面已经指出,由于太阳和其他天体的强烈辐射,电离层中的大部分气体分子被电离,而产生密度很高的自由电子。在离子化的大气中,折射率的弥散公式为:

$$
n = \left[1 - \frac{N_{\mathrm{e}} e_{\mathrm{t}}^2}{4\pi^2 f^2 \varepsilon_0 m_{\mathrm{e}}}\right]^{\frac{1}{2}} \tag{4-22}
$$

式中　e_{t}——电荷量,c;

m_{e}——电子质量,kg;

N_{e}——电子密度,电子数/m^3;

ε_0——真空介质常数,F/m。

如果取以下常数值:

$$
\begin{aligned}
e_{\mathrm{t}} &= 1.602\,1 \times 10^{-19} \\
m_{\mathrm{e}} &= 9.11 \times 10^{-31} \\
\varepsilon_0 &= 8.859 \times 10^{-12}
\end{aligned}
$$

则当略去二次微小项时,由上式可得:

$$n = 1 - 40.28 \frac{N_e}{f^2} \tag{4-23}$$

由此可见,电离层的折射率与大气电子密度成正比,而与通过的电磁波频率的平方成反比。对于频率确定的电磁波,折射率仅取决于电子密度。同时可见,在电离层中,电磁波的折射率 $n<1$,其相应的折射数随频率的变化情形如图4-3所示。

由于式(4-23)是表示单一频率的正弦波穿过电离层时的相折射率,故有 $n_p = n$,于是,得:

$$\frac{dn_p}{df} = 80.56 \frac{N_e}{f^3} \tag{4-24}$$

如果将式(4-24)代入式(4-10),便得群折射率的近似关系式:

$$n_g = 1 + 40.28 \frac{N_e}{f^2} \tag{4-25}$$

比较式(4-23)与式(4-25)可知,在电离层中,相折射率与群折射率是不同的。因此,在GPS定位中,对于码相位测量和载波相位测量的修正量,应分别采用群折射率 n_g 和相折射率 n_p 进行计算。

当电磁波通过电离层时,由于折射率的变化而引起传播路径的距离差,一般可写为:

$$\delta\rho = \int^S (n-1)\,ds \tag{4-26}$$

由此,考虑到式(4-23)并设 c 为光速,则可写出相应的相位延迟公式:

$$\delta\varphi_p = \frac{f}{c}\int^S (n_p - 1)\,ds = -\frac{40.28}{c \cdot f}\int^S N_e ds \tag{4-27}$$

或表示为相应的传播路径差:

$$\delta\rho_p = -40.28 \frac{N_\Sigma}{f^2} \tag{4-28}$$

式中　N_Σ——沿电磁波传播路径的电子总量;f 以Hz为单位。

由此,相应的相位延迟和时间延迟为:

$$\delta\varphi_p = -1.3436 \times 10^{-7} \frac{N_\Sigma}{f} \tag{4-29}$$

$$\delta t_p = -1.3436 \times 10^{-7} \frac{N_\Sigma}{f^2} \tag{4-30}$$

假设,由群折射率引起的传播距离差为 $\delta\rho_g$,则利用式(4-25)和式(4-26)可类似地写出:

$$\delta\rho_g = 40.28 \frac{N_\Sigma}{f^2} \tag{4-31}$$

$$\delta t_g = -1.3436 \times 10^{-7} \frac{N_\Sigma}{f^2} \tag{4-32}$$

很明显,在电离层中产生的上述各种延迟量,均为电磁波频率 f 及其传播路径上电子总量 N_Σ 的函数。对于确定的电磁波频率来说,其中 N_Σ 为唯一的独立变量。电离层的电子密度,随太阳及其他天体的辐射强度、季节、时间以及地理位置等因素的变化而改变,其中与太阳黑子活动强度的关系尤为密切。

关于太阳黑子的预报值如图4-4所示。可见,不同年份太阳黑子的活动差别很大,目前正趋于太阳黑子活动的低谷期。

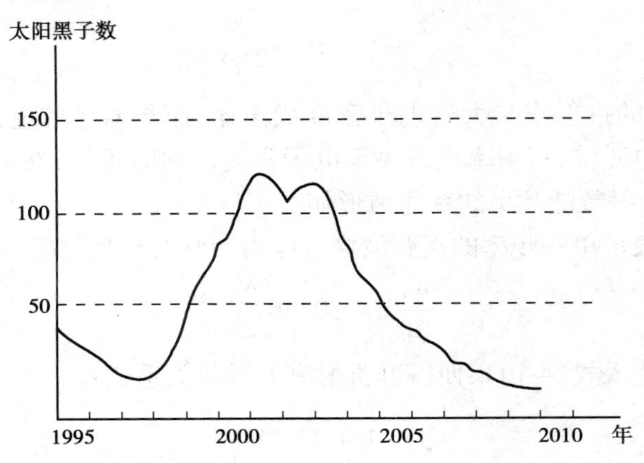

图 4-4　太阳黑子数的预报值

实际资料分析表明，电离层的电子密度，在同一天的不同时段和不同的季节都有很大的差异。白天约为夜间的 5 倍，一年中冬季与夏季相差可达 4 倍，而太阳黑子活动高峰期的电子密度约为低谷期的 4 倍。电离层电子密度 N_e，大致的变化范围在 $10^9 \sim 3\times10^{12}$ 电子数/m^3 之间。沿天顶方向，电子密度的总量 N_Σ，日间约为 5×10^{17} 电子数/m^2，而夜间约为 5×10^{16} 电子数/m^2。另外，电子密度在不同的高度，或者不同时间都有明显的差别，其变化的情形，分别如图 4-5 和图 4-6 所示。

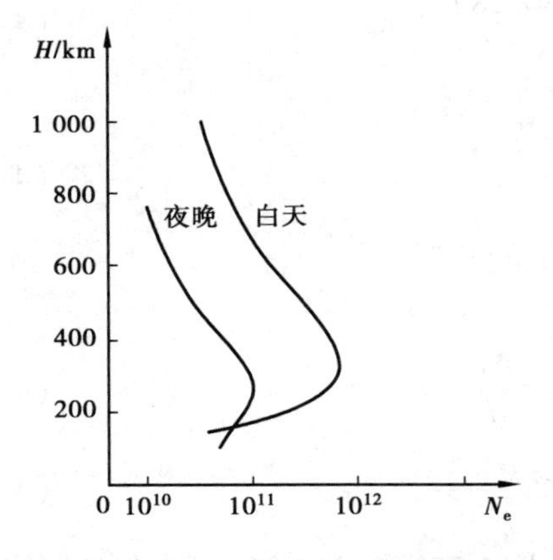

图 4-5　电子密度随高度的变化

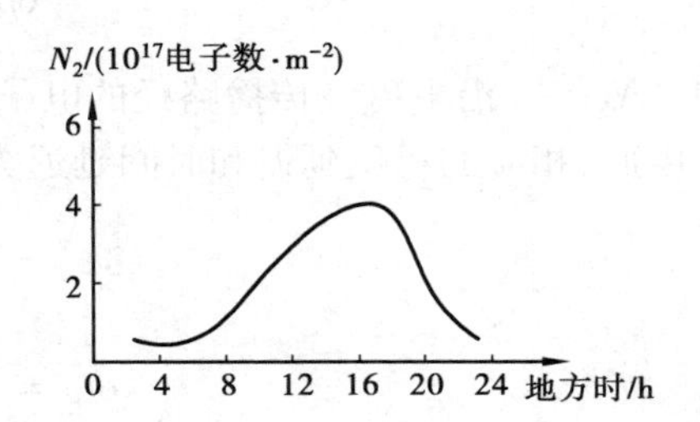

图 4-6　沿天预方向电子总量的周日变化

（1986 年 5 月 22 日夏威夷地区平均值）

应当指出，在 GPS 定位中，当太阳黑子活动处于低潮和高潮时，所得电离层改正项的精度不同。这一点，尤其对单频接收机的用户来说，是应当值得注意的。

当电磁波的传播方向偏离天顶方向时，电子总量会明显地增加。若在倾角为 h_s 的方向上，电子总数设为 N_h，则有近似式：

$$N_h = \frac{N_\Sigma}{\sin h_s} \tag{4-33}$$

根据实际资料的分析可知，对于 GPS 来说，因电离层折射引起电磁波传播路径的距离差，沿天顶方向最大可达 50 m，而沿水平方向最大可达 150 m。如此大的偏差，无论是对测量或导航都是必须加以考虑的。

当电磁波的频率不同时,电离层对传播路线的影响见表 4-3。

表 4-3 电离层对不同频率电磁波沿天顶方向传播路径的影响

单频/MHz	400	1 600	2 000	8 000
平均/m	50	3	2	0.12
90% 小于/m	250	15	10	0.6
最大/m	500	30	20	1.2

由于影响电离层电子密度的因素较为复杂(时间、高度、太阳辐射及黑子活动、季节和地域差异等),难以可靠地确定观测时刻沿电磁波传播路线的电子总量,因此,利用 GPS 单频接收机的用户,一般均利用电离层模型来近似地计算改正量。但目前其有效性不会优于 75%,或者说,当电离层的延迟为 50 m 时,经上述模型改正后,仍可能含有 12.5 m 的残差。目前,为减弱电离层的影响,有效的主要措施如下:

1. 利用两种不同的频率进行观测

由式(4-28)和式(4-31)已知,电磁波通过电离层所产生的传播路径差,与电磁波频率 f 的平方成反比。如果同时采用频率为 f_1 和 f_2 的电磁波进行观测,则电离层对电磁波传播路径的影响,按式(4-28)可分别写为:

$$\left.\begin{aligned}\delta\rho_{f_1} &= -40.28\frac{N_\Sigma}{f_1^2}\\ \delta\rho_{f_2} &= -40.28\frac{N_\Sigma}{f_2^2}\end{aligned}\right\}\tag{4-34}$$

为了书写的方便,这里略去了下标“p”,而以下标“f_1”和“f_2”表示与不同频率有关的量。由此可得:

$$\delta\rho_{f_2} = \delta\rho_{f_1}\left(\frac{f_1}{f_2}\right)^2\tag{4-35}$$

若取 ρ_{f_1} 和 ρ_{f_2} 分别表示以频率 f_1 和 f_2 的电磁波,同步观测所得观测站至卫星的距离,而消除电离层折射影响的相应传播路径为 ρ_0,则应用式(4-34)和式(4-35)可得:

$$\left.\begin{aligned}\rho_{f_1} &= \rho_0 + \delta\rho_{f_1}\\ \rho_{f_2} &= \rho_0 + \delta\rho_{f_2} = \rho_0 + \delta\rho_{f_1}\left(\frac{f_1}{f_2}\right)^2\end{aligned}\right\}\tag{4-36}$$

于是

$$\delta\rho = \rho_{f_1} - \rho_{f_2} = \delta\rho_{f_1}\left[\frac{f_2^2 - f_1^2}{f_2^2}\right]\tag{4-37}$$

或

$$\delta\rho_{f_1} = \delta\rho\left[\frac{f_2^2}{f_2^2 - f_1^2}\right]\tag{4-38}$$

由此,按式(4-36)可得消除电离层折射影响的距离,即

$$\rho_0 = \rho_{f_1} - \delta\rho\left[\frac{f_2^2}{f_2^2 - f_1^2}\right] \tag{4-39}$$

考虑到一般关系式 $\delta\varphi = \frac{f}{c}\delta\rho$，与式(4-35)类似可得，不同频率的电磁波其相位延迟的关系为：

$$\delta\varphi_{f_2} = \delta\varphi_{f_1}\frac{f_1}{f_2} \tag{4-40}$$

于是

$$\varphi_{f_1} = \varphi_{f_1}^0 + \delta\varphi_{f_1} \tag{4-41}$$

$$\varphi_{f_2} = \varphi_{f_2}^0 + \delta\varphi_{f_1}\frac{f_1}{f_2} \tag{4-42}$$

式中 $\varphi_{f_1}^0$、$\varphi_{f_2}^0$——消除电离层折射影响的相位值。

考虑到一般关系式 $\varphi = ft$，则得：

$$\varphi_{f_1} - \varphi_{f_2}\frac{f_1}{f_2} = \delta\varphi_{f_1}\left[\frac{f_2^2 - f_1^2}{f_2^2}\right] \tag{4-43}$$

改正量：

$$\delta\varphi_{f_1} = \left(\varphi_{f_1} - \varphi_{f_2}\frac{f_1}{f_2}\right)\left[\frac{f_2^2}{f_2^2 - f_1^2}\right] \tag{4-44}$$

$$\varphi_{f_1}^0 = \varphi_{f_1} - \left(\varphi_{f_1} - \varphi_{f_2}\frac{f_1}{f_2}\right)\left[\frac{f_2^2}{f_2^2 - f_1^2}\right] \tag{4-45}$$

目前，为进行高精度的卫星定位，普遍采用双频观测技术，以便有效地减弱电离层折射的影响。不过，若采用频率不同的双频组合，其对电离层影响的改善程度也将不同。表 4-4 列出了经不同双频观测改正后，仍可能含有的电离层折射影响的残差。与表 4-3 相比较显然可见，利用双频技术，可以有效地减弱电离层折射的影响。

表 4-4　经不同双频改正后电离层折射影响的残差

双频/MHz	150/400	400/2 000	1 227/1 572	2 000/8 000
平均	0.6 m	0.9 cm	0.3 cm	0.04 cm
90%小于	10 m	6.6 cm	1.7 cm	0.21 cm
最大	36 m	22 cm	4.5 cm	0.43 cm

对于 GPS 来说，已知 $f_1 = 1.575\ 42$ GHz，$f_2 = 1.227\ 60$ GHz，故延迟改正量按式(4-38)和式(4-44)可得：

$$\left.\begin{aligned}\delta\rho_{f_1} &= -1.545\ 73\delta\rho\\ \delta\varphi_{f_1} &= -1.545\ 73\varphi_{f_1} - 1.283\ 33\varphi_{f_2}\end{aligned}\right\} \tag{4-46}$$

实际资料分析表明，经 GPS 双频观测改正后的距离残差为厘米级。但是，在太阳黑子活动高峰期内，于中午观测时，这种残差将明显增大。

2. 两观测站同步观测量求差

对于两观测站相距不太远的情况下，由于电磁波从卫星至两观测站的传播路径上的大气状况比较相似,因此,用两台接收机在基线的两端进行同步观测,并对两观测量求差,可减弱电离层折射的影响。

这种方法对于短基线(如小于20 km)的效果尤为明显,这时经电离层折射改正后,基线长度的相对残差,一般约为10^{-6}。因此,在GPS测量中,对于短距离的相对定位,使用单频接收机也可达到相当高的精度。不过,随着基线长度的增加,其精度将随之明显降低。

3. 电离层改正模型

进行单点定位时,为了保证定位的精度,就有必要采用一个改正模型来对电离层折射进行改正。下面介绍一种被广泛采用的电离层折射改正模型。

这种模型是把白天的电离层延迟看成是余弦波中正的部分,而把晚上的电离层延迟看成是一个常数(见图4-7)。比较图4-7及图4-6可以看出,这种近似是有根据的。其中晚间的电离层延迟量DC及余弦波的相位项T_p均按常数来处理。而余弦波的振幅A和周期p则分别用一个三阶多项式来表示,即任一时刻t的电离层延迟T_g为:

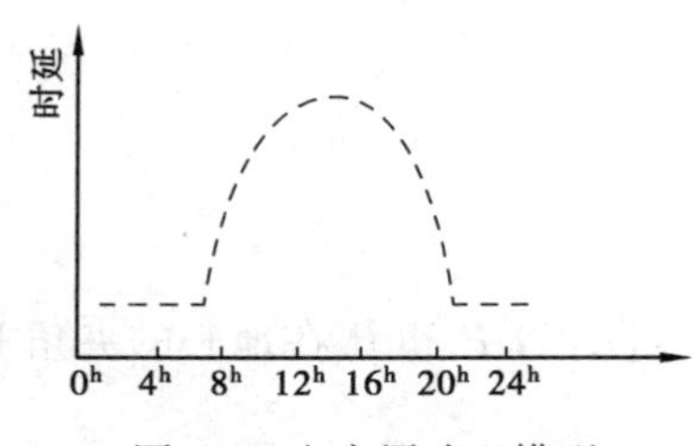

图4-7 电离层改正模型

$$T_g = DC + A\cos\frac{2\pi}{p}(t - T_p) \tag{4-47}$$

式中

$$DC = 5\ \text{ns}$$

$$T_p = 14^h(\text{地方时})$$

而

$$\begin{cases} A = \sum_{n=0}^{3} a_n \varphi_m^n \\ P = \sum_{n=0}^{3} \beta_n \varphi_m^n \end{cases} \tag{4-48}$$

式中,α_n和β_n是主控站根据:

①一年中的第几天(共有37组反映季节变化的常数)。

②前5天太阳的平均辐射流量(共有10组数);从370组常数中进行选择的。α_n和β_n被编入导航电文向单频用户传播。

在介绍计算t和φ_m的方法前,首先引入中心电离层的概念。已知电离层分布在离地面50~1 000 km的区域内。当卫星不在测站的天顶时(一般为这种情况),信号路径上的每点的地方时和纬度均不相同。因此,严格地讲,需根据路径上每部分的地方时和地磁纬度来计算各部分的延迟,然后求得总的延迟量,但这么做会使计算变得十分复杂。因而在计算时通常将整个电离层压缩为一个单层。将电离层中的自由电子集中到该单层上,用该单层来替代整个电离层。这个单层称为中心电离层或平均电离层。计算时中心层离地面的高度,一般可取350 km。韩桂林则建议用下列经验公式:

$$h = 375 + 25\cos\frac{(LT-1)\pi}{12} \quad \text{km}$$

其中,LT为地方时。

式(4-47)中的t和式(4-48)中的φ_m不是测站P的地方时和地心纬度,而是卫星信号中心

电离层的交点 P'的时角和地磁纬度,因为只有 P'才能反映整个信号所受到的电离层折射的平均情况。计算方法如下:

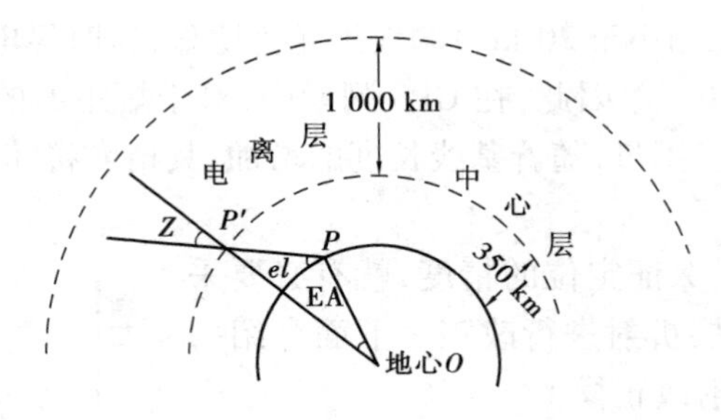

图 4-8 中心电离层

①计算 P 和 P'在地心的夹角 EA:

$$\mathrm{EA} = \left(\frac{445}{el + 20^\circ}\right) - 4^\circ \tag{4-49}$$

式中 el——卫星的高度角(见图 4-8);

②计算 P'的地心经纬度:

$$\varphi_{p'} = \varphi_p + \mathrm{EA} \cdot \cos\alpha \tag{4-50}$$
$$\lambda_{p'} = \lambda_p + \mathrm{EA} \cdot \sin\alpha / \cos\varphi_{p'}$$

③计算地方时 t:

$$t = \mathrm{UT} + \frac{\lambda_{p'}}{15} \tag{4-51}$$

④计算 P'的地磁纬度 φ_m:

由于地球的磁北极位于:

$$\begin{cases} \varphi = 78.4 \cdot N \\ \lambda = 291.0 \cdot E \end{cases}$$

因而 P'的地磁纬度可用下式计算:

$$\varphi_m = \varphi_{p'} + 11.6 \cdot \cos(\lambda_{p'} - 291^\circ) \tag{4-52}$$

若令 $x = \frac{2\pi}{p}(t - t_p)$,将 $\cos x = 1 - \frac{x^2}{2} + \frac{x^4}{24}$代入式(4-47),最后可得实用公式:

$$T_{\mathrm{g}} = \begin{cases} \mathrm{DC} & |x| \geqslant \frac{\pi}{2} \\ \mathrm{DC} + A\left(1 - \frac{x^2}{2} + \frac{x^4}{24}\right) & |x| < \frac{\pi}{2} \end{cases} \tag{4-53}$$

利用式(4-53)求得的 T_{g} 是信号从天顶方向来时的电离层延迟。当卫星的天顶距不等于零时,电离层延迟 T'_{g}显然应为天顶方向的电离层延迟 T_{g} 的 $1/\cos Z$,即

$$T'_{\mathrm{g}} = (1/\cos Z) \cdot T_{\mathrm{g}} = \mathrm{SF} \cdot T_{\mathrm{g}} \tag{4-54}$$

同样 Z 不是表示测站 P 处信号的天顶距,而是 P'处信号的天顶距(见图 4-8)。SF 通常可用下列近似公式计算:

$$\mathrm{SF} = 1 + 2\left(\frac{96^\circ - el}{90^\circ}\right)^3 \tag{4-55}$$

式(4-55)在推导过程中均作了近似处理,使计算较为简便。估算结果表明,上述近似不会

损害结果的精度。

如前所述,由于影响电离层折射的因素很多,机制又未搞清楚,故无法建立严格的数学模型。从系数 α_i 和 β_i 的选取方法知,上面介绍的电离层改正模型基本上是一种经验估算公式。加之全球统一采用一组系数,因而这种模型只能大体上反映全球的平均状况,与各地的实际情况之间必然会有一定的差异。实测资料表明,采用上述改正模型大体上可消除电离层折射的60%左右。

4. 半和改正法

伪距测量值与载波相位测量值的电离层折射改正大小相同,符号相反。因而有人建议用载波相位测量观测值来改正伪距测量中的电离层折射。方法很简单,只需将同一观测时刻的载波相位测量观测值和伪距测量观测值取中数即可消除电离层折射的影响,这种方法被称为半和改正法。但这会引入一个整周未知数 N,造成诸多不便,因而未被广泛采用。

注意不能反过来利用伪距观测值来求改正载波相位观测值中的电离层折射。因为伪距测量中的测量噪声要比载波相位测量中的测量噪声大23个数量级。这将会严重损害载波相位测量观测值的精度。

子情境3　GPS卫星的测距码信号

一、GPS卫星信号概述

GPS卫星信号是GPS卫星向广大用户所发播的用于导航定位的调制波,它包含载波信号、P码(或Y码)、C/A码和数据码(或称D码)等多种信号分量,其中的P码和C/A码,统称为测距码。GPS卫星信号的产生、构成和复制等,都涉及现代数字通信理论和技术方面的复杂问题,虽然GPS的用户一般可以不去深入研究,但了解其基本概念,对理解GPS定位的原理仍是必要的。

为了满足GPS用户的需要,GPS卫星信号的产生与构成,主要考虑了以下4个方面的要求:

1. 适应多用户系统的要求

GPS是根据单程测距原理建立的,即用户只需要通过接收设备,来接收卫星信号,并测定信号传播的单程时间延迟或相位延迟,进而确定从观测站至GPS卫星间的距离,如图4-9所示。这种单程测距系统,不仅有利于简化地面的接收设备,而且,凡具有接收设备的用户,都可以利用GPS进行定位。在这种单程测距系统中,由于卫星信号的发射和接收,都是由原子钟来控制的,因此,这就要求两者的原子钟应保持严格同步。

2. 满足实时定位的要求

利用GPS导航或实时定位的基本原理,类似于经典测量中的后方距离交会,即在同一观测站上,必须同时观测数颗瞬时位置已知的卫星,以确定观测站至这些卫星的距离。GPS工作卫星的数量及其分布,既保障了定位的全球性和连续性,同时还通过卫星发送的导航电文,给出了有关卫星瞬时位置的信息,这就满足了GPS用户连续、实时定位的要求。

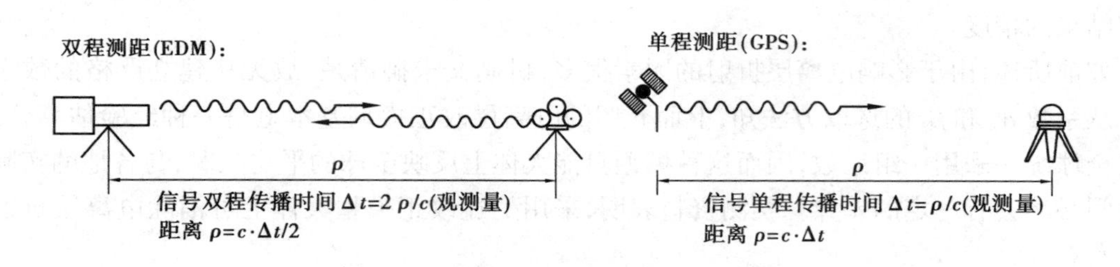

图 4-9 双程测距(EDM)与单程测距(GPS)示意图

3. 满足高精度定位的要求

由于卫星信号穿过电离层时,将受到电离层的折射影响,因此,GPS 卫星发射了具有两种频率的电磁波信号,以便应用双频观测技术,计算电离层影响的改正,提高定位的精度。另外,GPS 卫星发射的电磁波还具有较高的频率,这样既提高了计算电离层折射修正量的精度,同时也满足了用户通过测量电磁波的多普勒频移,进行高精度测速的要求(如 10 cm/s)。

4. 满足军事保密的要求

GPS 是美国国防部门主要为军事方面的需要而建立起来的现代化导航系统,但为了兼顾民用部门的需要,因此,卫星发射的信号,包含有两种具有不同性质和精度的测距码,即 C/A 码和 P 码。其中,C/A 码精度较低,但码的结构是公开的,可供具有 GPS 接收设备的广大用户使用;而 P 码精度较高,是结构不公开的保密码,专供美国军方以及得到特许的用户使用。另外,由于 GPS 采用了单程测距原理,这在军事上,还能保障观测点的隐蔽性。

为了满足上述多方面的要求,故 GPS 卫星信号的产生和结构均比较复杂。

二、码的概念及其产生

1. 有关码的基本概念

在现代数字化通信中,广泛使用二进制数("0"和"1")及其组合来表示各种信息。这些表达不同信息的二进制数及其组合,便称为码。在二进制中,一位二进制数称为一个码元或比特。比特(binarydigit,简称 bit)意为二进制数,被取为码的度量单位。如果将各种信息,如声音、图像和文字等通过量化,并按某种预定的规则,表示为二进制数的组合形式,则这一过程称为编码。这是信息数字化的重要方法之一。

例如,若地面测量控制网分为 4 个等级,则用二进制数表示时,可取两位二进制数的不同组合:11,10,01,00,依次代表控制网的一、二、三、四等。这些组合形式称为码,每个码均含有两个二进制数,即两码元或两比特。

比特还是信息量的度量单位,例如,当某一控制网的等级确知后,便称为获得了两比特信息。一般来说,如果有 2^r 个预先不确切知道但出现概率相等的可能情况,当确知其中的某一情况后,便称为得到了 r 比特信息量。

在二进制数字化信息的传输中,每秒钟传输的比特数称为数码率,用以表示数字化信息的传送速度,其单位为 bit/s 或记为 BPS。

2. 随机噪声码

由上述可知,码是用以表达某种信息的二进制数的组合,是一组二进制的数码序列。而这一序列,又可以表达成以 0 和 1 为幅度的时间函数,如图 4-10 所示。

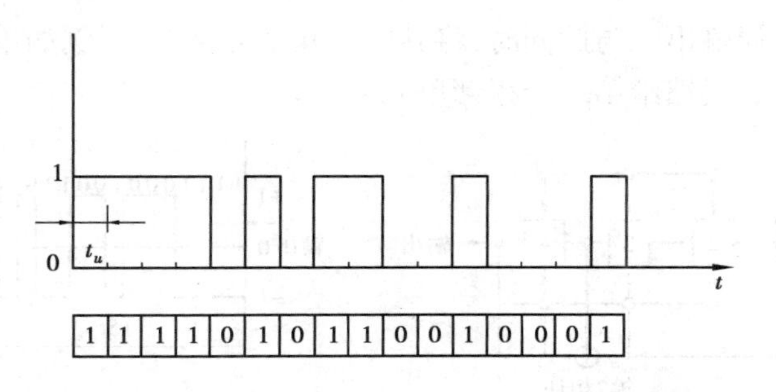

图4-10 码序列

假设,一组码序列 $u(t)$,对某一时刻来说,码元是0或1完全是随机的,但其出现的概率均为1/2。这种码元幅度的取值,完全无规律的码序列,通常称为随机码序列,也称随机噪声码序列。它是一种非周期性序列,无法复制。随机码的特性是其自相关性好,而自相关性的好坏,对于提高利用GPS卫星码信号测距的精度是极其重要的。

为了说明随机码的自相关性,现将随机序列 $u(t)$ 平移 k 个码元,由此便得到一个新的随机序列,设为 $\tilde{u}(t)$。如果两随机序列 $u(t)$ 和 $\tilde{u}(t)$ 所对应的码元中,相同的码元数(同为0或1)为 A_u,相异的码元数为 B_u,则随机序列 $u(t)$ 的自相关系数 $R(t)$ 定义为:

$$R(t) = \frac{A_u - B_u}{A_u + B_u} \tag{4-56}$$

很明显,当平移的码元数 $k=0$ 时,说明两个结构相同的随机码序列,其相应的码元均相互对齐,即 $B_u=0$,则自相关系数 $R(t)=1$;而当 $k\neq0$ 时,由于码序列的随机性,因此,当序列中的码元数充分大时,便有 $B_u \approx A_u$,则自相关系数 $R(t)\approx0$,于是根据码序列自相关系数的取值,便可以判断,两个随机码序列的相应码元是否已经相互对齐。

假设,GPS卫星发射的是一个随机码序列 $u(t)$,而GPS接收机若能同时复制出结构与之相同的随机码序列 $\tilde{u}(t)$,则这时由于信号传播时间延迟的影响,被接收的 $u(t)$ 与 $\tilde{u}(t)$ 之间已产生平移,即其相应码元已错开,因而 $R(t)\approx0$;如果通过一个时间延迟器来调整 $\tilde{u}(t)$,使之与 $u(t)$ 的码元相互完全对齐,即有 $R(t)=1$,那么就可以从GPS接收机的时间延迟器中,测出卫星信号到达用户接收机的准确传播时间,从而便可准确地确定由卫星至观测站的距离。因此,随机序列的良好自相关特性,对于利用GPS卫星的测距码进行精密测距是非常重要的。

3. 伪随机噪声码及其产生

虽然随机码具有良好的自相关性,但由于它是一种周期性的序列,不服从任何编码规则,故实际上无法复制和利用。因此,为了实际的应用,GPS采用了一种伪随机噪声码(Pseudo Random Noice,简称PRN),简称伪随机码或伪码。这种码序列的主要特点是,不仅具有类似随机码的良好自相关性,而且具有某种确定的编码规则。它是周期性的,可以容易地复制。

伪随机码是由一个称为"多极反馈移位寄存器"的装置产生的。这种移位寄存器,由一组连接在一起的存储单元组成,每个存储单元只有0或1两种状态。移位寄存器的控制脉冲有两个:钟脉冲和置"1"脉冲。移位寄存器,是在钟脉冲的驱动及置"1"脉冲的作用下而工作的。为了说明其工作原理,现举例如下:

假设,移位寄存器是由4个存储单元组成的四级反馈移位寄存器(见图4-11),当钟脉冲加到该移位寄存器之后,每个存储单元的内容,都顺序地由上一单元转移到下一单元,而最后一个存储单元的内容便输出。与此同时,将其中某几个存储单元,例如单元 3 和 4 的内容进行模二相加,再作为输入,反馈给第一个存储单元。

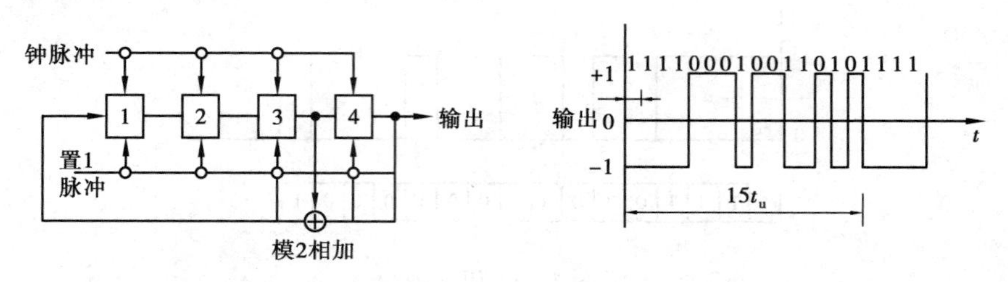

图 4-11　四级反馈移位寄存器示意图

移位寄存器在开始工作时,由于置"1"脉冲的作用,使各级存储单元的内容全处于"1"状态;此后在钟脉冲的驱动下,将可能经历 15 种不同的状态。由于全"0"状态不能通过反馈转移到其他状态,输出便持续地为"0"。因此,不允许移位寄存器出现全"0"状态。由此,移位寄存器可能经历的 15 种状态,如表 4-5 所示。

表 4-5　四级反馈移位寄存器状态序列

状态编号	各级状态 ④	③	②	①	③⊕④	末级输出的二进制数
1	1	1	1	1	0	1
2	1	1	1	0	0	1
3	1	1	0	0	0	1
4	1	0	0	0	1	1
5	0	0	0	1	0	0
6	0	0	1	0	0	0
7	0	1	0	0	1	0
8	1	0	0	1	1	1
9	0	0	1	1	0	0
10	0	1	1	0	1	0
11	1	1	0	1	0	1
12	1	0	1	0	1	1
13	0	1	0	1	1	0
14	1	0	1	1	1	1
15	0	1	1	1	1	0

移位寄存器,经历了表 4-5 所列的 15 种可能状态之后,再重复全"1"状态,从而完成一个最大周期。在四级移位寄存器经历上述 15 种状态的同时,从第四级存储单元也输出了一个最大周期为 $15t_u$ 的二进制数序列,其中 t_u 为两个钟脉冲的时间间隔。这种周期最大的二进制数序列,通常称为 m 序列。上述四级反馈移位寄存器所产生的 m 序列,是一个码长包含有 15 个码元的周期性序列,其中任意 4 个连续的二进制数所构成的码都不相同,而且任何一个码,在周期性的序列中,都相应有确定的位置和时刻。

容易理解,m 序列的结构,取决于反馈的连接方式。对于一个四级移位反馈寄存器而言,在各种可能的反馈方式中，只有两种方式(③⊕④和①⊕④)，可获得结构不同，但周期相同的 m 序列，而其他的反馈方式所产生的数码序列，因周期不同，故不是 m 序列。

在一般情况下，对于一个 r 级反馈移位寄存器来说，将会产生更为复杂的周期性的 m 序列。这时，移位寄存器可能经历的状态有：

$$N_u = 2^r - 1 \tag{4-57}$$

在 m 序列的每一周期中，最多可能包含 N_u 个码元，码元的宽度等于钟脉冲的时间间隔 t_u，因而 m 序列的最大周期为：

$$T_u = (2^r - 1)t_u = N_u t_u \tag{4-58}$$

式中，N_u 也称为码长。

另外，由于在一个 m 序列周期中，状态"1"的个数，总比状态"0"的个数多1，故当两个周期相同的 m 序列，相应的码元完全对齐时，其自相关系数 $R(t)=1$，而在其他情况下则为：

$$R(t) = -\frac{1}{N_u} = -\frac{1}{2^r - 1} \tag{4-59}$$

可见，随着 r 增大，$R(t)$ 将很快趋近于0。因此，伪随机码既具有与随机码相类似的良好自相关性，又是一种结构确定，可以复制的周期性序列。这样，用户接收机便可容易地复制卫星所发射的伪随机码，以便通过接收码与复制码的比较来准确地测定其间的时间延迟。

应当指出，在由 r 级反馈移位寄存器所产生的周期性的 m 序列中，有时可以截取其中的一部分，组成一个新的周期性序列加以利用，这种新的周期较短的序列，称为截短序列或截短码。而相反，实际上有时还需要将多个周期较短的 m 序列，按预定的规则构成一个周期较长的序列，这种序列称为复合序列或复合码。

m 序列的截短和复合，在现代数字化通信技术中，都是应用普遍而且容易实现的，深入的了解可参阅有关文献。

三、GPS的测距码

GPS卫星采用的两种测距码，即C/A码和P码(或Y码)，均属伪随机码。但因其构成的方式和规律更为复杂，故不详细地介绍，这里只介绍一下有关GPS测距码的性质、特点和作用。

1. C/A码

C/A码是用于初测码和捕获GPS卫星信号的伪随机码。它是由两个10级反馈移位寄存器相组合而产生的，其构成示意如图4-12所示。两个移位寄存器于每星期日子夜零时在置"1"脉冲作用下全处于1状态，同时在频率为 $f_1 = f_0/10 = 1.023$ MHz钟脉冲驱动下，两个移位寄存器分别产生码长为 $N_u = 2^{10} - 1 = 1\,023$，周期为 $N_u t_u = 1$ ms的 m 序列 $G_1(t)$ 和 $G_2(t)$。这时 $G_2(t)$ 序列的输出，不是在该移位寄存器的最后一个存储单元，而是选择其中两个存储单元，进行二进制相加后输出，由此得到一个与 $G_2(t)$ 平移等价的 m 序列 G_{2i}。再将其与 $G_1(t)$ 进行模二相加，便得到C/A码。由于 $G_2(t)$ 可能有1 023种平移序列，因此，其分别与 $G_1(t)$ 相加后，将可能产生1 023种不同结构的C/A码。这些相异的C/A码，其码长、周期和数码率均相同，即

码长：$$N_u = (2^{10} - 1)\ \text{bit} = 1\,023\ \text{bit}$$

码元宽: $t_u = \frac{1}{f_1} \approx 0.977\ 52\ \mu s$ （相应距离为 293.1 m）

周期: $T_u = N_u t_u = 1\ ms$

数码率 = 1.023 Mbit/s

这样,就可能使不同的 GPS 卫星采用结构相异的 C/A 码。

C/A 码的码长很短,易于捕获。在 GPS 定位中,为了捕获 C/A 码,以测定卫星信号传播的时延,通常需要对 C/A 码逐个进行搜索。因为 C/A 码总共只有 1 023 个码元,故若以每秒 50 码元的速度搜索,只需要约 20.5 s 便可达到目的。

由于 C/A 码易于捕获,而且通过捕获的 C/A 码所提供的信息,又可以方便地捕获 GPS 的 P 码。因此,通常 C/A 码也称为捕获码。

C/A 码的码元宽度较大。假设两个序列的码元对齐误差为码元宽度的 1/100,则这时相应的测距误差可达 2.9 m。由于其精度较低,故 C/A 码也称为粗码。

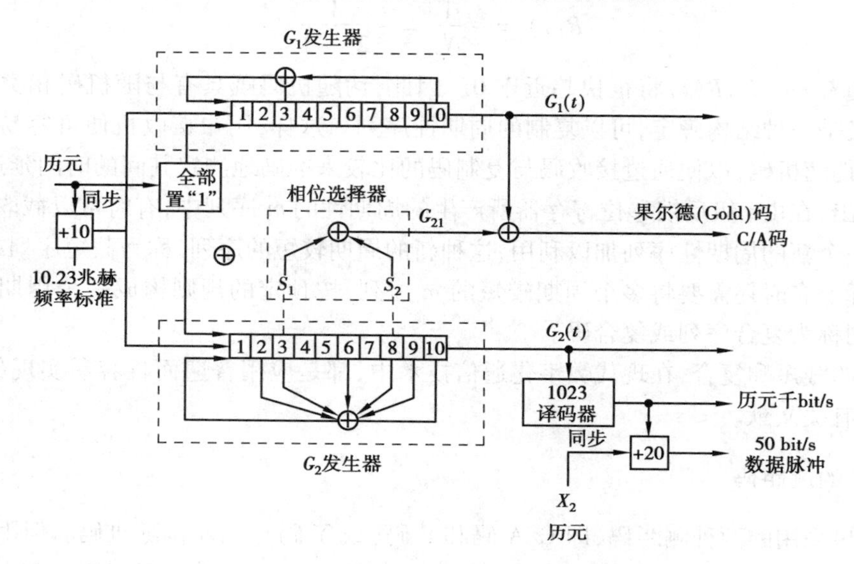

图 4-12　C/A 码构成示意图

2. P 码

P 码是卫星的精测码,码率为 10.23 MHz。GPS 卫星发射的 P 码,其产生的基本原理与 C/A码相似,但其发生电路,是采用两组各由两个 12 级反馈移位寄存器构成的,情况更为复杂,而且线路设计的细节,目前也均是保密的。通过精心设计,P 码的特征为:

码长: $N_u \approx 2.35 \times 10^{14}$ bit

码元宽: $t_u \approx 0.097\ 752\ \mu s$ （相应距离为 29.3 m）

周期: $T_u = N_u t_u \approx 267$ 天

数码率 = 10.23 Mbit/s

P 码周期如此之长,以至约 267 天才重复一次。因此,实用上 P 码周期被分为 38 部分(每一部分周期为 7 天,码长约为 6.19×10^{12}bit),其中,有 1 部分闲置,5 部分给地面监控使用,32 部分分配给不同的卫星。这样,每颗卫星所使用的 P 码不同部分,便都具有相同的码长和周期,但结构不同。

因为P码的码长,约为6.19×10^{12} bit,故如果仍采用搜索C/A码的办法来捕获P码,即逐个码元依次进行搜索,当搜索的速度仍为每秒50码元时,那将是无法实现的(约需1.4×10^{6}天)。因此,一般都是先捕获C/A码,然后根据导航电文中给出的有关信息捕获P码。

另外,由于P码的码元宽度为C/A码的1/10,这时若取码元的对齐精度仍为码元宽度的1/100,则由此引起的相应距离误差约为0.29 m,仅为C/A码的1/10。因此,P码可用于较精密的定位,故通常也称为精码。

四、接收机的基本原理

GPS卫星发送的导航定位信号,是一种可供无数用户共享的信息资源。对于陆地、海洋和空间的广大用户,只要用户拥有能够接收、跟踪、变换和测量GPS信号的接收设备,即GPS信号接收机。可以在任何时候用GPS信号进行导航定位测量。接收机的工作原理,主要是指其对所跟踪卫星信号的处理和量测方法。而接收机对卫星信号的处理、量测,都是在其信号通道中实现的,因此,接收机的工作原理与信号通道的工作原理是一致的。下面通过码相关型通道、平方型通道和码相位型通道的不同工作方式,来说明接收机的基本工作原理。

1. 码相关型通道

以码相关技术为根据,处理和量测卫星信号的通道,称为码相关型通道。该通道主要由码跟踪回路组成(见图4-13)。其中码跟踪回路,用于从C/A码或P码中提取伪距观测量,同时对卫星信号进行解调,以获取导航电文和载波。该回路中的伪随机噪声码(PRN)发生器,在接收机时钟的控制下,可产生一个与卫星发射的测距码结构完全相同的码,即复制码。在相关器中,对接收到的卫星测距码和接收机的复制码进行相关分析,当两信号之间达到最大相关时,便可测定出两信号间的时间延迟,即卫星发射的码信号到达接收机天线的传播时间。

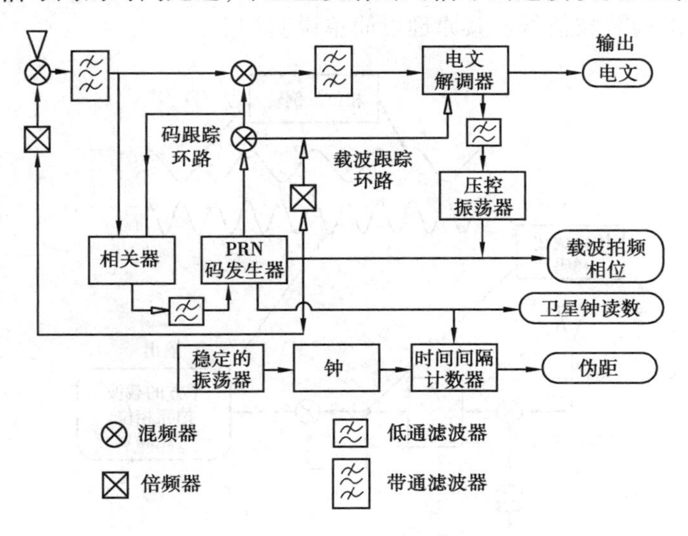

图4-13 码相关型通道示意图

上述两信号达到最大相关时,一般称为锁定信号。这时如果把卫星信号和复制码混频,并将混频后的信号通过带通滤波器,消去卫星信号中的伪随机噪声码,便可获得仅具有数据码(导航电文)和载波的信号。

载波跟踪回路的主要作用是,当上述去掉伪随机噪声码的卫星信号进入该回路后,进行载波相位测量,并解调出卫星的导航电文。

载波跟踪回路,利用压控振荡器,可使接收机振荡器所产生的参考载波相位,与接收机的载波相位保持一致,而当两信号的相位一致时,载波跟踪回路便锁住了载波信号,这时通过对载波信号的量测,便可进一步获得载波相位的观测量。

卫星载波信号被锁定后,再将其与参考载波信号混频,并通过低通滤波器去掉高频信号,就能获得导航电文。

码相关通道的主要优点是,既可进行伪距测量,又可进行载波相位测量,并能获得导航电文。除此还具有良好的信噪比。因此,目前 GPS 接收机都普遍采用这种通道。

码相关通道的主要缺点是,用户必须掌握伪随机码的结构,以便接收机能够加以复制产生所谓复制码。但由于美国政府对 P 码(或 Y 码)的保密性政策,所以一般用户无法采用码相关技术获得 L_2 载波的观测值,因而不能通过双频技术来减弱电离层折射的影响。这时,为了获得 L_2 载波的相位观测量,只有利用平方技术。

2. 平方型通道

以平方技术为根据处理和量测卫星信号的通道,称为平方型通道。为了克服美国政府对 GPS 用户的限制政策,利用 GPS 进行精密的定位工作,美国学者康瑟曼(Counselman,1982)曾提出了处理卫星信号的平方技术,并在早期的 Macrometer V-1000 接收机中获得了成功的应用。

平方技术的基本思想,是将接收的卫星信号通过自乘,去掉载波上的调制码,得到一个载波的二次谐波,以用于载波相位测量。

如图 4-14 所示为平方型通道的工作示意图。其中,本机振荡器产生一个参考载波信号,经倍频后再与接收的卫星信号混频,即可得到一个频率较低的信号,将该信号平方后,便产生了一个消去调制码的纯载波信号。其原理可简单说明如下:

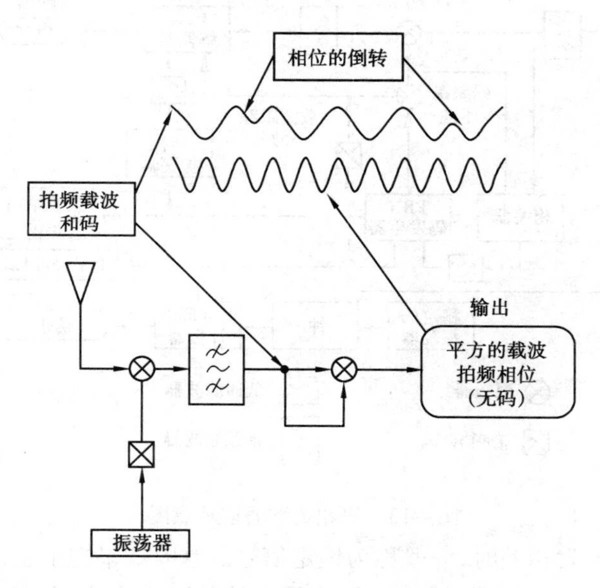

图 4-14　平方型通道示意图

假设,接收机收到的卫星信号分量为:

$$y(t) = A(t)\cos(\omega t + \varphi_0) \tag{4-60}$$

将其自乘后可得：

$$\begin{aligned} y^2(t) &= A^2(t)\cos^2(\omega t + \varphi_0) \\ &= 1 + \frac{\cos(2\omega t + 2\varphi_0)}{2} \end{aligned} \tag{4-61}$$

式中　$A(t)$——调制码的振幅。

因为其值为 +1 和 -1，故其平方值恒为 1，即 $A^2(t) \equiv 1$，即当接收到的卫星信号经平方后，其中的调制码信号（C/A 码、P 码和数据码）全被消掉，而得到了一个频率为原载波频率 2 倍的纯载波信号，利用该信号便可进行精密的载波相位测量。平方型通道的主要优点是，无须掌握测距码（C/A、P 码）的结构，便能获得载波信号。因此，利用这种技术，用户能够在不了解 P 码结构的情况下，获得 L_2 载波信号。这样就可能通过双频技术，有效地减弱电离层折射的影响，提高定位的精度。

但是，由于接收的卫星信号经平方后，完全消掉了其中的测距码和数据码，因此，利用平方技术无法获得卫星的导航电文和时间信息。这样一来，在作业中就需要通过其他方法获取卫星的星历，同时在作业开始前和结束后必须进行时间比对，以使接收机钟相互同步。另外，由于在卫星信号平方的同时，信号的噪声也被扩大了，这时信噪比将会降低。由于平方技术具有这些缺点，单纯采用平方型通道的接收机，只有早期生产的 Macrometer V-1000 和 Macrometer Ⅱ。目前，这类接收机已被以码相关技术和平方技术为根据的综合型接收机所代替。

3. 码相位型通道

与平方型通道相似，码相位通道也无须掌握测距码的结构，而能进行码相位测量。平方通道可以获得载波相位的量测值，而码相位通道则可获得测距码相位的量测值。测距码相位的量测，使用了在数字化通信系统中提供信号同步或比特同步的自相关技术或互相关技术。其工作原理如图 4-15 所示。这时，接收到的卫星信号与接收机产生的参考载波信号混频后，可产生一频率较低的信号，将该信号延迟半个码元宽度（C/A 码为 487 ns，P 码为 49 ns），再将延迟前后的信号送入乘法器，并经带通滤波后，便可获得一个频率与码频率相同的正弦波信号（频率为 1.023 MHz 或 10.23 MHz）。

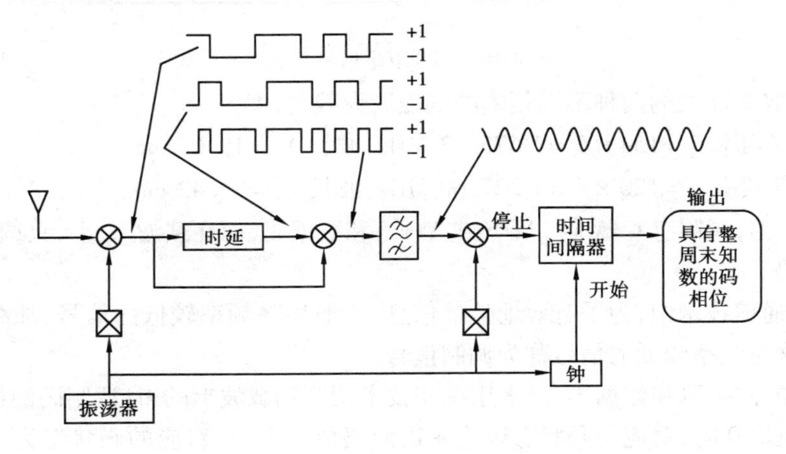

图 4-15　码相位型通道示意图

码相位测量,是利用时间间隔计数器实现的,而该计数器是由接收机钟的秒脉冲来启动,并通过上述正弦波的正向零通过来终止的。利用这种方法,可测定所述正弦波相位中不足整周的小数部分。而码相位的整周数是未知的(C/A 码的波长为 293 m,P 码约为 29.3 m),还需利用其他方法解算。

码相位型通道的优点与平方型通道一样,无须了解测距码的结构,而可以利用码相位观测量进行定位工作。其缺点也是无法获得卫星导航电文和时间信息。另外,由于码相位通道测量的是测距码相位,其观测量的精度较平方型通道为低。利用码相位通道的接收机,可以美国的 ISTAC-2002 为代表。

目前,测量型 GPS 接收机的通道,普遍综合采用了相关技术与平方技术。这种接收机综合了码相关型通道和平方型通道的优点,可以提供多种定位信息,如测码伪距、载波相位观测量、导航电文和时间信息。这对于精密定位工作具有重要意义。

五、GPS 卫星信号的构成

1. 卫星的载波信号与调制

前已指出,GPS 卫星信号包含有 3 种信号分量,即载波、测距码和数据码。而所有这些信号分量,都是在同一个基本频率 $f_0 = 10.23$ MHz 的控制下产生的(见图 4-16)。

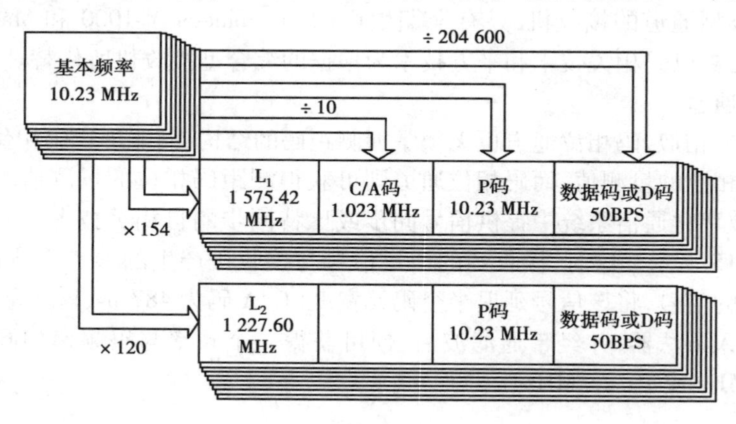

图 4-16 GPS 卫星信号示意图

GPS 卫星取 L 波段的两种不同频率的电磁波为载波,即

L_1 载波,其频率 $f_1 = 154 \times f_0 = 1\ 575.42$ MHz,波长 $\lambda_1 = 19.03$ cm。

L_2 载波,其频率 $f_2 = 120 \times f_0 = 1\ 227.60$ MHz,波长 $\lambda_2 = 24.42$ cm。

在载波 L_1 上,调制有 C/A 码、P 码(或 Y 码)和数据码,而在载波 L_2 上,只调制有 P 码(或 Y 码)和数据码。

在无线电通信技术中,为了有效地传播信息,一般均将频率较低的信号,加载到频率较高的载波上,而这时频率较低的信号称为调制信号。

GPS 卫星的测距码和数据码,是采用调相技术调制到载波上的,且调制码的幅值只取 0 或 1。如果当码值取 0 时,对应的码状态取为 +1,而码值取 1 时,对应的码状态为 -1,那么载波和相应的码状态相乘后,便实现了载波的调制,也就是说,码信号被加到载波上去了。

这时,当载波与码状态 +1 相乘时,其相位不变,而当与码状态 -1 相乘时,其相位改变

180°。因此，当码值从 0 变为 1，或从 1 变为 0 时，都将使载波相位改变 180°。如图 4-17 所示描绘了调制后载波相位的变化情况。

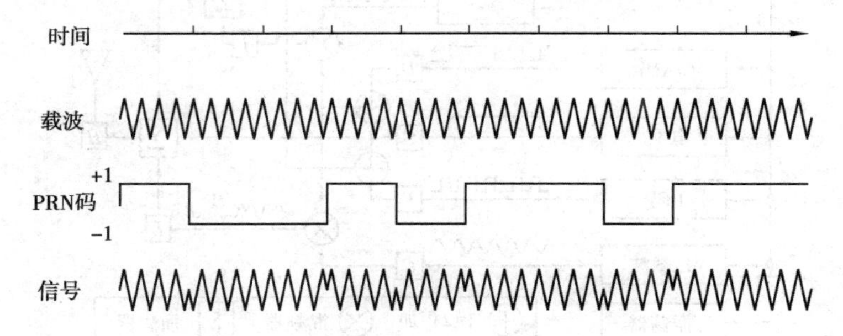

图 4-17　GPS 卫星载波信号的调制示意图

若以 $S_{t_1}(t)$ 和 $S_{t_2}(t)$，分别表示载波 L_1 和 L_2，经测距码和数据码调制后的信号，则 GPS 卫星发射的信号，可分别表示为：

$$S_{t_1}(t) = A_p \cdot P_i(t) \cdot D_i(t) \cdot \cos(\omega_1 t + \varphi_1) + A_c \cdot C_i(t) \cdot D_i(t) \cdot \sin(\omega_1 t + \varphi_1) \tag{4-62}$$

$$S_{t_2}(t) = B_p \cdot P_i(t) \cdot D_i(t) \cdot \cos(\omega_2 t + \varphi_2) \tag{4-63}$$

式中　A_p——调制于 L_1 的 P 码振幅；

$P_i(t)$——±1 状态时的 P 码；

$D_i(t)$——±1 状态时的数据码；

A_c——调制于 L_1 的 C/A 码振幅；

$C_i(t)$——±1 状态时的 C/A 码；

$\cos(\omega_1 t+\varphi_1)$——载波 L_1；

$\cos(\omega_2 t+\varphi_2)$——载波 L_2；

B_p——调制于 L_2 的 P 码振幅；

ω_1——载波 L_1 的角频率，rad/s；

ω_2——载波 L_2 的角频率，rad/s。

下标“i”表示卫星编号。

构成 GPS 卫星信号的框图，如图 4-18 所示。图中说明，卫星发射的所有信号分量，都是根据同一基本频率 f_0（图 4-18 中 A 点）产生的，其中，包括载波 L_1（B 点）、L_2（C 点），调制在载波上的调相信号 C/A 码（D 点）、P 码（F 点）和数据码（G 点）。经卫星发射天线（H 点）发射的信号分量包括：C/A 码信号（J 点）、L_1-P 码信号（K 点）和 L_2-P 码信号（L 点）。

2. 卫星信号的解调

为了进行载波相位测量，当用户接收机收到卫星发播的信号后，一般可通过以下两种解调技术来恢复载波的相位：

1）复制码与卫星信号相乘

由于调制码的码值，是用 ±1 的码状态来表示的，故当把接收的卫星码信号，与用户接收机产生的复制码，即结构与卫星的测距码信号完全相同的测距码，在两码同步的条件下相乘，即可去掉卫星信号中的测距码而恢复原来的载波。不过，这时恢复的载波，尚含有数据码即导航电文。

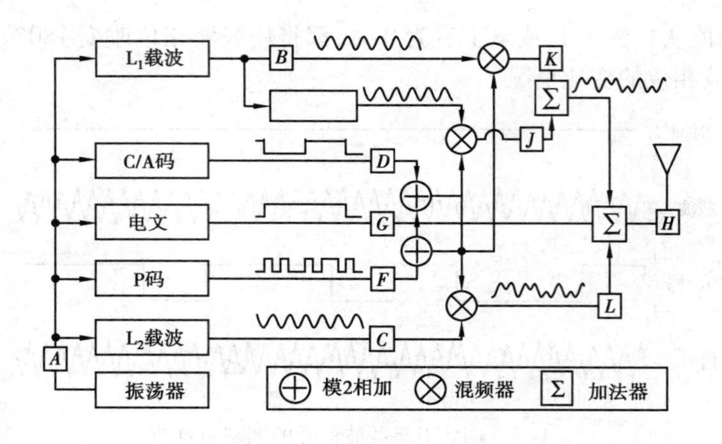

图 4-18 GPS 卫星信号示意图

采用这种解调技术的条件，是必须掌握测距码的结构，以便产生复制码。

2）平方解调技术

这时将接收到的卫星信号进行平方，由于处于 ±1 状态的调制码，经平方后均为 +1，而 +1对载波相位不产生影响，因此，卫星信号经平方后，便可达到解调的目的。采用这种方法，可不必知道调制码的结构。但是平方解调法，不仅去掉了卫星信号中的测距码，而且导航电文也同时被去掉了。

无线电信号的调制与解调，是无线电通信技术的重要内容，有兴趣的读者可进一步参阅有关文献。

子情境 4　GPS 卫星的导航电文

一、导航电文及其格式

GPS 卫星的导航电文（简称卫星电文）是用户用来定位和导航的数据基础。它主要包括卫星星历、时钟改正、电离层时延改正、卫星工作状态信息以及 C/A 码转换到捕获 P 码的信息。这些信息是以二进制的形式，依规定格式组成，按帧向外播送。每帧电文含有 1 500 bit，播送速度为每秒 50 bit。故播送一帧电文的时间需要 30 s。

每帧导航电文含有 5 个子帧（见图 4-19），而每个子帧分别含有 10 个字，每个字 30 bit，故每一子帧共含有 300 bit，其持续播发时间为 6 s。为了记载多达 25 颗卫星的星历，故子帧 4、5 各含有 25 页。子帧 1、2、3 与子帧 4、5 的每一页，均构成一个主帧。在每一主帧的帧与帧之间，1、2、3 子帧的内容，每小时更新一次，而子帧 4、5 的内容，仅在给卫星注入新的导航数据后才得以更新。

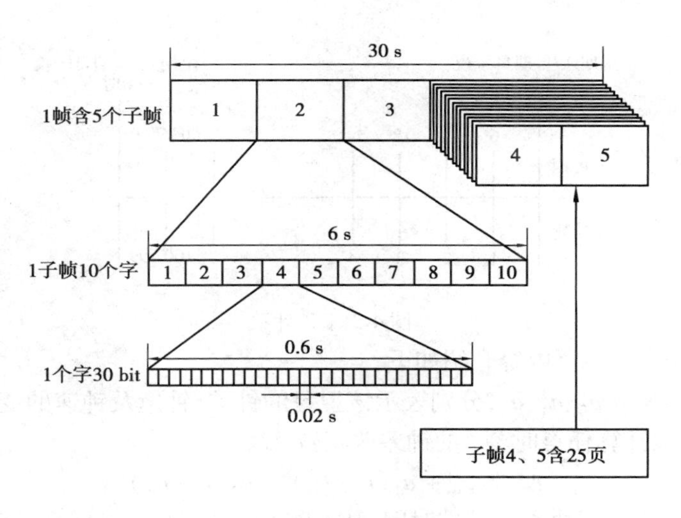

图4-19　导航电文格式

二、导航电文的内容

每帧导航电文中，各子帧的主要内容如图4-20所示。

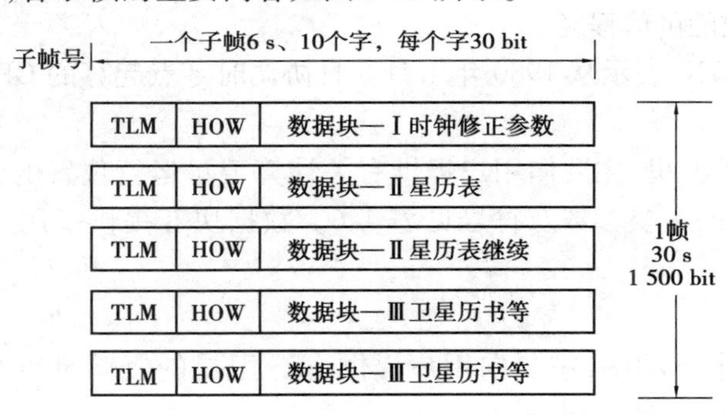

图4-20　一帧导航电文的内容

1. 遥测码(Telemetry Word，简称TLW)

遥测码位于各子帧的开头，它用来表明卫星注入数据的状态。遥测字的第1~8比特是同步码，使用户便于解释导航电文；第9~22比特为遥测电文，其中包括地面监控系统注入数据时的状态信息、诊断信息和其他信息。第23和第24比特是连接码；第25~30比特为奇偶检验码，它用于发现和纠正错误。

2. 转换码(Hand Over Word，简称HOW)

紧接着各子帧开头的遥测码，主要是向用户提供用于捕获P码的Z计数(见图4-21)，是从每星期六/星期日子夜零时起算的时间计数，它表示下一子帧开始瞬间的GPS时。但为了实用方便，Z计数一般表示为从每星期六/星期日子夜零时开始发播的子帧数。因为每一子帧播送延续的时间为6 s，因此，下一子帧开始的瞬间即为6×Z。通过交接字，可以实时地了解观测瞬时在P码周期中所处的准确位置，以便迅速地捕获P码。

3. 数据块Ⅰ

含有关于卫星钟改正参数及其数据龄期，星期的周数编号，电离层改正参数和卫星工作状

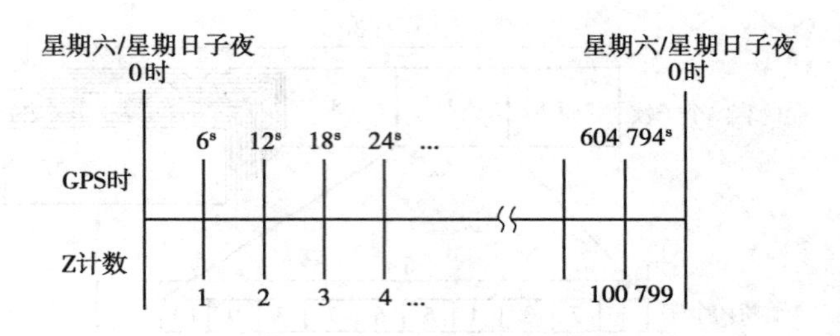

图 4-21　Z 计数

态等信息。现对其中的主要内容介绍如下：

①卫星钟改正参数 a_0、a_1、a_2，分别表示该卫星的钟差、钟速及钟速的变化率。当已知这些参数后，便可按下式计算任意时刻 t 的钟差改正数 Δt。

$$\Delta t = a_0 + a_1(t - t_{0e}) + a_2(t - t_{0e})^2 \tag{4-64}$$

②参考历元 t_{0e} 为数据块Ⅰ的基准时间，从 GPS 时每星期六/星期日子夜零时开始起算，变化于 0～604 800 s。

③钟数据龄期 AODC，表示基准时间 t_{0e} 和最近一次更新星历数据的时间 t_L 之差，即 AODC = $t_{0e} - t_L$。由于随着时间的推移，所给出的卫星钟改正参数的精度，将会随之下降，故钟数据龄期主要是用于评价钟改正数的可信程度。

④现时星期编号 WN，表示从 1980 年 1 月 6 日协调时零点起算的 GPS 时星期数。

4. 数据块Ⅱ

包含在 2、3 两个子帧里，主要向用户提供有关计算卫星运行位置的信息。该数据块一般称为卫星星历，其包括的主要参数及符号见表 4-6。数据块Ⅱ提供了用户利用 GPS 实时定位的基本数据。

5. 数据块Ⅲ

包含在第 4、5 两个子帧中，主要向用户提供 GPS 卫星的概略星历及卫星工作状态的信息，故称为卫星的历书。

当用户捕获到一颗卫星后，便可从其导航电文的数据块Ⅲ中知道其他所有卫星的概略位置、卫星钟的概略改正数及其工作状态等信息。这对于选择适宜的观测卫星，并构成最佳的几何图形，以提高定位的精度是非常重要的，同时也有助于缩短搜捕卫星信号的时间。

表 4-6　导航电文中的星历参数

M_{so}	参考时刻的平近点角
Δn	平均运行速度差
e_s	轨道偏心率
$\sqrt{a_s}$	轨道长半轴的方根
Ω_0	参考时刻的升交点赤经
i_0	参考时刻的轨道倾角
ω_s	近地点角距
$\dot{\Omega}$	升交点赤经变率

续表

$\dot{i}$	轨道倾角变率
C_{uc}, C_{us}	升交距角的调和改正项振幅
C_{rc}, C_{rc}	卫星地心距的调和改正项振幅
C_{ic}, C_{ic}	轨道倾角的调和改正项振幅
t_{0e}	星历参数的参考历元
AODE	星历数据的龄期

表4-7列出了一组GPS卫星广播星历数据(时间:1999J11M09d02h00m0.0s)。

表4-7　卫星广播星历

星历参数	卫星PRN06	卫星PRN09
$\sqrt{a}/m^{\frac{1}{2}}$	0.515 365 263 176E+04	0.515 372 833 443E+04
e	0.678 421 219 345E−02	0.679 769 460 112E−02
i_0/rad	0.958 512 160 302E+00	0.944 330 399 837E+00
ω/rad	−0.258 419 417 299E+01	0.268 325 835 957E+00
Ω_0/rad	−0.137 835 982 556E+01	0.278 150 082 653E+01
M_0/rad	−0.290 282 040 486E+00	−0.313 088 539 563E+00
$\Delta n/(\text{rad}\cdot\text{s}^{-1})$	0.451 411 660 250E−08	0.506 342 519 770E−08
$\dot{\Omega}/(\text{rad}\cdot\text{s}^{-1})$	−0.819 426 989 566E−08	−0.838 284 917 932E−08
$\dot{i}/(\text{rad}\cdot\text{s}^{-1})$	−0.253 939 149 013E−09	0.333 585 323 739E−09
C_{us}/rad	0.912 137 329 578E−05	0.850 856 304 169E−05
C_{uc}/rad	0.189 989 805 222E−06	0.259 180 204 773E−05
C_{is}/rad	0.949 949 026 108E−07	0.745 058 059 692E−08
C_{ic}/rad	0.130 385 160 446E−07	0.894 069 671 631E−07
C_{rs}/rad	0.406 250 000 000E+01	0.482 187 500 000E+02
C_{rc}/rad	0.201 875 000 000E+03	0.931 000 000 000E+03
t_{0e}/s	0.720 000 000 000E+04	0.720 000 000 000E+04
AODE/s	0.970 000 000 000E+02	0.236 000 000 000E+03

知识技能训练

4-1　什么叫大气折射？
4-2　什么叫介质的弥散现象？
4-3　对流层和电离层有什么特性？
4-4　减弱对流层折射改正项残差的主要措施有哪些？
4-5　减弱对流层和电离层折射改正项残差影响的主要措施有哪些？
4-6　码的概念是什么？
4-7　GPS 的测距码有哪几种？
4-8　GPS 接收机的工作原理有哪几种？
4-9　GPS 卫星所发播的信号主要有哪些？
4-10　什么叫导航电文？导航电文的主要内容是什么？

学习情境 5
GPS 定位原理

教学内容

GPS 定位方法分类与观测量；GPS 动态绝对定位与静态绝对定位原理，GPS 动态相对定位与静态相对定位原理，差分定位原理；RTK 定位和 CORS RTK 定位的方法与操作。

知识目标

能正确陈述 GPS 绝对定位、相对定位及差分定位的基本理论，为 GPS 设备选取、GPS 作业、误差分析等工作打下理论基础。

技能目标

能熟练操作 GPS RTK 接收机获取实时定位数据。能熟练操作 CORS RTK 定位设备获取实时定位数据。

子情境 1　GPS 定位的方法与观测量

GPS 的定位原理类似于测量学中的空间距离后方交会，即利用空间分布的卫星以及卫星与地面点的距离交会得出地面点位置。假定空间卫星的位置已知，通过一定方法测定出待定地面点 P 至空间卫星的距离，则 P 必位于以该卫星为中心，以所测得距离为半径的圆球上。若能同时观测另外两颗以上卫星至 P 点的距离；那么，P 点一定处于这 3 个以上圆球的交点上。

假想在某一地面点上安置 GPS 接收机，能够同时接收 GPS 卫星发射的信号测定卫星在此瞬间的位置以及它们分别至该接收机的距离，据此可实现定位。但是由于 GPS 卫星是分布在两千多公里高空的运动载体，只有在同一时刻测定站星距才能定位，而要实现同步必须具有统一时间标准，因此，GPS 定位除了要求解待定点的三维坐标之外，还要求解站星钟差参数（一般卫星钟差参数可忽略)。因此,利用距离交会法解算出测站 P 的位置及接收机钟差参数 δt,必须至少同步观测 4 颗以上 GPS 卫星,才能真正实现精确定位(见图 5-1)。

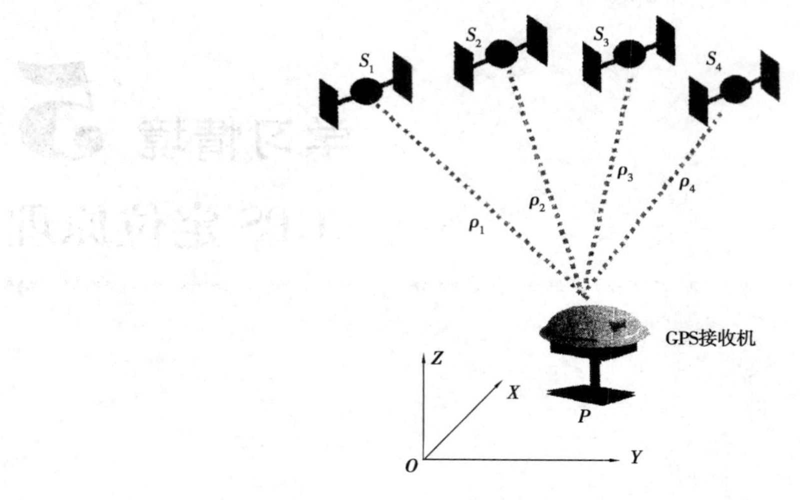

图 5-1　GPS 定位原理

设在时刻 t_i 在测站点 P 用 GPS 接收机同时测得 P 点至 4 颗 GPS 卫星 S_1、S_2、S_3、S_4 的距离 ρ_1、ρ_2、ρ_3、ρ_4,通过 GPS 电文解译出 4 颗 GPS 卫星的三维坐标 (X^j,Y^j,Z^j),$j=1,2,3,4$。用距离交会的方法求解 P 点的三维坐标 (x,y,z) 的观测方程为:

$$\left.\begin{aligned}\rho_1 &= \sqrt{(x-X^1)^2+(y-Y^1)^2+(z-Z^1)^2}+c\delta t\\ \rho_2 &= \sqrt{(x-X^2)^2+(y-Y^2)^2+(z-Z^2)^2}+c\delta t\\ \rho_3 &= \sqrt{(x-X^3)^2+(y-Y^3)^2+(z-Z^3)^2}+c\delta t\\ \rho_4 &= \sqrt{(x-X^4)^2+(y-Y^4)^2+(z-Z^4)^2}+c\delta t\end{aligned}\right\} \tag{5-1}$$

式中　c——光速;

δt——接收机钟差。

由此可见,GPS 定位中,要求解测站点的三维坐标,必须测定观测瞬间各 GPS 卫星的准确位置和观测瞬间各卫星至测站点的站星距。前面已知,通过 GPS 卫星发射的导航电文中含有的 GPS 卫星星历,可以实时地解算出卫星的瞬时位置信息。而观测瞬间测站点至 GPS 卫星之间的距离,则需要通过测定 GPS 卫星信号在卫星和测站点之间的传播时间来确定。本章在讲述定位原理之前,将首先解决距离测定的问题。

一、定位方法分类

对于 GPS 定位,采用的分类标准不同,定位方法可分为很多种。

按照选取的参考点的位置不同,可分为绝对定位和相对定位。所谓绝对定位,是将一台 GPS 接收机安置在某地面待定点上接收 GPS 卫星信号,来测定该点相对于协议地球质心的三维位置,也称单点定位。GPS 定位所采用的协议地球坐标系为 WGS-84 坐标系,因此,绝对定位的坐标最初成果为 WGS-84 坐标。所谓相对定位,是利用两台以上的接收机安置在两个地面点上测定两点之间的相对位置,也就是测定地面参考点到未知点的坐标增量,从而由其中一个已知参考点坐标求取另一个待定点坐标。

按用户接收机在作业中的运动状态不同,则定位方法可分为静态定位和动态定位。静态定位,即在定位过程中将接收机安置在测站点上并固定不动。严格来说,这种静止状态只是相对的,通常是指接收机相对于其周围点位没有发生变化。动态定位,即在定位过程中,接收机处于运动状态。

需要说明的是,动态定位和静态定位的区别在于数据处理时是否将接收机的位置看作固定不动,而不在于接收机本身是否运动。在动态定位中,即使接收机未动,而由于测量误差的影响,引起所测位置有变化,数据处理软件会将测量误差当作点位运动处理。反之,在静态定位中,即使接收机位置发生微小移动,数据处理软件也会将接收机位置的变化当作观测误差来处理。

GPS 绝对定位和相对定位中,又都包含静态和动态两种方式,即动态绝对定位、静态绝对定位、动态相对定位和静态相对定位。

依照测距的原理不同,又可分为测码伪距法定位、测相伪距法定位、差分定位等。测码伪距定位所采用的定位观测量是码相位观测量,测相伪距定位所采用的定位观测量是载波相位观测量。而差分定位是用户站接收基准站发送的修正数据,对用户站定位观测量进行改正,以达到消除或减少定位观测量误差,提高定位精度。

二、观测量的基本概念

GPS 定位的观测量是用户利用 GPS 定位的重要依据之一。所谓 GPS 观测量,是用户 GPS 接收机接收 GPS 卫星发射的信号加以处理,获得卫星到用户接收机的距离。GPS 卫星到用户接收机的观测距离,由于受到电离层延迟、对流层延迟等误差源的影响,并非真实地反映卫星到用户接收机的几何距离,而是含有误差,这种带有误差的 GPS 观测距离又称为伪距。

由于卫星信号含有多种定位信息,根据不同的要求和方法,可获得不同的观测量:

①测码伪距观测量(或称码相位观测量)。

②测相伪距观测量(或称载波相位观测量)。

③多普勒积分计数伪距差。

④干涉法测量时间延迟。

目前,在 GPS 定位测量中,广泛采用的观测量为前两种,即码相位观测量和载波相位观测量。多普勒积分计数法进行静态定位时,所需要的观测时间一般较长,多应用于大地测量中。干涉法测量所需的设备相当昂贵,数据处理也比较复杂,目前只用于高精度大地点测量,其广泛应用尚待进一步研究开发。

1. 码相位观测量

码相位观测是通过测量 GPS 卫星发射的测距码信号(C/A 码或 P 码)到达用户接收机(观测站)的传播时间,从而测得接收机至卫星的距离 ρ, 即

$$\rho = \Delta t \cdot c \tag{5-2}$$

式中　Δt ——传播时间;

c ——光速。

因此,码相位观测的关键问题在于如何测量上述测距码信号的传播时间。

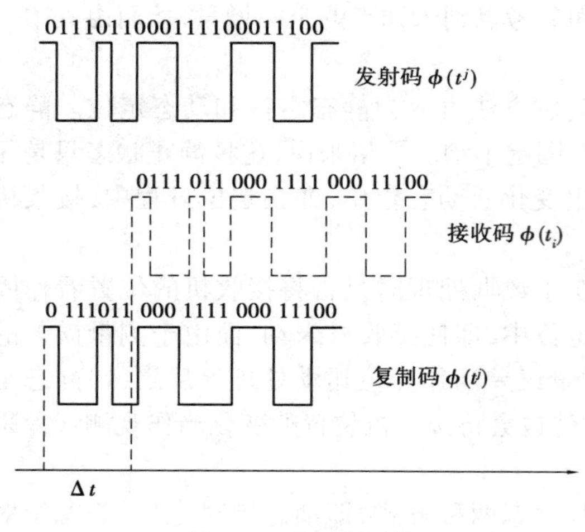

图 5-2　码相位测量

首先,假设卫星钟和接收机钟均无误差,都能与标准的 GPS 时间保持严格同步。卫星 S^j 在卫星钟的某一时刻 t 发射出某一结构的测距码信号,用户接收机在同一时刻也产生一个与发射码结构完全相同的测距码(称为复制码)。卫星发射的测距码信号经过 Δt 时间被接收机收到(称为接收码),由接收机通过时间延迟器将此时的复制码向后平移若干码元,使复制码与接收码完全对齐,并记录平移的码元数。平移的码元数与码元宽度的乘积,就是卫星发射的码信号到达接收机天线的传播时间 Δt,又称时间延迟。其测量过程如图 5-2 所示。

通过上述方法要准确地测定站星之间的几何距离,必须具备两个前提条件:一是使卫星钟与用户接收机钟保持严格同步;二是同时考虑大气层对卫星信号的影响。事实上,由于卫星钟和接收机钟振荡频率的不稳定,不可避免地存在钟误差,使站星钟不能严格同步。而且卫星信号必定要穿过电离层和对流层才能到达接收机,不可避免地受到大气层的影响,这种通过测距码信号测得的星站之间的实际距离观测量称为测码伪距观测量。因此,测码伪距观测量 ρ' 与星站的几何距离 ρ 之间存在着如下关系:

$$\rho' = \rho + c\delta t_k - c\delta t^j + \delta\rho_1 + \delta\rho_2 \tag{5-3}$$

式中　δt_k ——接收机钟时间相对于 GPS 标准时的钟差, $t_k = t_k(GPS) + \delta t_k$;

δt^j ——卫星(S^j)钟时间相对于 GPS 标准时的钟差, $t^j = t^j(GPS) + \delta t^j$;

$\delta\rho_1$、$\delta\rho_2$ ——电离层和对流层对卫星信号传播的延迟。

式(5-3)即为测码伪距观测方程。

利用测距码进行伪距测量是全球定位系统的基本测距方法。GPS 信号中测距码的码元宽度较大,根据经验,码相位对齐精度约为码元宽度的 1%。对于 P 码来讲,其码元宽度约为 29.3 m,故测距精度为 0.29 m。而对 C/A 码来讲,其码元宽度约为 293 m,故测距精度为 2.9 m。因此,有时也将 C/A 码称为粗码,P 码称为精码。可见,采用测距码进行站星距离测量的测距精度不高。

2. 载波相位观测量

由前可知,测码距的码元宽度较大,因而测距精度不高,只能满足某些导航和低精度定位的要求。而 GPS 卫星信号中载波的波长短,$\lambda_{L_1} = 19$ cm,$\lambda_{L_2} = 24$ cm,故对于载波 L_1 而言,相应的测距误差约为 1.9 mm,而对于载波 L_2 而言,相应的测距误差约为 2.4 mm。由此可见,如果载波作为量测信号,就可达到很高的测距精度。但是,载波信号是一种周期性的正弦波信号,而接收机的鉴相器只能测定载波信号由发出到接收过程中相位变化的不足一周的部分,而相位变化的整周数无法确定,这就使得解算过程变得比较复杂。

载波相位观测是通过测量 GPS 卫星发射的载波信号从 GPS 卫星发射到 GPS 接收机的传播路程上的相位变化 $\Delta\Phi$, 从而确定传播距离 ρ,即

$$\rho = \lambda \cdot \Delta\Phi \tag{5-4}$$

式中 $\Delta\Phi$——载波信号传播过程中的相位变化，以周为单位；

λ——载波波长。

在实际应用中，这种相位变化量无法直接测定，为此采用如下方法测得：

仍然假定卫星钟和接收机钟无钟误差，卫星 S^j 在某一时刻 t 发射载波信号，其相位为 φ^j，与此同时接收机内振荡器复制一个与发射载波的初相和频率完全相同的参考载波。经过 Δt 时间发射的卫星载波信号被接收机收到，而此时的接收机参考载波信号已经发生了相位变化（其相位为 φ_i）。GPS接收机通过对此时的接收信号与参考信号进行比相，从而获得发射载波信号从卫星到接收机的相位变化（或相位延迟）。其测量过程如图5-3所示。

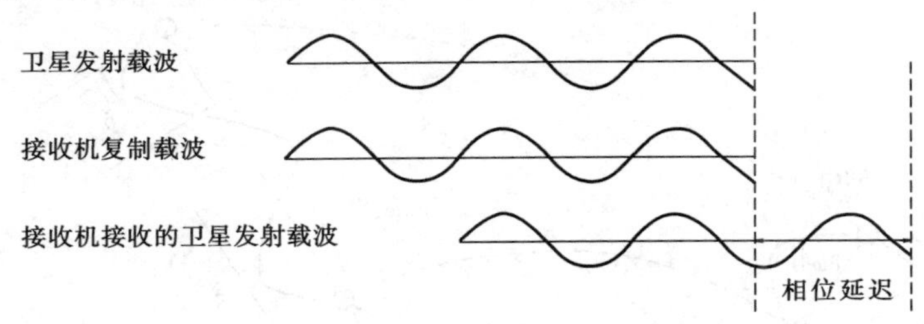

图5-3 载波相位测量

接收机此时观测卫星 S^j 的相位观测量可写为：

$$\Delta\Phi = \varphi_i - \varphi^j \tag{5-5}$$

与码相位观测一样，通过上述方法也不能准确地测定站星之间的几何距离，因为卫星钟和接收机钟存在钟误差，且载波信号要穿过电离层和对流层才能到达接收机，必然受到大气层的影响。这种通过载波信号变化而测得的星站之间的实际距离观测量称为测码伪距观测量。因此，将式(5-4)代入测码伪距观测方程(5-3)，则测相伪距观测量 $\lambda\Delta\Phi$ 与星站的几何距离 ρ 之间存在着如下关系：

$$\lambda\Delta\Phi = \rho + c\delta t_k - c\delta t^j + \delta\rho_1 + \delta\rho_2 \tag{5-6}$$

式中 δt_k——接收机钟时间相对于GPS标准时的钟差，$t_k = t_k(GPS) + \delta t_k$；

δt^j——卫星（S^j）钟时间相对于GPS标准时的钟差，$t^j = t^j(GPS) + \delta t^j$；

$\delta\rho_1$、$\delta\rho_2$——电离层和对流层对载波信号传播的延迟。

根据简谐波的物理特性，上述的载波相位观测量 $\Delta\Phi$ 可以看成整周部分 N 和不足一周的小数部分 $\delta\varphi$ 之和，即有：

$$\Delta\Phi = N + \delta\varphi \tag{5-7}$$

实际上，在进行载波相位测量时，接收机只能测定不足一周的小数部分 $\delta\varphi_i^j(t_i)$。因为载波信号是一单纯的正弦波，不带有任何标志，故无法确定正在量测的是第几个整周的小数部分，于是便出现了一个整周未知数 N，或称整周模糊度。如何快速而正确地求解整周模糊度是GPS测相伪距观测中要研究的一个关键问题。

当接收机锁定（跟踪）到某卫星信号后，在初始观测历元 t_0，相位观测量为：

$$\Delta\Phi(t_0) = N(t_0) + \delta\varphi(t_0) \tag{5-8}$$

卫星信号在历元 t_0 被跟踪后，载波相位变化的整周数便被接收机多普勒计数器自动计数。只要卫星不失锁，整周计数就是连续的。因此，对其后的任一历元的总相位变化，可用下式表达：

$$\Delta\Phi(t_i) = N(t_0) + N(t_i - t_0) + \delta\varphi(t_i) \tag{5-9}$$

式中 $N(t_0)$ ——初始历元的整周未知数，在卫星信号被锁定后就确定不变，是一个未知常数，是通常意义上所说的整周待定值（整周未知数）；

$N(t_i - t_0)$ ——从初始历元 t_0 到后续观测历元 t_i 之间载波相位变化的整周数，可由接收机自动连续计数来确定，是一个已知量，又称整周计数；

$\delta\varphi(t_i)$ ——后续观测历元 t_i 时刻不足一周的小数部分相位，可由接收机测定。

上述载波相位观测量的几何意义，如图 5-4 所示。

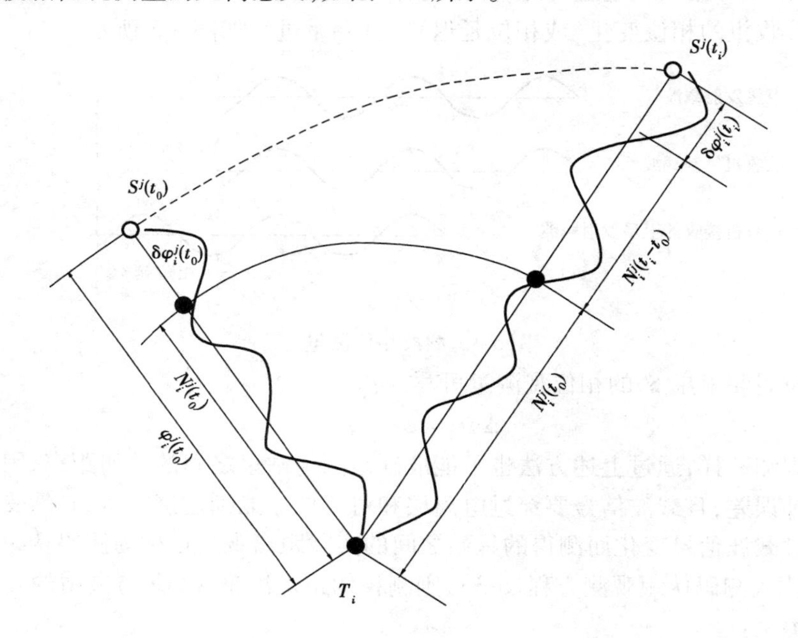

图 5-4　载波相位观测量

若取：

$$\varphi(t_i) = N(t_i - t_0) + \delta\varphi(t_i) \tag{5-10}$$

则 $\varphi_i^j(t_i)$ 是载波相位的实际观测量，即用户 GPS 接收机相位观测输出值。

因此，式(5-9)可写为：

$$\Delta\Phi(t_i) = N(t_0) + \varphi(t_i) \tag{5-11}$$

将式(5-9)代入式(5-6)，可得：

$$\lambda\varphi(t_i) = \rho - \lambda N(t_0) + c\delta t_k - c\delta t^j + \delta\rho_1 + \delta\rho_2 \tag{5-12}$$

即为载波相位观测方程。

将式(5-12)与式(5-3)比较，式(5-12)除增加了一项与载波相位整周未知数有关的项之外，其形式完全与测码伪距观测方程相似。

值得注意的是，为了简明起见，式(5-12)中的电离层延迟与式(5-3)中的电离层延迟以相同符号表示。虽然两者的表示形式相同，但因载波信号在电离层中以相速传播，而测距码信号则以群速传播，故载波相位观测的电离层延迟与码相位观测的电离层延迟并不相等。由式(4-38)与式(4-41)可知，载波相位观测的电离层延迟与码相位观测的电离层延迟数值相等，符号相反。

子情境2　观测方程及其线性化

一、测码伪距观测方程及其线性化

GPS卫星上设有高精度的原子钟，与理想的GPS时之间的钟差，通常可从卫星播发的导航电文中获得，经钟差改正后各卫星钟的同步差可保持在20 ns以内，由此所导致的测距误差可忽略，则由式(5-3)可得测码伪距方程的常用形式：

$$\rho' = \rho + c\delta t_k + \delta\rho_1 + \delta\rho_2 \tag{5-13}$$

在式(5-13)中，GPS观测站 T_i 的位置坐标值隐含在站星几何距离 ρ 中，即

$$\rho = \{[x^j - x]^2 + [y^j - y]^2 + [z^j - z]^2\}^{\frac{1}{2}} \tag{5-14}$$

式中　(x,y,z)——测站 T_i 在协议地球坐标系中的坐标；

(x^j,y^j,z^j)——卫星 S^j 在协议地球坐标系中的坐标，可通过卫星发射的卫星星历计算而得，解算中一般视为已知值。

GPS定位的几何关系如图5-5所示。

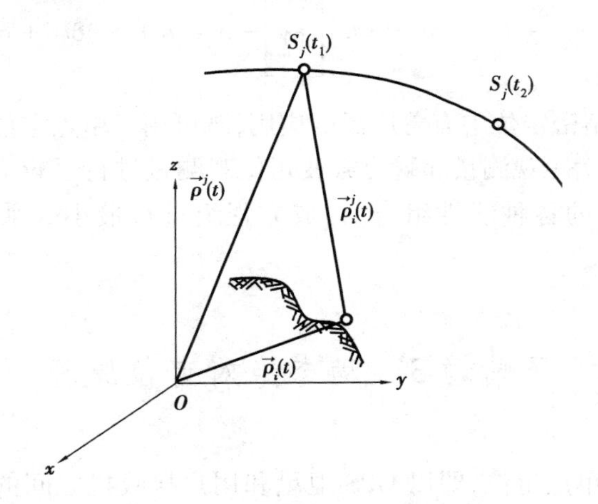

图5-5　GPS定位的几何关系

显然，观测方程(5-14)是非线性的，计算起来麻烦而费时。为了便于计算机解算，一般对其进行线性化。

取测站 T_i 的坐标初始值为 (x_0,y_0,z_0)，其改正数为 $(\delta x,\delta y,\delta z)$，则对式(5-14)采用泰勒级数进行线性化(取至一次微小项)，得：

$$\rho = \rho_0 + [-l \quad -m \quad -n]\begin{bmatrix}\delta x\\ \delta y\\ \delta z\end{bmatrix} \tag{5-15}$$

式中　l、m、n——测站 T_i 到卫星 S^j 的向量的方向余弦：

$$
\left.\begin{aligned}
\frac{\partial\rho}{\partial x^j} &= \frac{1}{\rho_0^j}[x^j(t) - x_0] = l \\
\frac{\partial\rho}{\partial y^j} &= \frac{1}{\rho_0^j}[y^j(t) - y_0] = m \\
\frac{\partial\rho}{\partial z^j} &= \frac{1}{\rho_0^j}z^j(t) - z_0] = n
\end{aligned}\right\} \tag{5-16}
$$

式中，$\rho_0^j = \{[x^j - x_0]^2 + [y^j(t) - y_0]^2 + [z^j(t) - z_0]^2\}^{\frac{1}{2}}$ 为站星距离的近似值。

由此，测码伪距方程式(5-13)的线性化形式为：

$$
\rho' = \rho_0 + [-l \quad -m \quad -n]\begin{bmatrix}\delta x \\ \delta y \\ \delta z\end{bmatrix} + c\delta t_k + \delta\rho_1 + \delta\rho_2 \tag{5-17}
$$

二、测相伪距观测方程及其线性化

若将式(5-15)代入载波相位观测方程式(5-12)，则可得载波相位方程(或测相伪距方程)的线性化形式：

$$
\lambda\varphi = \rho_0 + [-l \quad -m \quad -n]\begin{bmatrix}\delta x \\ \delta y \\ \delta z\end{bmatrix} - \lambda N(t_0) + c\delta t_k + \delta\rho_1 + \delta\rho_2 \tag{5-18}
$$

上述模型，在 GPS 精密定位中有着广泛的应用，既可用于单点定位，也可进行相对定位。

上述两节针对测码伪距观测量和瞬时载波相位观测量进行了较为深入地探讨，实际应用中正是利用上述观测量的各种线性组合，构成方程组进行最小二乘法求解，从而实现 GPS 定位。

子情境 3　动态绝对定位原理

GPS 绝对定位又称单点定位，即以 GPS 卫星和用户接收机之间的距离观测值为基础，并根据卫星星历确定的卫星瞬时坐标，直接确定用户接收机天线在 WGS-84 坐标系中相对于坐标原点(地球质心)的绝对位置。

根据用户接收机天线所处的状态不同，绝对定位又可分为动态绝对定位和静态绝对定位。因为受到卫星轨道误差、钟差以及信号传播误差等因素的影响，静态绝对定位的精度约为米级，而动态绝对定位的精度约为 10 ~ 40 m，因此，静态绝对定位主要用于大地测量，而动态绝对定位只能用于一般性的导航定位中。

将 GPS 用户接收机安装在载体上，并处于动态情况下，确定载体的瞬时绝对位置的定位方法，称为动态绝对定位。一般动态绝对定位只能获得很少或者没有多余观测量的实时解，因而定位精度不是很高，主要被广泛应用于飞机、船舶、陆地车辆等运动载体的导航。另外，在航空物探和卫星遥感领域也有着广阔的应用前景。

定位解算中，根据采用的距离观测原理的不同，可以分为测码伪距动态绝对定位和测相伪距动态绝对定位。

一、测码伪距动态绝对定位法

为了推导方便，取：

$$R' = \rho' - \delta\rho_1 - \delta\rho_2 \tag{5-19}$$

代入式(5-17)，则测码伪距观测方程可写为：

$$R' = \rho_0 + \begin{bmatrix} -l & -m & -n \end{bmatrix}\begin{bmatrix} \delta x \\ \delta y \\ \delta z \end{bmatrix} + c\delta t_k \tag{5-20}$$

式中，电离层和对流层延迟改正数可从卫星发射的导航电文中获得，而卫星 S^j 在地球协议坐标系中的坐标也可从卫星星历中得到。

显然，式中在某个历元 t 只有测站 T_i 在协议地球坐标系中的坐标向量 (x,y,z) 和接收机钟的钟差 δt_k 这 4 个未知参数，正是需要求解的。为此，至少需要建立 4 个类似的方程。因此，用户至少需要同步观测 4 颗卫星，以便获得 4 个以上测码伪距观测方程。

在动态绝对定位的情况下，由于测站是运动的，故获得的伪距观测量很少。但为了获得实时定位结果，必须至少同步观测 4 颗卫星。

假设 GPS 接收机在测站 T_i 于某一历元 t 同步观测 j 颗卫星 $(j=1,2,3,\cdots,n)$，则由式(5-20)可得：

$$\begin{bmatrix} R'^1 \\ R'^2 \\ \vdots \\ R'^n \end{bmatrix} = \begin{bmatrix} \rho_0^1 \\ \rho_0^2 \\ \vdots \\ \rho_0^n \end{bmatrix} - \begin{bmatrix} l^1 & m^1 & n^1 & -1 \\ l^2 & m^2 & n^2 & -1 \\ \vdots & \vdots & \vdots & \vdots \\ l^n & m^n & n^n & -1 \end{bmatrix}\begin{bmatrix} \delta x \\ \delta y \\ \delta z \\ c\delta t_k \end{bmatrix} \tag{5-21}$$

其误差方程为：

$$\boldsymbol{V} = \begin{bmatrix} v^1 \\ v^2 \\ \vdots \\ v^n \end{bmatrix} = \begin{bmatrix} l^1 & m^1 & n^1 & -1 \\ l^2 & m^2 & n^2 & -1 \\ \vdots & \vdots & \vdots & \vdots \\ l^n & m^n & n^n & -1 \end{bmatrix}\begin{bmatrix} \delta x \\ \delta y \\ \delta z \\ c\delta t_k \end{bmatrix} + \begin{bmatrix} R'^1 - \rho_0^1 \\ R'^2 - \rho_0^2 \\ \vdots \\ R'^n - \rho_0^n \end{bmatrix} = \boldsymbol{AX} + \boldsymbol{L} \tag{5-22}$$

当同时跟踪卫星数刚好为 4 颗（即 $n=4$）时，无多余观测量，此时式(5-22)中

$$\boldsymbol{AX} + \boldsymbol{L} = 0 \tag{5-23}$$

直接解此方程组得唯一定位解，即

$$\boldsymbol{X} = -\boldsymbol{A}^{-1}\boldsymbol{L} \tag{5-24}$$

很明显，当同时观测卫星数多于 4 颗时，则观测量的个数超过待求参数的个数，此时要利用最小二乘法平差求解误差方程式(5-22)，得：

$$\boldsymbol{X} = -(\boldsymbol{A}^{\mathrm{T}}\boldsymbol{A})^{-1}\boldsymbol{A}^{\mathrm{T}}\boldsymbol{L} \tag{5-25}$$

解的精度为：

$$m_X = \sigma_0\sqrt{q_{ii}} \tag{5-26}$$

式中　m_T ——解的中误差；

σ_0 ——伪距测量中误差；

q_{ii} ——权系数阵 Q_Z 主对角线的相应元素，$Q_Z = (A_i^{\mathrm{T}} A_i)^{-1}$。

上述测码伪距绝对定位模型式(5-24)、式(5-25)，已被广泛应用于实时动态单点定位。因为通过卫星星历中获得的卫星瞬时坐标是 WGS-84 坐标，因此，求解得到的接收机位置坐标也是 WGS-84 坐标系中的坐标。

实际应用中，有时给定的近似坐标偏差较大，而且线性化过程中略去二次及二次以上项对平差结果也有影响，在解算过程中往往一次平差不能达到理想的解算结果，因此通常采用迭代法。

顺便要指出，在解算载体位置时，不是直接求出它的三维坐标，而是求各个坐标分量的修正分量，也就是给定用户的三维坐标初始值，而求解三维坐标的改正数。在解算运动载体的实时点位时，前一个点的点位坐标可作为后续点位的初始坐标值。

二、测相伪距动态绝对定位法

令
$$R' = \lambda\varphi(t) - \delta\rho_1 - \delta\rho_2 \tag{5-27}$$

代入式(5-18)，则测相伪距观测方程可写为：

$$R' = \rho_0 + [-l \quad -m \quad -n]\begin{bmatrix}\delta x\\ \delta y\\ \delta z\end{bmatrix} - \lambda N(t_0) + c\delta t_k \tag{5-28}$$

由于测相伪距法中引入了另外的未知参数——整周未知数，因此，若和测码伪距法一样，观测 4 颗卫星无法解算出测站的三维坐标。

假设 GPS 接收机在测站 T_i 于某一历元 t 同步观测 n 颗以上卫星（$j = 1,2,3,4,\cdots,n$），则由式(5-28)可得误差方程组为：

$$\begin{aligned}\boldsymbol{V} = \begin{bmatrix}v^1\\ v^2\\ \vdots\\ v^{n^j}\end{bmatrix} &= \begin{bmatrix}l^1 & m^1 & n^1\\ l^2 & m^2 & n^2\\ \vdots & \vdots & \vdots\\ l^n & m^n & n^n\end{bmatrix}\begin{bmatrix}\delta x\\ \delta y\\ \delta z\end{bmatrix} + \begin{bmatrix}-1\\ -1\\ \vdots\\ -1\end{bmatrix} c\delta t_k + \\ &\begin{bmatrix}1 & & & 0\\ & 1 & & \\ & & \vdots & \\ 0 & & & 1\end{bmatrix}\begin{bmatrix}\lambda N^1(t_0)\\ \lambda N^2(t_0)\\ \vdots\\ \lambda N^{n^j}(t_0)\end{bmatrix} + \begin{bmatrix}R'^1 - \rho_0^1\\ R'^2 - \rho_0^2\\ \vdots\\ R'^n - \rho_0^n\end{bmatrix} \\ &= \boldsymbol{AX} + \boldsymbol{B}\delta\boldsymbol{T} + \boldsymbol{CN} + \boldsymbol{L}\end{aligned} \tag{5-29}$$

可见，误差方程中的未知参数有：3 个测站点坐标，一个接收机钟差，n 个整周未知数。这样误差方程中总未知参数为 $4+n$ 个，而观测方程的总数只有 n 个，如此则不可能实时求解。

如果在载体运动之前，GPS 接收机在 t_0 时刻锁定卫星 S^j 后，先保持载体静止，求出整周模糊度 $N^j(t_0)$，($j = 1,2,3,4,\cdots,n$)。据前述分析，只要在初始历元 t_0 之后的后续时间里没有发生卫星失锁现象，它们仍然是只与初始历元 t_0 有关的常数，在载体运动过程中当成常数来处理。

式(5-29)可写为：

$$V=\begin{bmatrix} v^1 \\ v^2 \\ \vdots \\ v^n \end{bmatrix}=\begin{bmatrix} l^1 & m^1 & n^1 & -1 \\ l^2 & m^2 & n^2 & -1 \\ \vdots & \vdots & \vdots & \vdots \\ l^n & m^1 & n^n & -1 \end{bmatrix}\begin{bmatrix} \delta x \\ \delta y \\ \delta z \\ c\delta t_k \end{bmatrix}+\begin{bmatrix} R'^1-\rho_0^1+\lambda N^1(t_0) \\ R'^2-\rho_0^2+\lambda N^2(t_0) \\ \vdots \\ R'^n-\rho_0^n+\lambda N^{n^j}(t_0) \end{bmatrix}=AX+L \quad (5\text{-}30)$$

这样,就与式(5-22)在形式上完全一致。此时,同步观测 4 颗以上卫星,就可得到式(5-25)完全一样的实时解,只是解方程过程中采用的是测相伪距观测值,因此,定位解的精度较之测码伪距法要高。

值得注意的是,采用测相伪距动态绝对定位时,载体上的 GPS 接收机在运动之前必须初始化,而且运动过程中不能发生信号失锁,否则就无法实现实时定位。然而载体在运动过程中,要始终保持对所观测卫星的连续跟踪,目前在技术上尚有一定困难,一旦发生周跳,则须在动态条件下重新初始化。因此,在实时动态绝对定位中,寻找快速确定动态整周模糊度的方法是非常关键的问题。

子情境4　静态绝对定位原理

接收机天线处于静止状态下,确定观测站坐标的方法,称为静态绝对定位。这时接收机可以连续地在不同历元同步观测不同的卫星,测定卫星至观测站的伪距,获得充分的观测量,通过测后数据处理求得测站的绝对坐标。根据测定距离的测量原理不同,静态绝对定位又可分为测码伪距静态绝对定位和测相伪距静态绝对定位。

一、测码伪距静态绝对定位法

由测码伪距动态绝对定位原理中分析,在一段时间内,若 GPS 接收机在测站 T_i 在某个历元 t 同步观测 4 颗以上卫星($j=1,2,3,4,\cdots,n$),则由式(5-22)可得:

$$V(t)=\begin{bmatrix} v^1(t) \\ v^2(t) \\ \vdots \\ v^n(t) \end{bmatrix}=\begin{bmatrix} l^1(t) & m^1(t) & n^1(t) & -1 \\ l^2(t) & m^2(t) & n^2(t) & -1 \\ \vdots & \vdots & \vdots & \vdots \\ l^n(t) & m^n(t) & n^n(t) & -1 \end{bmatrix}\begin{bmatrix} \delta x \\ \delta y \\ \delta z \\ c\delta t_k \end{bmatrix}+\begin{bmatrix} R'^1(t)-\rho_0^1(t) \\ R'^2(t)-\rho_0^2(t) \\ \vdots \\ R'^n(t)-\rho_0^n(t) \end{bmatrix} \quad (5\text{-}31)$$

$$=A(t)X+L(t)$$

上述误差方程仅考虑了 GPS 接收机在某历元 t 同时观测 n^j 颗卫星的情况。在此基础上,由于讨论的是静态绝对定位,测站上的接收机处于静止状态,可以于不同历元多次同步观测一组卫星,由此可以获得更多的测码伪距观测量,通过平差提高定位精度。

于是,以 n^j 表示观测卫星的个数, n_t 表示观测的历元次数,则在忽略测站接收机钟差随时间变化的情况下,由式(5-31)进一步考虑 n_t 个历元数而写成相应的误差方程组:

$$
V = \begin{bmatrix} V(t_1) \\ V(t_2) \\ \vdots \\ V(t_{n_t}) \end{bmatrix} = \begin{bmatrix} A(t_1) \\ A(t_2) \\ \vdots \\ A(t_{n_t}) \end{bmatrix} X + \begin{bmatrix} L(t_1) \\ L(t_2) \\ \vdots \\ L(t_{n_t}) \end{bmatrix} = AX + L \tag{5-32}
$$

按照最小二乘法求解可得：

$$
X = -(A^{\mathrm{T}}A)^{-1}A^{\mathrm{T}}L \tag{5-33}
$$

解的精度仍可用式(5-26)评定。

应当说明的是，如果观测时间较长，在不同历元，观测的卫星数一般可能不同，在组成上列系数阵时应予注意。同时，GPS 接收机钟差的变化，往往是不可忽略的。此时，可根据具体情况，或者将钟差表示为多项式的形式，并将系数作为未知数，在平差中一并求解；或者针对不同观测历元，简单地引入不同的独立的钟差参数。关于待求未知数，在前一种情况下应为 $3+n_c$，后一种情况下应为 $3+n_t$。其中，n_c 为钟差模型的系数个数；n_t 为观测的历元数。测码伪距观测量应该多于待定未知数的个数。

这种多卫星多历元的定位方法，在静态单点定位中应用较广，它可以比较精确地测定静止观测站在 WGS-84 坐标中的绝对坐标。

二、测相伪距静态绝对定位法

由测相伪距动态绝对定位原理中分析，若 GPS 接收机在测站 T_i 于某个历元 t 同步观测 n 颗以上卫星（$j=1,2,3,4,\cdots,n$），则有式(5-29)可得误差方程：

$$
V(t) = \begin{bmatrix} v^1(t) \\ v^2(t) \\ \vdots \\ v^n(t) \end{bmatrix} = \begin{bmatrix} l^1(t) & m^1(t) & n^1(t) \\ l^2(t) & m^2(t) & n^2(t) \\ \vdots & \vdots & \vdots \\ l^n(t) & m^n(t) & n^n(t) \end{bmatrix} \begin{bmatrix} \delta x \\ \delta y \\ \delta z \end{bmatrix} + \begin{bmatrix} -1 \\ -1 \\ \vdots \\ -1 \end{bmatrix} c\delta t_k(t) +
$$

$$
\begin{bmatrix} 1 & & & 0 \\ & 1 & & \\ & & \ddots & \\ 0 & & & 1 \end{bmatrix} \begin{bmatrix} \lambda N^1(t_0) \\ \lambda N^2(t_0) \\ \vdots \\ \lambda N^{nj}(t_0) \end{bmatrix} + \begin{bmatrix} R'^1(t) - \rho_0^1(t) \\ R'^2(t) - \rho_0^2(t) \\ \vdots \\ R'^n(t) - \rho_0^n(t) \end{bmatrix} \tag{5-34}
$$

$$
= A(t)X + B(t)\delta T(t) + C(t)N + L(t)
$$

如果在起始历元 t_0 卫星 S^j 被锁定后没有发生失锁现象，则对卫星 S^j 来说，整周未知数 $N^j(t_0)$ 是一个只与该起始历元 t_0 有关的常数。

上面描述的是，在测站 T_i 于某一历元 t 观测 n^j 颗卫星所得到的误差方程。由于测站是静止的，于一段时间内对这组卫星观测了 n_t 个历元，则按照上式，可写出相应于多个历元多颗卫星的误差方程组：

$$
\boldsymbol{V}=\begin{bmatrix} V(t_1) \\ V(t_2) \\ \vdots \\ V(t_{n_t}) \end{bmatrix}=\begin{bmatrix} A(t_1) \\ A(t_2) \\ \vdots \\ A(t_{n_t}) \end{bmatrix}X+\begin{bmatrix} B(t_1) & 0 & \cdots & 0 \\ 0 & B(t_2) & \cdots & 0 \\ \vdots & \vdots & & \vdots \\ 0 & \cdots & 0 & B(t_{n_t}) \end{bmatrix}\begin{bmatrix} \delta T(t_1) \\ \delta T(t_2) \\ \vdots \\ \delta T(t_{n_t}) \end{bmatrix}+
$$

$$
\begin{bmatrix} C(t_1) \\ C(t_2) \\ \vdots \\ C(t_{n_t}) \end{bmatrix}N+\begin{bmatrix} l_i(t_1) \\ l_i(t_2) \\ \vdots \\ l_i(t_{n_t}) \end{bmatrix}=\boldsymbol{AX}+\boldsymbol{B}\delta\boldsymbol{T}+\boldsymbol{CN}+\boldsymbol{L} \tag{5-35}
$$

式(5-35)可写为：

$$
\boldsymbol{V}=[\boldsymbol{A}\quad\boldsymbol{B}\quad\boldsymbol{C}]\begin{bmatrix} \boldsymbol{X} \\ \delta\boldsymbol{T} \\ \boldsymbol{N} \end{bmatrix}+\boldsymbol{L} \tag{5-36}
$$

取符号：

$$
\boldsymbol{G}=[\boldsymbol{A}\quad\boldsymbol{B}\quad\boldsymbol{C}]
$$

$$
\boldsymbol{Y}=[\boldsymbol{X}\quad\delta\boldsymbol{T}\quad\boldsymbol{N}]^{\mathrm{T}}
$$

则按最小二乘法求解，可得：

$$
\boldsymbol{Y}=-[\boldsymbol{G}^{\mathrm{T}}\boldsymbol{G}]^{-1}\boldsymbol{G}^{\mathrm{T}}\boldsymbol{L} \tag{5-37}
$$

解的精度可按下式估算：

$$
m_Y=\sigma_0\sqrt{q_{ii}} \tag{5-38}
$$

式中　q_{ii}——权系数阵 Q_Z 主对角线的相应元素，$\boldsymbol{Q}_Z=(\boldsymbol{G}^{\mathrm{T}}\boldsymbol{G})^{-1}$。

这里必须说明，如果静态观测时间段较长，在这段时间里，在不同历元观测的卫星数可能不同，在组成平差模型时应予注意。另外，整周未知数 $N^j(t_0)$ 与所观测的卫星有关，故在不同的历元观测的卫星不同时，将增加新的未知参数，这会导致数据处理变得更加复杂，而且有可能会降低解的精度。因此，在一个观测站的观测过程中，于不同的历元尽可能地观测同一组卫星。

静态观测站 T_i 在定位观测时，观测 n^j 颗卫星，观测 n_t 个历元，可得到 $n^j\times n_t$ 个测相伪距观测量。待解的未知数包括：测站的 3 个坐标分量，n_t 个接收机钟差，与所测卫星数相等的 n^j 个整周未知数。因此，为了能求解出所有未知数，则观测方程的总数必须满足：

$$
n^j n_t\geqslant 3+n_t+n^j
$$

即

$$
n_t\geqslant\frac{3+n^j}{n^j-1} \tag{5-39}
$$

由式(5-39)可见，应用测相伪距法进行静态绝对定位时，由于存在整周不确定性的问题，在同样观测 4 颗卫星的情况下，至少必须同步观测 3 个历元，这样才能求解出测站的坐标值。

在定位精度不高，观测时间较短的情况下，可以把 GPS 接收机的钟差视为常数。这时式(5-39)可表示为：

$$
n_t\geqslant\frac{4+n^j}{n^j} \tag{5-40}
$$

可见，在同时观测 4 颗卫星的情况下，至少必须同步观测 2 个历元。

由于载波相位观测量的精度很高，故有可能获得较高的定位精度。但是影响定位精度的因素还有卫星轨道误差和大气折射误差等，只有当卫星轨道的精度相当高，同时又能对观测量中所含的电离层和对流层误差影响加以必要的修正，才能更好地发挥测相伪距静态绝对定位的潜力。

测相伪距静态绝对定位，主要用于大地测量中的单点定位工作，或者为相对定位的基准站提供较为精密的初始坐标值。

子情境 5　相对定位原理

一、相对定位概述

从前面的讨论中不难看出，无论是测码伪距绝对定位还是测相伪距绝对定位，由于卫星星历误差、接收机钟与卫星钟同步差、大气折射误差等各种误差的影响，导致其定位精度较低。虽然这些误差已作了一定的处理，但是实践证明绝对定位的精度仍不能满足精密定位测量的需要。目前，静态绝对定位的精度可达米级，而动态绝对定位的精度仅为 10 ~ 40 m。为了进一步消除或减弱各种误差的影响，提高定位精度，一般采用相对定位法。

相对定位是用两台 GPS 接收机，分别安置在基线的两端，同步观测相同的 GPS 卫星，通过两测站同步采集 GPS 数据，经过数据处理以确定基线两端点的相对位置或基线向量（见图 5-6）。故相对定位有时也称为基线测量。这种方法可以推广到多台 GPS 接收机安置在若干条基线的端点，通过同步观测相同的 GPS 卫星，以确定多条基线向量。相对定位中，需要在多个测站中至少一个测站的坐标值作为基准，利用观测出的基线向量，去求解出其他各站点的坐标值。

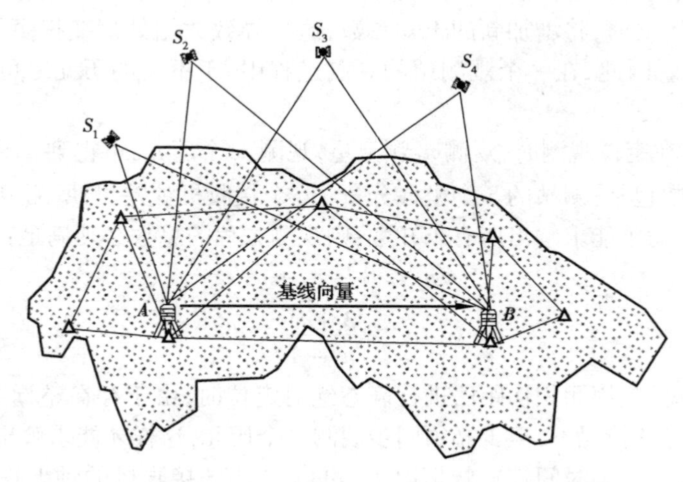

图 5-6　GPS 相对定位

在相对定位中，由于用同步观测资料进行相对定位的两个或多个观测站，所受到的卫星的轨道误差、卫星钟差、接收机钟差以及电离层延迟误差、对流层延迟误差的影响是相同的或者相关的。利用这些观测量的不同组合，按照测站、卫星、历元 3 种要素来求差，从而可以大大削弱甚至消除有关误差的影响，提高相对定位精度。因此，使这种方法成为精密定位中的主要作业方式。

根据定位过程中接收机所处的状态不同,相对定位可分为静态相对定位和动态相对定位。

GPS 相对定位技术是在一个测站上对两颗观测卫星进行观测,将观测值求差;或者在两个测站上对同一颗卫星进行观测,将观测值求差;或在一个测站上对一颗卫星进行两次观测求差。各种求差方法,其目的是消除公共误差,提高定位精度。这种定位技术早已广泛用于测绘领域。

二、基本观测量及其线性组合

设置在基线两端点的接收机相对于周围的参照物固定不动,通过连续观测获得充分的多余观测数据,解算基线向量,称为静态相对定位。

静态相对定位,一般均采用测相伪距观测值作为基本观测量。测相伪距静态相对定位是当前 GPS 定位中精度最高的一种方法。在测相伪距观测的数据处理中,为了可靠地确定载波相位的整周未知数,静态相对定位一般需要较长的观测时间(1.0 ~3.0 h),称为经典静态相对定位。

可见,经典静态相对定位方法的测量效率较低,如何缩短观测时间,以提高作业效率便成为广大 GPS 用户普遍关注的问题。理论与实践证明,在测相伪距观测中,首要问题是如何快速而精确地确定整周未知数。在整周未知数确定的情况下,随着观测时间的延长,相对定位的精度不会显著提高。因此,提高定位效率的关键是快速而可靠的确定整周未知数。

为此,美国的 Remondi,B. W 提出了快速相对定位方法。其基本思路是先利用起始基线确定初始整周模糊度(初始化),再利用一台 GPS 接收机在基准站 T_0 静止不动地对一组卫星进行连续观测,而另一台接收机在基准站附近的多个站点 T_i 上流动,每到一个站点则停下来进行静态观测,以便确定流动站与基准站之间的相对位置,这种“走走停停”的方法又称为准动态相对定位。其观测效率比经典静态相对定位方法要高,但是流动站的 GPS 接收机必须保持对观测卫星的连续跟踪,一旦发生失锁,便需要重新进行初始化工作。

这里将讨论静态相对定位的基本原理。

假设安置在基线端点的 GPS 接收机 T_i ($i = 1,2$),相对于卫星 S^j 和 S^k,于历元 t_i ($i = 1,2$)进行同步观测(见图 5-7),则可获得以下独立的载波相位观测量:$\varphi_1^j(t_1)$,$\varphi_1^j(t_2)$,$\varphi_1^k(t_1)$,$\varphi_1^k(t_2)$,$\varphi_2^j(t_1)$,$\varphi_2^j(t_2)$,$\varphi_2^k(t_1)$,$\varphi_2^k(t_2)$

在静态相对定位中,利用这些观测量的不同组合求差进行相对定位,可以有效地消除或减弱这些观测量中包含的相关误差的影响,提高相对定位精度。

目前的求差方式有 3 种:单差、双差、三差。定义如下:

1. **单差**(Single-Difference)

可在不同卫星间、不同历元间求差或者不同观测站求取观测量之差,所得求差结果被当作虚拟观测值。常用的单差是不同接收机间求单差:

$$SD_{12}^j(t) = \varphi_2^j(t) - \varphi_1^j(t) \tag{5-41}$$

相对定位中,单差是观测量的最基本线性组合形式。单差观测值中可以消除载波相位的卫星钟差项。

2. **双差**(Double-Difference)

对单差观测值继续求差,所得求差结果仍可当作虚拟观测值。常用双差观测值是不同观

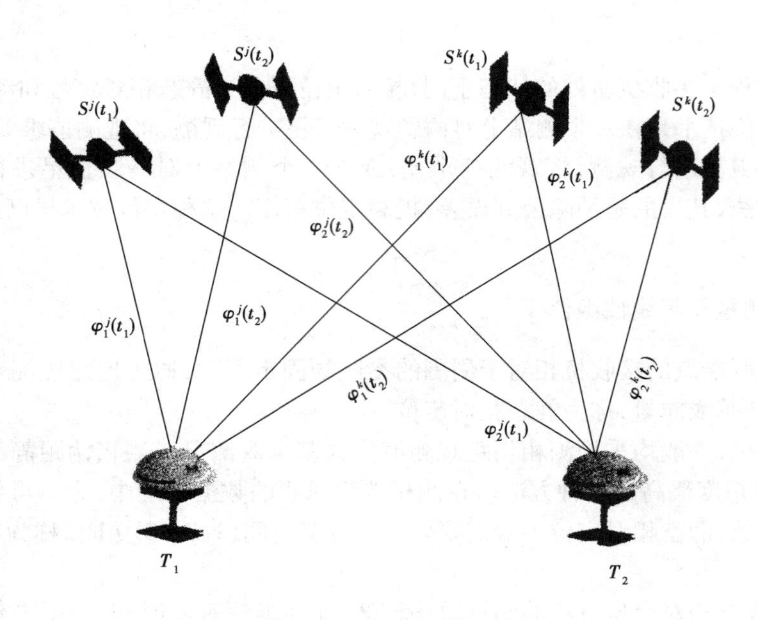

图 5-7　GPS 相对定位观测量

测站间求单差观测值,再在卫星间求二次差:

$$\begin{aligned} DD_{12}^{kj}(t) &= SD_{12}^{j}(t) - SD_{12}^{k}(t) \\ &= [\varphi_2^j(t) - \varphi_1^j(t)] - [\varphi_2^k(t) - \varphi_1^k(t)] \end{aligned} \tag{5-42}$$

双差观测值可以消除载波相位的接收机钟差项。

3. 三差(Triple-Difference)

对双差观测值继续求差。常用的三差观测值是对不同观测站单差值求取卫星间双差后,再在不同历元间求三次差:

$$TD_{12}^{kj}(t) = DD_{12}^{kj}(t_2) - DD_{12}^{kj}(t_1) \tag{5-43}$$

三差观测值可以消除与卫星和接收机有关的初始整周模糊度 $N(t_0)$。

上述各种差分观测值能够有效地消除各种偏差项,因而差分观测值模型是 GPS 测量应用中广泛采用的平差模型,特别是双差观测值即星站二次差分模型(即式(5-42))更是大多数 GPS 基线向量处理软件包必选的模型。

三、单差观测方程

如图 5-8 所示,将式(5-12)的测相伪距观测方程应用于测站 T_1、T_2,并代入式(5-41),可得:

$$\begin{aligned} \lambda SD_{12}^{j}(t) = {} & [\rho_2^j(t) - \rho_1^j(t)] + c[\delta t_2(t) - \delta t_1(t)] - \lambda[N_2^j(t) - N_1^j(t)] + \\ & [\delta\rho_{12}(t) - \delta\rho_{11}(t)] + [\delta\rho_{22}(t) - \delta\rho_{21}(t)] \end{aligned} \tag{5-44}$$

令

$$\Delta t(t) = \delta t_2(t) - \delta t_1(t), \Delta N^j = N_2^j(t) - N_1^j(t)$$

$$\Delta\rho_1(t) = \delta\rho_{12}(t) - \delta\rho_{11}(t), \Delta\rho_2(t) = \delta\rho_{22}(t) - \delta\rho_{21}(t)$$

则单差观测方程可写为:

$$\lambda SD_{12}^{j}(t) = [\rho_2^j(t) - \rho_1^j(t)] + c\Delta t(t) - \lambda\Delta N^j + \Delta\rho_1(t) + \Delta\rho_2(t) \tag{5-45}$$

由式(5-45)可知,卫星的钟差影响可以消除。同时由于两测站相距较近(<100 km),同

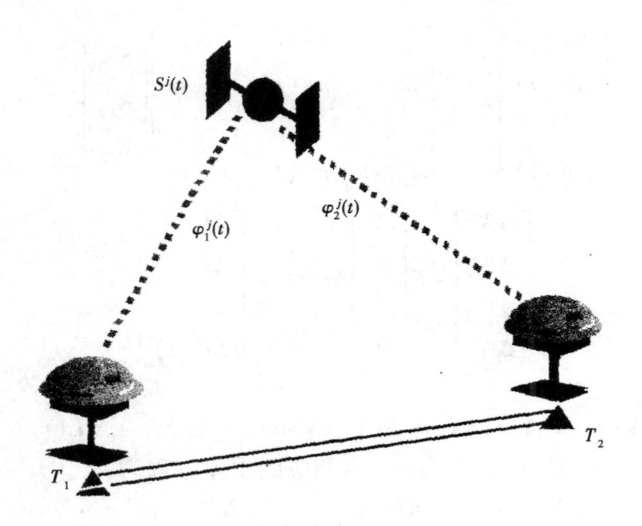

图5-8 单差示意图

一卫星到两个测站的传播路径上的电离层、对流层延迟误差的相近，取单差可进一步明显的减弱大气延迟的影响。尤其当基线较短时，这种有效性更为明显。

假设，在协议地球坐标系中，观测站 T_i 的待定坐标近似值向量为：

$$X_{i0} = (x_{i0} \quad y_{i0} \quad z_{i0})^{\mathrm{T}}$$

其改正数向量为：

$$\delta X_i = (\delta x_i \quad \delta y_i \quad \delta z_i)^{\mathrm{T}}$$

观测站 T_i 至卫星 S^j 的距离可由式(5-14)给定，是非线性的，不便于计算机计算，必须将其线性化。对其线性化，可得线性化形式式(5-15)，其中，卫星坐标改正数 $[\delta x^j, \delta y^j, \delta z^j]^{\mathrm{T}}$ 可视为零。

取两个观测站 T_1 和 T_2，其中 T_1 为基准站，其坐标已知。将式(5-15)代入式(5-45)，可得线性化的载波相位双差观测方程：

$$SD_{12}^j(t) = -\frac{1}{\lambda}\left[l_2^j(t) \quad m_2^j(t) \quad n_2^j(t)\right]\begin{bmatrix}\delta x_2\\ \delta y_2\\ \delta z_2\end{bmatrix} + f\Delta t(t) - \Delta N^j + \tag{5-46}$$

$$\frac{1}{\lambda}\left[\Delta\rho_1(t) + \Delta\rho_2(t)\right] + \frac{1}{\lambda}\left[\rho_{20}^j(t) - \rho_1^j(t)\right]$$

式中，大气折射延迟误差的残差很小，可忽略。于是相应的误差方程可写成如下形式：

$$\Delta v^j(t) = \frac{1}{\lambda}\left[l_2^j(t) \quad m_2^j(t) \quad n_2^j(t)\right]\begin{bmatrix}\delta x_2\\ \delta y_2\\ \delta z_2\end{bmatrix} - f\Delta t(t) + \Delta N^j + \Delta l^j(t) \tag{5-47}$$

式中 $\Delta l^j(t) = SD_{12}^j(t) - \frac{1}{\lambda}\left[\rho_{20}^j(t) - \rho_1^j(t)\right]$

上述情况是两观测站同时观测同一颗卫星 S^j 的情况，可以将其推广到两观测站于历元 t 时刻同时观测 n 颗卫星的情况，则相应的方程组为：

$$\begin{bmatrix} \Delta v^1(t) \\ \Delta v^2(t) \\ \vdots \\ \Delta v^n(t) \end{bmatrix} = \frac{1}{\lambda}\begin{bmatrix} l_2^1(t) & m_2^1(t) & n_2^1(t) \\ l_2^2(t) & m_2^2(t) & n_2^2(t) \\ \vdots & \vdots & \vdots \\ l_2^n(t) & m_2^n(t) & n_2^n(t) \end{bmatrix}\begin{bmatrix} \delta x_2 \\ \delta y_2 \\ \delta z_2 \end{bmatrix} + \begin{bmatrix} \Delta N^1 \\ \Delta N^2 \\ \vdots \\ \Delta N^n \end{bmatrix} - f\begin{bmatrix} 1 \\ 1 \\ \vdots \\ 1 \end{bmatrix}\Delta t(t) + \begin{bmatrix} \Delta l^1(t) \\ \Delta l^2(t) \\ \vdots \\ \Delta l^n(t) \end{bmatrix} \tag{5-48}$$

或

$$\boldsymbol{V}(t) = \boldsymbol{A}(t)\delta\boldsymbol{X}_2 + B(t)\Delta\boldsymbol{N} + \boldsymbol{C}(t)\Delta t(t) + \Delta\boldsymbol{L}(t) \tag{5-49}$$

若进一步考虑到观测的历元次数为 n_t，则相应的误差方程为：

$$\begin{bmatrix} \boldsymbol{V}(t_1) \\ \boldsymbol{V}(t_2) \\ \vdots \\ \boldsymbol{V}(t_{n_t}) \end{bmatrix} = \begin{bmatrix} \boldsymbol{A}(t_1) \\ \boldsymbol{A}(t_2) \\ \vdots \\ \boldsymbol{A}(t_{n_t}) \end{bmatrix}\delta\boldsymbol{X}_2 + \begin{bmatrix} \boldsymbol{B}(t_1) \\ \boldsymbol{B}(t_2) \\ \vdots \\ \boldsymbol{B}(t_{n_t}) \end{bmatrix}\Delta\boldsymbol{N} + \begin{bmatrix} \boldsymbol{C}(t_1) & 0 & \cdots & 0 \\ 0 & \boldsymbol{C}(t_2) & \cdots & 0 \\ \vdots & \vdots & & \vdots \\ 0 & 0 & \cdots & \boldsymbol{C}(t_{n_t}) \end{bmatrix}\begin{bmatrix} \boldsymbol{\Delta t}(t_1) \\ \boldsymbol{\Delta t}(t_2) \\ \vdots \\ \boldsymbol{\Delta t}(t_{n_t}) \end{bmatrix} + \begin{bmatrix} \Delta\boldsymbol{L}(t_1) \\ \Delta\boldsymbol{L}(t_2) \\ \vdots \\ \Delta\boldsymbol{L}(t_{n_t}) \end{bmatrix} \tag{5-50}$$

式(5-50)可写为：

$$\boldsymbol{V} = \boldsymbol{A}\delta\boldsymbol{X}_2 + \boldsymbol{B}\Delta\boldsymbol{N} + \boldsymbol{C}\Delta\boldsymbol{t} + \boldsymbol{L} \tag{5-51}$$

或

$$\boldsymbol{V} = (\boldsymbol{A} \quad \boldsymbol{B} \quad \boldsymbol{C})\begin{bmatrix} \delta\boldsymbol{X}_2 \\ \Delta\boldsymbol{N} \\ \Delta\boldsymbol{t} \end{bmatrix} + \boldsymbol{L} \tag{5-52}$$

按最小二乘法求解：

$$\Delta\boldsymbol{Y} = -\boldsymbol{N}^{-1}\boldsymbol{U} \tag{5-53}$$

式中，$\Delta\boldsymbol{Y} = [\delta\boldsymbol{X}_2 \quad \Delta\boldsymbol{N} \quad \Delta\boldsymbol{t}]^{\mathrm{T}}$；$\boldsymbol{N} = (\boldsymbol{A} \quad \boldsymbol{B} \quad \boldsymbol{C})^{\mathrm{T}}\boldsymbol{P}(\boldsymbol{A} \quad \boldsymbol{B} \quad \boldsymbol{C})$；$\boldsymbol{U} = (\boldsymbol{A} \quad \boldsymbol{B} \quad \boldsymbol{C})^{\mathrm{T}}\boldsymbol{PL}$；$\boldsymbol{P}$ 为单差观测量的权矩阵。

单差模型的解的精度可按下式估算：

$$m_y = \sigma_0 \sqrt{q_{yy}} \tag{5-54}$$

式中 σ_0 ——单差观测量的单位权中误差；

q_{yy} ——权系数阵 N^{-1} 主对角线的相应元素。

必须注意的是，当不同历元同步观测的卫星数不同时，情况将比较复杂，此时应该注意系数矩阵 A、B、C 的维数。这种在不同观测历元共视卫星数发生变化的情况，在后述的双差、三差模型也会遇到。

四、双差观测方程

如图5-9所示，两台GPS接收机安置在测站 T_1、T_2，对卫星 S^j 的单差为 $SD_{12}^j(t)$，对卫星 S^k 的单差为 $SD_{12}^k(t)$，则由式(5-42)，将测相伪距观测方程式(5-12)代入之，可得双差观测方程为：

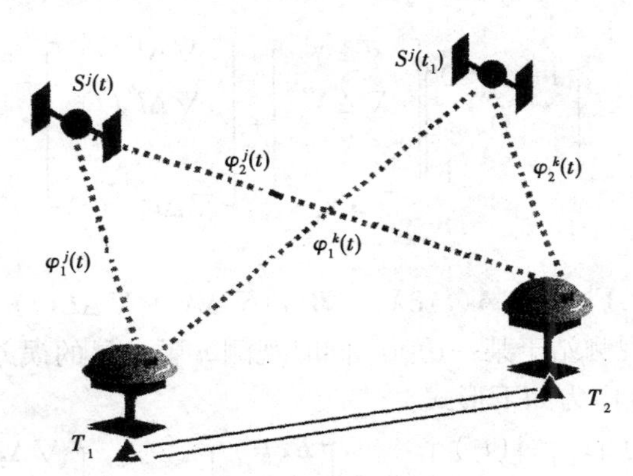

图5-9　双差示意图

$$\lambda DD_{12}^{kj}(t) = [(\rho_2^k(t) - \rho_1^k(t)) - (\rho_2^j(t) - \rho_1^j(t))] - \lambda \nabla \Delta N^k \tag{5-55}$$

在式(5-55)中可见，接收机的钟差影响完全消除，大气折射残差取二次差可以略去不计。这是双差模型的突出优点。

假设两个观测站 T_1 和 T_2 同步观测两颗卫星 S^j 和 S^k。其中，T_1 为基准站，其坐标已知；S^j 为参考卫星。根据双差观测方程式(5-42)，并将式(5-15)代入其中，则可得双差观测方程的线性化形式：

$$DD_{12}^{kj}(t) = -\frac{1}{\lambda}[\nabla l_2^k(t) \quad \nabla m_2^k(t) \quad \nabla n_2^k(t)]\begin{bmatrix}\delta x_2\\ \delta y_2\\ \delta z_2\end{bmatrix} - \nabla \Delta N^k + \frac{1}{\lambda}[(\rho_{20}^k(t) - \rho_1^k(t)) - (\rho_{20}^j(t) - \rho_1^j(t))] \tag{5-56}$$

式中

$$DD_{12}^{kj}(t) = SD_{12}^k(t) - SD_{12}^j(t)$$

$$\begin{bmatrix}\nabla l_2^k(t)\\ \nabla m_2^k(t)\\ \nabla n_2^k(t)\end{bmatrix} = \begin{bmatrix} l_2^k(t) - l_2^j(t)\\ m_2^k(t) - m_2^j(t)\\ n_2^k(t) - n_2^j(t)\end{bmatrix}$$

$$\nabla \Delta N^k = \Delta N^k - \Delta N^j$$

相应的误差方程可以写为：

$$v^k(t) = \frac{1}{\lambda}[\nabla l_2^k(t) \quad \nabla m_2^k(t) \quad \nabla n_2^k(t)]\begin{bmatrix}\delta x_2\\ \delta y_2\\ \delta z_2\end{bmatrix} + \nabla \Delta N^k + \nabla \Delta l^k(t) \tag{5-57}$$

式中　$\nabla \Delta l^k(t) = DD_{12}^{kj}(t) - \frac{1}{\lambda}[(\rho_{20}^k(t) - \rho_1^k(t)) - (\rho_{20}^j(t) - \rho_1^j(t))]$

当同步观测的 GPS 卫星为 n 时,可将上式推广成如下形式的方程组:

$$\begin{bmatrix} v^1(t) \\ v^2(t) \\ \vdots \\ v^{n-1}(t) \end{bmatrix} = \frac{1}{\lambda}\begin{bmatrix} \nabla l_2^1(t) & \nabla m_2^1(t) & \nabla n_2^1(t) \\ \nabla l_2^2(t) & \nabla m_2^1(t) & \nabla n_2^1(t) \\ \vdots & \vdots & \vdots \\ \nabla l_2^{n-1}(t) & \nabla m_2^{n-1}(t) & \nabla n_2^{n-1}(t) \end{bmatrix}\begin{bmatrix} \delta x_2 \\ \delta y_2 \\ \delta z_2 \end{bmatrix} + \begin{bmatrix} 1 & & 0 \\ & \text{O} & \\ 0 & & 1 \end{bmatrix}\begin{bmatrix} \nabla \Delta N^1 \\ \nabla \Delta N^2 \\ \vdots \\ \nabla \Delta N^{n-1} \end{bmatrix} + \begin{bmatrix} \nabla \Delta l^1(t) \\ \nabla \Delta l^2(t) \\ \vdots \\ \nabla \Delta l^{nj-1}(t) \end{bmatrix} \tag{5-58}$$

式(5-58)可写为:

$$\boldsymbol{V}(t) = \boldsymbol{A}(t)\delta X_2 + \boldsymbol{B}(t)\nabla \boldsymbol{\Delta N} + \nabla \boldsymbol{\Delta L}(t) \tag{5-59}$$

上述讨论的是两个观测站于某一历元 t 同时观测 n 颗卫星的误差方程组。当观测历元数为 n_t 时,上述方程可以推广为如下形式:

$$\begin{bmatrix} \boldsymbol{V}(t_1) \\ \boldsymbol{V}(t_2) \\ \vdots \\ \boldsymbol{V}(t_{n_t}) \end{bmatrix} = \begin{bmatrix} \boldsymbol{A}(t_1) \\ \boldsymbol{A}(t_2) \\ \vdots \\ \boldsymbol{A}(t_{n_t}) \end{bmatrix}\delta X_2 + \begin{bmatrix} \boldsymbol{B}(t_1) \\ \boldsymbol{B}(t_2) \\ \vdots \\ \boldsymbol{B}(t_{n_t}) \end{bmatrix}\nabla \boldsymbol{\Delta N} + \begin{bmatrix} \nabla \boldsymbol{\Delta L}(t_1) \\ \nabla \boldsymbol{\Delta L}(t_2) \\ \vdots \\ \nabla \boldsymbol{\Delta L}(t_{n_t}) \end{bmatrix} \tag{5-60}$$

式(5-60)可写为:

$$\boldsymbol{V} = (\boldsymbol{A} \quad \boldsymbol{B})\begin{bmatrix} \delta \boldsymbol{X}_2 \\ \nabla \boldsymbol{\Delta N} \end{bmatrix} + \boldsymbol{L} \tag{5-61}$$

利用最小二乘法求解:

$$\boldsymbol{\Delta Y} = -\boldsymbol{N}^{-1}\boldsymbol{U}$$

式中,$\boldsymbol{\Delta Y} = [\delta \boldsymbol{X}_2 \quad \nabla \boldsymbol{\Delta N}]^{\mathrm{T}}$;$\boldsymbol{N} = (\boldsymbol{A} \quad \boldsymbol{B})^{\mathrm{T}}\boldsymbol{P}(\boldsymbol{A} \quad \boldsymbol{B})$;$\boldsymbol{U} = (\boldsymbol{A} \quad \boldsymbol{B})^{\mathrm{T}}\boldsymbol{PL}$;$\boldsymbol{P}$ 为双差观测量的权矩阵。

五、三差简介

如图 5-7 所示,分别以 t_1 和 t_2 两个观测历元,对上述的双差观测方程求三次差,可得三差观测方程为:

$$\begin{aligned} TD_{12}^{kj}(t) &= DD_{12}^{kj}(t_2) - DD_{12}^{kj}(t_1) \\ &= [(\rho_2^k(t_2) - \rho_1^k(t_2)) - (\rho_2^j(t_2) - \rho_1^j(t_2))] - \\ &\quad [(\rho_2^k(t_1) - \rho_1^k(t_1)) - (\rho_2^j(t_1) - \rho_1^j(t_1))] \end{aligned} \tag{5-62}$$

从三差观测方程中可见,三差模型进一步消除了整周模糊度的影响。

假设两个观测站 T_1 和 T_2 于历元 t_1 、t_2 分别同步观测了共视卫星 S^j 和 S^k,其中,T_1 为基准站,其坐标已知;S^j 为参考卫星。根据三差观测方程式(5-62),则可得三差观测方程的线性化形式:

$$TD_{12}^{kj}(t)=-\frac{1}{\lambda}\begin{bmatrix}\delta\nabla l_2^k(t) & \delta\nabla m_2^k(t) & \delta\nabla n_2^k(t)\end{bmatrix}\begin{bmatrix}\delta x_2\\ \delta y_2\\ \delta z_2\end{bmatrix}+$$

$$\frac{1}{\lambda}[\Delta\rho_{20}^k(t)-\Delta\rho_1^k(t)-\Delta\rho_{20}^j(t)+\Delta\rho_1^j(t)] \tag{5-63}$$

式中　$TD_{12}^{kj}(t)=DD_{12}^{kj}(t_2)-DD_{12}^{kj}(t_1)$

$$\begin{bmatrix}\delta\nabla l_2^k(t)\\ \delta\nabla m_2^k(t)\\ \delta\nabla n_2^k(t)\end{bmatrix}=\begin{bmatrix}\nabla l_2^k(t_2)-\nabla l_2^j(t_1)\\ \nabla m_2^k(t_2)-\nabla m_2^j(t_1)\\ \nabla n_2^k(t_2)-\nabla n_2^j(t_1)\end{bmatrix}$$

$$\begin{bmatrix}\Delta\rho_{20}^k(t)\\ \Delta\rho_1^k(t)\\ \Delta\rho_{20}^j(t)\\ \Delta\rho_1^j(t)\end{bmatrix}=\begin{bmatrix}\rho_{20}^k(t_2)-\rho_{20}^k(t_1)\\ \rho_1^k(t_2)-\rho_1^k(t_1)\\ \rho_{20}^j(t_2)-\rho_{20}^j(t_1)\\ \rho_1^j(t_2)-\rho_1^j(t_1)\end{bmatrix}$$

由上式可得相应的误差方程：

$$v^k(t)=\frac{1}{\lambda}\begin{bmatrix}\delta\nabla l_2^k(t) & \delta\nabla m_2^k(t) & \delta\nabla n_2^k(t)\end{bmatrix}\begin{bmatrix}\delta x_2\\ \delta y_2\\ \delta z_2\end{bmatrix}+\delta\nabla\Delta l^k(t) \tag{5-64}$$

式中　$\delta\nabla\Delta l^k(t)=TD_{12}^{kj}(t)-\frac{1}{\lambda}[\Delta\rho_{20}^k(t)-\Delta\rho_1^k(t)-\Delta\rho_{20}^j(t)+\Delta\rho_1^j(t)]$

当同步观测卫星数为 n 时，以其中一颗为参考卫星，相应的误差方程可推广为：

$$\begin{bmatrix}v^1(t)\\ v^2(t)\\ \vdots\\ v^{n-1}(t)\end{bmatrix}=\frac{1}{\lambda}\begin{bmatrix}\delta\nabla l_2^1(t) & \delta\nabla m_2^1(t) & \delta\nabla n_2^1(t)\\ \delta\nabla l_2^2(t) & \delta\nabla m_2^2(t) & \delta\nabla n_2^2(t)\\ \vdots & \vdots & \vdots\\ \delta\nabla l_2^{n-1}(t) & \delta\nabla m_2^{n-1}(t) & \delta\nabla n_2^{n-1}(t)\end{bmatrix}\begin{bmatrix}\delta x_2\\ \delta y_2\\ \delta z_2\end{bmatrix}+\begin{bmatrix}\delta\nabla\Delta l^1(t)\\ \delta\nabla\Delta l^2(t)\\ \vdots\\ \delta\nabla\Delta l^{n-1}(t)\end{bmatrix} \tag{5-65}$$

式(5-65)可写为：

$$\boldsymbol{V}(t)=\boldsymbol{A}(t)\delta\boldsymbol{X}_2+\boldsymbol{L}(t) \tag{5-66}$$

如果两观测站对同一组卫星 n^j 同步观测了 n_t 个历元，并以某一个历元为参考历元，则可将上述误差方程组进一步推广，可写成：

$$\begin{bmatrix}\boldsymbol{V}(t_1)\\ \boldsymbol{V}(t_2)\\ \vdots\\ \boldsymbol{V}(t_{n_t-1})\end{bmatrix}=\begin{bmatrix}\boldsymbol{A}(t_1)\\ \boldsymbol{A}(t_2)\\ \vdots\\ \boldsymbol{A}(t_{n_t-1})\end{bmatrix}\delta X_2+\begin{bmatrix}\boldsymbol{L}(t_1)\\ \boldsymbol{L}(t_2)\\ \vdots\\ \boldsymbol{L}(t_{n_t-1})\end{bmatrix} \tag{5-67}$$

或

$$\boldsymbol{V}=\boldsymbol{A}\delta\boldsymbol{X}_2+\boldsymbol{L} \tag{5-68}$$

由此可得相应的解：

$$\delta\boldsymbol{X}_2=-(\boldsymbol{A}^{\mathrm{T}}\boldsymbol{P}\boldsymbol{A})^{-1}(\boldsymbol{A}^{\mathrm{T}}\boldsymbol{P}\boldsymbol{L}) \tag{5-69}$$

式中　$\boldsymbol{P}$ ——相应三差观测量的权矩阵。

六、快速静态相对定位

快速静态相对定位是将一台 GPS 接收机固定在基准站不动,可连续观测跟踪所有可见卫星,而另一台接收机在其周围的观测站流动,在每个流动站静止观测数分钟,以便按快速解算整周模糊度的方法解算整周未知数,从而确定流动站与基准站之间的相对位置。在观测中要求至少同时跟踪 4 颗以上卫星,且流动站与基准站相距不超过 15 km。快速相对定位的数据处理仍以载波相位观测量为依据,在较短的时间内流动站相对于基准站的基线中误差可达 $(5 \sim 10)\ \text{mm} + 1 \times 10^{-6} \times D$。

快速静态相对定位在每个流动站上静止观测的数分钟内,首先根据基准站和流动站接收机获得伪距观测量及相关信息采用快速模糊度解算法(FARA 法)迅速解算出整周模糊度 $N_i^j(t_0)$。根据式(5-12)的测相伪距观测方程,若整周模糊度 $N_i^j(t_0)$ 已经确定,将其移到等式左端,则测相伪距观测方程可以写为:

$$R_i^j(t) = \rho_i^j(t) + c[\delta t_i(t) - \delta t^j(t)] + \delta\rho_{1i}^j(t) + \delta\rho_{2i}^j(t) \tag{5-70}$$

式中　$R_i^j(t) = \lambda\varphi_i^j(t) + \lambda N_i^j(t_0)$

由于观测时间短,大气折射残差影响很小,可忽略,则式(5-70)求取站间单差观测方程可得:

$$\Delta R^j(t) = [\rho_2^j(t) - \rho_1^j(t)] + c\Delta t(t) \tag{5-71}$$

若采用双差模型进行平差解算,则由式(5-71),再对卫星间取双差可得:

$$\nabla\Delta R^k(t) = \rho_2^k(t) - \rho_1^k(t) - \rho_2^j(t) + \rho_1^j(t) \tag{5-72}$$

可分别按照上述单差、双差观测方程的平差方法进行解算。

七、动态相对定位

如前所述,动态相对定位是将一台接收机安置在一个固定的观测站(或称基准站)上,而另一台接收机安置在运动的载体上,并保持在运动中与基准站的接收机进行同步观测相同卫星,以确定运动载体相对基准站的瞬时位置。

按照所采取的观测量性质的不同,动态相对定位可分为测码伪距动态相对定位和测相伪距动态相对定位。目前,测码伪距动态相对定位的实时定位精度可达米级。测相伪距动态相对定位是以预先初始化或动态解算载波相位整周未知数为基础的一种高精度动态相对定位法,目前在较小范围内(如 20 km 的定位精度可达 1 ~2 cm)。

按照数据处理的方式不同,动态相对定位通常又可分为实时处理和测后处理。实时处理就是在观测过程中实时地获得定位结果,无须存储观测数据,但是流动站和基准站之间必须实时的传输观测数据。这种处理方式主要用于需要实时获取定位数据的导航、监测等工作。测后处理则是在观测工作结束后,通过数据处理而获得定位的结果。这种处理方法可对观测数据进行详细的分析,易于发现粗差,也不需要实时的传输数据,但需要存储观测数据。这种处理方式主要用于基线较长,不需实时获得定位结果的测量工作。

下面分别对测码伪距动态相对定位和测相伪距动态相对定位作简单介绍。

1. 测码伪距动态相对定位

如图 5-10 所示,假设地面观测站 T_1 为基准站,安置其上的接收机固定不动。而另一台接收机安置在运动载体上，其位置 $T_i(t)$ 是时间的函数，这是动态相对定位与静态相对定位的根本区别。因此，动态相对定位与静态相对定位一样，也可以通过求差有效地消除或减弱卫星轨道误差、钟差、大气折射误差等的影响，从而明显提高定位精度。

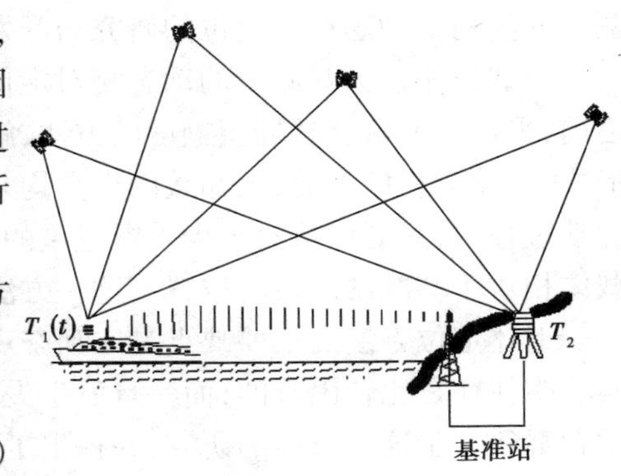

图 5-10　动态相对定位示意图

由式(5-3)，流动站 $T_i(t)$ 的测码伪距观测方程为：

$$\rho'^j_i(t) = \rho^j_i(t) + c\delta t_i(t) - c\delta t^j(t) + \delta\rho^j_{1i}(t) + \delta\rho^j_{2i}(t) \tag{5-73}$$

将流动站与基准站 T_1 的同步测码伪距观测量求差，可得单差模型：

$$\Delta\rho'^j(t) = [\rho^j_i(t) - \rho^j_1(t)] + c[\delta t_i(t) - \delta t_1(t)] + [\delta\rho_{12}{}^j(t) - \delta\rho_{11}{}^j(t)] + [\delta\rho^j_{22}(t) - \delta\rho_{21}{}^j(t)] \tag{5-74}$$

若略去大气折射残差影响，则上式可简化为：

$$\Delta\rho'^j(t) = [\rho^j_2(t) - \rho^j_1(t)] + c\Delta t(t) \tag{5-75}$$

式中　$\Delta t(t) = \delta t_i(t) - \delta t_1(t)$

上述单差模型的线性化形式为：

$$\Delta\rho'^j(t) = -[l^j_i(t) \quad m^j_i(t) \quad n^j_i(t)]\begin{bmatrix}\delta x_i \\ \delta y_i \\ \delta z_i\end{bmatrix} + c\Delta t(t) + [\rho^j_{i0}(t) - \rho^j_1(t)] \tag{5-76}$$

误差方程为：

$$\Delta v^j(t) = -[l^j_i(t) \quad m^j_i(t) \quad n^j_i(t)]\begin{bmatrix}\delta x_i \\ \delta y_i \\ \delta z_i\end{bmatrix} + c\Delta t(t) + [\rho^j_{i0}(t) - \rho^j_1(t) - \Delta\rho^j(t)] \tag{5-77}$$

若以 n_i 和 n^j 表示包括基准站在内的观测站总数和同步观测的卫星数，则有：

$$单差方程数 = (n_i - 1)n^j$$

$$未知参数 = 4(n_i - 1)$$

由此，任一历元的观测数据求解条件为：

$$(n_i - 1)n^j \geqslant 4(n_i - 1)$$

或

$$n^j \geqslant 4$$

同样，对于双差观测方程，进行类似的分析，其求解的必要条件仍为：

$$n^j \geqslant 4$$

由上可见，利用测码伪距观测量的不同组合(单差或双差)进行动态相对定位，与动态绝对定位一样，每个历元必须同步观测至少 4 颗卫星。

2. **关于测相伪距动态相对定位**

由于以测相伪距为观测量的动态相对定位法，存在整周模糊度的解算问题，因此，在动态相对定位中，目前均采用以测码伪距为观测量的实时定位法。虽然如此，但是以载波相位为观测量的高精度动态相对定位的研究与开发已得到普遍关注,并取得了重要进展。

以载波相位为观测量的动态相对定位的关键仍然是整周模糊度的解算问题。在动态观测之前,采用快速解算整周模糊度的方法,解算出载波相位观测量的整周模糊度,则误差方程的形式、误差方程的个数、未知数的个数均与上述测码伪距动态相对定位中的相同,因此,在载体运动过程中,只要保持对至少 4 颗卫星的连续跟踪,就可利用单差或双差模型精确地确定运动载体相对于基准站的瞬时位置。这一方法目前在较小范围内获得了普遍应用。

上述定位方法的主要缺点是在动态观测过程中,要求保持对所测卫星的连续跟踪。这在实践中往往是比较困难的,而一旦发生失锁,则要重新进行上述初始化工作。为此近年来许多学者都致力于这一方面的研究,并提出了一些比较有效地解决办法,为测相伪距动态绝对定位法在长距离高精度动态定位中的应用,展现了良好的前景。

子情境 6　差分定位

一、概述

差分 GPS 定位技术,就是将一台 GPS 接收机安置在基准站上进行观测,其坐标是已知的。另一台接收机安置在运动的载体上,载体在运动过程中,其上的 GPS 接收机与基准站上的接收机同步观测 GPS 卫星,以实时确定载体在每个观测历元的瞬时位置。在实时定位过程中,由基准站接收机通过数据链发送修正数据,用户站接收机接收该修正数据并对测量结果进行改正处理,以达到消除或减少相关误差的影响,获得精确的定位结果。

差分定位过程中存在着三部分误差:第一部分是对每一个用户接收机所公有的,包括卫星钟误差、星历误差、电离层误差、对流层误差等;第二部分为不能由用户测量或由校正模型来计算的传播延迟误差;第三部分为各用户接收机所固有的误差,包括内部噪声、通道延迟、多径效应等。利用差分技术,第一部分误差完全可以消除,第二部分误差大部分可以消除,其主要取决于基准接收机和用户接收机的距离,第三部分误差则无法消除。

按照对 GPS 信号的处理方式不同,可分为实时差分和事后差分(后处理差分)。实时差分 GPS 就是在接收机接收 GPS 信号的同时计算出当前接收机所处位置、速度及时间等信息;后处理差分 GPS 则是把卫星信号记录在一定介质(GPS 接收机主机、电脑等)上,回到室内进行数据处理,获取用户接收机在每个瞬间所处的位置、速度、时间等信息。

按照提供修正数据的基准站的数量不同,差分定位可以分为单基准站差分、多基准站差分。根据基准站所发送的修正数据的类型不同,单基准站差分又可分为位置差分,伪距差分(RTD),载波相位差分(RTK)。而多基准站差分又包括局部区域差分、广域差分和多基准站 RTK 技术。

差分 GPS 技术发展十分迅速,从初期仅能提供坐标改正数或距离改正数发展为目前能将各种误差分离开来,向用户提供卫星星历改正、卫星钟差改正、各种大气延迟模型等各种改正信息。数据通信也从利用一般的无线电台发展为利用广播电视部门信号中的空闲部分来发送改正信息,从而大幅度增加了信号的覆盖面。

差分 GPS 由于其有效地消除了美国政府 SA 政策所造成的危害,大幅提高了定位精度,近年来已经成为 GPS 定位技术中新的研究热点,并取得了重大进展。目前市场上出售的 GPS 接收机大多已具备实时差分的功能,不少接收机的生产销售厂商已将差分 GPS 的数据通信设备作为接收机的附件或选购件一并出售,商业性的差分 GPS 服务系统也纷纷建立。这都标志着差分 GPS 已经进入实用阶段。

二、实时伪距差分定位(RTD)

实时伪距差分的基本原理:利用基准站 T_1 的伪距改正数,传送给流动站用户 T_i,去修正流动站的伪距观测量,从而消除或减弱公共误差的影响,以求得比较精确的流动站位置坐标。

设基准站 T_1 的已知坐标为(X_1,Y_1,Z_1)。差分定位时,基准站的 GPS 接收机,根据导航电文中的星历参数,计算其观测到的全部 GPS 卫星在协议地球坐标系中的坐标值(X^j,Y^j,Z^j),从而由星、站的坐标值可以反求出每一观测时刻,由基准站至 GPS 卫星的真距离 ρ_0^j ,即

$$\rho_0^j = [(X^j - X_1)^2 + (Y^j - Y_1)^2 + (Z^j - Z_1)^2]^{\frac{1}{2}} \tag{5-78}$$

另外,基准站上的 GPS 接收机利用测码伪距法可以测量星站之间的伪距 $\rho_1'^j$,其中包含各种误差源的影响。由观测伪距和计算的真距离可以计算出伪距改正数,即

$$\Delta\rho_1^j = \rho_1^j - \rho_1'^j \tag{5-79}$$

同时,可以求出伪距改正数的变化率为:

$$d\rho_1^j = \frac{\Delta\rho_1^j}{\Delta t} \tag{5-80}$$

通过基准站的数据链将 $\Delta\rho_1^j$ 和 $d\rho_1^j$ 发送给流动站接收机,流动站接收机利用测码伪距法测量出流动站至卫星的伪距 $\rho_i'^j$,再加上数据链接收到的伪距改正数,便可以求出改正后的伪距:

$$\rho_i^j(t) = \rho_i'^j(t) + \Delta\rho_1^j(t) + d\rho_1^j(t - t_0) \tag{5-81}$$

并按照下式计算流动站坐标($X_i(t),Y_i(t),Z_i(t)$):

$$\rho_i^j(t) = [(X^j(t) - X_i(t))^2 + (Y^j(t) - Y_i(t))^2 + (Z^j(t) - Z_i(t))^2]^{\frac{1}{2}} + c\delta t(t) + V_i \tag{5-82}$$

式中　$\delta t(t)$ ——流动站用户接收机钟相对于基准站接收机钟的钟差;

　　V_i ——流动站用户接收机噪声。

伪距差分时,只需要基准站提供所有卫星的伪距改正数,而用户接收机观测任意 4 颗卫星,就可以完成定位。伪距差分能将两测站的公共误差抵消,但是,随着用户到基准站距离的增加,系统误差又将增大,这种误差用任何差分法都无法消除,因此伪距差分的基线长度也不宜过长。

三、实时载波相位差分定位(RTK)

伪距差分能满足米级定位精度,已经广泛用于导航、水下测量等领域。载波相位差分,又称 RTK 技术,通过对两测站的载波相位观测值进行实时处理,可以实时提供厘米级精度的三维坐标。

载波相位差分的基本原理是,由基准站通过数据链实时的将其载波相位观测量及基准站坐标信息一同发送到用户站,并与用户站的载波相位观测量进行差分处理,适时地给出用户站的精确坐标。

载波相位差分定位的方法又可分为两类:一种为测相伪距修正法,另一种为载波相位求差法。

1. 测相伪距修正法

测相伪距修正法的基本思想:基准站接收机 T_1 与卫星 S^j 之间的测相伪距改正数 $\Delta\rho_1^j$ 在基准站解算出,并通过数据链发送给流动站用户接收机 T_i,利用此伪距改正数 $\Delta\rho_1^j$ 去修正用户接收机 T_i 到观测卫星 S^j 之间的测相伪距 ρ'^j_i,获得比较精确的用户站至卫星的伪距,再采用它计算用户站的位置。

在基准站 T_1 观测卫星 S^j,则由卫星坐标和基准站已知坐标反算出基准站至该卫星的真距离为:

$$\rho_1^j = [(X^j - X_1)^2 + (Y^j - Y_1)^2 + (Z^j - Z_1)^2]^{\frac{1}{2}} \tag{5-83}$$

式中 (X^j, Y^j, Z^j)——卫星 S^j 的坐标,可利用导航电文中的卫星星历精确的计算出;

(X_1, Y_1, Z_1)——基准站 T_1 的精确坐标值,是已知参数。

基准站与卫星之间的测相伪距观测值为:

$$\rho'^j_1 = \rho^j_1 + c(\delta t_1 - \delta t^j) + \delta\rho^j_1 + \delta\rho^j_{11} + \delta\rho^j_{21} + \delta m_1 + v_1 \tag{5-84}$$

式中 $\delta t_1, \delta t^j$——基准站站钟差和卫星 S^j 的星钟差;

$\delta\rho_1^j$——卫星历误差(包括 SA 政策影响);

$\delta\rho^j_{11}, \delta\rho^j_{21}$——电离层和对流层延迟影响;

$\delta m_1, v_1$——多路经效应和基准站接收机噪声。

由基准站 T_1 和观测卫星 S^j 的真距离和测相伪距观测值,可以求出星站之间的伪距改正数,即

$$\begin{aligned}\Delta\rho^j_1 &= \rho^j_1 - \rho'^j_1 \\ &= -c(\delta t_1 - \delta t^j) - \delta\rho^j_1 - \delta\rho^j_{11} - \delta\rho^j_{21} - \delta m_1 - v_1\end{aligned} \tag{5-85}$$

另一方面,流动站 T_i 上的用户接收机同时观测卫星 S^j 可得到测相伪距观测值为:

$$\rho'^j_i = \rho^j_i + c(\delta t_i - \delta t^j) + \delta\rho^j_i + \delta\rho^j_{1i} + \delta\rho^j_{2i} + \delta m_i + v_i \tag{5-86}$$

式中,各项的含义与式(5-84)相同。

在用户接收机接收到由基准站发送过来的伪距改正数 $\Delta\rho_1^j$ 时,可用它对用户接收机的测相伪距观测值 ρ'^j_i 进行实时修正,得到新的比较精确的测相伪距观测值 ρ''^j_i,即

$$\begin{aligned}\rho''^j_i &= \rho'^j_i + \Delta\rho^j_1 \\ &= \rho^j_i + c(\delta t_i - \delta t^j) + \delta\rho^j_i + \delta\rho^j_{1i} + \delta\rho^j_{2i} + \delta m_i + v_i - \\ &\quad c(\delta t_1 - \delta t^j) - \delta\rho^j_1 - \delta\rho^j_{11} - \delta\rho^j_{21} - \delta m_1 - v_1 \\ &= \rho^j_i + c(\delta t_i - \delta t_1) + (\delta\rho^j_i - \delta\rho^j_1) + (\delta\rho^j_{1i} - \delta\rho^j_{11}) + \\ &\quad (\delta\rho^j_{2i} - \delta\rho^j_{21}) + (\delta m_i - \delta m_1) + (v_i - v_1)\end{aligned} \tag{5-87}$$

当用户站距基准站距离较小时(<100 km),则可以认为在观测方程中,两观测站对于同一颗卫星的星历误差、大气层延迟误差的影响近似相等。同时用户机与基准站的接收机为同型号机时,测量噪声基本相近。于是消去相关误差,式(5-87)可写成:

$$\begin{aligned}\rho''^j_i &= \rho'^j_i + \Delta\rho^j_1 \\ &= \rho^j_i + c(\delta t_i - \delta t_1) + (\delta m_i - \delta m_1)\end{aligned}$$

$$= [(X^j - X_i)^2 + (Y^j - Y_i)^2 + (Z^j - Z_i)^2] + \Delta d \tag{5-88}$$

式中　Δd ——各项残差之和。

根据前述分析,历元 t_i 时刻载波相位观测量为:

$$\Delta\Phi_i^j(t_i) = N_i^j(t_0) + N_i^j(t_i - t_0) + \delta\varphi_i^j(t_i) \tag{5-89}$$

两测站 T_1 、T_i 同时观测卫星 S^j, 对两测站的测相伪距观测值取单差,可得:

$$\rho'''^j_i - \rho'''^j_1 = \lambda\Delta\Phi_i^j(t_i) - \lambda\Delta\Phi_1^j(t_i)$$
$$= \lambda[N_i^j(t_0) - N_1^j(t_0)] + \lambda[N_i^j(t_i - t_0) - N_1^j(t_i - t_0)] + \lambda[\delta\varphi_i^j(t_i) - \delta\varphi_1^j(t_i)] \tag{5-90}$$

差分数据处理是在用户站进行的。上式左端的 ρ'''^j_1 由基准站计算出卫星到基准站的精确几何距离 ρ_1^j 代替,并经过数据链发送给用户机;同时,流动站的新测相伪距观测量 ρ'''^j_i, 通过用户机的测相伪距观测量 ρ''^j_i 和基准站发送过来的伪距修正数 $\Delta\rho_1^j$ 来计算。也就是说,将式(5-88)带入式(5-90)中,同时用 ρ_1^j 代替 ρ'''^j_1, 则有:

$$[(X^j - X_i)^2 + (Y^j - Y_i)^2 + (Z^j - Z_i)^2] + \Delta d = \rho_0^j + \lambda[N_i^j(t_0) - N_1^j(t_0)] +$$
$$\lambda[N_i^j(t_i - t_0) - N_1^j(t_i - t_0)] + \lambda[\delta\varphi_i^j(t_i) - \delta\varphi_1^j(t_i)] \tag{5-91}$$

式(5-91)中假设在初始历元 t_0 已将基准站和用户站相对于卫星 S^j 的整周模糊度 $N_1^j(t_0)$ 、$N_i^j(t_0)$ 计算出来,则在随后的历元中的整周数 $N_1^j(t_i - t_0)$ 、$N_i^j(t_i - t_0)$ 以及测相的小数部分 $\delta\varphi_1^j(t_i)$ 、$\delta\varphi_i^j(t_i)$ 都是可观测量。因此,式(5-91)中只有 4 个未知数:用户站坐标(X_i, Y_i, Z_i) 和残差 Δd, 这样只需要同时观测 4 颗卫星,则可建立 4 个观测方程,解算出用户站的三维坐标。

从上面分析可知,解算上述方程的关键问题是如何快速求解整周模糊度。近年来,许多科研人员致力于这方面的研究和开发工作,并提出了一些有效的解决方法,如 FARA 法、消去法等,使 RTK 技术在精密导航定位中展现了良好的前景。

2. 载波相位求差法

载波相位求差法的基本思想是:基准站 T_1 不再计算测相伪距修正数 $\Delta\rho_1^j$, 而是将其观测的载波相位观测值由数据链实时发送给用户站接收机,然后由用户机进行载波相位求差,再解算出用户的位置。

假设在基准站 T_1 和用户站 T_i 上的 GPS 接收机同时于历元 t_1 和 t_2 观测卫星 S^j 和 S^k, 基准站对两颗卫星的载波相位观测量(共 4 个),由数据链实时发送给用户站 T_i。于是用户站就可获得 8 个载波相位观测量方程:

$$\varphi_1^j(t_1) = \frac{f}{c}\rho_1^j(t_1) + f[\delta t_1(t_1) - \delta t^j(t_1)] - N_1^j(t_0) + \frac{f}{c}[\delta\rho_{11}^j(t_1) + \delta\rho_{21}^j(t_1)]$$

$$\varphi_i^j(t_1) = \frac{f}{c}\rho_i^j(t_1) + f[\delta t_i(t_1) - \delta t^j(t_1)] - N_i^j(t_0) + \frac{f}{c}[\delta\rho_{1i}^j(t_1) + \delta\rho_{2i}^j(t_1)]$$

$$\varphi_1^k(t_1) = \frac{f}{c}\rho_1^k(t_1) + f[\delta t_1(t_1) - \delta t^k(t_1)] - N_1^k(t_0) + \frac{f}{c}[\delta\rho_{11}^k(t_1) + \delta\rho_{21}^k(t_1)]$$

$$\varphi_i^k(t_1) = \frac{f}{c}\rho_i^k(t_1) + f[\delta t_i(t_1) - \delta t^k(t_1)] - N_i^k(t_0) + \frac{f}{c}[\delta\rho_{1i}^k(t_1) + \delta\rho_{2i}^k(t_1)] \tag{5-92}$$

$$\varphi_1^j(t_2) = \frac{f}{c}\rho_1^j(t_2) + f[\delta t_1(t_2) - \delta t^j(t_2)] - N_1^j(t_0) + \frac{f}{c}[\delta\rho_{11}^j(t_2) + \delta\rho_{21}^j(t_2)]$$

$$\varphi_i^{\ j}(t_2) = \frac{f}{c}\rho_i^{\ j}(t_2) + f[\delta t_i(t_2) - \delta t^j(t_2)] - N_i^{\ j}(t_0) + \frac{f}{c}[\delta\rho_{\ 1i}^{\ j}(t_2) + \delta\rho_{\ 2i}^{\ j}(t_2)]$$

$$\varphi_1^{\ k}(t_2) = \frac{f}{c}\rho_1^{\ k}(t_2) + f[\delta t_1(t_2) - \delta t^k(t_2)] - N_1^{\ k}(t_0) + \frac{f}{c}[\delta\rho_{11}^{k}(t_2) + \delta\rho_{21}^{k}(t_2)]$$

$$\varphi_i^{\ k}(t_2) = \frac{f}{c}\rho_i^{\ k}(t_2) + f[\delta t_i(t_2) - \delta t^k(t_2)] - N_i^{\ k}(t_0) + \frac{f}{c}[\delta\rho_{1i}^{k}(t_2) + \delta\rho_{2i}^{k}(t_2)]$$

对两接收机 T_0 、T_i 在同一历元观测同一颗卫星的载波相位观测量相减,可得到 4 个单差方程:

$$\begin{aligned}
\Delta\varphi^j(t_1) &= \frac{f}{c}[\rho_i^j(t_1) - \rho_1^j(t_1)] + f[\delta t_i(t_1) - \delta t_1(t_1)] - [N_i^j(t_0) - N_1^j(t_0)] \\
\Delta\varphi^k(t_1) &= \frac{f}{c}[\rho_i^k(t_1) - \rho_1^k(t_1)] + f[\delta t_i(t_1) - \delta t_1(t_1)] - [N_i^k(t_0) - N_1^k(t_0)] \\
\Delta\varphi^j(t_2) &= \frac{f}{c}[\rho_i^j(t_2) - \rho_1^j(t_2)] + f[\delta t_i(t_2) - \delta t_1(t_2)] - [N_i^j(t_0) - N_1^j(t_0)] \\
\Delta\varphi^k(t_2) &= \frac{f}{c}[\rho_i^k(t_2) - \rho_1^k(t_2)] + f[\delta t_i(t_2) - \delta t_1(t_2)] - [N_i^k(t_0) - N_1^k(t_0)]
\end{aligned} \tag{5-93}$$

单差方程中已经消去了卫星钟差,并且大气层延迟影响的单差是微小项,略去。

将两接收机 T_1 、T_i 同时观测两颗卫星 S^j 、S^k 的载波相位观测量的站际单差相减,可得到 2 个双差方程:

$$\begin{aligned}
\nabla\Delta\varphi^k(t_1) = &\frac{f}{c}[(\rho_i^k(t_1) - \rho_1^k(t_1)) - (\rho_i^j(t_1) - \rho_1^j(t_1))] + \\
&N_1^k(t_0) - N_1^j(t_0) + N_i^j(t_0) - N_i^k(t_0) \\
\nabla\Delta\varphi^k(t_2) = &\frac{f}{c}[(\rho_i^k(t_2) - \rho_1^k(t_2)) - (\rho_i^j(t_2) - \rho_1^j(t_2))] + \\
&N_1^k(t_0) - N_1^j(t_0) + N_i^j(t_0) - N_i^k(t_0)
\end{aligned} \tag{5-94}$$

双差方程中消去了基准站和用户站的 GPS 接收机钟差 δt_0 、δt_i。双差方程右端的初始整周模糊度 $N_0^k(t_0)$ 、$N_i^k(t_0)$ 、$N_0^j(t_0)$ 、$N_i^j(t_0)$,通过初始化过程进行解算。

因此,在 RTK 定位过程中,要求解用户所在的实时位置,它的计算程序如下:

①用户 GPS 接收机静态观测若干历元,并接收基准站发送的载波相位观测量,采用静态观测程序,求出整周模糊度,并确认此整周模糊度正确无误。这一过程称为初始化。

②将确认的整周模糊度代入双差方程式(7-53)。由于基准站的位置坐标是精确测定的已知值,两颗卫星的位置坐标可由星历参数计算出来,故双差方程中只包含用户在协议地球系中的位置坐标(X_i, Y_i, Z_i)为未知数,此时只需要观测 3 颗卫星就可以进行求解。

由上分析可见,测相伪距修正法与伪距差分法原理相同,是准 RTK 技术;载波相位求差法,通过对观测方程进行求差来解算用户站的实时位置,才是真正的 RTK 技术。

上述所讨论的单基准站差分 GPS 系统结构和算法简单,技术上较为成熟,主要适用于小范围的差分定位工作。对于较大范围的区域,则应用局部区域差分技术;对于一国或几个国家范围的广大区域,应用广域差分技术。

四、载波相位平滑伪距差分

GPS 除了能进行测码伪距测量之外,稍加改进可同时进行载波相位测量。载波相位测量的精度比码相位测量高两个数量级，因此，若能获得载波相位变化的整周数，就可获得近乎无噪声的伪距观测量。

但是一般情况下，载波变化的整周数无法获取，但能获得载波的多普勒计数（即整周计数），而实际上载波多普勒计数反映了载波相位的变化信息，即反映了伪距变化率。在 GPS 接收机中一般利用这一信息作为用户的速度估计。顾及载波多普勒测量能精确地反映伪距变化，若能利用这一信息辅助码伪距测量，则可以获得比单独采用码伪距测量更高的精度，这一思路称为载波相位平滑伪距测量。因此，相位平滑伪距差分是将码伪距测量与载波相位测量结合起来的一种较为特殊的 GPS 差分定位方法。

根据前面的相关内容，码伪距和相位的观测方程可表示为：

$$\rho'^{j} = \rho^{j} + c\delta t + v_1 \tag{5-95}$$

$$\lambda(\varphi^{j} + N^{j}) = \rho^{j} + c\delta t + v_2 \tag{5-96}$$

式中　ρ'^{j}——经过差分改正后的站星间的伪距；

δt——钟差；

φ^{j}——载波相位的实际观测量；

N^{j}——整周模糊度；

ρ^{j}——站星间的几何距离；

v_1、v_2——接收机的测量噪声。

式(5-96)中整周模糊度 N^{j} 的求解比较困难，无法直接将其值用于动态测量，因此采用历元间的相位变化来平滑伪距。

t_1、t_2 时刻的相位观测量之差为：

$$\begin{aligned}\delta\rho^{j}(t_1,t_2) &= \lambda[\varphi^{j}(t_2) - \varphi^{j}(t_1)] \\ &= \rho^{j}(t_2) - \rho^{j}(t_1) + c\delta t_2 - c\delta t_1 + v_2'\end{aligned} \tag{5-97}$$

式中，整周模糊度消除了，v_2' 为两时刻的接收机测量噪声之差。若基准站与用户站距离不太远，噪声电平为毫米量级，而对于相对伪距观测而言，可忽略其影响。

t_2 时刻的码伪距观测量为：

$$\rho'^{j}(t_2) = \rho^{j}(t_2) + c\delta t_2 + v_1 \tag{5-98}$$

顾及式(6-55)、式(6-57)和式(6-58)，可得：

$$\rho'^{j}(t_2) = \rho^{j}(t_1) + c\delta t_1 + \delta\rho^{j}(t_1,t_2) = \rho'^{j}(t_1) + \delta\rho^{j}(t_1,t_2) \tag{5-99}$$

所以

$$\rho'^{j}(t_1) = \rho'^{j}(t_2) - \delta\rho^{j}(t_1,t_2) \tag{5-100}$$

由式(5-100)可以看出，t_1 时刻的伪距值可以有不同时刻的相位差回推求出。假设有 k 个历元的伪距观测值 $\rho'^{j}(t_1)$，$\rho'^{j}(t_2)$，…，$\rho'^{j}(t_k)$，则利用相位观测量可求出从 t_1 到 t_k 的相位差测量值 $\delta\rho^{j}(t_1,t_2)$，$\delta\rho^{j}(t_1,t_3)$，…，$\delta\rho^{j}(t_1,t_k)$，于是可以求出 t_1 时刻的 k 个伪距观测量：

$$\left.\begin{aligned}\rho'^{j}(t_1) &= \rho'^{j}(t_1) \\ \rho'^{j}(t_1) &= \rho'^{j}(t_2) - \delta\rho^{j}(t_1,t_2) \\ &\vdots \\ \rho'^{j}(t_1) &= \rho'^{j}(t_k) - \delta\rho^{j}(t_1,t_k)\end{aligned}\right\} \tag{5-101}$$

将上述 k 个值取平均，得到 t_1 时刻的伪距平滑值：

$$\overline{\rho}'^j(t_1) = \frac{1}{k}\sum \rho'^j(t_1) \tag{5-102}$$

显然,这一方法大大提高了伪距观测值的精度。利用式(5-101)和式(5-102),推得其他时刻的伪距平滑值:

$$\overline{\rho}'^j(t_i) = \overline{\rho}'^j(t_1) + \delta\rho^j(t_1,t_i) \quad i = (2,3,\cdots,k)$$

以上推导适用于数据后处理,当实时应用时,可采用另一种类似于滤波的平滑方式。

设 $\overline{\rho}'^j(t_1) = \rho'^j(t_1)$,则有:

$$\rho'^j(t_i) = \frac{1}{i}\rho'^j(t_i) + \frac{i-1}{i}[\overline{\rho}'^j(t_{i-1} + \delta\rho^j(t_{i-1},t_i))] \tag{5-103}$$

若要求解用户站的坐标,可利用式(5-103)所求得的相位平滑伪距观测量,按照式(5-82)建立模型求解。

目前,这种介于伪距差分和相位差分之间的相位平滑差分方法应用并不是很广泛。

五、网络 RTK

多基准站 RTK 技术也称网络 RTK 技术,是对普通 RTK 方法的改进。目前,应用于网络 RTK 数据处理的方法有虚拟参考站法、偏导数法、线性内插法及条件平差法,其中虚拟参考站法技术(Virtual Reference Station,简称 VRS)最为成熟。

VRS RTK 的工作原理(见图 5-11):在一个区域内建立若干个连续运行的 GPS 基准站,根据这些基准站的观测值,建立区域内的 GPS 主要误差模型(电离层、对流层、卫星轨道等误差)。系统运行时,将这些误差从基准站的观测值中减去,形成"无误差"的观测值,然后利用这些"无误差"的观测值和用户站的观测值,经有效的组合,在移动站附近(几米到几十米)建立起一个虚拟参考站,移动站与虚拟参考站进行载波相位差分改正,实现实时 RTK。

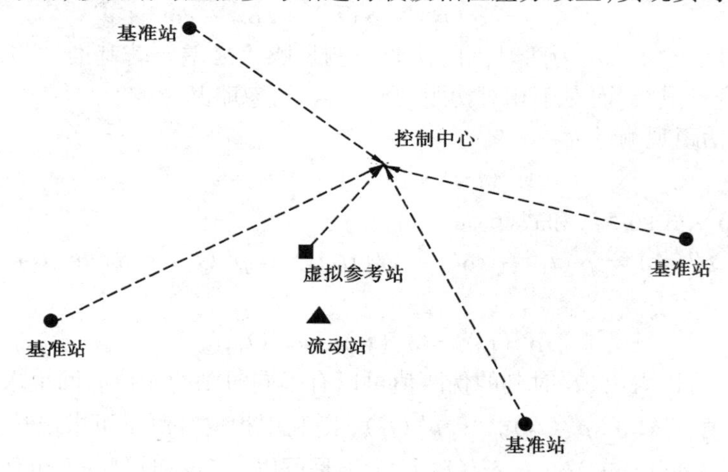

图 5-11　VRS RTK 工作原理

由于其差分改正是经过多个基准站观测资料有效组合求出的,可以有效地消除电离层、对流层和卫星轨道等误差,哪怕用户站远离基准站,也能很快地确定自己的整周模糊度,实现厘米级的实时快速定位。

多基准站 RTK 系统基本构成:若干个连续运行的 GPS 基准站、计算中心、数据发布中心、用户站。连续运行的 GPS 基准站连续进行 GPS 观测,并实时将观测值传输至计算中心。计算中心根据这些观测值计算区域电离层、对流层、卫星轨道误差改正模型,并实时地将各基准站的观测值减去其误差改正,得到“无误差”观测值,再结合移动站的观测值,计算出在移动站附近的虚拟参考站的相位差分改正,并实时地传给数据发布中心。数据发布中心实时接收计算中心的相位差分改正信息,并实时发布。用户站接收到数据发布中心发布的相位差分改正信息,结合自身GPS观测值,组成双差相位观测值,快速确定整周模糊度参数和位置信息,完成实时定位。因此,VRS RTK系统是集internet技术、无线电通信技术、计算机网络管理和GPS定位技术于一体的系统。

目前,Trimble、南方、中海达等公司成功推出了自己的网络RTK产品——连续运行参考站系统(Continuous Operational Reference System,简称CORS)。我国深圳、北京、青岛等地于2002年后相继建立了CORS系统。

六、广域差分

广域差分GPS的基本思想是对GPS观测量的误差源加以区分,并单独对每一种误差源分别加以模型化,然后将计算出的每种误差源的数值,通过数据链传输给用户,以对用户GPS定位的误差加以改正,达到削弱这些误差源,改善用户GPS定位精度的目的。

GPS误差源主要表现在3个方面:星历误差、大气延迟误差和卫星钟差。广域差分GPS系统就是为削弱这3种误差源而设计的一种工程系统,简称WADGPS。该系统的一般构成包括:一个中心站,几个监测站及其相应的数据通讯网络,覆盖范围内的若干用户。其工作原理是:在已知坐标的若干监测站上跟踪观测GPS卫星的伪距、相位等信息,监测站将这些信息传输到中心站;中心站在区域精密定轨计算的基础上,计算出3项误差改正模型,并将这些误差改正模型通过数据通信链发送给用户站;用户站利用这些误差改正模型信息改正自己观测到的伪距、相位、星历等,从而计算出高精度的GPS定位结果。

WADGPS将中心站、基准站与用户站间距离从100 km增加到2 000 km,且定位精度无明显下降;对于大区域内的WADGPS网,需要建立的监测站很少,具有较大的经济效益;WADGPS系统的定位精度分布均匀,且定位精度较LADGPS高;其覆盖区域可以扩展到远洋、沙漠等LADGPS不易作用的区域;WADGPS使用的硬件设备及通信工具昂贵,软件技术复杂,运行维持费用较LADGPS高得多,且可靠性和安全性可能不如单个的LADGPS。

目前,我国已经初步建立了北京、拉萨、乌鲁木齐、上海4个永久性的GPS监测站,还计划增设武汉、哈尔滨两站,并拟定在北京或武汉建立数据处理中心和数据通信中心。

七、事后差分

本节前面曾经叙述过,差分定位按照数据处理的方式不同可分为实时差分和事后差分。以上介绍的几种差分方法均是属于实时差分。

但是在某些情况下,用户站虽然处于运动状态,但是并不需要实时地获得它的瞬时位置、速度等信息;或者测区没有差分服务或费用很高时,这时就可以将基准站和流动站的观测数据存储在GPS接收机的相应存储介质中。待外业作业结束后,在室内通过通信线路将外业数据导入计算机中,采用专门的事后GPS差分软件对观测数据进行处理,得到外业动态定位成果。

事后差分在室内进行,这时根据定位需要可选择使用精密星历,根据精密星历计算的卫星瞬时位置比实时差分时采用广播星历计算的卫星瞬时位置要精确得多,因此事后差分可大大提高定位成果的精度。

另外,由于事后差分不需实时获得定位成果,因而定位观测过程中不需要基准站与用户站之间传输差分信息的数据链系统,这样基准站和流动站接收机的装置相当,可根据实际情况对其调换使用。

综上,事后差分一般在不需要实时获得动态定位成果,而且对定位成果的精度要求较高的情况下使用。目前,事后差分技术已经趋于成熟,很多 GPS 生产商成功开发了事后差分处理系统,在实际应用中取得了较好的效益。

八、莱卡 1200 RTK 操作

GPS RTK 接收机与静态接收机相比,重要的差别在于基准站和流动站之间进行数据传输的数据链,因此,GPS RTK 接收机的主要由一台参考站接收机、若干台流动站接收机构成,其中参考站配置一台电台,而各流动站接收机分别配置电台接收设备。

GPS RTK 测量之前,必须做好充分的准备工作,包括参考站设置、流动站设置和坐标系建立。这一系列工作做好之后,仪器才能进入正常的测量状态。

下面就以莱卡 1 200 RTK 接收机为例介绍 RTK 测量的方法。

1. LEICA RTK 接收机的安置

(1) 参考站接收机的连接与安置

1) LEICA RTK 1200 的主要部件

LEICA RTK 1200 参考站接收机主要由 GPS 天线、手簿、电台、发射天线构成。其主要部件及连接如图 5-12 所示。在待测点附近选取一个净空条件较好的点,作为参考站点。将参考站接收机的安置在该点上,按照图 5-12 将电台、天线等部件连接好,将手簿固定在 GPS 天线三脚架旁边。将电台天线也用一个三脚架安置在参考站接收机附近。

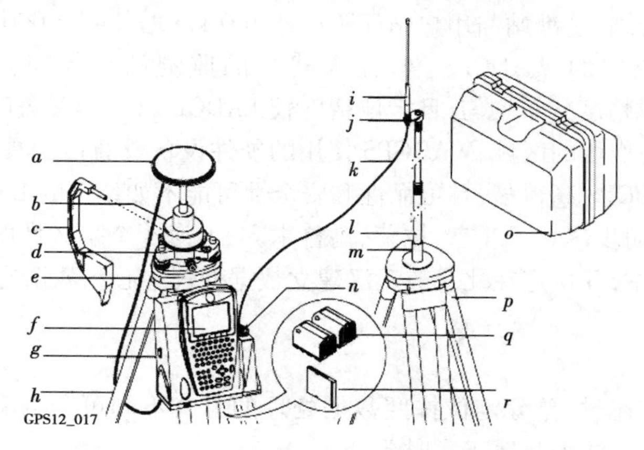

图 5-12　LEICA RTK 1200 基准站部件连接图

a—GPS 天线 AX1201/AX1202;*b*—支架;*c*—测高尺;*d*—基座;*j*—3 cm 长电台天线臂;
k—2.8 m 天线电缆;*l*—伸缩杆;*m*—伸缩杆底座;*e*—1.2 m 天线电缆;*f*—RX1210(视需要);
g—接收机 GX1210/GX1220/GX1230;*h*—脚架;*i*—电台天线;*n*—盒装电台;*o*—仪器箱;
p—脚架;*q*—两块电池;*r*—CF 卡

2）RX1200手簿布局

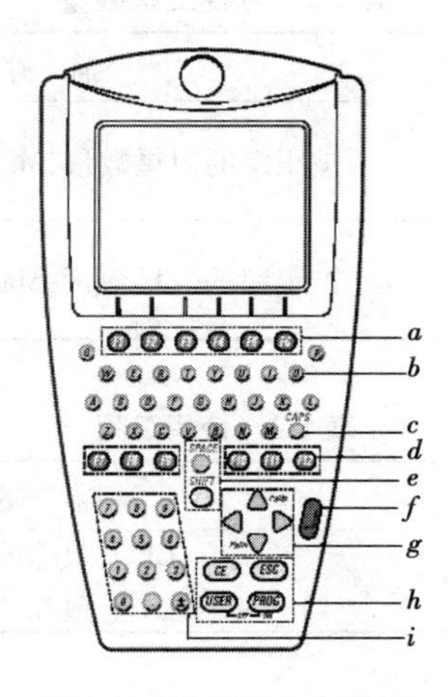

图5-13　RX1200布局图

a—功能键F1—F6；*b*—字母键；*c*—CAPS键；*d*—热键F7～F12；

e—空格上挡键；*f*—回车键；*g*—箭头键；*h*—CE ESC USER PROG键；*i*—数字键

3）状态栏

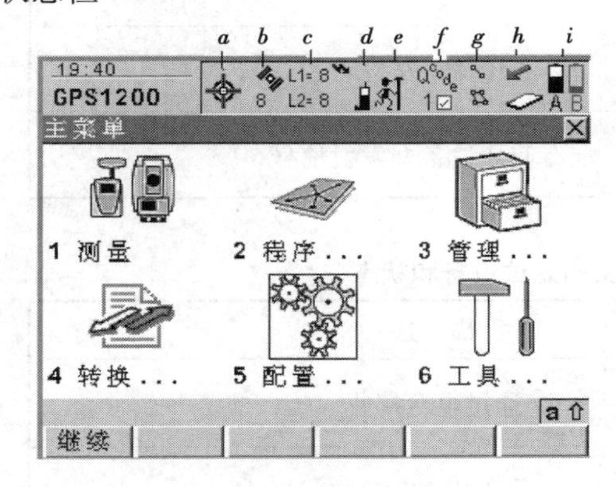

图5-14　RX1200状态栏

a—定位状态；*b*—可视卫星数量；*c*—使用卫星；

d—实时设备和状态；*e*—定位模式；*f*—快速编码；

g—线/面；*h*—CF卡/内置内存；*i*—电量

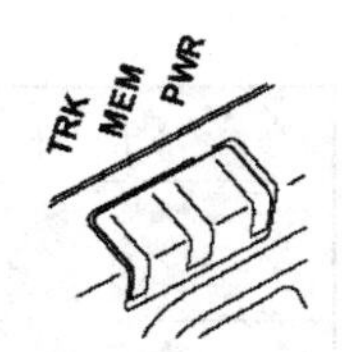

图5-15　显示灯

TRK—跟踪卫星灯；

MEM—内存灯；

PWR—电源灯

表5-1　定位状态

图　标	描　述
没有图标	没有定位
	自主解（单点定位解）
	浮点解
	固定解

表 5-2　可视卫星数量

图　标	描　述
 8	被跟踪的卫星数量,MaxTrack 没有打开
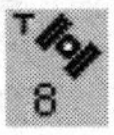 T 8	被跟踪的卫星数量,MaxTrack 已被激活

表 5-3　使用卫星

图　标	描　述
L1= 8 L2= 8	L1 上跟踪的卫星 L2 上跟踪的卫星

表 5-4　参考站实时定位设备和状态

图　标	描　述
	电台发射
	RS232 发射
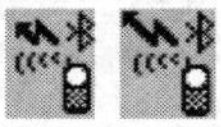	配有蓝牙设备并发射信号

表 5-5　流动站实时定位设备和状态

图　标	描　述
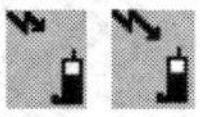	通过电台接收
	通过 RS232 接收
	通过蓝牙设备接收

表 5-6　定位模式

图　标	定位模式	点位记录	原始数据记录	天线移动
	静态	YES	NO	NO
	静态	YES	YES	NO
	动态	NO	NO	YES
	动态	NO	YES	YES

表5-7　电量

图　标	描　述
A	一块电池在A盒中
B	一块电池在B盒中

表5-8　显示灯状态

指示灯	状态	意　义
跟踪灯	不亮	没有跟踪到卫星
	绿灯	接收到足够卫星
	绿灯闪烁	跟踪到第一颗卫星，但是坐标没有算出来
内存灯	不亮	接收机没有内存
	绿灯	接收机有内存
	绿灯闪烁	内存还剩下25%的空间
	红灯	内存不足
电源灯	不亮	电源灯关闭
	绿灯	电源灯打开
	绿灯闪烁	电量低

(2)流动站接收机的连接与安置

流动站接收机的部件要少于参考站，主要由流动站GPS天线、手簿、电台天线(背包中)和流动站天线杆构成。操作时，将GPS天线固定在天线杆上，手簿固定在天线杆旁边，并用电缆将GPS天线、手簿和电台天线连接起来。流动站手簿的布局和状态与参考站手簿一样。

下面便可进行参考站和流动站的设置，以及坐标系统的建立工作。

2. **参考站设置**

(1)参考站配置集设置

①点击面板右下角的"PROG"开机。在主菜单(见图5-16)上点击第3个图标"管理"进入参考站配置(见图5-17)。点击第5项"配置集"进入配置集设置。

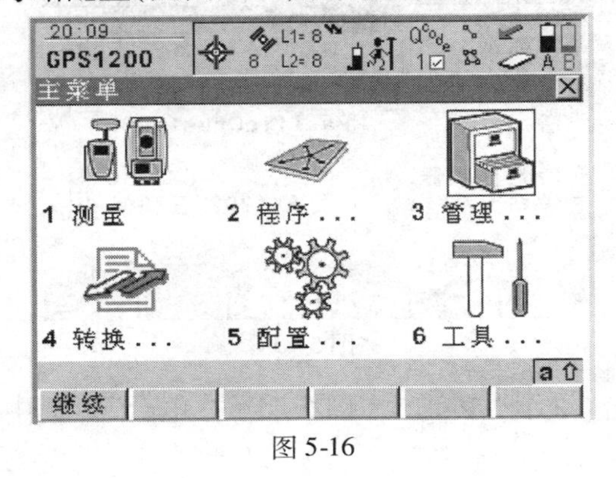

图5-16

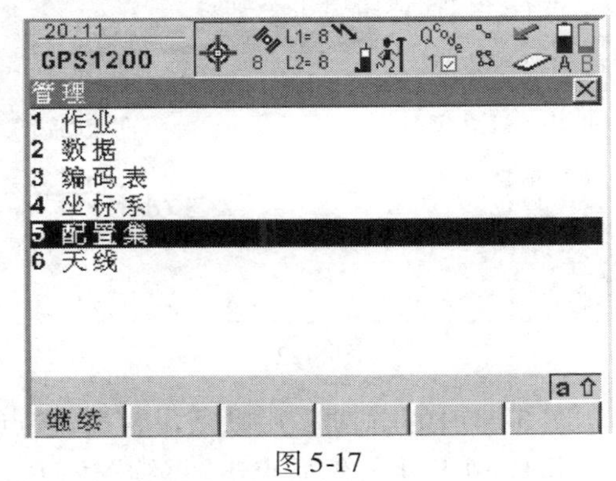

图5-17

②如图 5-18 所示,点击左下第 2 个按钮“新建”,新建配置集。在图 5-19 中的“配置集名”“描述”“创建者”后面的编辑框分别输入用户设置,然后点击“保存”按钮,进入下一步操作。

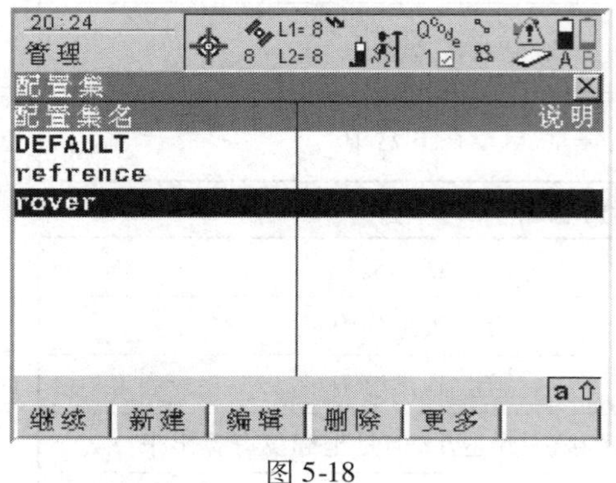

图 5-18

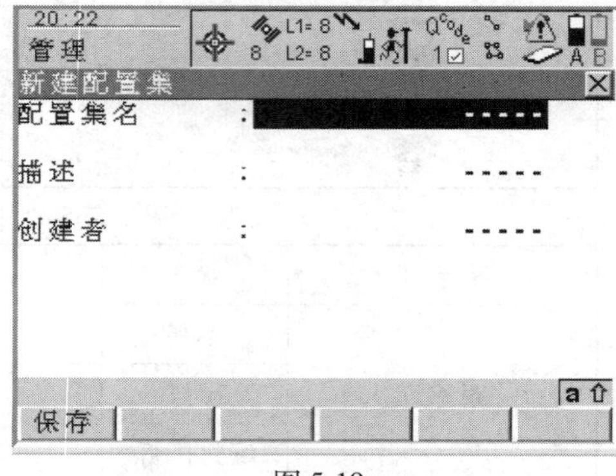

图 5-19

③如图 5-20 所示,点击“向导模式”右边的下拉框,在弹出列表中选择“查看所有内容”,然后点击右下角的“继续”按钮,进入下一步操作(见图 5-21)。选中列表中的“CHINESE”选项,然后点击“继续”按钮,转到下一步。

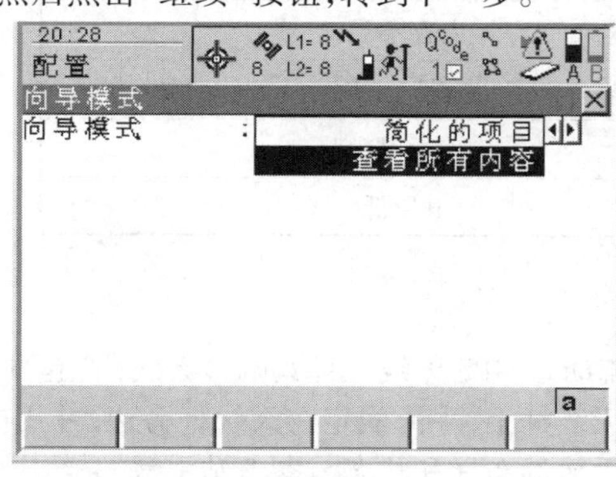

图 5-20

图 5-21

图 5-22 中的选项采用默认设置,直接点击“继续”按钮。图 5-23 中,在“实时模式”右侧的列表中选择“参考站”,然后点击“设备”按钮。

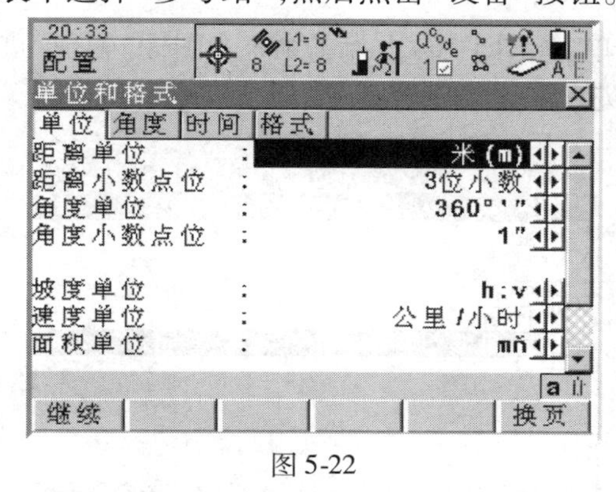

图 5-22

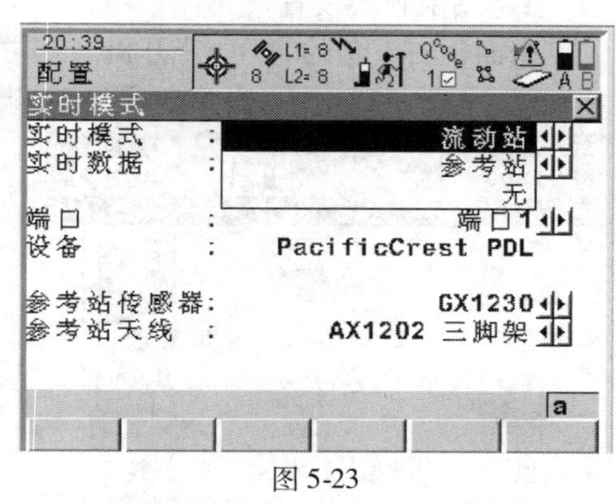

图 5-23

④图 5-24 中的选项采用默认设置,直接点击“继续”按钮。在图 5-25 的“电台”页面中选择“PacificCrest PDL”,然后点击“继续”按钮。

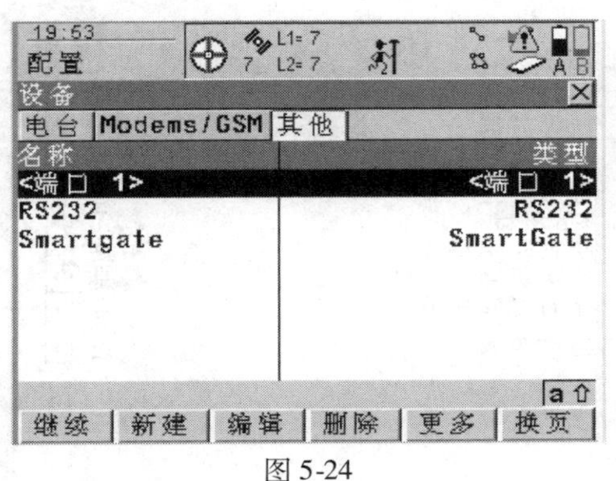

图5-24

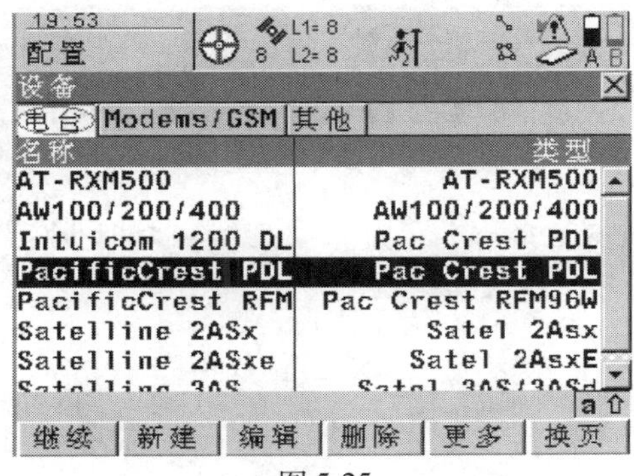

图5-25

图5-26中点击"继续"按钮。在图5-27的"通道"选项右侧输入框中输入0~99的数字，设置通道，然后点击"继续"按钮。

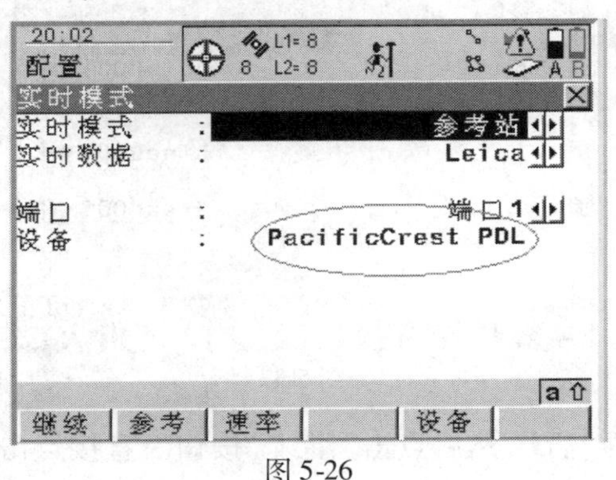

图5-26

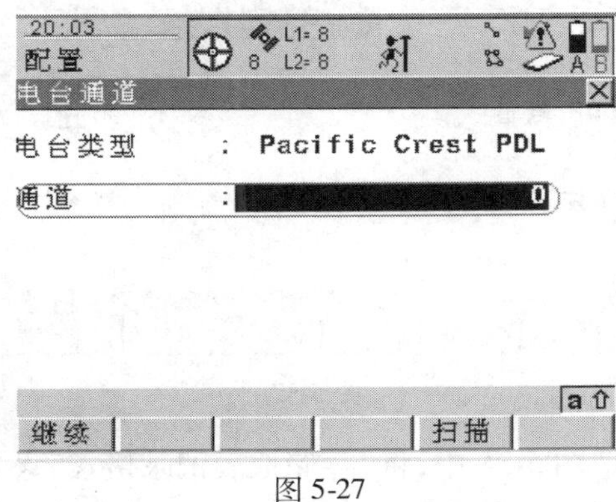

图5-27

⑤图5-28中，在"天线"选项处选择"AX1202三脚架"，然后点击"继续"按钮。将图5-29的"快速编码"项设为"关"，"主题编码"选择"使用编码表"，然后点击"继续"按钮。

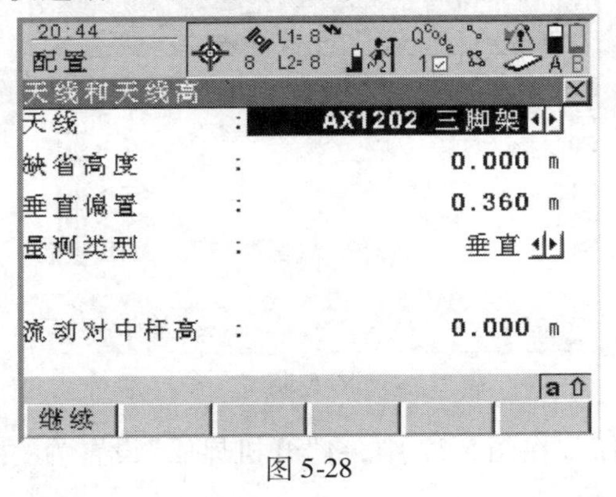

图5-28

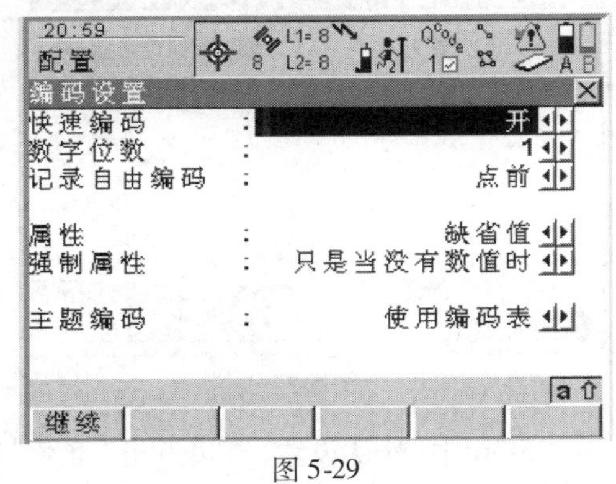

图5-29

⑥图5-30中的"记录原始数据"项设为"是"，然后点击"继续"按钮。连续3次点击"继续"按钮(见图5-31、图5-32、图5-33)。

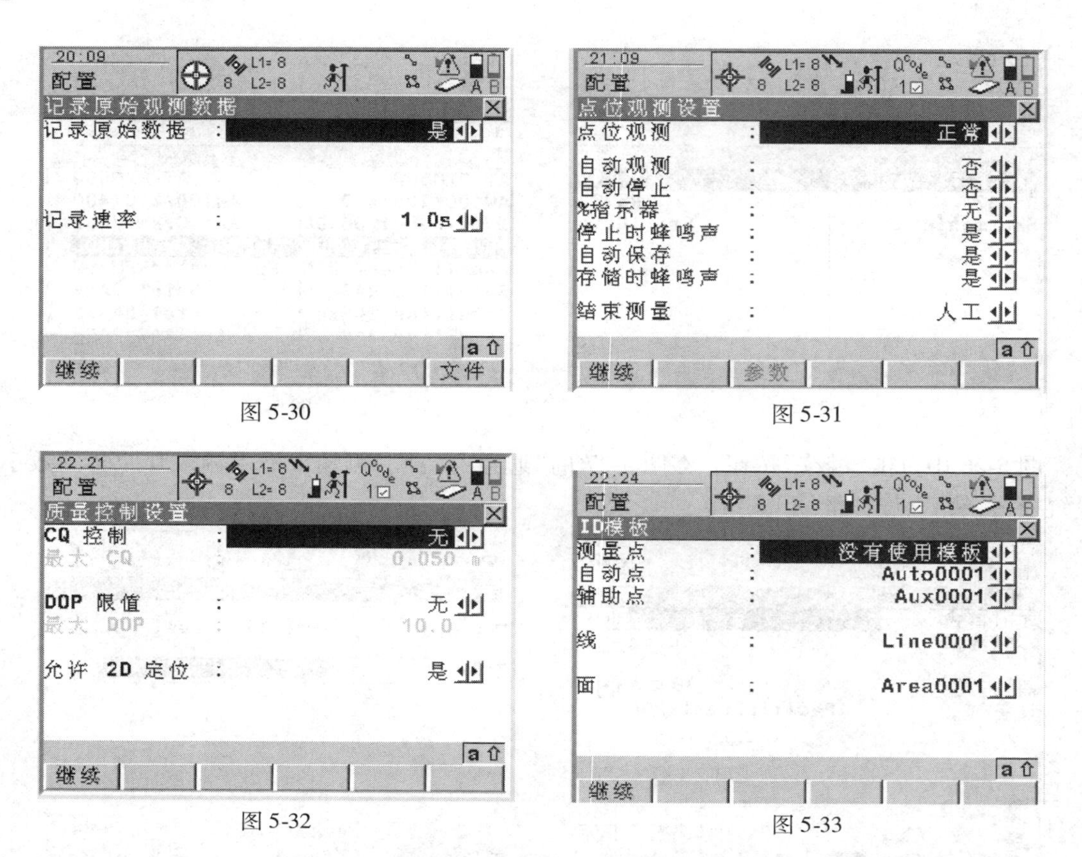

图 5-30

图 5-31

图 5-32

图 5-33

⑦图 5-34 中,将“存储地震记录格式”设置为“否”,然后点击“继续”按钮。直接点击“继续”按钮(见图 5-35)。

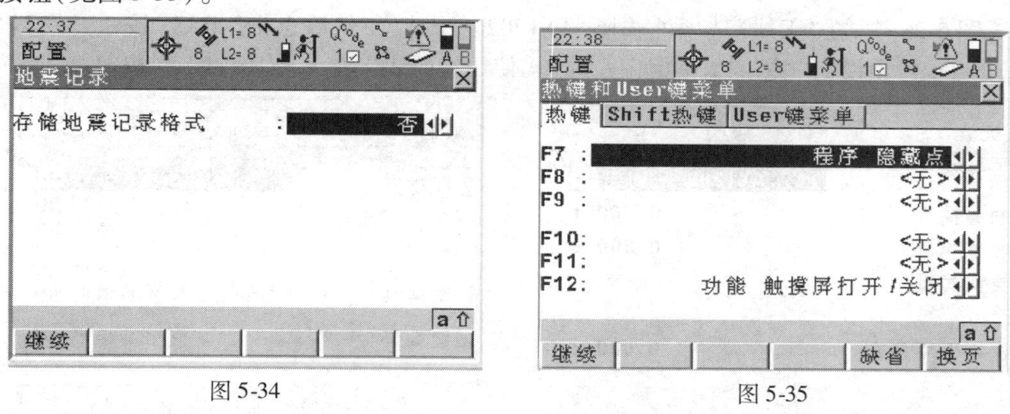

图 5-34

图 5-35

⑧图 5-36 中,默认设置,直接点击“继续”按钮。在图 5-37 中,将“开机界面”设置为“主菜单”,然后点击“继续”按钮。

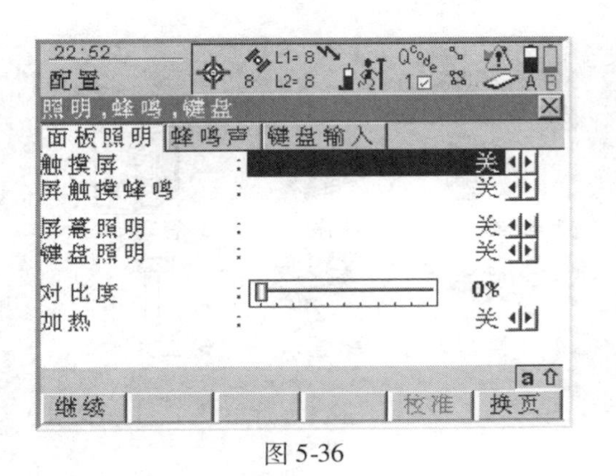

图 5-36

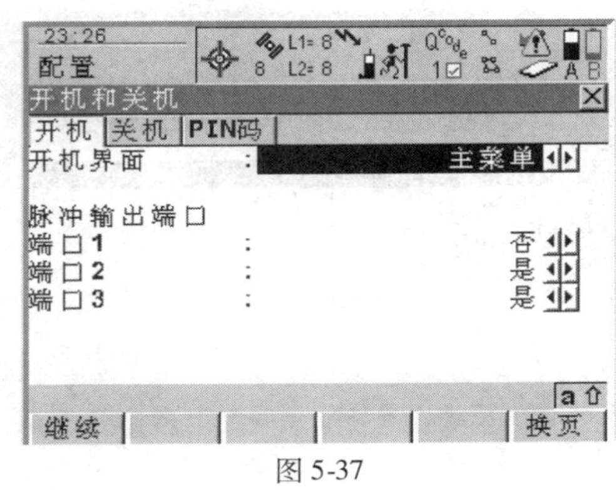

图 5-37

⑨如图 5-38、图 5-39、图 5-40、图 5-41 所示，连续 4 次直接点击“继续”按钮。

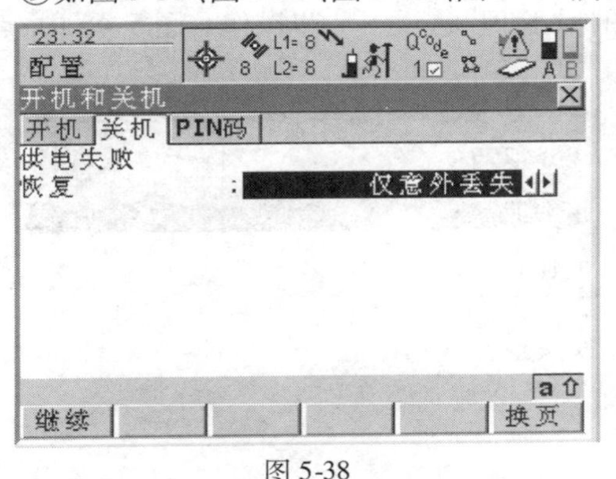

图 5-38

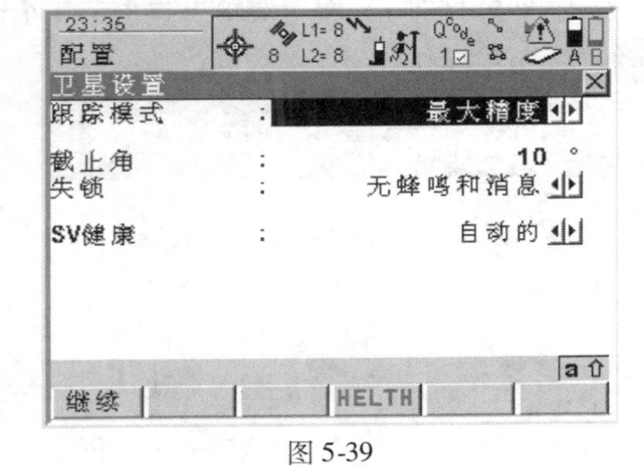

图 5-39

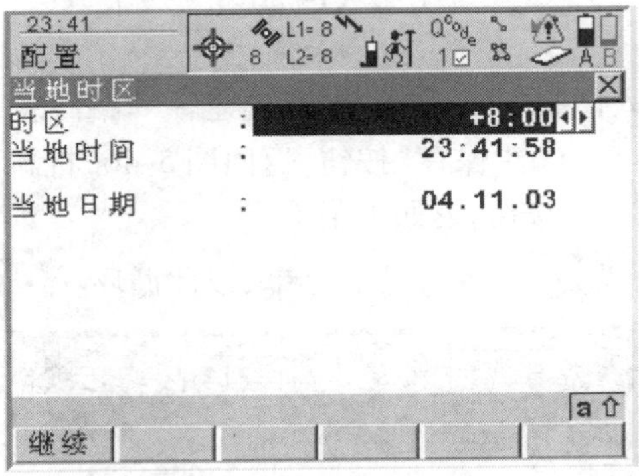

23:41
配置
当地时区
时区　:　+8:00
当地时间　:　23:41:58
当地日期　:　04.11.03
继续

图 5-40

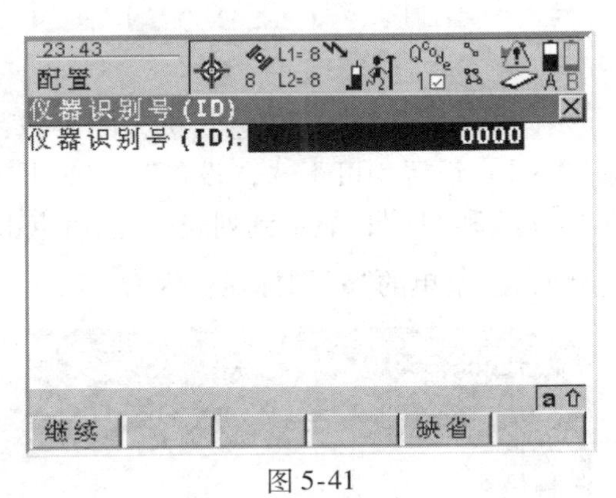

图 5-41

⑩如图 5-42、图 5-43 所示，连续两次直接点击“继续”按钮。直接点击“继续”按钮，返回主菜单。

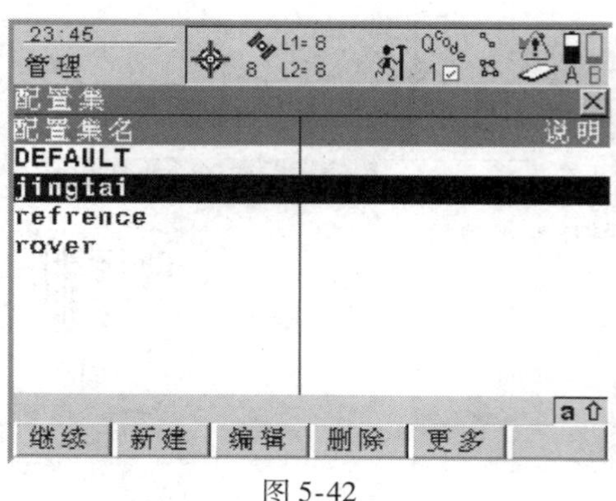

图 5-42

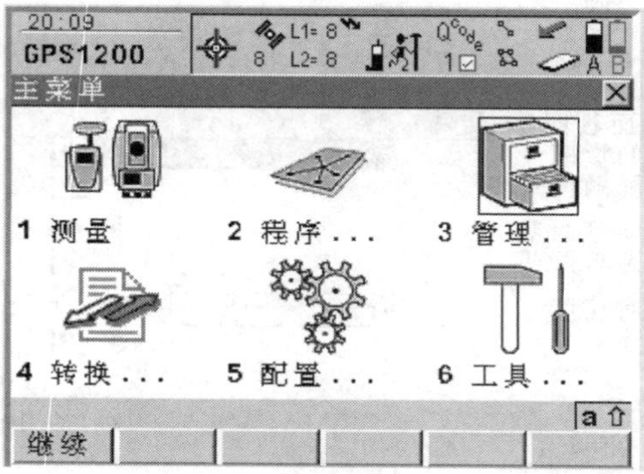

图 5-43

(2)参考站新建作业文件

①如图 5-44 所示,在主菜单上点击第 3 个图标"管理"进入下一步操作。图 5-45 中,点击"作业"下一步操作。

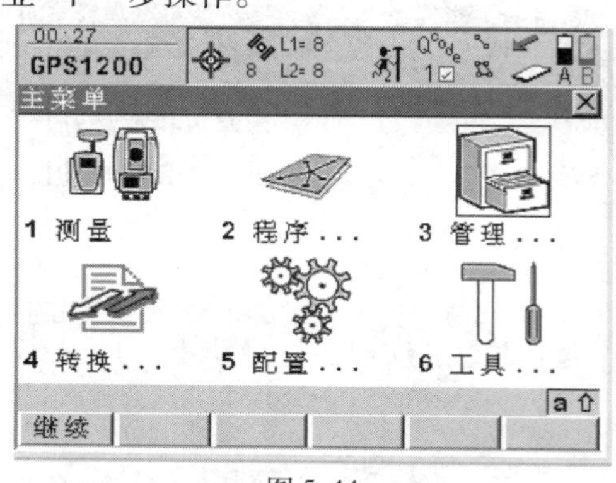

图 5-44

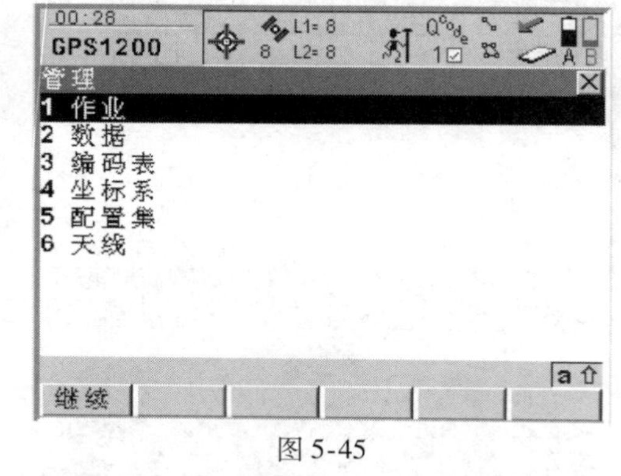

图 5-45

②在图 5-46 中点击"新建",进入图 5-47,输入作业"名称""描述""创建者""编码表""坐标系""平均"设置均可不选,"设备"选 CF 卡。然后点击"保存"按钮,返回图 5-46,将新建的作业"名称"和"日期"显示到列表中,然后点击"继续"按钮,返回主菜单。

此时,主菜单的"a"图标显示为,3 s 后显示为,10 s 后显示为,以此循环。

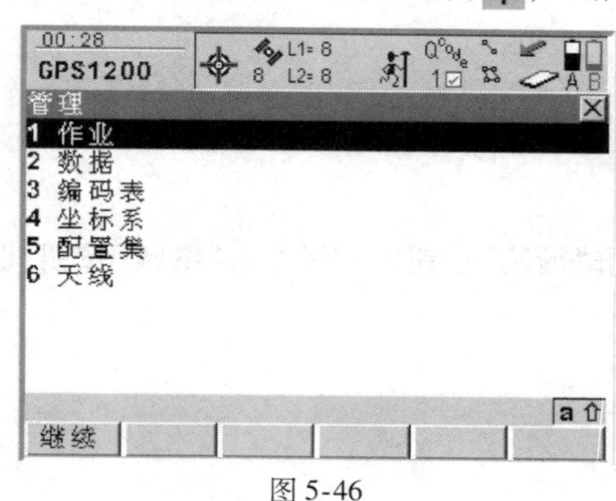

图 5-46

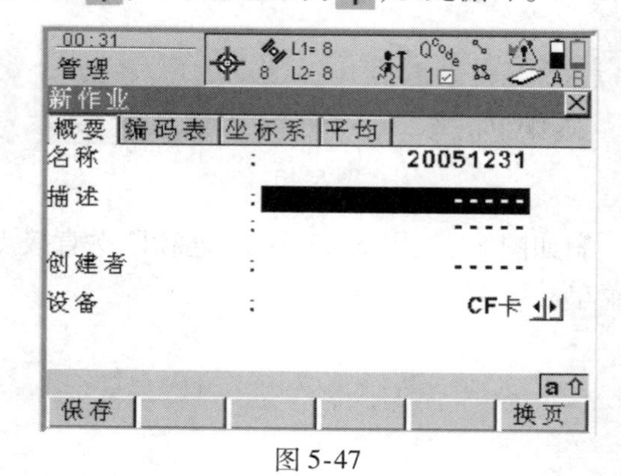

图 5-47

(3)参考站测量

①如图 5-48 所示,在主菜单上点击第 1 个图标"测量"进入下一步操作。图 5-49 中直接

点击“继续”按钮。

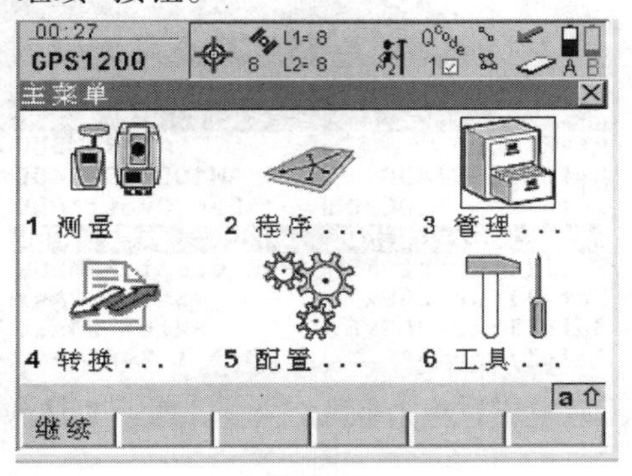

图 5-48

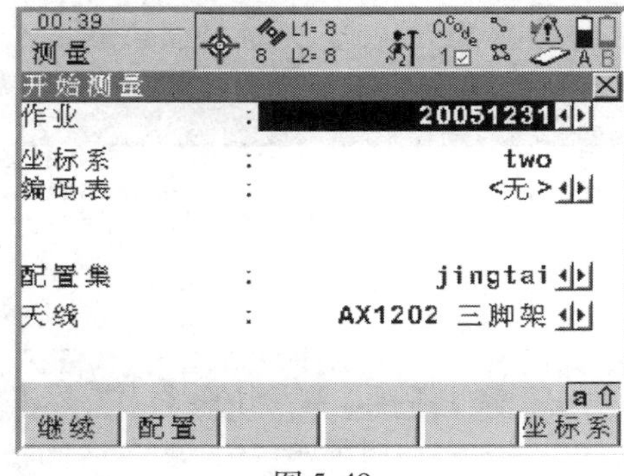

图 5-49

②如图 5-50 和图 5-51 所示，输入“点号”和“天线高”。然后点击“观测”按钮，“观测”按钮的名称变成“停止”。点击“停止”按钮，“停止”按钮的名称变成“观测”。当处于停止状态时，点击面板上的“ESC”按钮，退回主菜单。

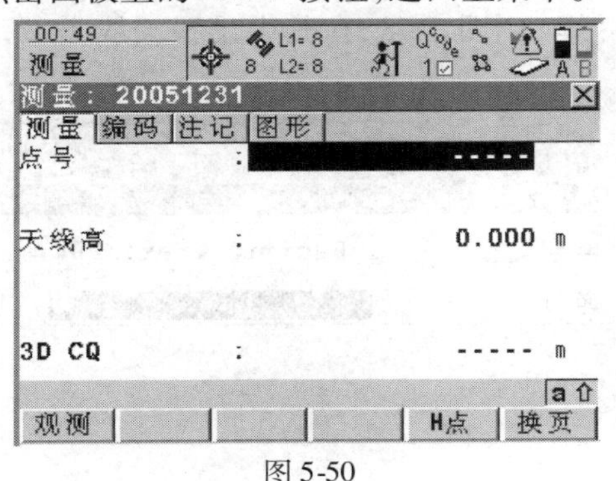

图 5-50

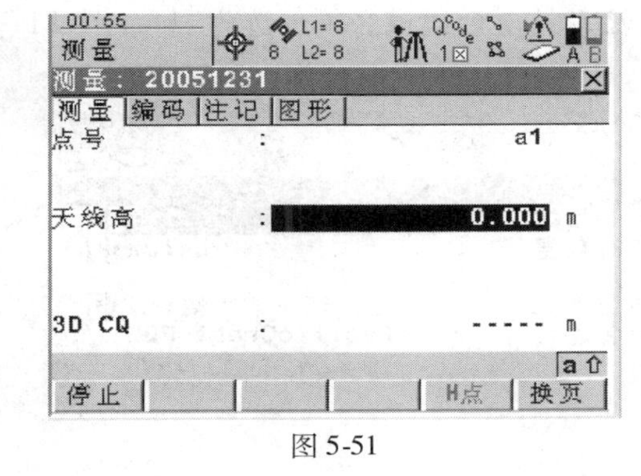

图 5-51

3. 流动站设置

(1)设置配置集

①在主菜单上选择第 3 个图标“管理”，与参考站设置相同，直到如图 5-52 所示。在“实时模式”处回车选择“流动站”，到如图 5-53 所示窗口。在“实时数据”处选择电台数据传输类型，即数据格式，可选格式 LEICA 专用格式、CMR、CMR + 格式和 RTCM 格式。选什么样的格式都行，要注意的是，参考站选了什么格式的数据，流动站必须与之相同。“端口”可任选其一，然后按 F5(设备)，到图 5-54。

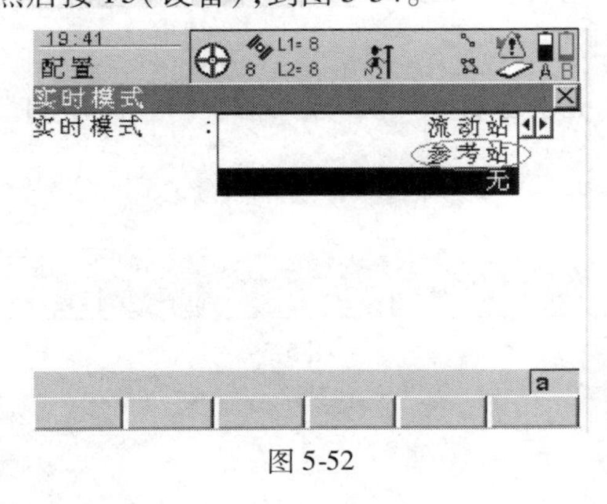

图 5-52

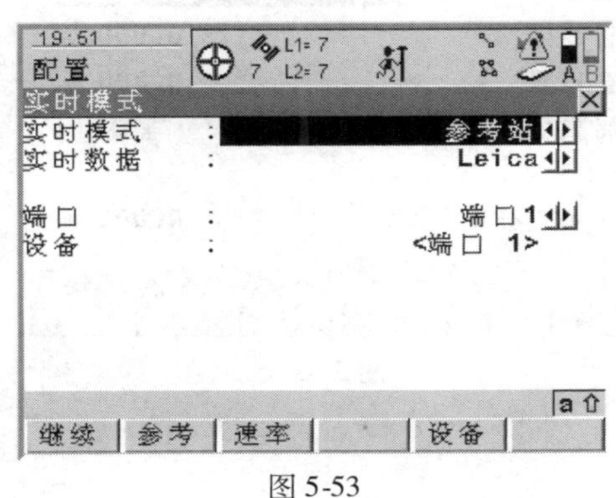

图 5-53

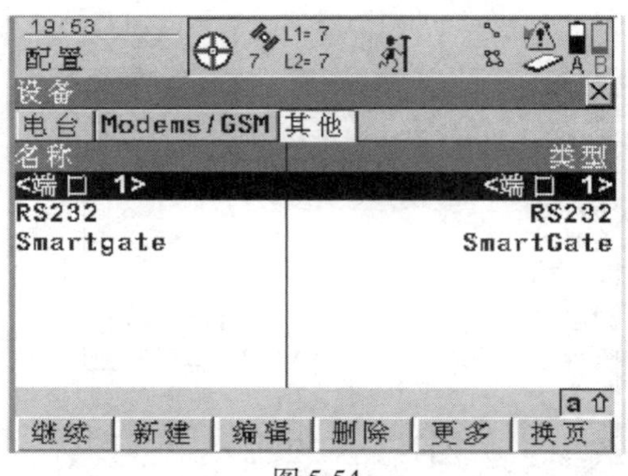

图 5-54

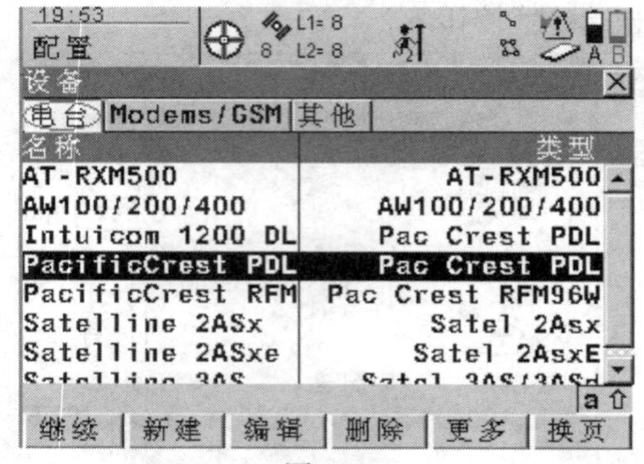

图 5-55

②如图 5-54 所示，按 F6（换页）到图 5-55，在电台卡页处选择“PacificCrest PDL”电台，按 F1（继续）到图 5-56。按 F1（继续）到图 5-57，在“通道”处修改电台通道，每一个通道对应一个频率，可直接输入通道号值，如“1”，按回车键确认即可。注意，如果参考站通道选“1”，流动站电台通道必须也选为“1”。按 F1（继续）到图 5-58，在其中设置天线类型，同参考站一样。

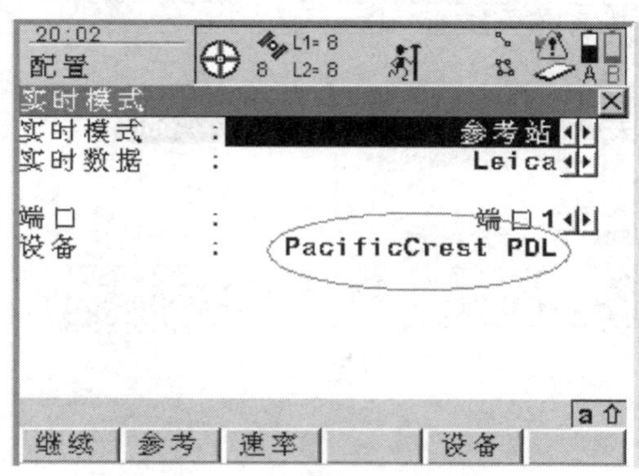

图 5-56

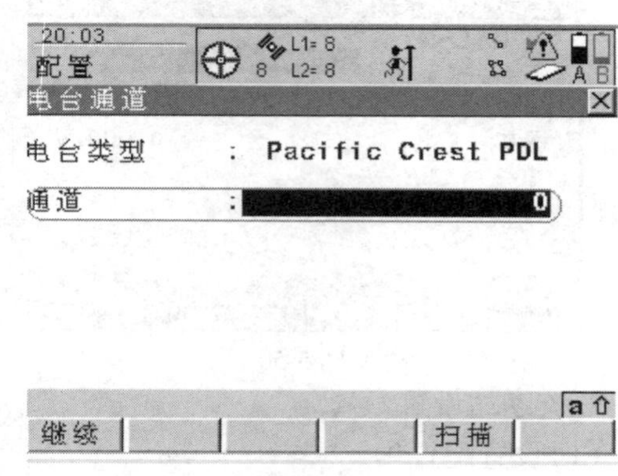

图 5-57

③按 F1（继续），编码设置同参考站一样，按 F1（继续）到图 5-59。

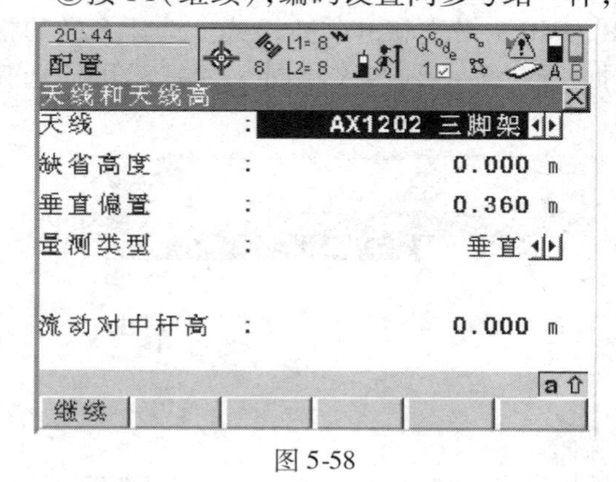

图 5-58

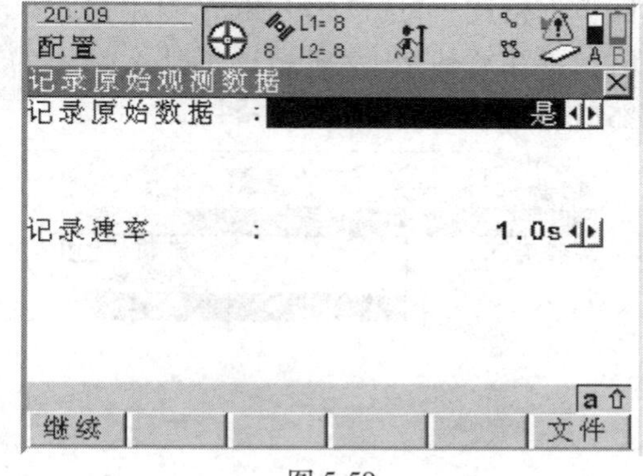

图 5-59

在此处,“记录原始数据”选为是或者否均可,一般的,做RTK测量不需要记录原始数据。按F1(继续),以下设置与前面所列的参考站设置完全一样。配置集建立完成后回到主菜单。

(2)流动站新建作业文件

同参考站。

(3)流动站测量

①在主菜单进入测量界面。

如图5-60所示,选择建立的作业,选择建好的流动站的配置集,按F1(继续)到图5-61。注意图中闪烁的箭头应该朝向右下方有规律的一闪一闪,表明电台信号联通了;画圈处应为十字丝,才表明仪器初始化完成,得到固定解。只有固定解才满足一定的测量要求。

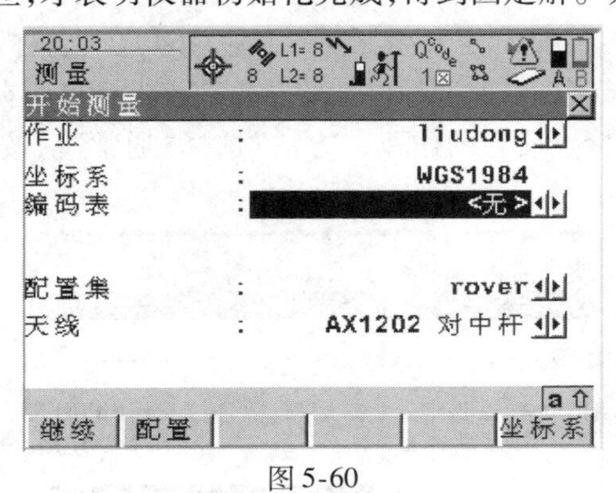

图5-60

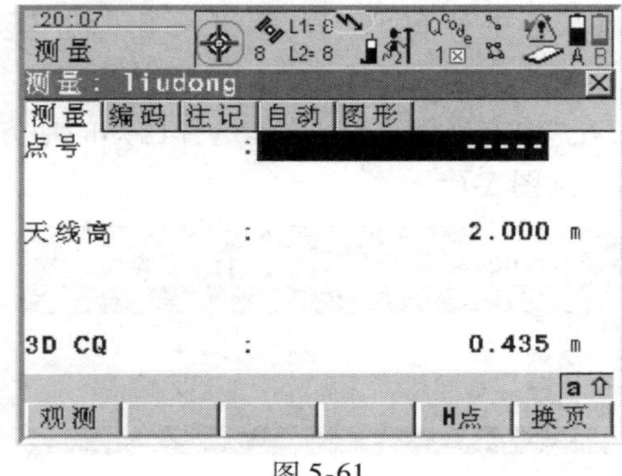

图5-61

如图5-61所示,十字丝中间有小圆圈,说明解结果为浮动解,精度约为分米级。

②输入点号,按F1观测,到如图5-62所示。在3D CQ处显示精度,一般固定解的精度应该在厘米级或者毫米级,看“RTk定位”后面的数值表示测量了几个历元。只要是固定解,测量几秒即可。

按F1(停止),再按F1(保存),此点测量完成,移动仪器到下一点重复测量。

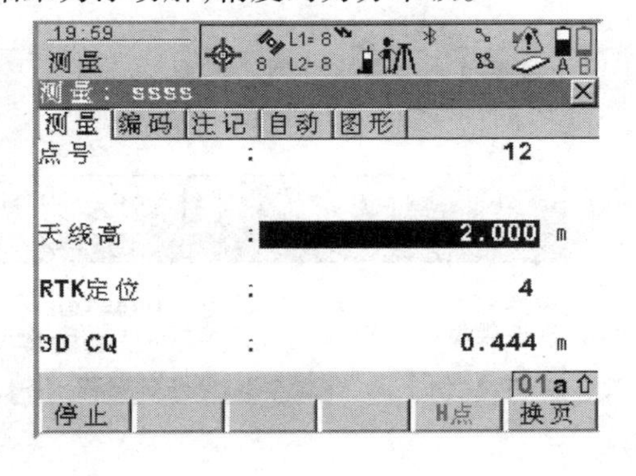

图5-62

4. 建立坐标系统

GPS接收机测量的坐标为WGS-84坐标,而需要的坐标为地方平面坐标,因此,必须建立一个转换关系,即建立一个坐标系,把GPS坐标转换成所需的坐标。

在LEICA 1200中,GPS接收机里面建立坐标系有3种方法:一步法、两步法和经典三维法。一般的,在不太大的区域工作(小于200 km^2)可以选用一步法,在大区域工作可以选用两步法和经典三维法。

一步法是最简单的方法,这种方法不需要知道椭球参数,不需要知道投影方法,只需要知道一到多个点的已知平面坐标(平面坐标既可以是地方坐标,也可以是北京54坐标或者西安1980坐标)和WGS-84坐标即可。

两步法和经典三维法必须知道椭球参数和投影方法(如高斯投影),平面坐标必须是北京

54 坐标或者西安 1980 坐标，而且，经典三维法必须知道 3 个以上点的已知坐标值。

要建立坐标系，必须已知点的地方坐标和 WGS-84 坐标，把这些坐标输入到仪器里面去，再来建立坐标系。

但是，通常，只知道地方坐标而不知道 WGS-84 坐标，则可以利用 RTK 流动站直接到已知点上面去通过 RTK 测量得到这个点的 WGS-84 坐标，这样，这些点的地方坐标和 WGS-84 坐标均已知。

现在已知 3 个点的地方坐标和 WGS-84 坐标，地方坐标点号为 1、2、3，保存在作业名称为 difang 里面，WGS-84 坐标点号为 W1、W2、W3，保存在作业名称为 WGS-84 里面，下面以一步法为例来建立坐标系：

在仪器主菜单，选“程序”进入菜单到图 5-63。选择“定义坐标系”到图 5-64，在“名称”处输入要建的坐标系名称，如 onestep；在“WGS-84 点作业”处选择已知的 WGS-84 坐标点所在的作业；在“地方坐标点作业”处选择已知的地方坐标点所在的作业；“方法”选择“通常”。按 F1（继续）到图 5-65。

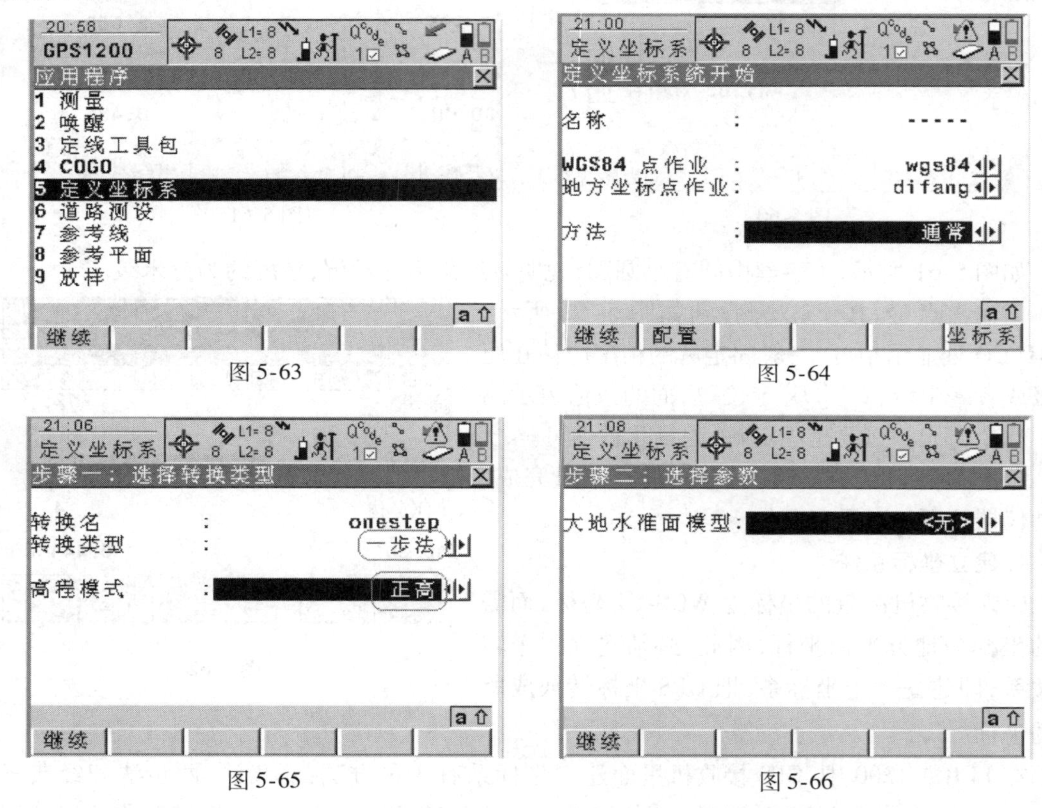

图 5-63　图 5-64

图 5-65　图 5-66

如图 5-65 所示，按 F1（继续）到图 5-66，在“大地水准面模型”项选“无”，按 F1（继续）到图 5-67。按 F2（新建）到图 5-68，在“WGS-84 点”选一个点，在“已知点”处选一个与 84 点对应的点，“匹配类型”选择“位置和高程”。

图5-67

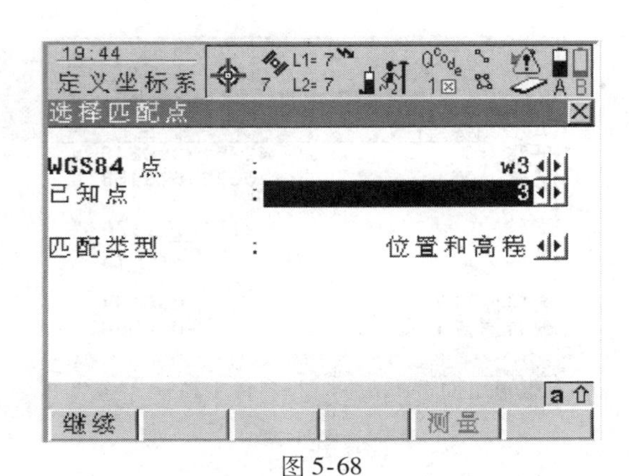

图5-68

如图5-68所示设置好后，按F1(继续)到图5-69。按F2(新建)到图5-70，再选择一对对应的点，按F1(继续)再如上两步，直到所有的点都加入进来，如图5-71所示。

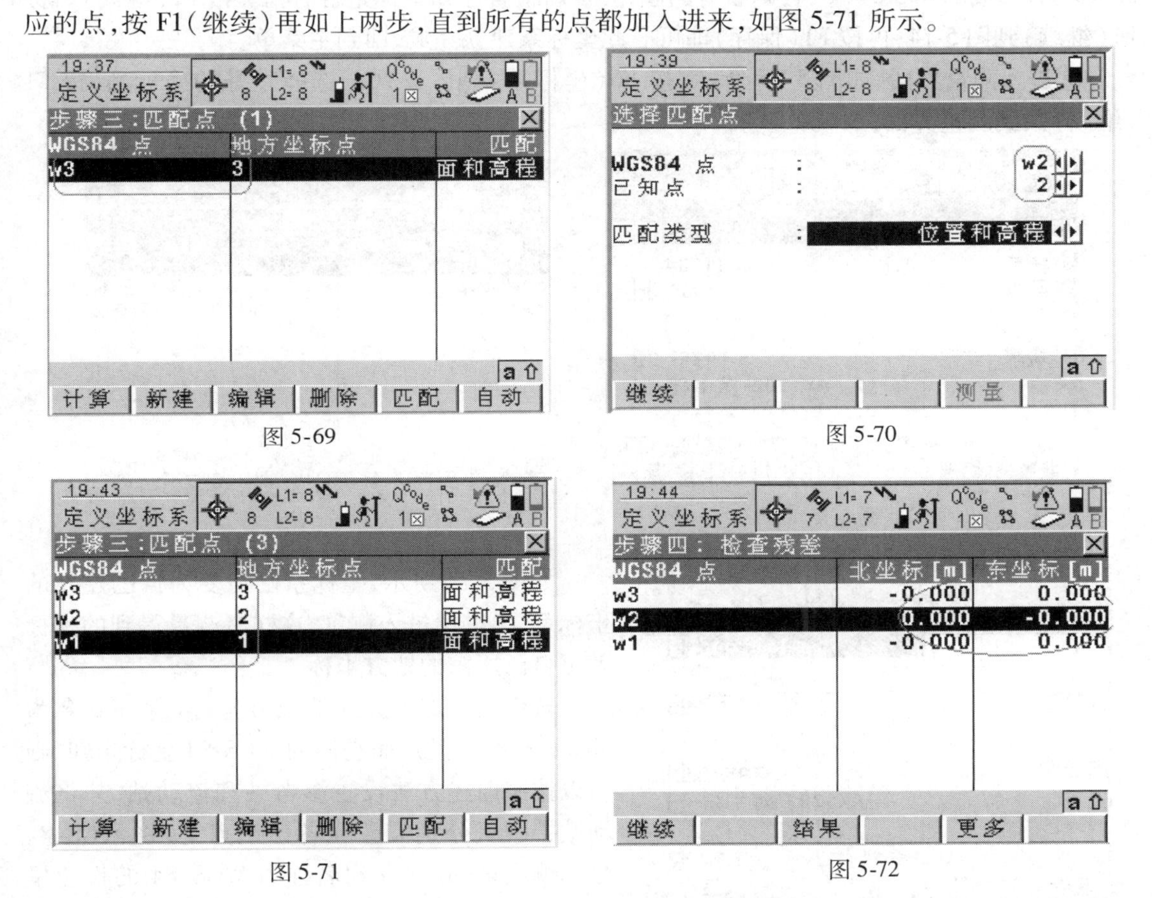

图5-69

图5-70

图5-71

图5-72

如图5-71所示，在其中按F1(计算)到图5-72，如圈处，看残差是否满足要求，一般残差应该为厘米级或者毫米级。按F3(结果)再按F4(比例)，如图5-73所示。

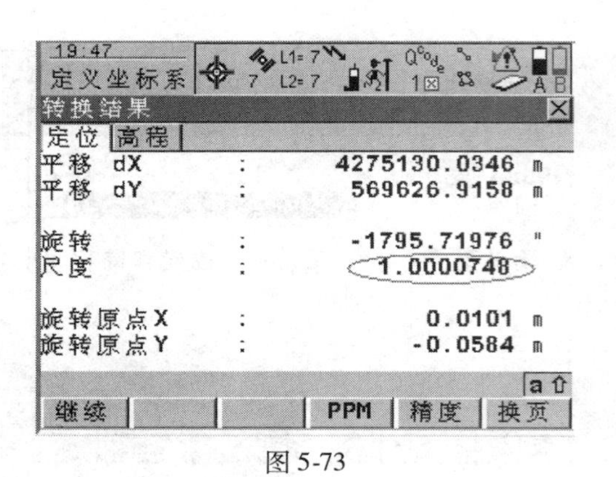

图 5-73

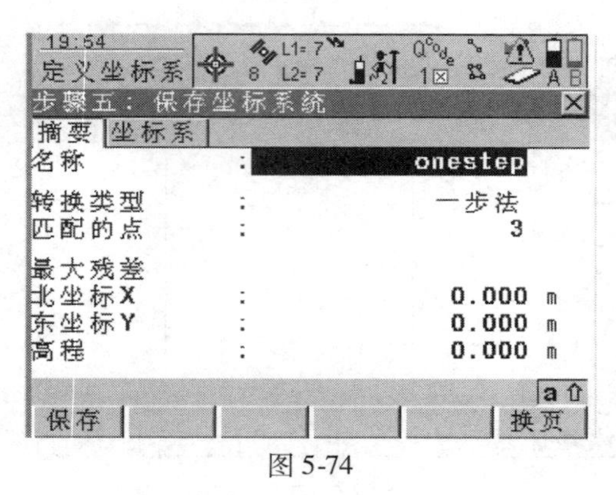

图 5-74

图5-73 中，看“尺度”是否合适，一般只要坐标没有问题，尺度应该很接近“1”，如 0.999 972 8或 1.000 074 8，否则就有问题，要重新检查已知坐标是否有错。按 F1（继续）再按 F1（继续）到图 5-74，再按 F1（保存）即可。此坐标系建立完成，回到主菜单。

②进入测量界面，如图 5-75 所示，按 F6（坐标系）到图 5-76。选择建好的坐标系，按 F1（继续）回到测量界面。

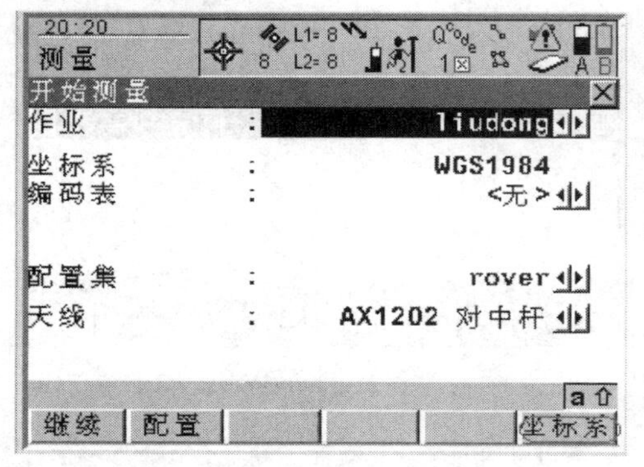

图 5-75

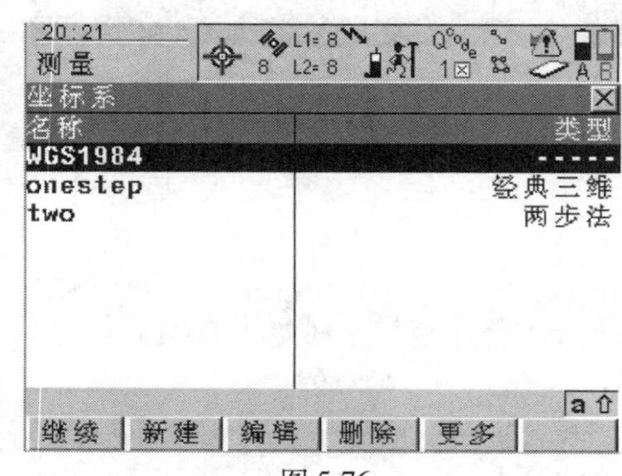

图 5-76

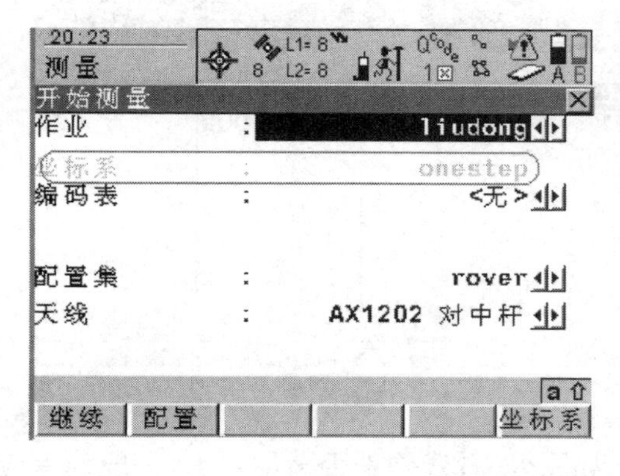

图 5-77

如图 5-77 所示，坐标系已经变为自己建立的坐标系，再继续进入测量，这样所测量得到的坐标就是自己所需的地方坐标。

若仅已知点 1、2、3 的地方坐标（保存到名为 difang 的作业里），而它们的 WGS-84 坐标未知，则可以按照前述方法设置参考站和流动站，并将流动站接收机分别安置在各已知点上，将 WGS-84 坐标测出来，并保存到名称为 WGS-84 的作业里面，WGS-84 坐标点号命名为 W1、W2、W3。然后按照上面同样的步骤建立坐标系。

上述工作完成后，测量员即可背上流动站电台天线，手持天线杆，到特征点上立杆，保持天线杆上的水准气泡居中，直到获得固定解，则按 F1（保存）；然后到下一个特征点，按照同样的操作方法重复进行。

九、CORS RTK 系统的操作

CORS RTK 系统分为单基站 CORS 和多基站 CORS。单基站 CORS 系统由一套永久性连续运行参考站，一套 CORS 数据服务器，若干网络移动台组成。参考站采用无线网络或有线网络方式接入到 CORS 数据服务器，移动台以 GPRS/CDMA 方式登录到 CORS 数据服务器，CORS 数据服务器将差分数据发送给移动台，实现 CORS 环境下的 RTK 作业。单基站 CORS 系统的测量半径可达 50 km 以内，适用于国土、规划等单位的日常测量，桥梁、大坝等永久建筑物的监测，固定区域的反复测量，如图 5-78 所示。

多基站网络 CORS 系统由两个以上连续运行参考站、一个 CORS 数据处理中心、若干网络 GNSS 移动台设备组成，参考站采用无线网络或有线网络方式接入到 CORS 数据处理中心。各参考站同时 GPRS/CDMA 网络同步发送给移动台设备，实现多基站网络 CORS 环境下的 RTK 作业。多基站 CORS 适用于固定区域的大型工程建设项目，大中型城市的国土规划市政等单位的日常测量等，如图 5-79 所示。

基准站接收机永久固定在观测条件较好并便于保护管理的测站上，通过连续不间断地观测 GPS 的卫星信号获取该地区和该时间段的“局域精密星历”及其他改正参数。按照用户要求把静态数据打包存储，并把基准站的卫星信息送往服务器上的指定位置。移动站用户利用接收定位卫星传来的信号和通过数据通讯模块通过局域网从服务器的指定位置获取基准站提供的差分信息进行差分解算，解算出移动站的地理位置坐标。

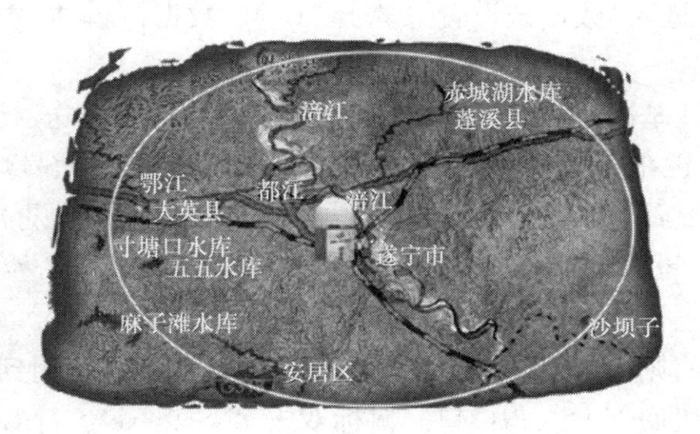

图 5-78　单基站 CORS

下面以中海达 V8 CORS RTK 系统的 GSM 数据链模式为例介绍 CORS RTK 的操作。

1. 安装 SIM 卡

给基准站和移动站主机安装 SIM 卡。使用 V8 内置的 GSM 模块实施 RTK 作业，您需要准备两个或 3 个中国移动 SIM 卡并开通 GPRS 业务。所需 SIM 卡数量根据您的 RTK 测量系统配置而定，每台主机安装一个 SIM 卡，并检测 SIM 卡是否已开通 GPRS 业务。

2. 设置基准站

使用内置 GSM 模块作业时，基准站不需要 UH-460 电台和电池组、发射天线等，仅将主机、基座架设在三脚架上（或者通过观测墩固定在某一观测条件良好的基准站点上）。可以使用手簿设置基准站（参见操作手册），也可使用控制面板快速设置，其具体方法如下：

①双击 F（间隔大于 0.2 s，小于 1 s），进入“工作方式”设置，选择“基准站”工作模式，

图 5-79　多基站 CORS

关机。

②长按 F 大于 3 s 进入“数据链设置”，选择“GSM”数据链模式，主机即设置为使用内置 GSM 的基准站模式。

③主机设置为 GSM 基准站后，信号灯表示主机联网状态和发送、接收差分信号状态。信号灯闪烁（绿色），表示正在登录 GSM 网络。大约十几秒后，如果信号灯长亮（绿色），表示登录成功。如果信号灯灭（绿色），表示登录不成功。半分钟后信号灯再次闪烁，表示主机再次尝试登录。登录成功后设置好基准站，信号灯（红色）开始闪烁（一秒一次），表示正在发送 GPS 差分信号。

④若不能正常登录，则检查 GSM 模块设置是否正确。方法是：用到 GC-3 线缆，一头连接电脑串口，一头连接主机底部大八芯接口。鼠标双击 ZNSet. exe 运行 GPS 网络设置软件。屏幕显示如图 5-80 所示。

如图 5-81 所示，仪器选择“V8”，选择电脑串口，然后按 打开串行口 键。若屏幕出现出错提示（见图 5-82），说明您的电脑无此串口或该串口被其他软件占用。应另选串口或关闭占用此串口的软件后再试。

确认 V8 主机已设置为 GSM 模式。在主机登录网络（状态灯闪烁）时，按 进入设置模式 键，信息窗口显示“进入设置模式”。按 读取仪器信息 键，屏幕显示 GSM 数据链参数设置对话框（见图 5-83）。

首先检查仪器号是否正确。主机号和仪器号除第一位不同外，其余 6 位数字相同，第 1 位由 0 改为 1。如果您的主机号是 0556778，则仪器号应为 1556778。主机号是每台 V8 主机的编号，标识于主机底部，同时固化在主机的主板上，可通过手簿查看。仪器号指内置的 GSM 模块

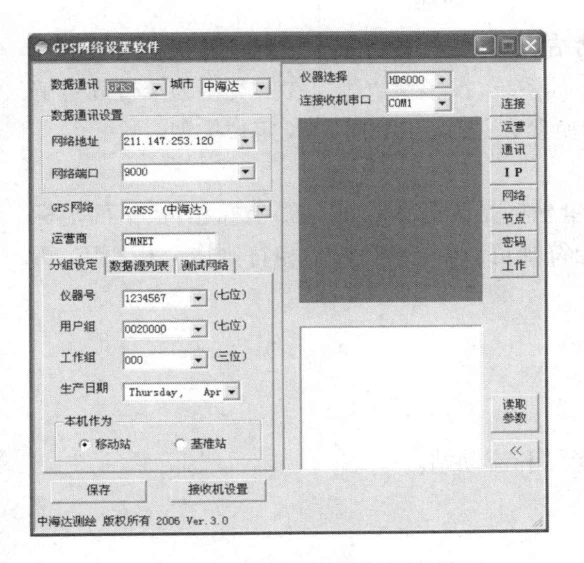

图 5-80　GPS 网络设置软件用户界面

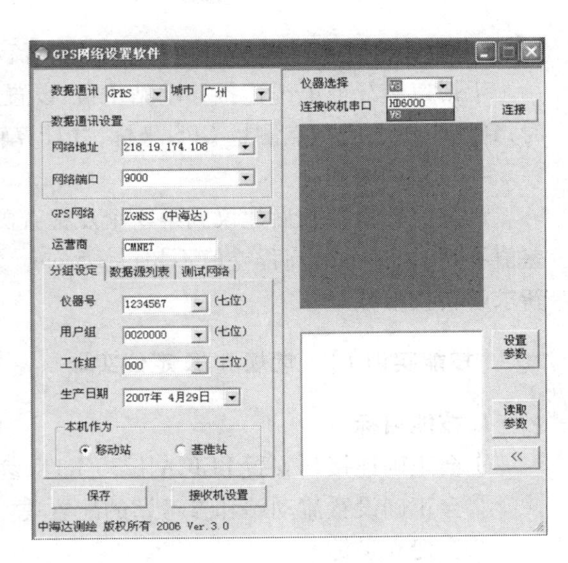

图 5-81　仪器选择

图 5-82　打开串口错误

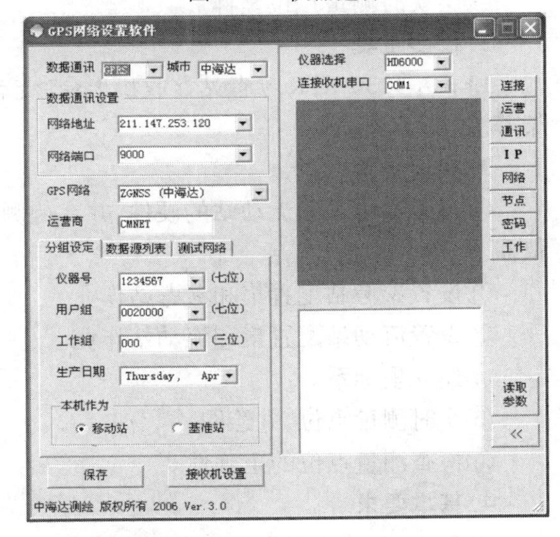

图 5-83　GSM 数据链参数设置对话框

的编号。如果仪器号不正确,请修改后按确定键。

然后检查工作组。工作组组号取值范围从 0 到 255。基准站和移动站组号应相同,若不相同必须修改并按确定键确认。

设置完成后退出对话框和主程序,则主机的 GSM 模块设置好。

3. 设置移动站

同样,按 F 键两次使 3 个灯中仅电源灯和信号灯亮,按电源键确认,主机即设置为移动站模式。再按下 F 键 3 s,主机进入数据链模式设置状态。轻按 F 键数次,使 3 个灯中仅电源灯和信号灯亮,按电源键确认,主机即设置为使用内置 GSM 的移动站模式。

主机设置为 GSM 移动站模式后,信号灯闪烁(绿色),表示正在登录 GSM 网络。大约十几秒后,如果信号灯长亮(绿色),表示登录成功。移动站信号灯(红色)同步闪烁,表示收到差分信号,可开始 RTK 作业。若移动站信号灯(红色)不闪烁,表示未收到差分信号。若不能正常登录,则如上述基准站 GSM 设置方法,检查流动站的 GSM 模块设置。

手簿以蓝牙或电缆连接移动站主机,设置坐标系统、投影参数等。在解类型为窄带固定解时,到两个以上已知点测量 GPS 坐标,并计算转换参数,方法与常规 RTK 定位类似。

4. 检查和测量

计算完转换参数后建议到第 3 个点检查测量坐标是否与该点的已知坐标相符,平面坐标差值不超过 ±2 cm,高程差值不超过 ±5 cm。相符则可以开始测量,不相符则应分析原因,重新求解转换参数。

[技能实训 1]　常规 RTK 定位实训

1. 技能目标

①会正确连接与安置 LEICA 1230 RTK 参考站和流动站。

②会正确设置流动站和参考站的配置集。

③会建立坐标系。

④会实时测量点位坐标。

2. 仪器工具

LEICA 1230 RTK 参考站接收机 1 台,流动站接收机至少 1 台,配套电台、电池、手簿、三脚架等。

3. 实训步骤

①连接参考站和流动站的硬件,并在待测点附近安置参考站接收机,在已知点安置流动站仪器。

②设置参考站配置集和参考站作业。

③设置流动站配置集和流动站作业。

④建立坐标系。

⑤实时测量点位,并绘图。

⑥检查测量点位的正确性。

4. 基本要求

以 2 ~3 人的小组为单位进行实训作业,由实训教师分别指导各小组操作。实训教师先进行示范操作,然后由学生模仿操作,教师实时指导。

作业小组正确安置参考站、流动站和电台,设置参考站、流动站配置集和测区坐标系,正确测量选定地物的特征点,绘制地物图形。

5. 提交的成果资料

实习报告,实习测绘成果。

[技能实训 2]　CORS RTK 定位实训

1. 技能目标

①会设置 CORS RTK 流动站和参考站。

②会建立坐标系。

③会实时测量点位坐标。

2. **仪器工具**

CORS RTK 接收机连续运行参考站 1 台,流动站接收机及配套设备至少 1 台,电池、手簿等。

3. **实训步骤**

①参考站设置。

②流动站设置。

③建立坐标系。

④实时测量点位,并绘图。

⑤检查测量点位的正确性。

4. **基本要求**

以 2-3 人的小组为单位进行实训作业,由实训教师分别指导各小组操作。实训教师先进行示范操作,然后由学生模仿操作,教师实时指导。

作业小组正确设置参考站、流动站,正确建立坐标系,正确测定选定地物地貌特征点,绘制地物地貌图形。

5. **提交的成果资料**

实习报告,实习测绘成果。

子情境 7　GPS 测速与测时简介

GPS 实际应用中,除了需要确定 GPS 载体的实时位置,有时还需要了解载体的运行速度、姿态等信息。而在天文、导航及生产计量等部门,可能还需要高精度的时间和频率。这些信息通过 GPS 都可实时获得。本节将简单介绍 GPS 测速和测时的基本原理。

一、GPS 测速

GPS 测定载体的速度,可以用两种方法来实现:一是平均速度法;二是多普勒频移法。

1. **平均速度法**

假设在历元 t_1 测定载体的实时位置为 $X(t_1)$,保存起来。在历元 t_2 测定载体的实时位置为 $X(t_2)$。则载体的运动速度 $\dot{X}$ 可以简单表示为:

$$\begin{bmatrix} \dot{x} \\ \dot{y} \\ \dot{z} \end{bmatrix} = \frac{1}{\Delta t}\left\{\begin{bmatrix} x(t_2) \\ y(t_2) \\ z(t_2) \end{bmatrix} - \begin{bmatrix} x(t_1) \\ y(t_1) \\ z(t_1) \end{bmatrix}\right\} \tag{5-104}$$

式中,$\Delta t = t_2 - t_1$,$(\dot{x},\dot{y},\dot{z})^{\mathrm{T}}$ 为载体在协议地球坐标系中的速度分量。

载体运行速度的大小为:

$$V = (\dot{x}^2 + \dot{y}^2 + \dot{z}^2)^{\frac{1}{2}} \tag{5-105}$$

这种测速方法,计算简单,不需要其他新的观测量。只需要选定测速取样周期 Δt 和前后两次的载体定位数据 $X(t_1)$ 、$X(t_2)$。因此,测速实质上仍是定位问题。在动态定位中,定位与测速可以同时实现。式(5-104)所确定的航行速度,是在 Δt 内的平均速度。在速度计算中,取样周期 Δt 应取得合适,过长或过短难以正确地描述载体的实际运行速度。这种平均速度对于高速飞行载体的速度描述,其正确性一般不如对低速运行载体速度的描述,船舶导航、陆地车辆导航中可使用这种测速方法。

2. 多普勒频移法

由于平均速度法对于描述高速运行的载体速度的准确性不高,因此,对于飞机等高速载体的速度测定常采用多普勒频移法。

因为 GPS 卫星和接收机的载体之间存在着相对运动,故载体接收机接收到的 GPS 载波信号频率 f_r 与卫星发射的载波信号的频率 f 是不同的,它们之间存在着频率差 $\mathrm{d}f$,称为多普勒频移。多普勒频移满足如下关系式:

$$\dot{\rho} = \frac{c}{f}\mathrm{d}f \tag{5-106}$$

式中　$\mathrm{d}f$——多普勒频移量,是已知观测量, $\mathrm{d}f = f - f_r$;

$\dot{\rho}$——接收机相对于卫星的距离变率;

c——光速。

前面讨论过伪距观测量,如果大气折射对伪距观测量的影响已经作了修正,则接收机与卫星之间的伪距观测方程可表示为:

$$\rho' = \rho + c\delta t_k - c\delta t^j \tag{5-107}$$

考虑到卫星钟差 δt^j 可由导航电文中给出的有关参数加以修正,故由式(5-107)可得站星之间伪距的变化率,即

$$\dot{\rho}' = \dot{\rho} + c\delta\dot{t}_k \tag{5-108}$$

与前述伪距观测方程线性化方法类似,上式的速度方程线性化,可写为:

$$\dot{\rho}' = (l^j \quad m^j \quad n^j)\left\{\begin{bmatrix}\dot{x}^j\\ \dot{y}^j\\ \dot{z}^j\end{bmatrix} - \begin{bmatrix}\dot{x}\\ \dot{y}\\ \dot{z}\end{bmatrix}\right\} + c\delta\dot{t}_k \tag{5-109}$$

式中,l、m、n 为测站到卫星 S^j 的向量在地球协议坐标系中的方向余弦。

根据导航电文所提供的轨道参数,计算出卫星的瞬时速度 $(\dot{x}^j, \dot{y}^j, \dot{z}^j)^{\mathrm{T}}$,当作已知条件应用。于是根据式(5-109)可写出误差方程:

$$v^j = (l^j \quad m^j \quad n^j)\begin{bmatrix}\dot{x}\\ \dot{y}\\ \dot{z}\end{bmatrix} - c\delta\dot{t}_k + l^j \tag{5-110}$$

式中,常数项 $l^j = \dot{\rho}' - (l^j \quad m^j \quad n^j)\begin{bmatrix}\dot{x}^j\\ \dot{y}^j\\ \dot{z}^j\end{bmatrix}$

当同步观测卫星数多于 4 颗时,可得相应的误差方程组:

$$V=\begin{bmatrix} v^1 \\ v^2 \\ \vdots \\ v^n \end{bmatrix}=\begin{bmatrix} l^1 & m^1 & n^1 & -1 \\ l^2 & m^2 & n^2 & -1 \\ \vdots & \vdots & \vdots & \vdots \\ l^n & m^n & n^n & -1 \end{bmatrix}\begin{bmatrix} \dot{x} \\ \dot{y} \\ \dot{z} \\ c\delta\dot{t}_k \end{bmatrix}+\begin{bmatrix} l^1 \\ l^2 \\ \vdots \\ l^n \end{bmatrix}=AX+L \tag{5-111}$$

解此方程组得：

$$\dot{X}=-(A^{T}A)^{-1}A^{T}L$$

速度解的精度可按下式估算：

$$m_{\dot{X}}=m_0\sqrt{q_{\dot{X}\dot{X}}} \tag{5-112}$$

其中，m_0 为伪距变率的观测中误差，$q_{\dot{X}\dot{X}}$ 为权系数阵的主对角线上的相应元素。

二、GPS 测时

利用 GPS 测时，目前有两种：一是单站单机测时法；二是共视测时法。

1. 单站单机测时法

所谓单站单机测时，就是应用一台 GPS 接收机在一个坐标已知的观测站上进行测时的方法。

假设历元 t，由观测站观测卫星 S^j，则伪距观测方程为：

$$\rho'=\rho+c\delta t_k-c\delta t^j+\delta\rho_1+\delta\rho_2 \tag{5-113}$$

式(5-113)中，根据测站坐标和由导航电文计算的卫星瞬时坐标，可计算出站星之间的几何距离。根据 GPS 接收机测量的时间延迟，可以获得星站之间的伪距观测量。而卫星钟差、电离层和对流层改正数，也可由收到的导航电文推算出来。因此，GPS 接收机在历元 t 时刻的接收机钟差为：

$$\delta t_k=\frac{1}{c}(\rho'-\rho)+\delta t^j-\frac{1}{c}(\delta\rho_1+\delta\rho_2) \tag{5-114}$$

显然，用测得的接收机钟差去校正本地 GPS 接收机时钟，即可获得本地 GPS 系统时间。全球的任意地点 GPS 接收机都可以连续收到卫星发射的信号，而卫星的信号都统一于 GPS 时，故地球上任何一地的时间，都可以不需经过站间通信而统一到 GPS 系统时。此时，接收机钟相对于 GPS 标准时的偏差，其精度主要决定于接收机的观测误差、测站给定坐标的误差、卫星轨道误差、卫星钟差、大气折射改正误差。用户接收机钟差的精度也决定了用户时钟的 GPS 时校正精度。

在导航电文中，还含有 GPS 系统时与协调世界时(UTC)之间的偏差数据。因此，用户钟的时间也可自动同步到协调世界时。

若接收机所在测站位置坐标未知，则用户接收机便需要至少同步观测 4 颗卫星，利用静态绝对定位法，将 3 个坐标值与本地接收机钟差一起进行解算。测时精度与接收机钟差精度因子 TDOP 有关。

2. 共视测时法

所谓共视测时法，就是在位置坐标已知的两测站各安置一台 GPS 接收机，且同步观测同一卫星，从而测定两用户机钟相对偏差的方法。共视测时法可以达到高精度的时间比对目的。

假设两测站 T1、T2 于历元 t 同步观测卫星 S^j，则可得到两测伪距观测方程：

$$\left.\begin{aligned}\rho_1' &= \rho_1 + c\delta t_{k1} - c\delta t^j + \delta\rho_{11} + \delta\rho_{21} \\ \rho_2' &= \rho_2 + c\delta t_{k2} - c\delta t^j + \delta\rho_{12} + \delta\rho_{22}\end{aligned}\right\} \quad (5\text{-}115)$$

对二观测量求差，则

$$\Delta\rho' = \Delta\rho + c\Delta\delta t_k + \Delta\delta\rho_1 + \Delta\delta\rho_2 \quad (5\text{-}116)$$

因此，两测站用户钟的相对钟差为：

$$\Delta\delta t_k = \frac{1}{c}(\Delta\rho' - \Delta\rho) - \frac{1}{c}(\Delta\delta\rho_1 + \Delta\delta\rho_2) \quad (5\text{-}117)$$

可见站间单差消除了卫星钟差的影响，同时卫星的轨道误差和大气折射误差也明显减弱。因此，共视法所得的站间相对钟差精度较高，其误差的大小主要与测站之间的距离有关。由于美国政府已经宣布取消 C/A 码中的 SA 政策，伪距观测值精度已大大提高，若两测站的坐标精度足够高，一般测时精度可优于 100 ns。

5-1　用文字配合公式和图形说明 GPS 定位的基本原理。

5-2　GPS 定位方法有哪些？各种方法适合于何种测量工作？

5-3　什么叫几何距离？什么叫伪距？什么叫码相位观测和载波相位观测？什么叫测码伪距和测相伪距？码相位观测和载波相位观测的精度如何？

5-4　简述码相位观测和载波相位观测的基本原理。

5-5　试解释测码伪距观测方程和测相伪距观测方程中各符号的意义，结合误差传播定律说明影响定位精度的因素。

5-6　什么叫绝对定位？绝对定位方法分哪几种？各种绝对定位方法的精度如何？

5-7　简述测码伪距动态绝对定位的基本原理。

5-8　为什么目前动态绝对定位多采用测码伪距法？

5-9　什么叫相对定位？什么叫单差、双差、三差？它们分别能消除或减弱哪些误差？为什么双差模型应用最广泛？

5-10　快速静态定位与准动态定位一样吗？若不一样，主要差别在哪里？

5-11　什么叫差分定位？差分定位的方法分哪几种？各种方法的精度如何？

5-12　根据相对定位与差分定位原理，分析一套普通的 GPS 相对定位系统和一套普通的 GPS 实时差分系统在硬件配置上的主要区别在哪里？

5-13　简述 RTK 和网络 RTK 的工作原理。

5-14　采用常规 RTK 接收机和 CORS RTK 接收机分别测绘某一典型地物，并比较二者在原理上和操作上有哪些异同。

5-15　GPS 测速一般有哪些方法？简述多普勒频移测速的基本原理。

5-16　如何通过一台 GPS 接收机获取本地的协调世界时？

学习情境 6 GPS 误差分析

教学内容

GPS 定位的误差类型、来源、规律性及其减弱或消除的方法与措施。

知识目标

了解 GPS 定位的误差类型;掌握与卫星相关的误差来源及其处理方法;了解与卫星信号传播相关的误差来源及其应对措施;掌握与接收设备相关的主要误差来源及其减弱措施;掌握精度衰减因子的概念和种类。

技能目标

能够正确描述 GPS 定位的主要误差来源和类型;能够制订减弱卫星定位的具体措施。

子情境 1　GPS 定位的误差分类

GPS 测量是通过地面接收设备接收卫星传送的信息来确定地面点的三维坐标。测量结果的误差主要来源于 GPS 卫星、卫星信号的传播过程和地面接收设备,在高精度的 GPS 测量中,还应注意到与地球整体运动有关的地球潮汐、负荷潮及相对论效应等的影响。在 GPS 定位中,影响观测量精度的主要误差来源,可分为以下 3 类:

①与 GPS 卫星有关的误差。

②与信号传播有关的误差。

③与接收设备有关的误差。

如果根据误差的性质,上述误差尚可分为系统误差与偶然误差两类。

系统误差主要包括卫星的轨道误差、卫星钟差、接收机钟差及大气折射的误差等。为了减弱和修正系统误差对观测量的影响，一般根据系统误差产生的原因而采取不同的措施。其中包括：

①引入相应的未知参数，在数据处理中与其他未知参数一并解算。

②建立系统误差模型，对观测量加以改正。

③将不同观测站对相同卫星的同步观测值求差，以减弱或消除系统误差的影响。

④简单地忽略某些系统误差的影响。

偶然误差主要包括信号的多路径效应引起的误差和观测误差等。

子情境2　与卫星有关的误差

与 GPS 卫星有关的误差，主要包括卫星的轨道误差和卫星钟的误差。

一、卫星钟差

卫星钟的钟差包括由钟差、频偏、频漂等产生的误差，也包含钟的随机误差。由于卫星的位置是时间的函数，因此，GPS 的观测量均以精密测时为依据。而与卫星位置相应的时间信息，是通过卫星信号的编码信息传送给用户的。在 GPS 定位中，无论是码相位观测或载波相位观测，均要求卫星钟与接收机钟保持严格同步。实际上，尽管 GPS 卫星均设有高精度的原子钟（铷钟和铯钟），但它们与理想的 GPS 时之间，仍存在着难以避免的偏差或漂移。这种偏差的总量约在 1 ms 以内，由此引起的等效距离误差，约可达 300 km。

对于卫星钟的这种偏差，一般可以通过对卫星钟运行状态的连续监测而精确地确定，并表示为以下二阶多项式的形式：

$$\delta t^j = a_0 + a_1(t - t_{0e}) + a_2(t - t_{0e})^2 \tag{6-1}$$

式中，t_{0e} 为参考历元；系数 a_0、a_1、a_2 分别表示卫星钟在 t_{0e} 时刻的钟差、钟速（或频率偏差）及钟速变率（或老化率）。这些数值由卫星的主控站测定，并通过卫星的导航电文提供给用户。

经以上钟差模型改正后，各卫星钟之间的同步差可保持在 20 ns 以内，由此引起的等效距离偏差将不会超过 6 m。卫星钟差或经改正后的残差，在相对定位中，可以通过观测量求差（或差分）的方法消除。

二、卫星轨道偏差

处理卫星的轨道误差一般比较困难，其主要原因是，卫星在运行中要受到多种摄动力的复杂影响，而通过地面监测站，又难以充分可靠地测定这些作用力，并掌握它们的作用规律。目前，用户通过导航电文，所得到的卫星轨道信息，其相应的位置误差为 20 ~40 m。但随着摄动力模型和定轨技术的不断完善，上述卫星的位置精度，将可提高到 5 ~ 10 m。

卫星的轨道误差是当前利用 GPS 定位的重要误差来源之一。GPS 卫星距地面观测站的最大距离约为 25 000 km，如果基线测量的允许误差为 1 cm，则当基线长度不同时，允许的轨道误差大致见表 6-1。可见，在相对定位中，随着基线长度的增加，卫星轨道误差将成为影响定位精度的主要因素。

表 6-1　基线长度与允许轨道误差

基线长度/km	基线相对误差/($\times 10^{-6}$)	允许轨道误差/m
1.0	10	250.0
10.0	1.0	25.0
100.0	0.1	2.5
1 000.0	0.01	0.25

在 GPS 定位中,根据不同的要求,处理卫星轨道误差的方法原则上有以下 3 种:

1. 忽略轨道误差

这时简单地认为,由导航电文所获知的卫星轨道信息,是不含误差的。很明显,这时卫星轨道实际存在的误差,将成为影响定位精度的主要因素之一。这一方法广泛地应用于实时单点定位工作。

2. 采用轨道改进法处理观测数据

这一方法的基本思想是,在数据处理中,引入表征卫星轨道偏差的改正参数,并假设在短时间内这些参数为常量,将其作为估量与其他未知参数一并求解。

由学习情境 3 的讨论已知,卫星的轨道偏差主要是由各种摄动力的综合作用而产生的。由于摄动力对卫星轨道 6 个参数的影响并不相同(见表 6-2),而且在对卫星轨道摄动进行改正时,所采用的各摄动力模型精度也不一样,因此,在用轨道改进法进行数据处理时,根据引入轨道偏差改正数的不同,又分为短弧法和半短弧法。

表 6-2　摄动力对卫星轨道的影响/m(1987.5.14,4 小时积累量)

轨道参数	摄动位 J_2 项	摄动位高阶项	月球摄动	太阳光压
a_s	2 600	20	220	5
e_s	1 600	5	140	5
i	800	5	80	5
Ω	4 800	3	80	5
$M_s + \omega_s$	1 200	40	500	10

1)短弧法

短弧法即引入全部 6 个轨道偏差改正数,作为待估参数,在数据处理中与其他待估参数一并求解。这种方法,可以明显地减弱轨道偏差的影响,从而提高定位的精度。但其计算工作量较大。

2)半短弧法

半短弧法是根据摄动力对轨道参数的不同影响,只对其中影响较大的参数,引入相应的改正数作为待估参数。由表 6-2 可见,摄动力对轨道参数 $M_s + \omega_s$ 和 a_s 的影响较大,即对轨道的切向和径向影响较大。因此,当采用半短弧法处理观测成果时,一般普遍引入轨道切向、径向和法向(垂直轨道面方向)3 个改正数作为待估量。半短弧法计算工作量较短弧法明显减少，但同样可以有效地减弱轨道偏差的影响。根据分析，目前经半短弧法修正后的卫星轨道偏差，将不会超过 10 m。

轨道改进法，一般用于精度要求较高的定位工作，需要测后处理。关于轨道改进法的细节，请参阅有关文献。

3. 同步观测值求差

这一方法是利用在两个或多个观测站上，对同一卫星的同步观测值求差，以减弱卫星轨道误差的影响。由于同一卫星的位置误差，对不同观测站同步观测量的影响，具有系统性质，因此通过上述求差的方法，可以明显地减弱卫星轨道误差的影响，尤其当基线较短时，其有效性甚为明显。这种方法，对于精密相对定位，具有极其重要的意义。

子情境 3　卫星信号的传播误差

与卫星信号传播有关的误差，主要包括电离层折射误差、对流层折射误差和多路径效应误差。

一、电离层折射的影响

所谓电离层，是指地球上空距地面高度在 50 ~ 1 000 km 的大气层。电离层中的气体分子由于受到太阳等天体各种射线辐射，产生强烈的电离形成大量的自由电子和正离子。当 GPS 卫星信号通过电离层时，将受到这一介质弥散特性的影响，使信号的传播路径发生变化，传播速度也会发生变化。因此，用信号的传播时间乘上真空中光速而得到的距离就会不等于卫星至接收机间的几何距离，这种偏差称为电离层折射误差。假设，由此引起电磁波信号传播路径的变化为 Δ_I，则由式(4-35)已知：

$$\Delta_I = \int^S (n - 1)\,dS \tag{6-2}$$

式中　n——电离层的折射率；

S——信号的传播路径。

这里进一步应用式(4-41)和式(4-35)便得：

对码相位观测：

$$\Delta_{Ig} \approx 40.28 \frac{N_\Sigma}{f^2} \tag{6-3}$$

对载波相位观测：

$$\Delta_{Ip} \approx -40.28 \frac{N_\Sigma}{f^2} \tag{6-4}$$

式中　N_Σ——信号传播路径上的电子总量。

可见，电离层对信号传播路径影响的大小，主要取决于电子总量和信号的频率 f。

对于 GPS 卫星信号来说，在夜间当卫星处于天顶方向时，电离层折射对信号传播路径的影响将小于5 m；而在日间正午前后，当卫星接近地平线时，其影响可能大于150 m。为了减弱电离层的影响，在GPS定位中通常采取以下措施：

1. 利用双频观测

由于电离层的影响是信号频率的函数，因此，利用不同频率的电磁波信号进行观测，便可能确定其影响的大小，以便对观测量加以改正。

假设，$\Delta_{Ig}(L_1)$为用L_1载波的码观测时电离层对距离观测值的影响，而$\tilde{\rho}_{f_1}$和$\tilde{\rho}_{f_2}$分别为根据载波L_1和L_2的码观测所得到的伪距，并取$\delta\rho = \tilde{\rho}_{f_1} - \tilde{\rho}_{f_2}$，于是由(4-56)式可得：

$$\Delta_{Ig}(L_1) = -1.5457\delta\rho \tag{6-5}$$

对于载波相位观测量的影响有：

$$\Delta\varphi_{Ip}(L_1) = -1.5457(\varphi_{f_1} - 1.2833\varphi_{f_2}) \tag{6-6}$$

式中 $\Delta\varphi_{Ip}(L_1)$——用频率f_1的载波观测时电离层折射对相位观测量的影响；

φ_{f_1}、φ_{f_2}——相应于频率f_1和f_2的载波相位观测量。

实践表明，利用模型(6-5)和(6-6)进行改正，其消除电离层影响的有效性，将不低于95%。因此，具有双频的GPS接收机，在精密定位工作中得到了广泛的应用。不过应当指出，在太阳辐射强烈的正午，或在太阳黑子活动的异常期，虽经上述模型的改正，但由于模型的不完善而引起的残差，仍可能是明显的。这在拟定精密定位的观测计划时，应慎重考虑。

2. 利用电离层模型加以改正

目前，为进行高精度卫星导航和定位，普遍采用双频技术，可有效地减弱电离层折射的影响，但在电子含量很大，卫星的高度角又较小时求得的电离层延迟改正中的误差有可能达几厘米。为了满足更高精度GPS测量的需要，Fritzk、Brunner等人提出了电离层延迟改正模型。该模型考虑了折射率n中的高阶项影响以及地磁场的影响，并且是沿着信号传播路径来进行积分。计算结果表明，无论在何种情况下改进模型的精度均优于2 mm。

对于单频GPS接收机的用户，为了减弱电离层的影响，一般是采用由导航电文所提供的电离层模型，或其他适宜的电离层模型对观测量加以改正。但是，这种模型至今仍在完善中。目前模型改正的有效性约为75%，即当电离层对距离观测值的影响为20 m时，改正后的残差仍可达5 m。

3. 利用同步观测值求差

用两台接收机在基线的两端进行同步观测并取其观测量之差，可以减弱电离层折射的影响。这是因为当两观测站相距不太远时，由卫星至两观测站电磁波传播路径上的大气状况甚为相似，因此，大气状况的系统影响便可通过同步观测量的求差而减弱。

这种方法对于短基线(如小于20 km)的效果尤为明显，这时经电离层折射改正后基线长度残差一般为1×10^{-6}D。因此，在GPS测量中，对于短距离的相对定位，使用单频接收机也可达到相当高的精度。不过，随着基线长度的增加，其精度随之明显降低。

4. 选择有利观测时段

由于电离层的影响与信号传播路径上的电子总数有关，因此，选择最佳观测时段(一般为晚上)，这时，大气不受太阳光的照射，大气中的离子数目减少，从而达到削弱电离层影响的目的。

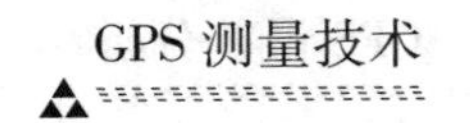

二、对流层折射的影响

对流层是高度为 40 km 以下的大气底层,其大气密度比电离层更大,大气状况也更复杂。对流层与地面接触并从地面得到辐射热能,其温度随高度的上升而降低,GPS 信号通过对流层时,也使传播的路径发生弯曲,从而使测量距离产生偏差,这种现象称为对流层折射。

由于对流层的介质对 GPS 信号没有弥散效应,因此,其群折射率与相折射率可认为相等。由于对流层折射对观测值的影响,可分为干分量与湿分量两部分,干分量主要与大气的温度和压力有关,而湿分量主要与信号传播路径上的大气湿度和高度有关。

当卫星处于天顶方向时,对流层干分量对距离观测值的影响约占对流层影响的 90%,且这种影响可以应用地面的大气资料计算。若地面平均大气压为 101.3 kPa,则在天顶方向,干分量对所测距离的影响约为 2.3 m,而当高度角为 10°时,其影响约为 20 m。湿分量的影响虽数值不大,但由于难以可靠地确定信号传播路径上的大气物理参数,故湿分量尚无法准确地测定。因此,当要求定位精度较高或基线较长时(如大于 50 km),它将成为误差的主要来源之一。目前虽可用水汽辐射计比较精确地测定信号传播路径上的大气水汽含量,但由于设备过于庞大和昂贵,尚不能普遍采用。

关于对流层折射的影响,一般有以下几种处理方法:

①定位精度要求不高时,可以简单地忽略。

②采用对流层模型加以改正。为此,可取式(4-25)、式(4-27)和式(4-28)或式(4-29)来计算距离观测值的改正量。

③引入描述对流层影响的附加待估参数,在数据处理中一并求解。

④观测量求差。与电离层的影响相类似,当两观测站相距不太远时(如小于 20 km),由于信号通过对流层的路径相近,对流层的物理特性相似,因此,对同一卫星的同步观测值求差,可以明显地减弱对流层折射的影响。这一方法在精密相对定位中应用甚为广泛。不过,随着同步观测站之间距离的增大,地区大气状况的相关性很快减弱,这一方法的有效性也将随之降低。根据经验,当距离大于 100 km 时,对流层折射对 GPS 定位精度的影响,将成为决定性的因素之一。

三、多路径效应的影响

多路径效应,通常也称多路径误差,即接收机天线,除直接收到卫星发射的信号外,尚可能收到经天线周围地物一次或多次反射的卫星信号(见图 6-1)。两种信号叠加,将会引起测量参考点(相位中心)位置的变化,从而使观测量产生误差。而且这种误差随天线周围反射面的性质而异,难以控制。根据实验资料的分析表明,在一般反射环境下,多路径效应对测码伪距的影响可达米级,对测相伪距的影响可达厘米级;而在高反射环境下,不仅其影响将显著增大,而且常常导致接收的卫星信号失锁和使载波相位观测量产生周跳。因此,在精密 GPS 导航和测量中,多路径效应的影响是不可忽略的。

多路径效应的影响,一般包括常数部分和周期性部分,其中常数部分在同一地点将会日复一日地重复出现。

目前,减弱多路径效应影响的措施主要有:

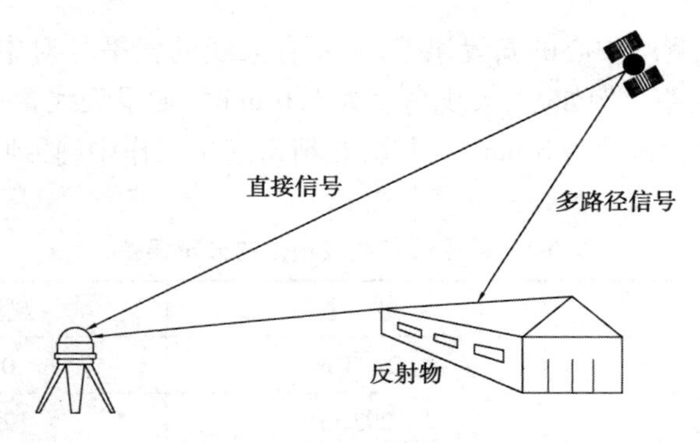

图 6-1　多路径效应示意图

1. 选择合适的站址

多路径误差不仅与卫星信号方向和反射系数有关，而且与反射物离测站远近有关，至今无法建立改正模型，只有采用以下措施来削弱：

①测站应远离大面积平静的水面。灌木丛、草和其他地面植被能较好地吸收微波信号的能量，是较为理想的设站地址。翻耕后的土地和其他粗糙不平的地面的反射能力也较差，也可设站。

②测站不宜选择在山坡、山谷和盆地中，以避免反射信号从天线抑径板上方进入天线，产生多路径误差。

2. 对接收机天线的要求

①在天线中设置抑径板

为减弱多路径误差，接收机天线下应配置抑径板。抑径板的半径 r、高度角 Z 和抑径板高度 h 之间的关系为：

$$r = h/\sin Z \tag{6-7}$$

若接收机天线相位中心至抑径板的高度 $h = 70$ mm，截止高度角 $Z = 15°$，则抑径板的半径 r 必须大于或等于 70 mm$/\sin 15° = 27$ cm。

②接收机天线对于极化特性不同的反射信号应该有较强的抑制作用。

由于多路径误差 ϕ 是时间的函数，因此，在静态定位中经过较长时间的观测后，多路径误差的影响可大为削弱。

子情境 4　与接收设备有关的误差

与用户接收设备有关的误差，主要包括观测误差、接收机钟差、天线相位中心误差和载波相位观测的整周不定性影响。

一、观测误差

这类误差，除观测的分辨误差之外，还包括接收机天线相对测站点的安置误差。根据经验，一般认为观测的分辨误差约为信号波长的 1%。GPS 码信号和载波信号的观测精度见表 6-3。观测误差属偶然性质的误差，适当地增加观测量，将会明显地减弱其影响。

接收机天线相对观测站中心的安置误差,主要有天线的置平与对中误差和量取天线相位中心高度(天线高)的误差。例如,当天线高度为1.6 m时,如果天线置平误差为0.1°,则由此引起光学对中器的对中误差约为3 mm。因此,在精密定位工作中,必须仔细操作,以尽量减少这种误差的影响。

表 6-3　码相位与载波相位的分辨误差

信　号	波　长	观测误差
P码	29.3 m	0.3 m
C/A码	293 m	2.9 m
载波 L_1	19.05 cm	2.0 mm
载波 L_2	24.45 cm	2.5 mm

二、接收机的钟差

GPS 接收机一般设有高精度的石英钟,其日频率稳定度约为10^{-11}。如果接收机与卫星钟之间的同步差为1 μs,则由此引起的等效距离误差约为300 m。

处理接收机钟差比较有效的方法是,在每个观测站上,引入一个钟差参数,作为未知数,在数据处理中与观测站的位置参数一并求解。这时,如假设在每一观测瞬间,钟差都是独立的,则处理较为简单。因此,这一方法广泛地应用于实时动态绝对定位。在静态绝对定位中,也可像卫星钟那样,将接收机钟差表示为多项式的形式,并在观测量的平差计算中,求解多项式的系数。不过,这将涉及在构成钟差模型时,对钟差特性所作假设的正确性。

在定位精度要求较高时,可以采用高精度的外接频标(即时间基准),如铷原子钟或铯原子钟,以提高接收机时间标准的精度。在精密相对定位中,还可以利用观测值求差的方法,有效地减弱接收机钟差的影响。

三、整周模糊度的影响(载波相位观测的整周未知数)

前已指出,载波相位观测法是当前普遍采用的最精密的观测方法,它可能精确地测定卫星至观测站的距离(见表6-3)。但是,由于接收机只能测定载波相位非整周的小数部分和从某一起始历元至观测历元间载波相位变化的整周数,而无法直接测定载波相位相应该起始历元在传播路径上变化的整周数。因而,在测相伪距观测值中,存在整周未知数的影响。这是载波相位观测法的主要缺点。

另外,载波相位观测除了存在上述整周未知数之外,在观测过程中,还可能发生整周跳变问题。当用户接收机收到卫星信号并进行实时跟踪(锁定)后,载波信号的整周数便可由接收机自动地计数。但是在中途,如果卫星的信号被阻挡或受到干扰,则接收机的跟踪便可能中断(失锁)。而当卫星信号被重新锁定后,被测载波相位的小数部分,将仍和未发生中断的情形一样,是连续的,可这时整周数却不再是连续的。这种情况称为整周变跳或周跳。周跳现象在载波相位测量中是经常发生的,它对距离观测的影响和整周未知数的影响相似,在精密定位的数据处理中,都是一个非常重要的问题。对于有关处理整周未知数和周跳的方法,将在以后进一步加以介绍。

四、天线相位中心的位置偏差

在 GPS 定位中，无论是测码伪距或测相伪距，观测值都是以接收机天线的相位中心位置为准的，而天线的相位中心与其几何中心，在理论上应保持一致。可是，实际上天线的相位中心位置，随着信号输入的强度和方向不同而有所变化，即观测时相位中心的瞬时位置（一般称视相位中心），与理论上的相位中心位置将有所不同。天线相位中心的偏差对相对定位结果的影响，根据天线性能的好坏，可达数毫米至数厘米。因此，对于精密相对定位来说，这种影响也是不容忽视的。而如何减小相位中心的偏移，是天线设计中的一个迫切问题。

在实际工作中，如果使用同一类型的天线，在相距不远的两个或多个观测站上，同步观测了同一组卫星，那么，便可以通过观测值的求差，来削弱相位中心偏移的影响。不过，这时各观测站的天线，均应按天线附有的方位标进行定向，使之根据罗盘指向磁北极。根据不同的精度要求，定向偏差应保持在 3°～5°。有关天线相位中心的问题，读者可进一步参阅有关文献。

子情境 5　其他误差影响

除上述 3 类误差的影响外，这里再简单地介绍其他可能的误差来源，如地球自转以及相对论效应对 GPS 定位的影响。

一、地球自转的影响

在协议地球坐标系中，如果卫星的瞬时位置，是根据信号发播的瞬时计算的，那么还应考虑地球自转的改正。因为当卫星信号传播到观测站时，与地球相固联的协议地球坐标系相对卫星的上述瞬时位置，已产生了旋转（绕 z 轴）。若取 ω 为地球的自转速度，则旋转的角度为：

$$\Delta\alpha = \omega\Delta\tau_i^j \tag{6-8}$$

式中　τ_i^j——卫星信号传播到观测站的时间延迟。

由此引起卫星在上述坐标系中的坐标变化（$\Delta x, \Delta y, \Delta z$）为：

$$\begin{bmatrix} \Delta x \\ \Delta y \\ \Delta z \end{bmatrix} = \begin{bmatrix} 0 & \sin\Delta\alpha & 0 \\ -\sin\Delta\alpha & 0 & 0 \\ 0 & 0 & 0 \end{bmatrix} \begin{bmatrix} X^j \\ Y^j \\ Z^j \end{bmatrix} \tag{6-9}$$

式中　X^j, Y^j, Z^j——卫星的瞬时坐标。

由于旋转角 $\Delta\alpha < 1.5''$，故当取至一次微小项时，上式可简化为：

$$\begin{bmatrix} \Delta x \\ \Delta y \\ \Delta z \end{bmatrix} = \begin{bmatrix} 0 & \Delta\alpha & 0 \\ -\Delta\alpha & 0 & 0 \\ 0 & 0 & 0 \end{bmatrix} \begin{bmatrix} X^j \\ Y^j \\ Z^j \end{bmatrix} \tag{6-10}$$

二、相对论效应的影响

根据狭义相对论的观点，一个频率为 f 的振荡器安装在飞行的载体上，由于载体的运动，对地面的观测者来说将产生频率偏移。因此,在地面上具有频率为f_0的时钟,安设在以速度v_s运行的卫星上后,钟频将发生变化,其改变量已知为:

$$\Delta f_1 = -\frac{v_s^2}{2c^2} f_0 \tag{6-11}$$

这说明,在狭义相对论的影响下,时钟安装在卫星上之后将变慢。若应用已知关系式:

$$v_s^2 = g a_m \left(\frac{a_m}{R_s}\right) \tag{6-12}$$

则式(6-11)可为:

$$\Delta f_1 = -\frac{g a_m}{2c^2}\left(\frac{a_m}{R_s}\right) f_0 \tag{6-13}$$

式中　g——地面重力加速度,m/s^2;

c——光速,m/s;

a_m——地球平均半径, km;

R_s——卫星轨道平均半径, km。

另外,根据广义相对论,处于不同等位面的振荡器,其频率f_0将由于引力位不同而产生变化。这种现象常称为引力频移,其大小可按下式估算:

$$\Delta f_2 = \frac{g a_m}{c^2}\left(1 - \frac{a_m}{R_s}\right) f_0 \tag{6-14}$$

在狭义与广义相对论的综合影响下,卫星钟频率的变化应为:

$$\Delta f = \Delta f_1 + \Delta f_2 = \frac{g a_m}{c^2}\left(1 - \frac{3a_m}{2R_s}\right) f_0 \tag{6-15}$$

因为 GPS 卫星钟的标准频率$f_0 = 10.23$ MHz,故可得:

$$\Delta f = 0.004\ 55\ \text{Hz} \tag{6-16}$$

这说明,GPS 的卫星钟比其安设在地面上走得要快,每秒约差 0.45 ms。消除这一影响的办法,一般是将 GPS 卫星钟的标准频率减小约4.5×10^{-3} Hz。

但是,由于地球的运动和卫星轨道高度的变化,以及地球重力场的变化,上述相对论效应的影响并非常数。因此,经上述改正后仍有残差,其对卫星钟差的影响约为:

$$\delta t^j = -4.443 \times 10^{-10} e_s \sqrt{a_s} \sin E_s \tag{6-17}$$

式中　e_s——卫星轨道偏心率;

a_s——卫星轨道长半径, km;

E_s——偏近点角。

而对卫星钟速(频偏)的影响:

$$\delta t^j = -4.443 \times 10^{-10} e_s \sqrt{a_s} \cos E_s \frac{\mathrm{d}E_s}{\mathrm{d}t} \tag{6-18}$$

考虑到$\frac{\mathrm{d}E_s}{\mathrm{d}t} = \frac{n}{1 - e_s \cos E_s}$,上式可改写为:

$$\delta t^j = -4.443 \times 10^{-10} e_s \sqrt{a_s} \frac{n \cos E_s}{1 - e_s \cos E_s} \tag{6-19}$$

数字分析表明,上述残差对 GPS 时的影响,最大可达 70 ns,对卫星钟速的影响可达 0.01 ns/s。显然,对于精密的定位工作来说,这种影响是不应忽略的。

子情境6　观测卫星的几何分布对绝对定位精度的影响

利用 GPS 进行绝对定位或单点定位,其精度主要决定于以下两个因素:其一,是所测卫星在空间的几何分布,通常称为卫星分布的几何图形;其二,是观测量的精度。这里主要介绍一下在导航学中有关精度衰减因子的概念、分类及卫星分布的几何图形对精度衰减因子的影响问题。

一、精度衰减因子的概念

当以测码伪距为观测量进行动态绝对定位时,由有关公式可得权系数阵:

$$Q_Z = [a_i^{\mathrm{T}}(t)a_i(i)]^{-1} \tag{6-20}$$

一般地表示为:

$$Q_Z = \begin{bmatrix} q_{11} & q_{12} & q_{13} & q_{14} \\ q_{21} & q_{22} & q_{23} & q_{24} \\ q_{31} & q_{32} & q_{33} & q_{34} \\ q_{41} & q_{42} & q_{43} & q_{44} \end{bmatrix} \tag{6-21}$$

其中,元素 q_{ij} 表达了全部解的精度及其间的相关性信息,是评价定位结果的依据。

以上权系数阵,一般是在空间直角坐标系中给出的,而为了估算观测站的位置精度,通常采用其在大地坐标系中的表达形式。假设,在大地坐标系统中,相应点位坐标的权系数阵为:

$$Q_B = \begin{bmatrix} g_{11} & g_{12} & g_{13} \\ g_{21} & g_{22} & g_{23} \\ g_{31} & g_{32} & g_{33} \end{bmatrix} \tag{6-22}$$

根据方差与协方差传播定律可得:

$$Q_B = HQ_XH^{\mathrm{T}} \tag{6-23}$$

其中

$$Q_X = \begin{bmatrix} q_{11} & q_{12} & q_{13} \\ q_{21} & q_{22} & q_{23} \\ q_{31} & q_{32} & q_{33} \end{bmatrix}$$

$$H = \begin{bmatrix} -\sin B\cos L & -\sin B\sin L & \cos B \\ -\sin L & \cos L & 0 \\ \cos B\cos L & \cos B\sin L & \sin B \end{bmatrix}$$

为了评价定位的结果,在导航学中,一般均采用有关精度衰减因子 DOP(Dilution of Precision)的概念,其定义如下:

$$m_X = \mathrm{DOP} \cdot \delta_0 \tag{6-24}$$

实际上,DOP 即是权系数阵式(6-20)主对角线元素的函数。

二、精度衰减因子的种类

在实践中,根据不同的要求,可采用不同的精度评价模型和相应的精度衰减因子。这些精度衰减因子通常有:

①平面位置精度衰减因子 HDOP(Horizontal DOP)。相应的平面位置精度:

$$m_H = \text{HDOP} \cdot \delta_0 \tag{6-25}$$

$$\text{HDOP} = (g_{11} + g_{22})^{\frac{1}{2}}$$

②高程精度衰减因子 VDOP(Vertical DOP)。相应的高程精度:

$$m_V = \text{VDOP} \cdot \delta_0 \tag{6-26}$$

$$\text{VDOP} = (g_{33})^{\frac{1}{2}}$$

③空间位置精度衰减因子 PDOP(Position DOP)。其相应的三维定位精度:

$$m_P = \text{PDOP} \cdot \delta_0 \tag{6-27}$$

$$\text{PDOP} = (q_{11} + q_{22} + q_{33})^{\frac{1}{2}}$$

④接收机钟差精度衰减因子 TDOP(Time DOP)。钟差精度:

$$m_T = \text{TDOP} \cdot \delta_0 \tag{6-28}$$

$$\text{TDOP} = (q_{44})^{\frac{1}{2}}$$

⑤几何精度衰减因子 GDOP(Geometric DOP)。描述空间位置误差和时间误差综合影响的精度衰减因子,称为几何精度衰减因子,相应的误差:

$$m_G = \text{GDOP} \cdot \delta_0 \tag{6-29}$$

$$\text{GDOP} = (q_{11} + q_{22} + q_{33} + q_{44})^{\frac{1}{2}} = [(\text{PDOP})^2 + (\text{TDOP})^2]^{\frac{1}{2}}$$

利用以上各项精度衰减因子,便可以从不同的方面对绝对定位的精度作出评价。

三、观测卫星的几何分布对精度衰减因子的影响

由式(6-25)、式(6-26)、式(6-27)、式(6-28)和式(6-29)可见,GPS 绝对定位的误差与精度衰减因子(DOP)的大小成正比,因此,在伪距观测精度 δ_0 确定的情况下,如何使精度衰减因子的数值尽量减小,便是提高定位精度的一个重要途径。

在实时绝对定位中,精度衰减因子仅与所测卫星的空间分布有关。因此,精度衰减因子也称为观测卫星星座的图形强度因子。由于卫星的运动以及观测卫星的选择不同,所测卫星在空间的几何分布图形是变化的,因而精度衰减因子的数值也是变化的。

作为一个例子,如图 6-2 所示描绘了 1986 年 4 月 28 日,于加拿大弗雷德里克顿(Fredericton)DOP 值的变化情况,以供读者参考。该图是根据当时的 7 颗实验卫星,并取最小高度角为 5°而绘制的。无疑在 GPS 卫星已全部投入运行的情况下,精度衰减因子的变化会得到明显的改善。由图(6-2)可见,GDOP 在 4:00 左右出现的峰值,在 PDOP、VDOP 和 TDOP 图中,也均出现相应的峰值,只有 HDOP 例外。由于 VDOP 和 TDOP 都含有这个峰值,这表明所测卫星分布的几何图形,对它们都是较弱的。也就是说,这时所测卫星的高度角可能都很大,以致所测卫星都集聚在一个较小的范围,因而高程解和接收机钟差解之间的相关性很强,致使两者都难以

准确地确定。

在所测卫星分布图形较差的情况下，如果采用约束解，精度衰减因子将会得到改善。所谓约束解，是将已经以必要精度已知的一个或多个未知参数，作为已知值固定下来，或者限制其变化不超过一定的范围，来解算其余的未知参数。这一方法可以有效地改善精度衰减因子。

在如图 6-2 所示的情况下，如果对高程加以约束，则其对几何精度衰减因子的影响情况，如图 6-3 所示。显然，对高程施以约束后，几何精度衰减因子的峰值得到了明显的削弱。既然精度衰减因子的数值与所测卫星的几何分布图形有关，那么何种分布图形比较适宜，自然是人们所关心的问题。

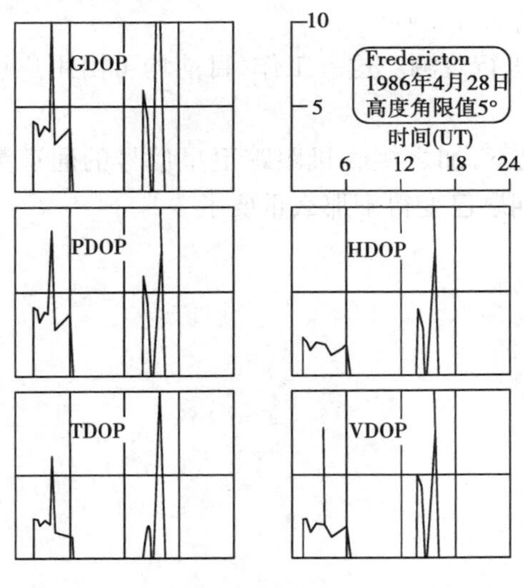

图 6-2　图形强度因子（1986 年 4 月 28 日于弗雷德里克顿）

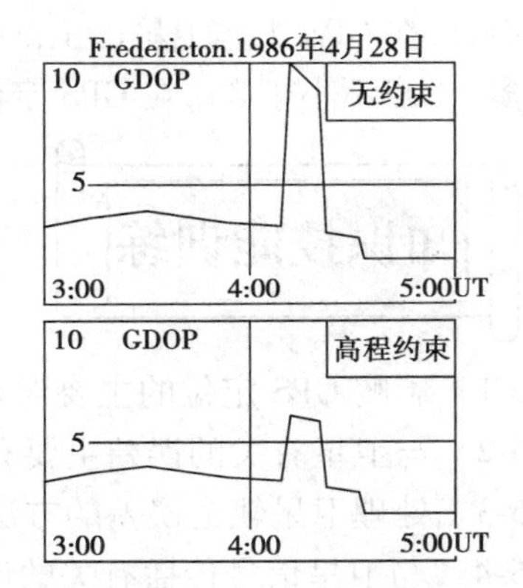

图 6-3　高程约束对图形强度因子的影响

假设，由观测站与 4 颗观测卫星所构成的六面体的体积为 V，则分析表明，精度衰减因子 GDOP 与该六面体体积 V 的倒数成正比，即

$$\mathrm{GDOP} \propto \frac{1}{V} \tag{6-30}$$

一般来说，六面体的体积越大，所测卫星在空间的分布范围也越大（见图 6-4），GDOP 值越小；反之，所测卫星的分布范围越小，则 GDOP 值越大。

理论分析表明，在由观测站至 4 颗卫星的观测方向中，当任意两方向之间的夹角接近 109.5°时，其六面体的体积为最大。但是，在实际的观测中，为了减弱大气折射的影响，所测卫星的高度角不能过低。因此，必须在这一条件下，尽可能使所测卫星与观测站所构成的六面体的体积接近最大。

一般认为，在高度角满足上述要求的条件下，当 1 颗卫星处于天顶，而其余 3 颗卫星相距约 120°时，所构成的六面体体积接近最大。在实际工作中，这可作为选择和评价观测卫星分布图形的参考。

在动态绝对定位中，当可测的卫星多于 4 颗，而接收机能同时跟踪卫星的数目较少时，为了获得最小的精度衰减因子，便存在选择使上述六面体体积为最大的卫星星座问题，即所谓选星问题。为此，原则上应在可测卫星中选择各种可能的 4 颗卫星的组合，来计算相应的 GDOP

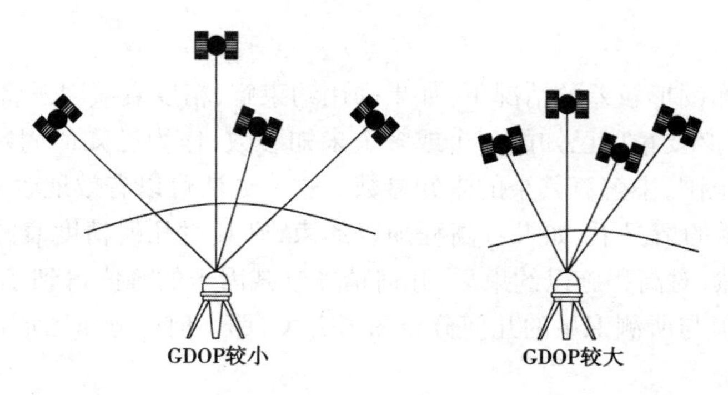

图6-4 卫星的几何分布与GDOP

(或PDOP),并选取其中GDOP为最小的一组卫星进行观测。这一工作,目前均可由用户接收设备自动完成。

不过,在GPS工作卫星已全部投入运行的情况下,加之接收机跟踪卫星信号的通道数显著增多(一般不小于8),在GPS定位工作中,选星问题已变得不那么重要了。

6-1 影响GPS定位的主要误差有哪几类?

6-2 与卫星有关的误差主要有哪些?

6-3 处理卫星轨道误差的方法有哪几种?

6-4 与卫星信号传播有关的误差有哪些?

6-5 减弱电离层影响的措施主要有哪几种?

6-6 减弱多路径效应的措施有哪些?

6-7 与接收设备有关的误差主要有哪些?

6-8 如何减弱接收设备天线相位中心位置偏差对定位的影响?

6-9 地球自转和相对论效应对GPS定位有何影响?

6-10 什么叫精度衰减因子?

6-11 精度衰减因子的类型有哪些?

6-12 简述卫星分布的几何图形对精度衰减因子的影响。

学习情境 7
GPS 施测与数据处理

教学内容

主要介绍 GPS 控制网的设计、选点埋点、作业计划、GPS 接收机、外业观测、数据处理和技术总结。重点是外业观测和数据处理。

知识目标

能正确陈述 GPS 控制网设计、选点埋点、外业观测、数据处理和技术总结的内容、方法和要求。

技能目标

能正确进行 GPS 网的设计和选点埋点,能正确使用静态 GPS 接收机和数据处理软件进行作业计划、外业观测、数据处理和技术总结。

子情境 1　GPS 网的技术设计

一、GPS 网的精度等级与主要技术要求

GPS 控制网的布设与传统测量控制网的布设相同,也应当遵循由高级到低级的原则。测量控制网的精度等级都是根据观测量的中误差来划分的。水准测量的观测量是高差,因而,准测量的精度等级按每公里水准测量中误差划分为一、二、三、四等 4 个精度等级。导线测量的观测量是水平角和边长,故导线测量的精度等级是按照测角中误差和边长测量中误差来划分的。采用相对定位方法建立的 GPS 控制网,其观测量是基线向量,因此,GPS 网的精度等级应当按照基线测量中误差来划分。基线长度中误差按下式计算:

$$\sigma = \sqrt{a^2 + (bD)^2} \tag{7-1}$$

式中　σ——基线长度中误差,mm;

a——基线测量的固定误差,mm,其误差的大小与基线长度无关;

b——比例误差系数,10^{-6};

D——基线长度,bD 与基线长度成比例。

由国家质量技术监督局于 2001 年发布的国家标准《全球定位系统(GPS)测量规范》将 GPS 网的精度等级划分为 6 个等级,见表 7-1。

表 7-1　精度分级与平均距离

级　别	平均距离/km	固定误差 a/mm	比例误差系数 $b/10^{-6}$
AA	1 000	≤3	≤0. 01
A	300	≤5	≤0. 1
B	70	≤8	≤1
C	10 ~ 15	≤10	≤5
D	5 ~ 10	≤10	≤10
E	0. 2 ~ 5	≤10	≤20

其中,AA 级主要用于全球性的地球动力学研究、地壳变形测量和精密定轨;A 级主要用于区域性的地球动力学研究和地壳变形测量;B 级主要用于局部变形监测和各种精密工程测量;C 级主要用于大、中城市及工程测量的基本控制;D、E 级主要用于中小城市、城镇及测图、地籍、土地信息、房产、物探、勘测、建筑施工等的控制测量。AA、A 级可作为建立地心参考框架的基础,AA、A、B 级可作为建立国家空间大地测量控制网的基础。

由建设部于 1997 年发布的行业标准《全球定位系统城市测量技术规程》对 GPS 控制网的精度等级规定,见表 7-2。

表 7-2　GPS 网的主要技术要求

等　级	D/km	a/mm	$b/10^{-6}$	M_D/D
二等	9	≤10	≤2	1/120 000
三等	5	≤10	≤5	1/80 000
四等	2	≤10	≤10	1/45 000
一级	1	≤10	≤10	1/20 000
二级	<1	≤15	≤20	1/10 000

控制网设计时,应根据工程精度要求和测区范围大小确定首级网的精度等级。对于一般工程而言,可根据测区面积按表 7-3 确定首级网的精度等级。加密网一般采用逐级加密方式而设。

表 7-3　首级网等级与测区面积配置关系

控制网等级	控制面积/km^2
二等	500 以上
三等	100 ~ 500
四等	15 ~ 100
一级	15 以下

二、GPS网的基准设计

由GPS相对定位方法获得地面点间在WGS-84坐标系中的三维基线向量。在我国,工程测量控制网一般采用国家坐标系(北京54或西安80)或地方独立坐标系。这就要求在GPS网设计时,必须明确GPS成果所采用的坐标系和起算数据,即明确GPS网所采用的基准。这项工作称为GPS网的基准设计。

GPS网的基准包括位置基准、方位基准和尺度基准。位置基准一般由GPS网中起算点的坐标确定。方位基准一般由给定的起算方位角值确定。也可以将GPS基线向量的方位作为方位基准。尺度基准一般由GPS网中两起算点间的坐标反算距离确定。

在GPS控制网的基准设计时,必须考虑以下6个问题:

①GPS测量成果的坐标转换,需要足够的起算数据与GPS测量数据重合,或者联测足够的地方控制点,以求得转换参数。在选择联测点时,既要考虑充分利用旧点资料,又要使新建的高精度GPS网不受点精度低的影响。大中城市GPS控制网应与附近的国家控制点联测3个以上。小城市和工程控制网可以联测2~3个点。

②为保证GPS网进行约束平差后坐标精度的均匀性以及减少尺度比误差影响,对GPS网内重合的高等级国家点或城市等级控制点,应与新点一起构成图形。

③在布设GPS网时,可以采用3~5条高精度电磁波测距边作为起算边长。电磁波测距边两端高差不宜过大,可布设在网中的任何位置。

④在布设GPS网时,可引入起算方位,但起算方位不宜太多。起算方位可布设在网中的任何位置。

⑤为了将GPS所测的大地高转换为正常高,GPS网应联测高程点。高程联测精度应采用不低于四等的水准测量或与其精度相当的方法进行。平原地区联测点宜不少于5个,丘陵、山地联测点宜不少于10个。联测的水准点应在测区均匀分布。

⑥新建GPS网的坐标系应尽量与测区过去采用的坐标系一致。例如,采用地方坐标系,应具备椭球参数、中央子午线经度、坐标原点的国家统一坐标、纵横坐标加常数、测区平均高程面的高程值等技术参数。

三、GPS网的基本图形与连接方式

1. GPS网的基本图形

目前,GPS控制测量基本上都是采用相对定位的测量方法。这就需要两台或两台以上的GPS接收机在相同的时段内同时连续跟踪相同的卫星组,即实施所谓同步观测。同步观测时各点上的GPS接收机从开机到关机的一段时间称为一个时段。同步观测时两个GPS点之间构成的空间向量称为基线向量。由若干基线向量可构成闭合环,如环中各基线的观测时刻相同则称同步环,如环中各基线的观测时刻不相同则称异步环。

各种GPS网的图形虽然复杂,但将其分解,不难得到如下3种基本图形:

(1)星形

星形网的几何图形如图7-1所示。星形网的观测基线不构成闭合图形,故其检验与发现粗差的能力差。星形网的主要优点是观测中只需要两台GPS接收机,作业简单。在快速静态定位和准动态定位等快速作业模式中,大都采用这种图形。它广泛地应用于施工放样、边界测量、地籍测量和碎部测量等。

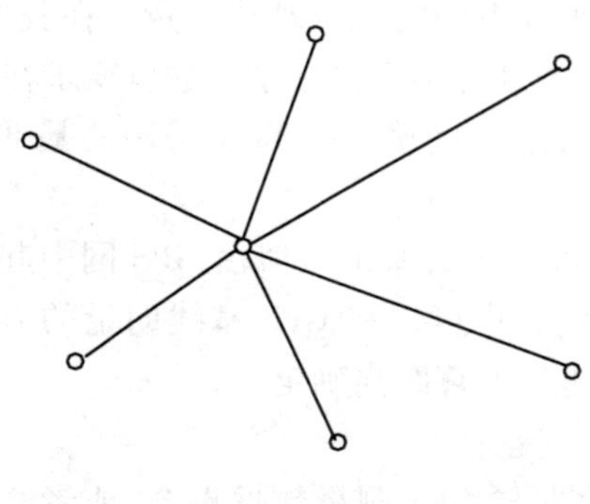
图 7-1　星形网

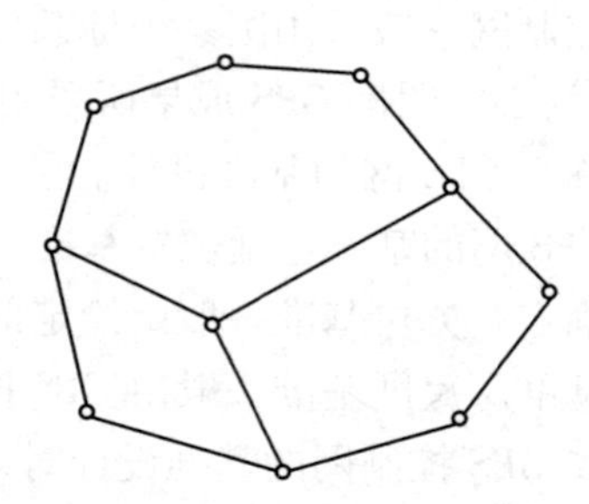
图 7-2　环形网

(2)环形

由含有多条独立观测基线的闭合环所组成的网,称为环形网,如图 7-2 所示。这种图形与经典测量中的导线网相似,其图形的结构强度比星形网好。这种网的自检能力和可靠性随闭合环中所含的基线数量的增加而减弱,因此,《全球定位系统城市测量技术规程》对环形网各环中的基线数作出了规定,见表 7-4。

表 7-4　闭合环中边数的规定

等　级	二　等	三　等	四　等	一　级	二　级
闭合环边数	≤6	≤8	≤10	≤10	≤10

环形网的优点是观测工作量较小,且具有较好的自检性和可靠性。其主要缺点是相邻基线的点位精度分布不均。

(3)三角形

三角形网如图 7-3 所示,网中的三角形边由独立观测边组成。其优点是图形结构的强度好,具有良好的自检能力,能够有效地发现观测成果的粗差,同时,网中相邻基线的点位精度分布均匀。其缺点是工作量大。

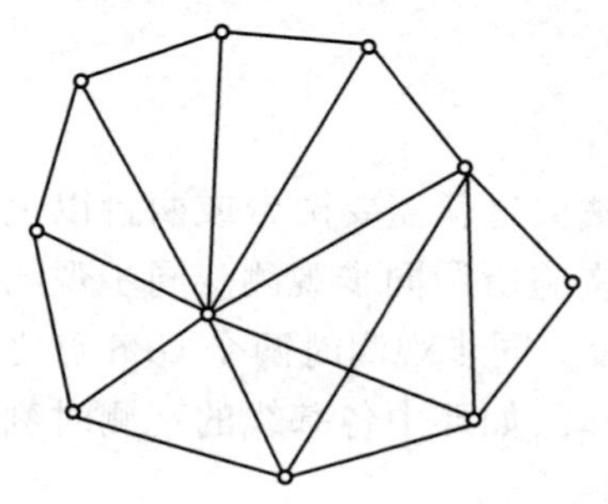
图 7-3　三角网

由若干台 GPS 接收机在一个时段内观测所构成的图形称为同步观测图形。不同台数 GPS 接收机同步观测组成各种同步图形结构,如图 7-4 所示。T 台接收机同步观测获得的同步图形由 n 条基线构成,其关系为:

$$n = T(T-1)/2 \tag{7-2}$$

GPS 网的图形,就是由若干同步观测图表连接而成,因此,同步观测图形也是基本图形。而在组成同步观测图形的 n 条基线中,只有 $(T-1)$ 条是独立基线,其余基线均为非独立基线,可由独立基线推算得到。由此,也就在同步观测图形中形成了若干坐标增量闭合差条件,称为同步图形闭合差。由于同步图形是在相同的时间观测相同的卫星所获得的基线解构成的,基线之间是相关的观测量。因此,同步图形闭

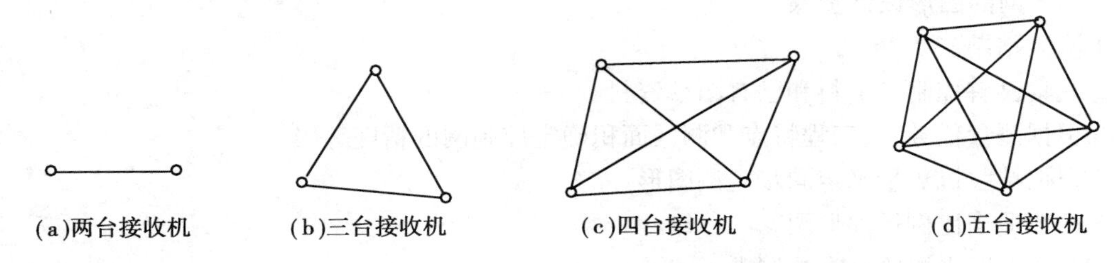

图 7-4　同步观测图形

合差不能作为衡量精度的指标,但它可以反映野外观测质量和条件的好坏。由同步观测图形中的基线构成的闭合环,称为同步环。同步环的坐标增量闭合差称为同步环闭合差。由不同时刻观测的基线构成的闭合环称为异步环;异步环的坐标增量闭合差称为异步环闭合差,是衡量 GPS 网观测质量的重要指标。

2. GPS 网的连接方式

GPS 控制网是采用相对定位的方法求得两点间的基线向量,再由基线向量差已知点坐标传递给未知点的。因此,GPS 网中的各同步观测图形必须相互连接,才能传递坐标。

由若干不同时间观测的同步观测图形相互连接,便可构成 GPS 网的整网图形。由各同步图形构成 GPS 整网的构成方式一般采用同步图形扩展式,就是将一个个同步图形依次相连,逐步扩展,构成整网。各同步图形之间可采用以下的 3 种连接方式:

(1)点连式

点连式连接就是相邻两个同步观测图形之间通过一个公共点连接,如图 7-5(a)所示。这种连接方式的优点是外业观测工作的推进速度快,作业效率高。其缺点是网中没有重复观测基线,可靠性较差。采用点连式连接,要求最少有两台 GPS 接收机。

(2)边连式

边连式连接就是相邻两个同步观测图形之间有两个公共点,如图 7-5(b)所示。这种连接方式与点连式相比,有重复观测基线,可用重复基线向量之差对观测质量进行检验,提高了 GPS 网的可靠性。但降低了外业观测工作的推进速度。采用边连式连接,要求最少有 3 台 GPS 接收机。

(3)网连式

网连式连接就是相邻两个同步观测图形之间有 3 个以上的公共点,如图 7-5(c)所示。网连式与边连式相比,重复观测的基线数更多,网的可靠性更高,推进速度更慢。

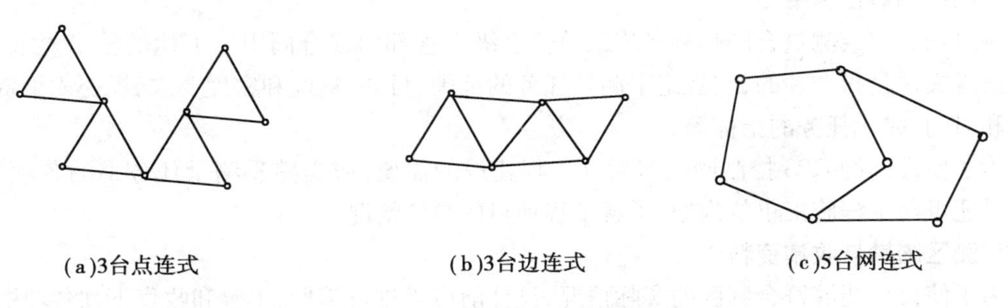

图 7-5　同步图形连接方式

3. GPS 网的图形设计步骤

①测区踏勘。

②收集已有控制点资料和已有图纸资料。

③根据测量任务书、工程特点和测区面积确定控制网的精度等级。

④根据接收机数量确定同步观测图形。

⑤选取适当比例尺地形图。

⑥在地形图中展绘已有控制点。

⑦根据选点要求和精度等级在地形图中选取新点。

⑧将所选新点构成同步观测图形,并逐步扩展为 GPS 网图形。

⑨图上检查点间通视情况。

四、GPS 网的布网原则

①GPS 网中不应存在自由基线。所谓自由基线,是指不构成闭合图形的基线,由于自由基线不具备发现粗差的能力,因而必须避免出现,也就是 GPS 网一般应通过独立基线构成闭合图形。

②GPS 网的闭合条件中基线数不可过多。网中各点最好有 3 条或更多基线分支,以保证检核条件,提高网的可靠性,使网的精度和可靠性更均匀。

③GPS 网应以“每个点至少独立设站观测两次”的原则布网。这样由不同数量接收机测量构成的网的精度和可靠性指标比较接近。

④为了实现 GPS 网与地面网之间的坐标转换,GPS 网至少应与地面网有两个重合点。研究和实践表明,应有 3 ~5 个精度较高、分布均匀的地面点作为 GPS 网的一部分,以便 GPS 成果较好地转换至地面网中。同时,还应与相当数量的地面水准点重合,以提供大地水准面的研究资料,实现 GPS 大地高向正常高的转换。

⑤为了便于观测,GPS 点应选择在交通便利、视野开阔、容易到达的地方。尽管 GPS 网的观测不需要考虑通视的问题,但是为了便于用经典方法扩展,单点至少应与网中另一点通视。

五、设计前的准备工作

为了能够设计出比较实用的,既能满足一定精度和可靠性要求又有较高经济指标的布网作业计划,设计前应做好以下准备工作:

1. 熟悉测量任务书

测量任务书或测量合同是测量施工单位上级主管部门或合同甲方下达的技术要求文件。这种技术文件是指令性的,它规定了测量任务的范围、目的、精度和密度要求,提交成果资料的项目和时间,完成任务的指标等。

为了使设计的 GPS 控制网能够满足工程建设的需要,应当熟悉测量任务书的各项要求。必要时还可与工程施工单位沟通,了解工程项目的具体情况。

2. 测区踏勘与收集资料

为了使设计能够符合测区的实际情况,设计前应当进行踏勘,了解和收集下列各项资料:

(1)测区行政归属和居民情况

具体包括测区地理位置、测区范围、行政区划,县、乡政府的所在地,以及居民的民族风俗习惯,并与当地领导机关取得联系。

(2)测区的气候情况

具体包括风、雨、雾、气温、气压、冻土深度等。

(3)测区已有测绘资料及测量标志的情况

具体包括已有控制点的成果表、类别、控制范围、等级、作业依据、坐标系统、投影带与投影面、平差方法及精度、点位的数量及分布、标石类型及其完好情况;各类图件,包括1:1万~1:10万比例尺地形图、大地水准面差距图、交通图等。

(4)交通运输情况

具体包括铁路、公路及其他道路的分布和通行情况,以及各种交通工具使用的可能性。

(5)地貌、地物情况

具体包括测区内主要地物类型、高度和分布情况,以及山顶、斜坡、山谷等地貌特征,以及水系、植被、强电磁场的分布情况。

(6)劳动力及各种材料的情况

具体包括测区内劳动力和各种材料(如钢材、沙、石、水泥、电池、打印机、纸张等)的供应和价格情况,以便为经费预算准备资料。

(7)医疗情况

总之,要全面地了解测区各方面情况,为圆满地完成测量任务准备可靠资料。

踏勘工作程序一般分为:

1)准备阶段

深入了解工程任务和要求,收集和分析有关资料,拟定踏勘工作计划。

2)实地踏勘阶段

深入测区,通过看、问、查、购等方法,了解和搜集所需要的各种资料。

3)整理阶段

对收集到的资料进行分析和研究,对于其中可靠而实用的资料,作为编写踏勘报告和技术设计、拟定施测方案以及进行经费预算的依据和参考。

3.选择GPS测量规范(规程)

GPS测量规范(规程)是国家测绘主管部门和行业部门所制订的技术标准和法规,目前GPS控制网设计依据的规范(规程)有:

①2001年国家质量技术监督局发布的国家标准《全球定位系统(GPS)测量规范》。

②1992年国家测绘局发布的测绘行业标准《全球定位系统(GPS)测量规范》。

③1997年建设部发布的行业标准《全球定位系统城市测量技术规程》。

④各部委根据本部门GPS工作的实际情况指定的其他规程或细则。

六、GPS控制网的优化设计

控制网的优化设计是在限定精度、可靠性和费用等质量标准下,寻求网设计的最佳极值。经典控制网优化设计包括零类设计(基准问题)、一类设计(图形问题)、二类设计(观测权问题)和三类设计(加密问题)。

与经典控制网相似,GPS 网的设计也存在优化的问题。但是,由于 GPS 测量无论是在测量方式上,还是在构网方式上均完全不同于经典控制测量,因而其优化设计的内容也不同于经典优化设计。

1. GPS 测量的特点及优化设计的内容

(1)GPS 测量的特点

GPS 相对定位测量是若干台 GPS 接收机同时对天空卫星进行观测,从而获得接收机间的基线向量。因此,各点之间不需通视。另外,在 GPS 测量中,当整周模糊度确定之后,观测量的权不再随观测时间增长而显著提高,因此,经典控制网观测权的优化设计在 GPS 测量中不再具有显著的意义。

GPS 网是一种非层次结构,可一次扩展到所需的密度。网的精度不受网点所构成的几何图形的影响,即其精度与网中各点的坐标及边与边之间的角度无关,而只与网中各点所发出的基线数目及基线的权阵有关,这可以从 GPS 网的平差数学模型中看出。因此,经典控制网的一类优化设计(网的几何图形设计)在 GPS 网中成为网形结构设计。

经典控制网的必要起算数据包括:一点的坐标(用于网的定位),一条边的方位(用于网的定向),一条边的长度(用于确定网的尺度)。GPS 网的观测量——基线向量本身已包含尺度和方位信息,因此,理论上只需要一个点的坐标对网进行定位。但是考虑到 GPS 观测量的尺度因子受卫星轨道误差影响较大,而且与地面网的尺度因子之间存在匹配问题,往往需提供一些边长基准,但是这并不是必要基准,而是削弱系统误差所采用的措施。

经典控制网中,误差具有累积性,网中各边的相对精度和方位精度不均匀,而 GPS 网中的基线向量均含有长度和方位观测量,不存在误差传递与积累问题。因而,网的精度比较均匀,各边的方位和边长的相对精度基本上在同一数量级。

(2)GPS 网优化设计的内容

GPS 网不同于经典控制网的所有特点,决定了 GPS 网的优化设计不同于经典控制网的优化设计。

从 GPS 测量的特点分析可以看出,GPS 网需要一个点的坐标为定位基准,而此点的精度高低直接影响到网中各基线向量的精度和网的最终精度。同时,由于 GPS 网的尺度含有系统误差以及与地面网的尺度匹配问题,因此有必要提供精度较高的外部尺度基准。

由于 GPS 网的精度与网的几何图形结构无关,且与观测权相关甚小,而影响精度的主要方面是网中各点发出基线的数目及基线的权阵。单国政(1993)提出了 GPS 网形结构强度优化设计的概念,讨论增加的基线数目、时段数、点数对 GPS 网的精度、可靠性、经济效益的影响。同时,经典控制网中的三类优化设计,即网的加密和改进问题,对于 GPS 网来说,也就意味着网中增加一些点和观测基线,故仍可将其归结为对图形结构强度的优化设计。

综上所述,GPS 网的优化设计主要归结为两类内容的设计:

①GPS 网基准的优化设计。

②GPS 网图形结构强度的优化设计,包括:网的精度设计,网的抗粗差能力的可靠性设计,网发现系统差能力的强度设计。

2. GPS 网基准的优化设计

经典控制网的基准优化设计是选择一个外部配置,使得 Q_{XX} 达到一定的要求,而 GPS 网的基准优化设计主要是对坐标未知参数 X 进行设计。基准选取得不同将会对网的精度产生直接影响,其中包括 GPS 网基线向量解中位置基准的选择,以及 GPS 网转换到地方坐标系所需的基准设计。另外,由于 GPS 尺度往往存在系统误差,也应提出对 GPS 尺度基准的优化设计。

(1)GPS 网位置基准的优化设计

研究表明,GPS 基线向量解算中作为位置基准的固定点误差是引起基线误差的一个重要因素,使用测量时获得的单点定位值作为起算坐标,由于其误差可达数十米以上,故选用不同点的单点定位坐标值作为固定点时,引起的基线向量差可达数厘米。因此,必须对网的位置基准进行优化设计。

对位置基准的优化可以采用如下方案:

①若网中点具有较准确的国家坐标系或地方坐标系坐标,可以通过它们所属坐标系与 WGS-84 坐标系的转换参数求得该点的 WGS-84 系坐标,把它作为 GPS 网的固定位置基准。

②若网中某点是 Doppler 点或 SLR 站,由于其定位精度较 GPS 伪距单点定位高得多,可将其联至 GPS 网中作为一点或多点基准。

③若网中无任何其他类已知起算数据时,可将网中一点多次 GPS 观测的伪距坐标作为网的位置基准。

(2)GPS 网的尺度基准优化设计

尽管 GPS 观测量本身已含有尺度信息,但由于 GPS 网的尺度含有系统误差,因此,还需提供外部尺度基准。

GPS 网的尺度系统误差有两个特点:一是随时间变化,由于美国政府的 SA 政策,使广播星历误差大大增加,从而对基线带来较大的尺度误差;二是随区域变化,由区域重力场模型不准确引起的重力摄动所造成。因此,如何有效地降低或消除这种尺度误差,提供可靠的尺度基准就是尺度基准优化问题。其优化有以下两种方案:

①提供外部尺度基准。对于边长小于 50 km 的 GPS 网,可用较高精度的测距仪(10^{-6}或更高)施测 2 ~ 3 条基线边,作为整网的尺度基准,对于大型长基线网,可采用 SLR 站的相对定位观测值和 VLBI 基线作为 GPS 网的尺度基准。

②提供内部尺度基准。在无法提供外部尺度基准的情况下,仍可采用 GPS 观测值作为尺度基准,只是对于作为尺度基准的观测量提出一些不同要求,其尺度基准设计如下(见图 7-6)。

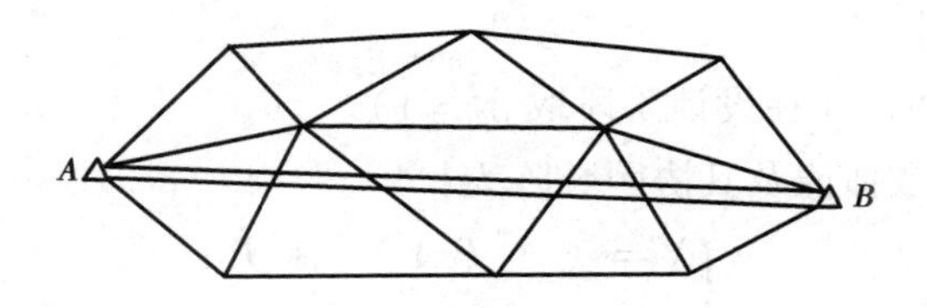

图 7-6　GPS 网尺度基准设计

在网中选一条长基线,对该基线尽可能地长时间(季节、月份、昼夜)多次观测,最后取多次观测所得的基线的平均值,以其边长作为网的尺度基准。由于它是不同时期的平均值,尺度误差可以抵消,其精度要比网中其他短基线高得多。因此,可以作为尺度基准。

3. GPS 网的精度设计

精度是用来衡量网的坐标参数估值受偶然误差影响程度的指标。网的精度设计是根据偶然误差传播规律,按照一定的精度设计方法,分析网中各未知点平差后预期能达到的精度。这也常被称为网的统计强度设计与分析。一般常用坐标的方差—协方差阵来分析,也常用误差椭圆(球)和相对误差椭圆(球)来描述坐标点的精度情况,或用点之间方位、距离和角度的标准差来定义。

对于 GPS 网的精度要求,较为通行的方法是用网中点间距离的误差来表示,其形式为式(7-1)。

国家质量技术监督局 2001 年发布的国家标准《全球定位系统(GPS)测量规范》和建设部 1997 年发布的行业标准《全球定位系统城市测量技术规程》,根据网的不同用途,分别将 GPS 网划分成 6 个和 5 个等级,其相应的精度见表 7-1 和表 7-2。

对于许多大地网、工程控制网仅有点之间距离的相对精度要求还不够,通常以网中各点点位精度,或网的平均点位精度作为表征网精度的特征指标,这种精度指标可由网中点的坐标之方差—协方差阵构成描述精度的纯量精度标准和准则矩阵来实现。纯量精度标准是选择一个描述全网总体精度的一个不变量,做出不同选择时,便构成了不同的纯量精度标准,并用其来建立优化设计的精度目标函数。准则矩阵是将网中点的坐标方差—协方差阵构造成具有理想结构的矩阵,它代表了网的最佳精度分布,具有更细致描述网的精度结构的控制标准。但是对于 GPS 测量,如前所述,GPS 测量精度与网的点位坐标无关,与观测时间无明显的相关性(整周模糊度一旦被确定后),GPS 网平差的法方程只与点间的基线数目有关,且基线向量的 3 个坐标差分量之间又是相关的,因此,很难从数学和实际应用的角度出发,建立使未知数的协因数阵逼近理想的准则矩阵。

目前,较为可行的方法是给出坐标的协因数阵的某种纯量精度标准函数。

设 GPS 网有误差方程:

$$\begin{cases} \underset{3m\times 1}{V} = \underset{3m\times n}{A}\ \underset{n\times 1}{X} + \underset{3m\times 1}{l} \\ D_u = \sigma_0^2 P^{-1} \end{cases} \tag{7-3}$$

式中 l、V ——观测基线向量和改正数向量;

X——坐标未知参数向量;

P——观测值权阵;

σ_0^2——先验方差因子(在设计阶段取 $\sigma_0^2=1$)。

由最小二乘可得参数估值及其协因数阵为:

$$\begin{cases} X = (A^{\mathrm{T}} P A)^{-1} A^{\mathrm{T}} P l \\ Q_x = (A^{\mathrm{T}} P A)^{-1} \end{cases} \tag{7-4}$$

式(7-3)的列立可参阅基线向量网平差。

优化设计中常用的纯量精度标准，根据其由 Q_x 构成的函数形式的不同分为以下4类不同的最优纯量精度标准函数：

①A 最优性标准

$$f = \mathrm{Trace}(Q_x) = \lambda_1 + \lambda_2 + \cdots + \lambda_t \to \min$$

式中　Trace——迹，即主对角线元素之和。

λ_1、λ_2、…、λ_t——Q_x 的非零特征值，即特征方程：

$$|\lambda E - Q_x| = 0$$

的 t 个根。

②D 最优性标准

$$f = \mathrm{Det}(Q_x) = \lambda_1 \cdot \lambda_2 \cdot \cdots \cdot \lambda_t \to \min$$

式中　Det——行列式之值。

③E 最优性标准

$$f = \lambda_{\max} \to \min$$

式中　$\lambda_{\max}$——Q_x 的最大特征值。

④C 最优性标准

$$f = \frac{\lambda_{\max}}{\lambda_{\min}} \to \min$$

在以上4个纯量精度最优性函数标准中，C、D、E 3个标准需要求行列式和特征值，而对于高阶矩阵这些值的计算都是比较困难的，因此，在实际中较少应用，多用于理论研究。相反，A 最优性标准函数求的是 Q_x 的迹，计算简便，避免了特征值的计算，因此，在实际中应用较多。Q_x 可根据设计时接收的 GPS 卫星概略轨道参数（历书文件）、测站的概略位置和设计图中的基线概略值计算，计算公式见式(7-4)。

在实际应用中，还可以根据工程对网的具体要求，将 A 最优性标准变形为：

$$f = \mathrm{Tace}(Q_x) \leqslant C \tag{7-5}$$

4. GPS **网精度设计实例**

对 GPS 进行网形设计，必须考虑精度要求，GPS 网精度设计可按如下步骤进行：

①首先根据布网目的，在图上进行选点，然后到野外踏勘选点，以保证所选点满足本次控制测量任务要求和野外观测应具备的条件，进而在图上获得要施测点位的概略坐标。

②根据本次 GPS 控制测量使用的接收机台数 m，选取 $(m-1)$ 条独立基线设计网的观测图形，并选定网中可能追加施测的基线。

③根据本次控制测量的精度要求，采用解析——模拟方法，依据精度设计模型，计算网可达到的精度数值。

④逐步增减网中独立观测基线，直至精度数值达到网的精度指标，并获得最终网形及施测方案。

例 7-1　对一个由8个点组成的 GPS 模拟网，进行网的精度设计。该8个点的概略大地坐标由图上量出列于表7-5，点位及网形如图7-7所示。

表 7-5　GPS 模拟网坐标值

点　号	纬度/(°)	经度/(°)	大地高/m
1	36.16	112.30	100.00
2	36.11	112.30	80.00
3	36.16	112.34	120.00
4	36.14	112.32	150.00
5	36.14	112.36	120.00
6	36.11	112.34	100.00
7	36.16	112.38	200.00
8	36.11	112.38	110.00

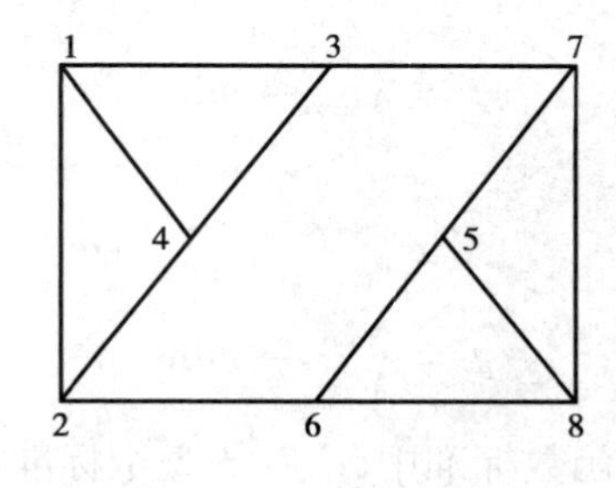

图 7-7　GPS 模拟网

解　在图 7-7 中，独立基线为 1-2，1-3，1-4，2-4，2-6，3-4，3-7，5-6，5-7，5-8，6-8，7-8，共 12 条。

假定单位权方差因子 $\sigma_0^2=1$，以 1 号点作为基准点，设计后的平均点位误差要求为 2.2 cm（即 $C=2.2$ cm）。

设 GPS 接收机测量基线边长、方位和高差的精度为：

项　目	固定误差	比例误差
D(边长)	5 mm	1×10^{-6}
A(方位)	3″	1″
H(高差)	10 mm	2×10^{-6}

根据图 7-7 独立基线构成的 GPS 网形结构，由式(7-4)可求出网的协因数阵 Q_x，再由式(7-5)可求出网的平均协因数值 Trace(Q_x)，进而求出网的平均点位误差 $m^2=\sigma_0^2\cdot\sqrt{\mathrm{Trace}(Q_{xx})}$，为 2.9 cm，未达到设计精度要求。

网中增加新的基线，并重新计算协因数阵及平均点位误差。

增加基线	达到的平均点位误差/cm
4-6	2. 5
3-5	2. 3
4-5	2. 2

由计算结果可看出,只要加测 3-5、4-6 和 4-5 等 3 条基线后,即可达到设计精度要求。因此,最终设计图形及需测的独立基线如图 7-8 所示。图 7-9 描述了 GPS 网的精度设计程序流程。

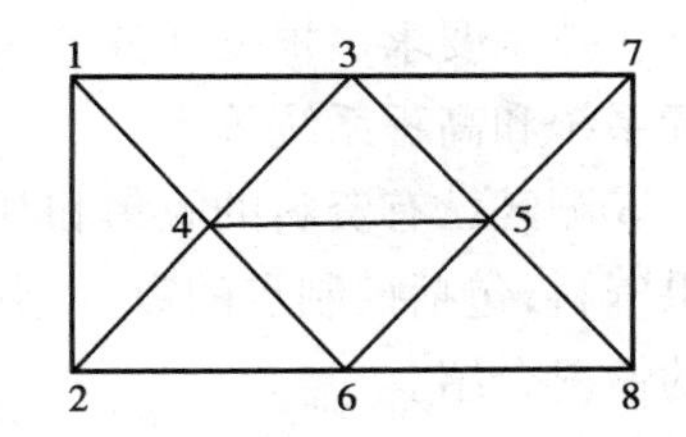

图 7-8　新增基线后的 GPS 模拟网

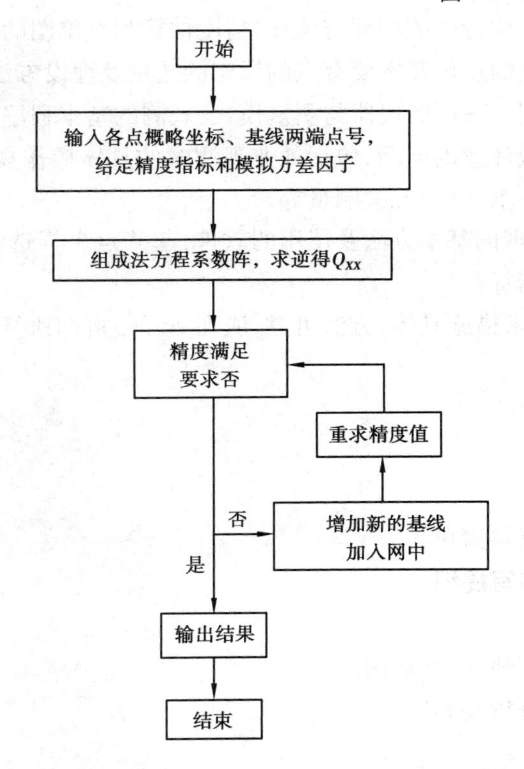

图 7-9　GPS 网的精度设计程序框图

七、技术设计书的编写

1. 设计的意义与内容

测区外业踏勘与资料收集完成后,根据测量任务书或测量合同的要求,按照 GPS 测量的设计原则和方法进行 GPS 控制网设计,并编写相应的技术设计书,用于指导 GPS 的外业观测和数据处理。技术设计书是保证 GPS 测量工作任务圆满完成的一项重要技术文件,其主要内容如下:

①工程概况。包括作为 GPS 控制网服务对象的工程建设项目概况,GPS 测量任务的来源和性质、GPS 网的用途及意义等。

②测区概况。测区的行政隶属、测区范围的地理坐标、控制面积、测区的交通状况和人文地理、测区的地形及气候状况、测区控制点的分布及对控制点的分析、利用和评价。

③作业依据。GPS 网设计、观测和数据处理所依据的测量规范、工程规范、行业标准。

④技术要求。根据任务书或合同的要求或网的用途提具体的精度指标要求、提交成果的坐标系统和高程系统等。

⑤测区已有资料的收集和利用情况。所收集到的测区资料,特别是测区已有的控制点的成果资料,包括控制点的数量、点名、坐标、高程、等级以及所属的系统,点位的保存状况,可利用的情况介绍。

⑥布网方案。在适当比例尺地形图上进行 GPS 网的图上设计,包括 GPS 网的图形、点的数目、连接方式,GPS 网结构特征的测算与统计,精度估算和点位图的绘制。

⑦选点与埋石。GPS 的点位基本要有点的标志的选用及埋设方法,点位的编号等。

⑧GPS 网的外业观测。采用的仪器与测量模式,观测的基本程序与基本要求,观测计划的制订。对数据采集提出应注意的问题,包括外业观测时的具体操作规程、对中整平的精度、天线高的测量方法与精度要求,气象元素测量等。

⑨数据处理:数据处理的基本方法及使用的软件,起算点坐标选择,闭合环和重复基线的检验及点位精度的评定指标。

⑩质量保证措施:要求措施具体,方法可靠,能在实际中贯彻执行。

⑪人员配备情况。

⑫设备配备情况。

⑬作业进度计划。

⑭经费预算。

⑮验收与上交成果资料清单。

2. GPS 网技术设计编写提纲

①工程概况。

②测区概况。附测区地图、交通图。

③已有测量资料的分析及利用。

④作业依据。

⑤精度设计。

⑥基准设计。

⑦图形设计:

a. 图形设计要求及构网说明。

b. 控制网图。

c. 图形强度统计表。

最短基线、最长基线、平均基线长度、同步观测图形及其数目、同步环长度(最长、最短、平均、分段统计数目)、异步环长度(最长、最短、平均、分段统计数目)、重复基线数、重复设站数。

⑧选埋点要求。附标石埋设图。

⑨仪器选择与检验。

⑩作业计划。

⑪观测要求。

⑫数据处理要求。

⑬作业进程表。

⑭经费预算。

⑮上交资料清单。

3. GPS网设计实训

(1)实训名称

GPS控制测量技术设计。

(2)实训时间

实训时间为一周。

(3)实训地点

实训地点在校内。

(4)实训的目的和意义

通过一周时间的GPS控制网的设计训练,达到以下教学目的:

①掌握GPS控制网的设计方法。

②全面复习巩固GPS测量技术课程课堂所学知识。

③理解GPS原理与应用课程与地形测量、测量平差、控制测量等课程之间的关系。

④熟悉现行GPS测量规范规程。

⑤为毕业设计打下良好基础。

GPS控制网设计是建立GPS控制网的一个重要环节,GPS控制网测量的外业选点、埋点、仪器选择与检验、作业计划的制订、外业观测、数据处理、成果报告提交及技术总结编写等后续工作必须遵照设计书进行。因此,GPS控制网设计的优劣将直接影响到GPS控制网的质量,必须认真进行。

(5)GPS控制网设计实训的方法与步骤

设计前必须熟练掌握“控制测量”“GPS原理与应用”等课程的内容,并熟悉《城市测量规范》《全球定位系统城市测量技术规程》《全球定位系统测量规范》《全球定位系统测量型接收机检定规程》等规程规范条款。

①测区踏勘:

通过测区踏勘,达到以下目的:

a. 了解测区的气候、地形、地质、交通、物资供应、行政隶属、民情风俗等情况。

b. 了解测区的强电磁干扰、天空遮挡以及地面和建筑物对电磁波的反射情况。

c. 收集已有的控制点和地形图资料,并了解已知点的保存情况。

d. 了解工程项目情况。

②分析所收集的已有控制点精度情况,初步确定已知点的利用方案。

③选择适合于工程项目的 GPS 测量规范规程。

④精度设计。根据工程项目对测量工作的要求和测区范围的大小,GPS 测量规范规程,确定 GPS 控制网的精度等级。

⑤基准设计。根据工程项目情况、已知点的精度及分布情况、已知点的坐标系统、测区经纬度、测区高程等要素进行 GPS 控制网的基准设计,包括:

a. 起算点的选择。

b. 坐标系统的选择,包括大地坐标系的选择和地球投影方法的选择。

c. 坐标转换参数的确定方法。

d. 尺度基准的确定方法。

e. 方位基准的确定。

⑥图形设计。根据工程要求、测区条件、精度等级和仪器设备情况在适当比例尺地形图上选择 GPS 点并构成 GPS 网,步骤如下:

a. 确定选点要求。

b. 选择适当比例尺地形图。

c. 展绘已知点,根据工程位置选择合适的已知点作为起算点(起算点应均匀分布在以测区中央划分的 4 个象限内)。

d. 由起算点开始,根据选点要求选择合适的 GPS 新点。

e. 确定 GPS 网的基本图形(星形、环形、三角形)。

f. 确定同步图形扩展方式(点连式、边连式、网连式,应考虑重复设站数或重复观测基线数)。

g. 根据⑤、⑥中确定的基本图形和连接方式将控制点连成网形。

⑦选择仪器,确定仪器检验项目及要求。包括仪器标称精度、单/双频、载波相位/码相位、台数、仪器检验项目与检验要求。

⑧确定作业计划的项目及要求。可见卫星数、包括 DOP 的选择与 DOP 限值、作业调度等。

⑨确定实地选点、埋点的方法及要求。包括选点要求及注意事项、遮挡图测绘、点之记填写、点标志制作与埋设要求、上交资料。

⑩观测方法与观测要求。包括时段长度、时段数、卫星截止高度角、采样间隔、对中和整平要求、天线高量取要求、接收机定向要求、手簿记录格式及要求等。

⑪数据处理软件选择。

⑫数据传输要求。

⑬杂项设置要求、坐标系统设置要求。

⑭基线解算。基线解算要求、基线解算后的质量检验项目及限差要求、重测要求。

⑮网平差。不同坐标系中平差、三维/二维平差、约束/无约束平差、质量检验项目及限差要求。

⑯作业进度。

⑰经费预算。

⑱上交资料清单。

(6)实训准备工作

①收集1:1万比例尺地形图。

②借取绘图仪器。

③复习教材与课件。

④借取并熟悉规程规范。

(7)实训要求

①设计必须符合测区实际情况。

②设计必须符合规程规范要求。

③设计格式必须符合学院统一要求。

④设计计算必须正确。

⑤附图插图必须清晰、正确、齐全。

⑥叙述必须清楚,字迹必须工整。

⑦设计必须独立完成,严禁抄袭。

子情境2　GPS网的选点与标石埋设

一、野外选点

进行GPS控制测量,首先应在野外进行控制点的选点与埋设。由于GPS观测是通过接收天空卫星信号实现定位测量,一般不要求观测站之间相互通视。又由于GPS观测精度主要受观测卫星的几何状况的影响,与地面点构成的几何状况无关。因此,网的图形选择也较灵活选点工作较常规控制测量更加简单方便。但由于GPS点位的适当选择,对保证整个测绘工作的顺利进行具有重要的影响。因此,应根据本次控制测量服务的目的、精度、密度要求,在充分收集和了解测区范围、地理情况以及原有控制点的精度、分布和保存情况的基础上,进行GPS点位的选定与布设。在GPS点位的选点工作中,一般应注意:

①点位应依测量目的布设。例如,测绘地形图,点位分布应尽量均匀;道路测量点位应为带状对点;隧道控制点应主要分布在洞口;滑坡监测控制点应沿滑坡主滑线布设。

②应便于和其他测量手段联测和扩展,最好能与相邻1至2个点通视。

③点应选在交通方便、便于到达的地方,便于安置接收设备。视野开阔,测场内周围障碍物的高度角一般应小于15°。

④点位应远离大功率无线电发射源和高压输电线,以避免周围磁场对GPS信号的干扰。

⑤点位附近不应有对电磁波反射强烈的物体,如大面积水域、镜面建筑物等,以减弱多路径效应的影响。

⑥点位应选在地面基础坚固的地方,以便于保存。

⑦应充分利用旧点。

⑧点位选定后,均应按规定绘制点之记和环视图。点之记的主要内容应包括:点位及点位略图,点位交通情况以及选点情况等。环视图也称遮挡图,是反映GPS点周围障碍物对卫星

信号遮挡情况的图件,内容包括障碍物特征点的方位角和高度角。附录 3 中给出了两种形式的环视图。

全部选点工作结束后,还应绘制 GPS 网选点图,并编写选点工作总结。

二、标石埋设

为了 GPS 控制测量成果的长期利用,GPS 控制点一般应设置具有中心标志的标石,以精确标示点位,点位标石和标志必须稳定、坚固,以便点位的长期保存。而对于各种变形监测网,则更应该建立便于长期保存的标志。为了提高 GPS 测量的精度,可埋设带有强制归心装置的观测墩。GPS 网点的标石类型及其使用范围见表 7-6,关于各种标石的构造可参见有关文献和规范。

表 7-6　GPS 标石类型

类　别	基岩标石	基本标石	普通标石
形式	基岩天线墩 基岩标石 一般基岩标石 土层天线墩	岩层天线墩 岩层基本标石 冻土基本标石 沙丘基本标石	一般标石 岩层标石 建筑物上标石
适用级别	AA、A	A 或 B	B ~ E

子情境 3　静态 GPS 接收机

一、Ashtech Locus 静态 GPS 接收机

1. 性能

Ashtech Locus GPS 接收机是美国 Ashtech 公司研制的一体化静态测量型 GPS 接收机,主要用于静态相对定位,也支持“走走停停”测量模式,其外观如图 7-10 所示。

图 7-10　ASHTECH LOCUS 外观

Ashtech Locus 接收机的主要性能指标见表 7-7。

表7-7 Ashtech Locus 主要性能指标

静态精度	平面：5 mm + 1 × 10⁻⁶ 高程：10 mm + 1 × 10⁻⁶
动态精度	平面：12 mm + 2.5 × 10⁻⁶ 高程：15 mm + 2.5 × 10⁻⁶
最大基线长度	20 km
观测时间	15 ~ 60 min
仪器总重	1.1 kg(2号电池) 1.4 kg(1号电池)
工作温度	−10 ~ +60 ℃
存储能力	4 MB
接口	红外无线通信口

2. 主要配置

如图7-11所示，Ashtech Locus 接收机的主要配置如下：

①天线高测量尺。

②天线高测量扩展板。天线高测量尺和天线高测量扩展板用于测量天线斜高，即天线边缘到地面点的斜距。数据处理软件可将天线斜高自动换算为天线的垂直高度。

③红外通信传输装置。用于接收机与计算机通信。

④数据处理光盘。用于内业数据处理。

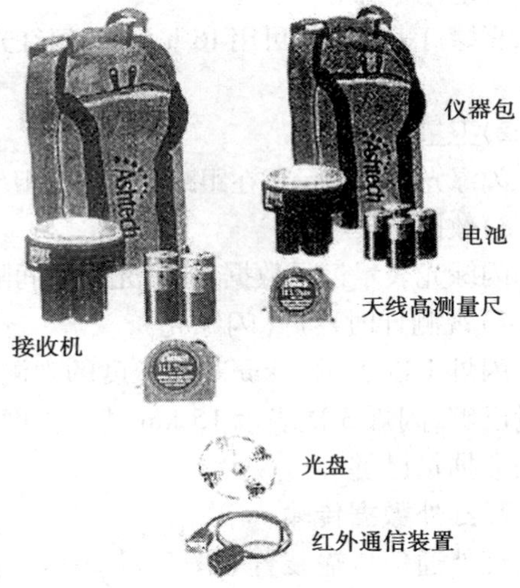

3. 电池安装

从基座上取下接收机，逆时针方向拧开电池盒底部的固定板，按电池盒上标注的正负极装入电池，拧上固定板。

仪器包
电池
天线高测量尺
接收机
光盘
红外通信装置

图7-11 Ashtech Locus 配置

4. 仪器安置

在测点上方张开三脚架，使架头水平，高度适中。用三脚架上的连接螺旋将基座与三脚架连接。按顺时针方向将接收机与基座连接，调整基座方向，使接收机操作面板朝向东方。通过光学对点器和水准器使仪器对中整平。

5. 天线高测量

从仪器包中取出天线高测量扩展板，使其内环缺口与天线顶部凸棱对准，将天线高测量扩展板套入天线顶部，顺时针转一角度，使其卡紧。然后将天线高测量尺零端小孔套入天线高测量板外环缺口处的凸起上，松开钢尺卡紧按钮，将钢尺盒拉到地面点上，使钢尺盒底部的顶尖对准地面点，按下钢尺卡紧按钮，取下钢尺，以尺盒边缘为读数指标，读取钢尺读数，即为天线斜高。此高度自动扣除了钢尺盒尺寸。

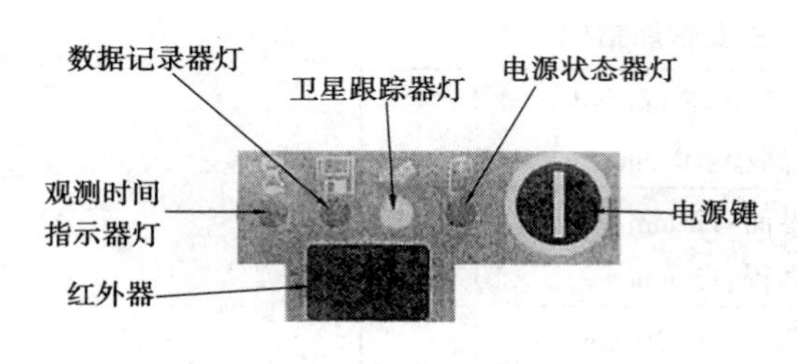

图 7-12　Ashtech Locus 操作面板

6. 操作面板功能

Ashtech Locus 接收机的操作面板如图7-12所示。

(1)电源键

电源键有以下功能:

①开机

在关机状态下按下此键,直到听见两次响声后松开。

②关机

在开机状态下按下此键,直到听见两次响声后松开。

③清除数据

在关机状态下按下此键,持续 6 s 后,当数据记录器灯由闪红光变为持续红光时松开,可清除存储器中的数据。

④初始化

按下此键 10 s,听见再响一声后松开,可清除卫星的测距码记忆。

(2)状态屏

状态屏有 4 个指示灯,能够显示监视观测所需的信息。

1)电源状态灯

亮绿灯表示电量可用 16 h 以上,闪红光表示电量可用 3 ~ 16 h,亮红灯表示电量只能使用 3 h 以下。

2)卫星跟踪器灯

闪绿光次数表示正在跟踪和记录的卫星数,闪红光次数表示正在跟踪但未记录的卫星数。

3)数据记录灯

闪绿光表示记录数据,闪绿光时间间隔表示采样间隔,闪红光表示存储空间不超过 45 min。

4)观测计时器灯(闪绿光)

闪烁 1 次表示 5 km 基线长度的观测数据量已够,闪烁 2 次表示 10 km 基线长度的观测数据量已够,闪烁 3 次表示 15 km 基线长度的观测数据量已够,持续绿灯表示 20 km 基线长度的观测数据量已够。

7. 红外数据传输

红外通信传输装置如图 7-11 所示。白天野外观测结束后,当天晚上将数据传输到计算机并妥善保存。数据传输时,将接收机置于室内计算机附近,遮挡窗户以免卫星信号进入,将接收机开机,红外通信传输装置接口接计算机接口 COM1,红外探测器瞄准接收机红外窗口并调整好方向,通过数据处理软件给出指令,即可对接收机中存储的观测记录数据进行识别、选择,将所需的数据传输到计算机的指定目录中。

二、北极星 9600 型静态 GPS 接收机

1. 性能

北极星 9600 型静态 GPS 接收机是我国测绘仪器公司研制的智能一体化静态测量型 GPS 接收机,主要用于静态相对定定位。其外观如图 7-13 所示。

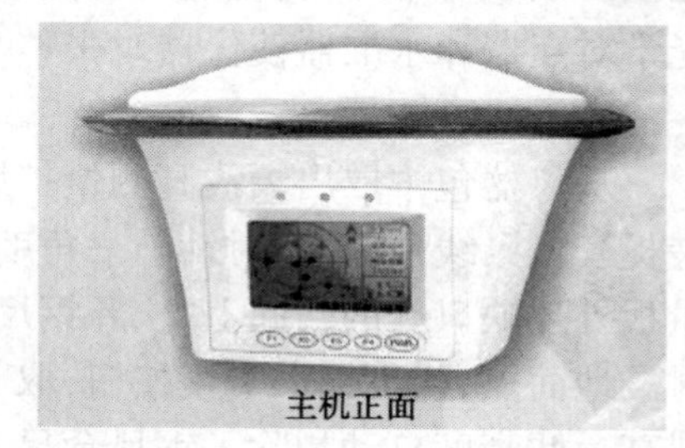

图 7-13　北极星 9600 外观

北极星9600接收机的主要性能指标见表7-8。

表7-8　北极星9600主要性能指标

静态精度	平面:5 mm + 1×10^{-6} 高程:10 mm + 2×10^{-6}
通道数	12
观测时间	45 min
仪器总重	1.5 kg
工作温度	-20 ~ +60 ℃
存储能力	16 MB
接口	红外无线通信口
接口	红外无线通信口

2. 主要配置

北极星9600接收机的主要配制见表7-9。

表7-9　北极星9600主要配置

配置名称	数量	配置类型
9600型GPS接收机(含仪器箱)	1台	标准配置
可充电锂电池	2个	
充电器	1个	
基座及对点器	1套	
数据传输电缆线	1根/套	
《9600型GPS测量系统操作手册》	1本	
三脚架或对中杆	1副	
外接电源电池		选配
电源电缆		
外接充电器		

3. 电池装卸

①打开9600主机背面的电池后盖(见图7-14)。

②将电池后盖打开后取出锂电池(见图7-15),然后用配套充电器充电。

4. 天线高测量

安置好仪器后,用户应在各观测时段的前后,各量测天线高一次,量至毫米。量测时,由标石(或其他标志)或者地面点中心顶端量至天线中部,即天线上部与下部的中缝(见图7-16)。

采用下面公式计算天线高:

$$H = \sqrt{h^2 - R_0^2} + h_0 \tag{7-6}$$

图 7-14　北极星 9600 主机背面

图 7-15　取出电池

式中　h——标石或其他标志中心顶端到天线下沿所量的斜距（即 h 为客户用钢卷尺由地面中心位置量至天线边缘的斜距）；

R_0——天线半径（天线相位中心为准）99 mm；

h_0——天线相位中心至天线中部的距离 13 mm。

所算 H 即为天线高理论计算值。两次量测的结果之差不应超过 3 mm，并取其平均值采用。

特别注意：实际输入仪器天线高时要求输入 h，即用钢卷尺由地面中心位置量至天线边缘的斜距。

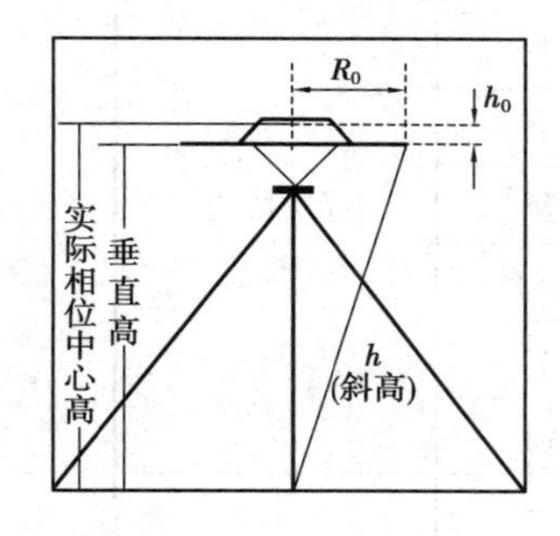

图 7-16　量取天线高示意图

南方测绘
NGS -9600
智能化静态接收机
[智能][手动][节电][08][开关]
F1　F2　F3　F4　PWR

图 7-17　9600 文件系统初始界面

5. 9600 型文件系统与文件界面

使用 PWR 键开机。

（1）初始界面

打开 9600 主机电源后进入程序初始界面，初始界面如图 7-17 所示。

1）初始界面中模式的选择

初始界面有 3 种模式选择：智能模式、手动模式、节电模式；还有一个数字递减窗口，至零后就将进入主界面，若未在智能模式、手动模式、节电模式 3 种方式中选择一种模式，则自动进入默认智能模式主界面，也可按下对应键进入某一模式。

①智能模式

相当于带液晶显示屏的“傻瓜机”采集。在该状态下，9600 可根据采集条件判断满足采集条件后，自动进入采集状态（如 PDOP <6，3D 状态）。在采集数据的同时，可通过液晶显示屏查看卫星星历和分布情况。

②手动模式

在该状态下需要人工判断是否满足采集条件，一般采集条件要求 PDOP <6，定位状态为 3D，在显示屏上看到满足条件后就可输入点号以及时段号，让接收机进入采集状态。

③节电模式

该种模式相当于完全"傻瓜机"采集模式，9600 可根据采集条件判断自动进入采集状态（如 PDOP <6，3D 状态）。在选择这种模式后，液晶显示屏关闭，仅靠指示灯来指示采集状态。

2）指示灯含义

显示屏上方 3 个指示灯依次电源灯、卫星灯、信息灯。

若正在使用 A 电池，则电源灯为绿灯。

若正在使用 B 电池，则电源灯为黄灯。

若 A、B 电池均不足，则电源灯变为红色，此时应更换电池。

未进入 3D 状态时，信息灯每闪烁 n 次红灯，则卫星闪烁一次红灯（n 表示可视的卫星数）进入 3D 状态后，开始记录，此时信息灯闪烁 m 次绿灯，卫星灯闪烁一次绿灯，（m 表示采集间隔，即每隔 m 秒记录一次数据）。

（2）系统界面

选手动或智能模式后进入主界面，如图 7-18 所示。

主界面分以下 3 大部分：

1）卫星分布图

显示天空卫星分布图，锁定的卫星将变黑，只捕捉到而未锁定的可视卫星为白色显示，越是接近内圈中心的卫星高度截止角越高，越远离内圈中心的卫星高度截止角越低。并且卫星几何精度因子值 PDOP 也在该界面下显示，如图 7-18 所示 PDOP 值为 2.3。

2）系统提示框（在任何界面状态，该右项框都会显示）

北京时间：显示当地标准北京时间。

记录时间：显示在采集进入后已记录采集 GPS 星历数据的时间，单位为分：秒，如显示 30:40，表示数据已记录 30 分 40 秒。

剩余容量：表示还有多少内存空间，如显示 14 203 KB，则内存大约还剩余 14 MB。

采用的电源系统及电量显示。如图 7-18 所示，现在使用的电源系统是 B 号电池，电池的容量约为 1/3。

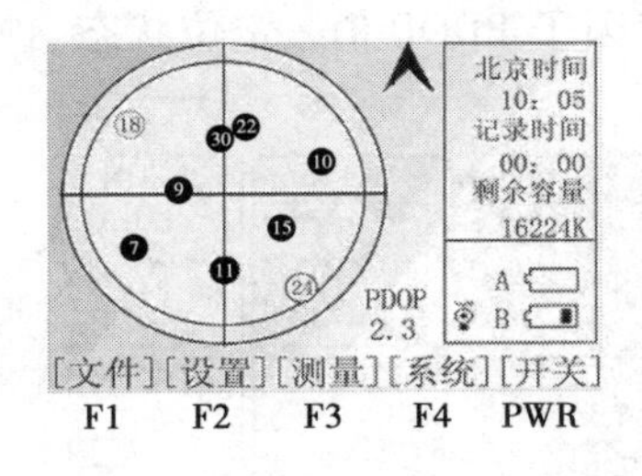

图 7-18　9600 文件系统主界面

点名	开机时间		结束时间
➤ ****	02·08·20	16:50	16:52
****	02·08·20	16:53	18:14
****	02·08·23	09:51	18:14
****	02·08·23	08:53	10:15

文件总数 04　页1

[⇩][⇧][↓][删除][返回]

F1 F2 F3 F4 PWR

图 7-19　9600"文件"子界面

3）功能项

要进行功能项的操作请选择各功能项下面所对应的按键，如要进入"文件"功能的操作则选择 F1 键。

下面将对每个功能进行介绍。

①按 F1 键进入“文件”功能的操作,界面如图7-19 所示。

在文件项里可查看已采集数据的存储情况。文件排序是按照采集时间的先后顺序来排列的,点名为“ **** ”,则是傻瓜采集方式采集的点名默认;开机时间和结束时间分别是 2002 年 8 月 20 日 16 点 50 分和 18 点 14 分。

若是人工方式采集,文件名将显示用户输入的点名。

用 F1 键“⇩”向下翻页(当采集数据太多时需要翻页查看);

用 F2 键“ ⇧”向上翻页(当采集数据太多时需要翻页查看);

用 F3 键“↓”选择每一页当中的某一个文件;

如果要删除某个文件用 F3 键选择(当然要这个数据已经传输到电脑上),黑色光标会指示当前所要操作文件,用 F4 键来删除这个文件;

PWR 键返回主界面。

②按 F2 键进入“设置”功能的操作,界面如图 7-20 所示。

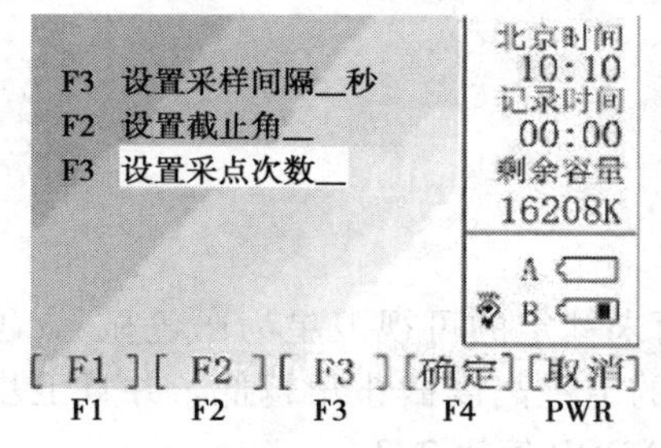

图 7-20　9600“设置”子界面

F1 用于设置采集间隔,出厂时默认为 10,连续按 F1 键, 设置采集间隔值由 1 s 到 60 s 可改(变化间隔为5 s);

F2 设置高度截止角,出厂时默认为 10,连续按 F1 键,设置高度截止角由 0°到 45°可改(变化间隔为 5°);

F3 设置采点次数,次数为 3 次,则表示采 3 个点取一个平均值。

若设置成采样间隔 5 s, 采点次数 3 次,则每一个点上需测 15 s。

F4 键 “确定”以上设置选择好后,要用 F4 键确定,否则退出后还是以前的设置而非当前设置值;

特别注意:同时工作的几台 9600 主机高度截止角、采集间隔最好保证一致,即同样的设置值。

PWR 键“取消”:返回主界面。

③按 F3 键进入“测量”功能的操作,界面如图 7-21 所示。

其功能有状态、卫星、点名(采集)、返回、记录图标 5 个子项:

F1 键“状态”:显示单点定位的经纬度坐标、高程和精度因子 PDOP 值 、定位状态、锁定卫星数目、可视卫星数,如图 7-22 所示。

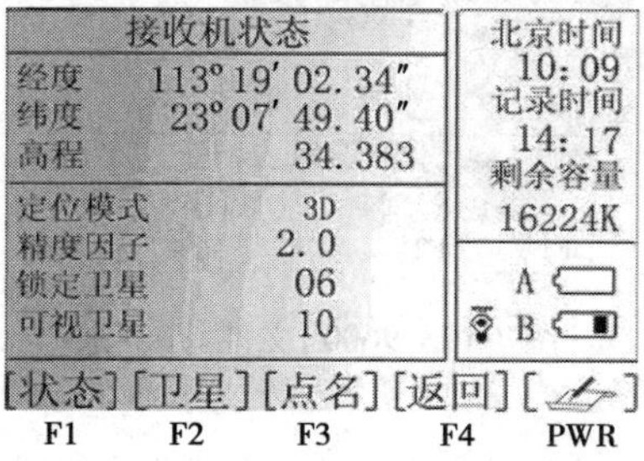

图 7-21　9600“测量”子界面

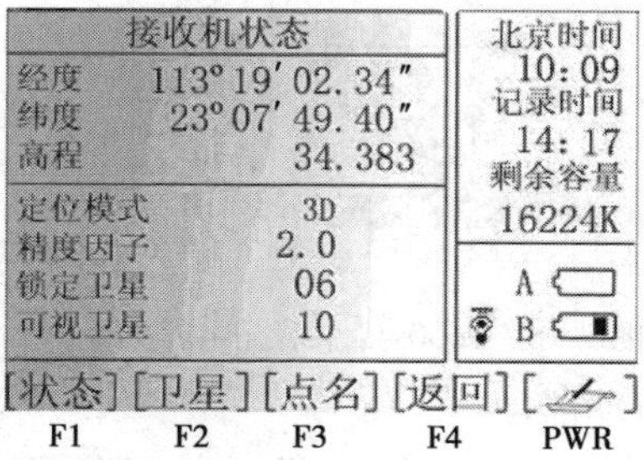

图 7-22　9600“状态”子界面

F2 键“卫星”:显示卫星号和卫星信噪比,如图 7-23 所示。

F3 键“点名”:在智能模式下该项显示(点名),在人工模式下显示(采集),如图 7-24 所示。

在图 7-24 中,用户可以输入测站的相关信息,如测站的点名、测站采集的时段号、测站的天线高。

测站的点名:所架设仪器的点名(点名可以输入 0—9、A—Z 一共 36 个字符)。

时段号:给你采集的控制点取测量时段,要求某一控制点没搬站时,应该取相同的文件名,不同的时段号。例如,某一控制点上架站文件名为 GPS1,时段号取 1,第一个同步时段测完后该站没有搬站,则第二个时段还是取文件名为 GPS1,时段号取 2(时段号只能输 0—9);

天线高:架站时的仪器高(请用卷尺量过后输入,按照天线高输入方法量测),天线高只能输入小于 10 的数字。

ID	高度角	方位角	信噪比
*26	49	21	55
*23	47	24	54
*17	47	328	52
*09	45	165	54
*26	49	21	55
*15	34	324	52
*06	31	233	50
*18	23	305	50
*10	22	75	50
*24	13	309	49
*19	0	0	02

北京时间
10:20
记录时间
00:14
剩余容量
16192K
A
B
[状态][卫星][点名][返回][ ]
F1 F2 F3 F4 PWR

图 7-23　9600“卫星”子界面

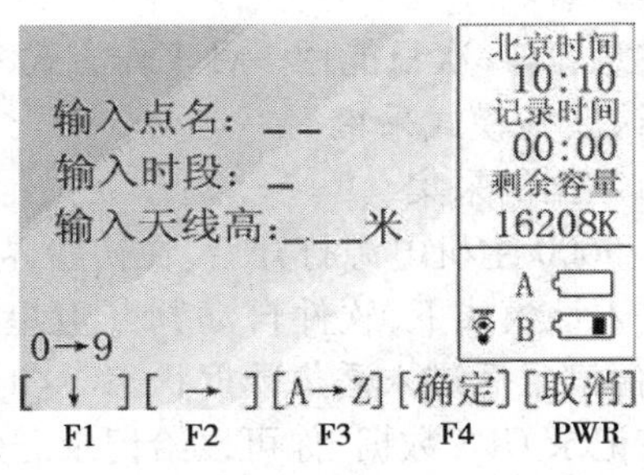

图 7-24　9600“点名”子界面

输入方法介绍:

F1 键用来在字符段下选取某一字符。

F2 键用来移动光标。

连续用 F3 键选择不同的字符段 0—9、A—G、H—N、O—U、V—Z。

下面以点名为 GPS1 为例介绍:

a. 用 F3 键选择 A—G 字符段(上图左下角会有 A—G 显示)。

b. 用 F1 键在 A—G 字符段再选择单个字符 G,第一个字母 G 则被输入。

c. 用 F2 键移动光标。

d. 重复 a ~ c 步,直到 GPS1 输入完成。

e. 然后用 F4 键“确定”。

光标移到“输入时段”,按照以上输入方法输入对应的时段号,F4“确定”。光标移到“天线高”,输入测站的天线高,F4“确定”,返回到主界面。

④ 按 F4 键进入“系统”功能的操作,界面如图 7-25 所示。

F1 键:开/关背光灯。

F2 键:开/关显示。

F3 键:切换到 A 或 B 电池,即在两块锂电池之间切换。

F4 键:返回主界面。

⑤长按 PWR 键关机。

6. 9600 型文件系统野外数据采集

打开主机电源后,初始界面有 3 种采集工作方式选择,可选择其中任何一种工作方式来采

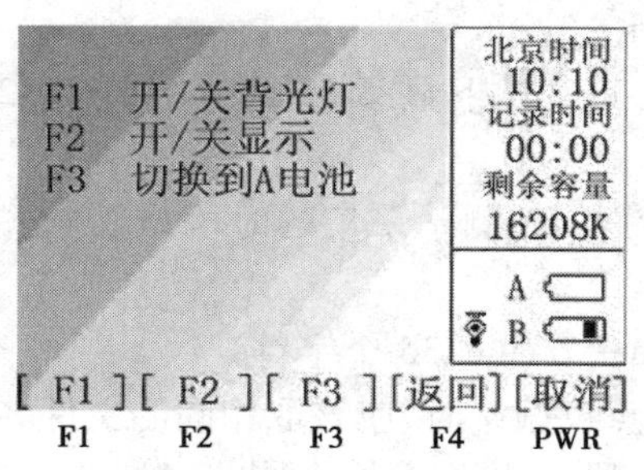

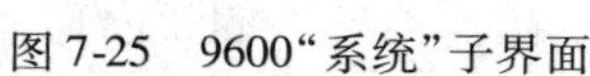

图 7-25 9600“系统”子界面

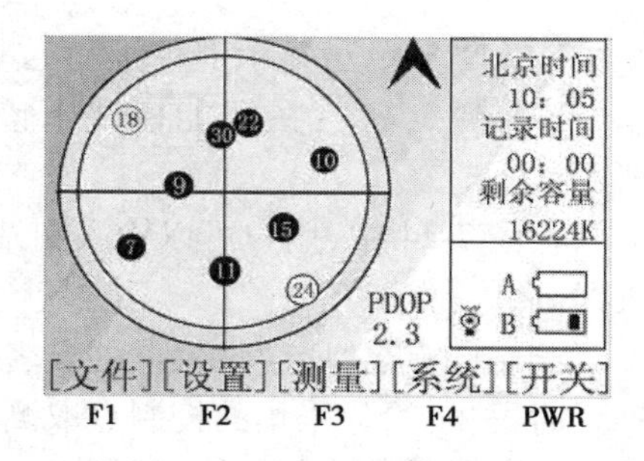

图 7-26 9600“智能模式”界面

集数据;若不进行选择,则延时 10 s 后自动进入默认采集方式“智能模式”。

9600 有 3 种工作方式进行 GPS 数据采集工作,用户可根据实际情况和方便性来选择不同的工作方式。

注意:每一次只能用一种工作方式来采集数据。

(1)智能模式采集

1)数据的采集

在 9600 主机电源打开后,在初始界面下选 F1 键进入“智能模式”,如图 7-26 所示。

进入该模式下,软件自动判断卫星定位状态和 PDOP 值,不必进行任何操作,软件会在 PDOP 值满足后进入采集数据状态,这时在右项框中能看到采集时间在递增,表明 9600 主机已正在记录 GPS 数据,你可以给记录的数据取一个文件名,若不取文件名,软件会默认文件名为“ * * * * ”。文件结构是靠采集时间先后来区分,若想不同名可在数据下载时更改,也可按以下操作更改文件名。

2)给记录的数据取一个文件名

①按 F3 键“测量”进入测量功能界面(可看到接收机状态,单点经纬度坐标,定位状态、精度因子),如图 7-27 所示。

②按 F3 键“点名”进入点名输入功能界面,给正在记录的数据起一个文件名、输入时段号及输入测站天线高,如图 7-28 所示。

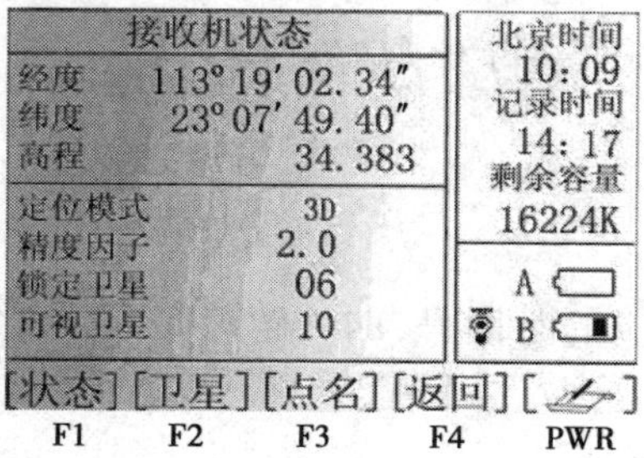

图 7-27 9600“测量”功能界面

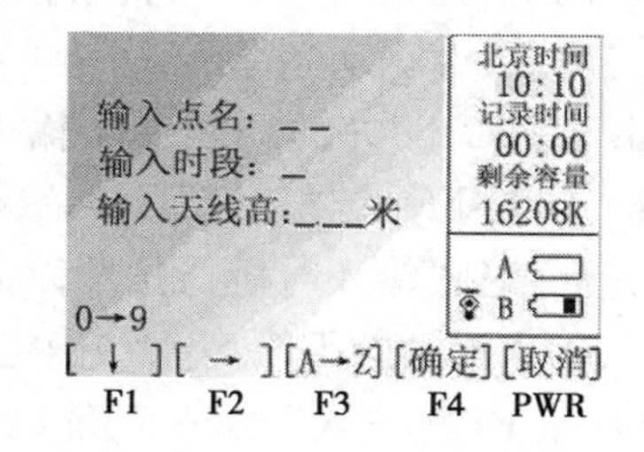

图 7-28 9600“点名”功能界面

3)退出数据记录

①退回到主界面,然后长按 PWR 键关机。

②在任何界面下同时按下 F1 + F4 快捷键关机,即可退出采集,且不会丢失数据。

(2)人工模式采集

1)数据的采集

在 9600 主机电源打开后,在初始界面下选 F2 键进入“人工模式”,如图 7-29 所示。

在该种模式下工作，采集过程不会自动进行，需要人为判断目前接收机状态是否满足采集条件（PDOP <6，定位状态为 3D），当满足条件时，请按下 F3 键“测量”数据采集界面，如图7-30 所示。

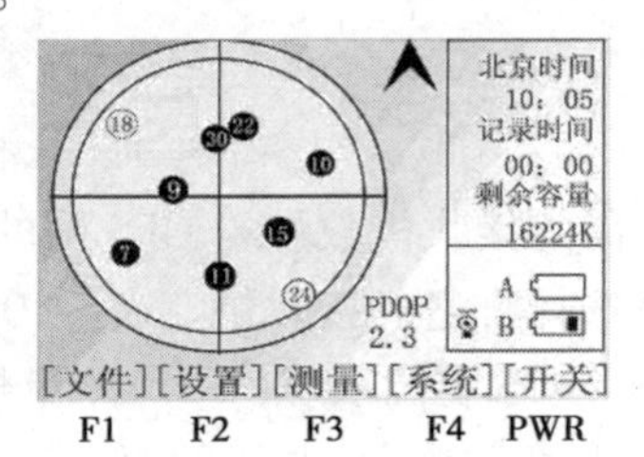

图 7-29　9600“人工模式”界面

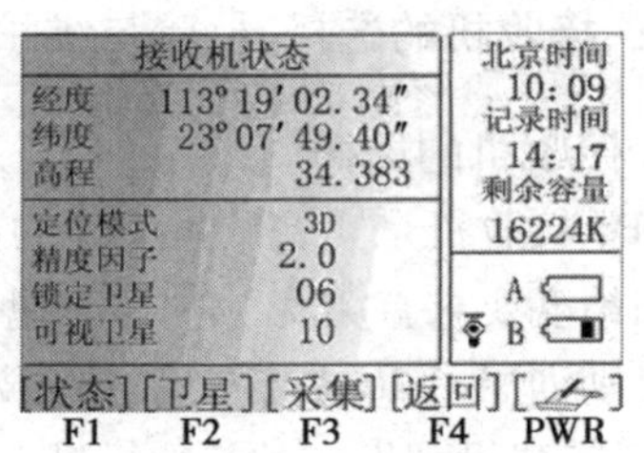

图 7-30　9600“测量”功能界面

2）给记录的数据取一个文件名

当满足条件时，请按下 F3 键“采集”进入文件名输入界面，如图 7-28 所示。输入完文件名、时段号、天线高后，按 F4 键“确定”，接收机就开始记录数据。

3）退出数据记录

操作同“智能模式”。

人工模式与智能模式采集的区别在于：智能模式下接收机已经开始记录数据或正在记录数据，然后给这个正记录的数据起一个文件名。而人工模式下接收机还没有记录数据，在给定文件名后才让接收机采集记录数据。

“智能模式”和“人工模式”的区别：人工模式先取文件名再记录采集数据；智能模式先已自动记录采集数据再取文件名。

（3）节电模式采集

本方式操作简单实用，完全“傻瓜式”操作，进入该方式后，可等采集时间足够时收机搬站。

1）数据的采集

在 9600 主机电源打开后，在初始界面下选 F3 键进入“节电模式”。

当节电模式进入后便自动关闭液晶显示屏，仅靠指示灯来显示卫星状态和采集状态，如图 7-31 所示。

显示屏上方 3 个指示灯依次为电源灯、卫星灯、信息灯。

①电源灯的工作情况

若正在使用 A 电池，则电源灯为绿灯；若正在使用 B 电池，则电源灯为黄灯；若 A、B 电池均不足，则电源灯变为红色，此时应更换电池。

②卫星灯和信息灯的工作情况

未进入 3D 状态时，信息灯每闪烁 n 次红灯，则卫星闪烁一次红灯（n 表示可视的卫星数）；进入 3D 状态后，开始记录，此时信息灯闪烁 m 次绿灯，卫星灯闪烁一次绿灯（m 表示采集间隔，即每隔 m 秒记录一次数据）。

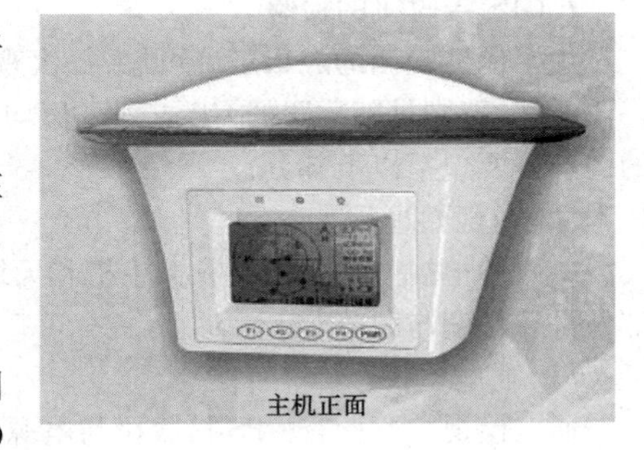

图 7-31　9600 主机正面

节电模式能被任意键激活显示屏而进入智能模式。

2）退出数据记录

在任何界面下同时按下 F1 + F4 快捷键关机，即可退出采集。

“节电模式”的优点：节电模式适合在北方严寒地区使用，以克服液晶显示屏可能在低温情况下无法正常显示的现象。

三、接收机的选择、检验与维护

1. 接收机的选择

GPS 接收机是实施测量工作的关键设备，其性能要求和所需的接收机数量与 GPS 网的布设方案和精度要求有关，工作中可根据情况参照相应的规程规范选择合适的接收机。表 7-10 和表 7-11 分别列出了 2001 年国家质量技术监督局发布的国家标准《全球定位系统（GPS）测量规范》和 1997 年建设部发布的行业标准《全球定位系统城市测量技术规程》中对接收机的要求。

表 7-10　01 规范对接收机的要求

级　别	AA	A	B	C	D、E
单 频 / 双 频	双频/全波长	双频/全波长	双频	双频或单频	双频或单频
观 测 量 至 少 有	L1、L2 载波相位	L1、L2 载波相位	L1、L2 载波相位	L1 载波相位	L1 载波相位
同步观测接收机数	≥5	≥4	≥4	≥3	≥2

表 7-11　97 规程对接收机的要求

等级	二等	三等	四等	一级	二级
接收机	双/单频	双/单频	双/单频	双/单频	双/单频
标称精度，不大于	$10\ mm+2\times10^{-6}D$	$10\ mm+5\times10^{-6}D$	$10\ mm+5\times10^{-6}D$	$10\ mm+5\times10^{-6}D$	$10\ mm+5\times10^{-6}D$
观测量	载波相位	载波相位	载波相位	载波相位	载波相位
同步观测接收机	≥3	≥3	≥2	≥2	≥2

2. GPS 接收机的检验

为了保证观测的成果正确可靠，每次观测前应对 GPS 接收机进行一定的检验，而且每隔一段时间，特别是新购置的 GPS 接收机，均应对 GPS 接收机进行全面检定。接收机全面检定的内容主要包括以下部分：

（1）一般性检视

一般性检视主要检查接收机主机和天线外观是否良好，主机和附件是否齐全、完好，紧固部件是否松动与脱落。

（2）通电检视

通电检视主要检查 GPS 接收机与电源正确连通后，信号灯、按键、显示系统和仪器工作是否正常，开机后自检系统工作是否正常。自检完成后，按操作步骤进行卫星的捕获与跟踪，以检验捕获锁定卫星时间的快慢、接收信号的信噪比及信号失锁情况等。

（3）GPS 接收机内部噪声水平测试

接收机的内部噪声，主要是由于接收机硬件不完善（如钟差、信号通道时延、延迟锁相环误差及机内噪声）所引起，测试方法有零基线测试和超短基线测试两种。

1)零基线测试法

采用如图 7-32 所示的功率分配器,将同一天线接收的 GPS 卫星信号分成功率、相位相同的两路或多路信号,分别送到不同的 GPS 接收机中,然后利用相对定位原理,根据接收机的观测数据解算相应的基线向量,即三维坐标差。

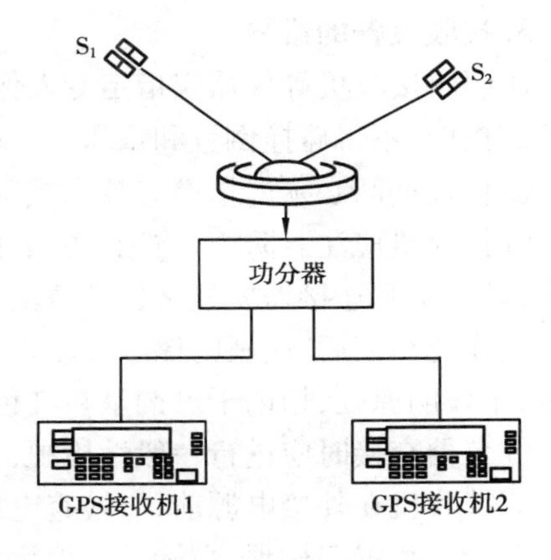

图 7-32　零基线检验

因为这种方法可以消除卫星几何图形、卫星轨道偏差、大气折射误差、天线相位中心偏差、信号多路径效应误差及仪器对中误差等多项影响,故它是检验接收机内部噪声的一种可靠方法。

理论上,所解算的基线向量的三维坐标差应为零,故称为零基线测试法。

测试时要求两台接收机同步接收 4 颗以上的卫星信号 1.5 h,然后交换接收机,再观测一个时段。三维坐标差及其误差应小于 1 mm。在这项检验中,功率分配器的质量对保障接收机内部噪声水平检验的可靠性是极其重要的。

2)超短基线检验法

在地势平坦,对空视野开阔,无强电磁波干扰及地面反射较小的地区,布设长度为 5 ~ 10 m 的基线,将其长度用其他测量仪器精确测得。检验时,两台接收机天线分别安置在此基线的两端,天线应严格对中、整平,天线定向指北,同步观测 1.5 h 解算求得的基线值与已知基线长度之差应小于仪器的固定误差。

由于检验基线很短,故观测数据通过差分处理后,可有效消除各项外界因素影响,因而测量基线与已知基线之差主要反映了接收机的内部噪声水平。

(4)天线相位中心稳定性检验

天线相位中心稳定性,是指天线在不同方位下的实际相位中心位置与厂家提供的天线几何中心位置的一致性。通常采用相对定位法,在超短基线上进行测试。

这一方法的基本步骤为:将 GPS 接收机天线分别安置在超短基线端点上,天线定向指北,经精确对中、整平后,观测 1.5 h。然后固定一个天线不动,将其他天线依次旋 90°、180°、270°,再测 3 个时段。最后再将固定不动的天线,相对其他任意一天线,依次旋转 90°、180°、270°,再测 3 个时段。利用相对定位原理,分别求出各时段基线值,其互差值一般不应超过厂家给出的固定误差的两倍。

(5)GPS 接收机精度指标测试

在已知精确边长的标准检定场上进行此项检验,将需要检定的仪器天线精确安置在已知基线端点,天线对中误差小于 1 mm,天线指向北,天线高量至 1 mm。进行观测后测得的基线值与已知标准基线的较差应小于仪器标称中误差 σ。

另外,应对接收机有关附件进行检验,如:气象仪表(气压表,通风干湿表)的检验,天线底座水准器和光学对中器的检验与校正,电池电容量、电缆及接头是否完好配套,充电器功能的检验,天线高量尺是否完好及尺长精度检验,等等。

GPS 接收机是精密的电子仪器,要根据有关规定定期对一些主要项目进行检验,确保能获取可靠的高精度观测数据。

3. 接收设备的维护

①GPS 接收机等仪器应指定专人保管，不论采用何种运输方式，均要求专人押运，并应采取防震措施，不得碰撞倒置和重压。

②作业期间必须严格遵守技术规定和操作要求，未经允许非作业人员不得擅自操作仪器。

③接收机应注意防震、防潮、防晒、防尘、防蚀、防辐射，电缆线不得扭折，不得在地面拖拉、辗砸，其接头和连接器要经常保持清洁。

④作业结束后，应及时擦净接收机上的水汽和尘埃，及时存放在仪器箱内，仪器箱应置于通风、干燥阴凉处，箱内干燥剂呈粉红色时，应及时更换。

⑤仪器交接时应进行一般性检视（见接收机检验），并填写交接情况记录。

⑥接收机在外接电源前，应检查电压是否正常，电池正负极切勿接反。

⑦当天线置于楼顶、高标及其他设施的顶端作业时，应采取加固措施，雷雨天气时应有避雷设施或停止观测。

⑧接收机在室内存放期间，室内应定期通风，每隔 1 ~ 2 个月应通电检查一次，接收机内电池要保持充满电状态，外接电池应按电池要求按时充电。

⑨严禁拆卸接收机各部件，天线电缆不得擅自切割改装、改换型号或接长。如发生故障，应认真记录并报有关部门，请专业人员维修。

子情境 4　外业观测工作

一、观测工作的基本要求

2001 年国家质量技术监督局发布的国家标准《全球定位系统（GPS）测量规范》和 1997 年建设部发布的行业标准《全球定位系统城市测量技术规程》中对观测工作的基本要求如表7-12 和表 7-13 所示。

表 7-12　01 规范对静态观测工作的基本要求

级　别	AA	A	B	C	D	E
卫星截止高度角/(°)	10	10	15	15	15	15
同时观测有效卫星数	≥4	≥4	≥4	≥4	≥4	≥4
有效观测卫星总数	≥20	≥20	≥9	≥6	≥4	≥4
观测时段数	≥10	≥6	≥4	≥2	≥1.6	≥1.6
时段长度/min	≥720	≥540	≥240	≥60	≥45	≥40
采样间隔/s	30	30	30	10 ~ 30	10 ~ 30	10 ~ 30
时段中任一卫星有效观测时间/min	≥15	≥15	≥15	≥15	≥15	≥15

表 7-13　97 规程对静态观测工作的基本要求

等　级	二等	三等	四等	一级	二级
卫星高度角/(°)	≥15	≥15	≥15	≥15	≥15
有效观测卫星数	≥4	≥4	≥4	≥4	≥4
平均重复设站数	≥2	≥2	≥1.6	≥1.6	≥1.6
时段长度/min	≥90	≥60	≥45	≥45	≥45
采样间隔/s	10～60	10～60	10～60	10～60	10～60

二、GPS 卫星预报与观测调度计划

GPS 野外观测工作主要是接收 GPS 卫星信号数据，GPS 观测精度与所接收信号的卫星几何分布及所观测的卫星数目密切相关，而作业的效率与所选用的接收机的数目、观测的时间、观测的顺序密切相关。因此，在进行 GPS 外业观测之前要拟定观测调度计划，这对于保证观测工作的顺利完成、保障观测成果的精度及提高作业效率是极其重要的。

制订观测计划前，首先进行可见 GPS 卫星预报，预报可利用厂家提供的商用软件，输入近期的概略星历（不超过 30 天）和测区的概略坐标及其观测时间，可获得如图 7-33 所示的可见 GPS 卫星数和 PDOP（空间位置精度因子）变化图。

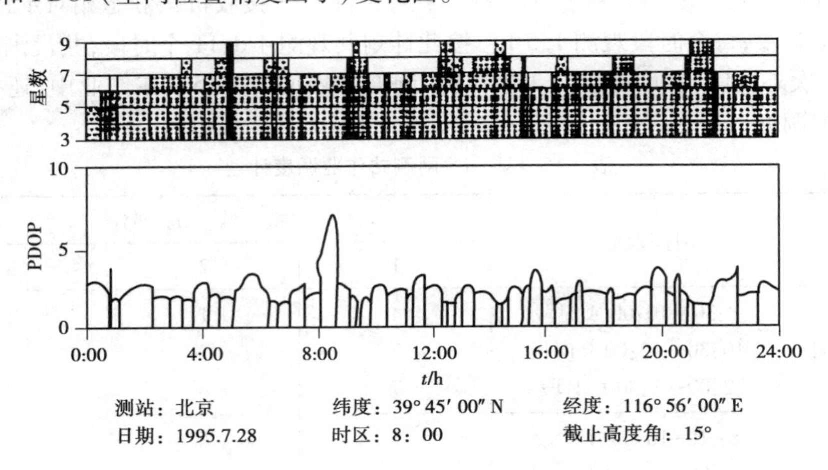

图 7-33　可见卫星数和 PDOP 变化图

由图 7-33 可见，全天任何时候，均可至少同时观测到 5 颗卫星，并且高度角均大于 15°，而卫星的几何图形强度 PDOP 随时间不同而变化，在 8:00—9:00 期间，PDOP 值接近 8。PDOP 的大小直接影响到观测精度，无论是绝对定位或相对定位，其值均不应超过一定要求。表 7-14 列出国家测绘局 1992 年发布的《全球定位系统（GPS）测量规范》中不同精度等级的网观测时 PDOP 值的限值。由表中可知，当进行 A、B、C 等级网观测时，对应图 7-33 的例子而言，应避开 8:00—9:00 这一时间段。可根据卫星预报，选择最佳观测时段。

表 7-14　PDOP 的限值

网的精度级别	AA	A	B	C	D	E
PDOP 限值	≤4	≤4	≤6	≤8	≤10	≤10

建设部“97 规程”建议 PDOP 值应小于 6。国家质量技术监督局 2001 年发布的国家标准《全球定位系统(GPS)测量规范》对 PDOP 值未作规定。

最佳观测时间确定后,还应在观测之前根据 GPS 网的点位、交通条件编制观测调度计划,按计划对各作业组进行调度。

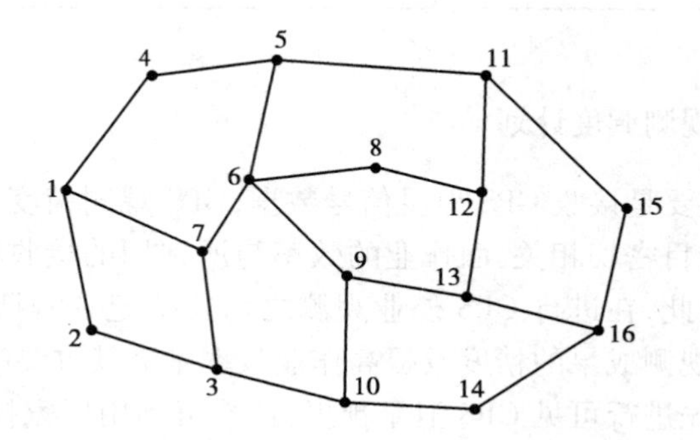

图 7-34　某市 GPS 网设计图

例如,对图 7-34 中某 GPS 网进行观测。采用 3 台 GPS 接收机按静态相对定位模式作业,每天观测 3 个时段,每个时段观测 1.5 h。按此计划共观测 4 d,11 个时段,共设测站 33 个,除 6 号点设站 3 次外,其余各点都设站 2 次,具体调度计划见表 7-15。在作业中,还可根据实际情况适当调整调度计划。

表 7-15　某 GPS 网测站作业调度计划

日　期	时间及时段	接　收　机　号		
		1	2	3
9 月 1 日	8:30—10:00 A 时段	4	1	2
	10:30—12:00 B 时段	7	3	2
	2:00—3:30 C 时段	7	6	1
9 月 2 日	8:30—10:00 A 时段	5	6	4
	11:00—12:30 B 时段	9	6	8
	2:30—4:00 C 时段	9	10	13
9 月 3 日	9:00—10:30 A 时段	3	10	14
	1:30—3:00 B 时段	16	15	14
	4:00—5:30 C 时段	16	12	13
9 月 4 日	8:30—10:00 A 时段	11	12	8
	1:00—2:30 B 时段	11	15	5
	3:30—5:00 C 时段	9	10	13

三、GPS 外业观测工作

外业观测工作包括天线安置、观测作业、观测记录和观测数据检查等。

1. 天线安置

天线精确安置是实现精确定位的重要条件之一，因此要求天线尽量利用三脚架安置在标志中心的垂线方向上直接对中观测。一般最好不要进行偏心观测。对于有观测墩的强制对中点，应将天线直接强制对中到中心。

对天线进行整平，使基座上的圆水准气泡居中。天线定向标志线指向正北。定向误差不大于 ±5°。

天线安置后，应在各观测时段前后，各量测天线高一次。两次测量结果之差不应超过 3 mm，并取其平均值。

天线高指的是天线相位中心至地面标志中心之间的垂直距离，而天线相位中心至天线底面之间的距离在天线内部无法直接测定。由于其是一个固定常数，通常由厂家直接给出，天线底面至地面标志中心的高度可直接测定，两部分之和为天线高。

对于有觇标、钢标的标志点，安置天线时应将觇标顶部拆除，以防止 GPS 信号的遮挡，也可采用偏心观测，归心元素应精确测定。

2. 观测作业

GPS 定位观测主要是利用接收机跟踪接收卫星信号，储存信号数据，并通过对信号数据的处理获得定位信息。

利用 GPS 接收机作业的具体操作步骤和方法，随接收机的类型和作业模式不同而有所差异。总体而言，GPS 接收机作业的自动化程度很高，随着其设备软硬件的不断改善发展，性能和自动化程度将进一步提高，需要人工干预的地方越来越少，作业将变得越来越简单。尽管如此，作业时仍需注意以下问题：

①首先使用某种接收机前，应认真阅读操作手册，作业时应严格按操作要求进行。

②在启动接收机之前，首先应通过电缆将外接电源和天线连接到接收机专门接口上，并确认各项连接准确无误。

③为确保在同一时间段内获得相同卫星的信号数据，各接收机应按观测计划规定的时间作业，且各接收机应具有相同获取信号数据的时间间隔（采样间隔）。

④接收机跟踪锁住卫星，开始记录数据后，如果能够查看，作业员应注意查看有关观测卫星数量、相位测量残差、实时定位结果及其变化和存储介质的记录情况。

⑤在一个观测时段中，一般不得关闭并重新启动接收机；不准改变卫星高度角限值、数据采样间隔及天线高的参数值。

⑥在出测前应认真检查电源电量是否饱满，作业时应注意供电情况，一旦听到低电压报警要及时更换电池，否则可能会造成观测数据被破坏或丢失。

⑦在进行长距离或高精度 GPS 测量时，应在观测前后测量气象元素，如观测时间长，还应在观测中间加测气象元素。

⑧每日观测结束后，应及时将接收机内存中的数据传输到计算机中，并保存在软、硬盘中，同时还需检查数据是否正确完整，当确定数据无误地记录保存后，应及时清除接收机内存中的数据以确保下次观测数据的记录有足够的存储空间。

3. 观测记录

GPS 接收机获取的卫星信号由接收机内置的存储介质记录，其中包括：载波相位观测值及相应的观测历元，伪距观测值，相应的 GPS 时间、GPS 卫星星历及卫星钟差参数，测站信息及单点定位近似坐标值。

表 7-16　GPS 测量记录格式

<table>
<tr><td colspan="2">点　号</td><td></td><td>点　名</td><td></td><td>图　幅</td><td></td></tr>
<tr><td colspan="2">观测员</td><td></td><td>记录员</td><td></td><td>观测月日/年积日</td><td></td></tr>
<tr><td colspan="2">接收设备</td><td></td><td>天气状况</td><td></td><td>近似位置</td><td></td></tr>
<tr><td colspan="2">接收机类型及号码</td><td></td><td>天气</td><td></td><td>纬度</td><td></td></tr>
<tr><td colspan="2">天线号码</td><td></td><td>风向</td><td></td><td>经度</td><td></td></tr>
<tr><td colspan="2">存储介质编号</td><td></td><td>风力</td><td></td><td>高程</td><td></td></tr>
<tr><td colspan="2" rowspan="4">天线高 /m</td><td>测前</td><td></td><td rowspan="2">观测时间</td><td>开始记录</td><td></td></tr>
<tr><td>测后</td><td></td><td>结束记录</td><td></td></tr>
<tr><td rowspan="2">平均值</td><td rowspan="2"></td><td colspan="2">总时段序号</td><td></td></tr>
<tr><td colspan="2">日时段序号</td><td></td></tr>
<tr><td colspan="4">气象元素</td><td colspan="3">观测记事</td></tr>
<tr><td>时　间</td><td>气 压/Pa</td><td>干温/℃</td><td>湿温/℃</td><td colspan="3" rowspan="5"></td></tr>
<tr><td></td><td></td><td></td><td></td></tr>
<tr><td></td><td></td><td></td><td></td></tr>
<tr><td></td><td></td><td></td><td></td></tr>
<tr><td></td><td></td><td></td><td></td></tr>
</table>

在观测场所，观测者还应填写观测手簿，其记录格式和内容见表 7-16。对于测站间距离小于 10 km 的边长，可不必记录气象元素。为保证记录的准确性，必须在作业过程中及时填写，不得测后补记。

四、外业数据预处理、质量检核与外业返工

1. 数据预处理

GPS 数据预处理的目的是：对数据进行平滑滤波检验、剔除粗差；统一数据文件格式，并将各类数据文件加工成标准化文件（如 GPS 卫星轨道方程的标准化，卫星时钟钟差标准化，观测值文件标准化等）；找出整周跳变点并进行修复；对观测值进行各种模型改正。为进一步的平差计算做准备。数据预处理的基本内容如下：

①数据传输。将 GPS 接收机记录的观测数据传输到磁盘或其他介质上。

②手簿输入。将外业记录手簿中的点名、点号、天线高等信息输入到数据处理软件中。

③数据分流。从原始记录中，通过解码将各种数据分类，剔除无效观测值和冗余信息，形成各种数据文件，如星历文件、观测数据文件、测站信息文件等。这项工作往往是由接收机或

数据处理软件自动完成的。

④统一文件格式。将不同类型接收机的数据记录格式、项目和采样间隔,统一为标准化的文件格式,以便统一处理。

⑤卫星轨道的标准化。采用多项式拟合法、平滑GPS卫星每小时发送的轨道参数,使观测时段的卫星轨道标准化。

⑥探测周跳、修复载波相位观测值。

⑦对观测值进行必要改正。

在GPS观测值中加入对流层改正,单频接收机的观测值加入电离层改正。

基线向量解算一般是将多测站、多时段的观测数据一并解算,通常选择自动处理的方式进行。具体处理中应注意以下5个问题:

a.白天的野外观测数据的基线解算应在当天晚上进行,以便对不合格的基线进行返工。

b.基线解算一般采用双差相位观测值,对于边长超过30 km的基线,解算时也可采用三差相位观测值。

c.基线解算中需输入一个起算点坐标,对该起算点应按以下优先顺序选择:

国家GPS A、B级网控制点或其他高等级GPS网控制点的已有WGS-84系坐标。

国家或城市较高等级控制点转换到WGS-84系后的坐标值。

观测时间不少于30 min的单点定位结果的平差值提供的WGS-84系坐标。

d.同一精度等级的GPS网,根据基线长度不同,可采用不同的数据处理模式。但是0.8 km以内的基线须采用双差固定解。30 km以内的基线,可在双差固定解和双差浮点解中选择最优结果。30 km以上的基线,可采用三差解作为基线解算的最终结果。

e.对于同步观测时间短于30 min的基线,必须采用合格的双差固定解作为基线解算的最终结果。

2.观测成果的外业检核

对野外观测资料首先要进行复查,内容包括:成果是否符合调度命令和规范要求,所得的观测数据质量分析是否符合实际。然后进行下列项目的检查:

(1)每个时段同步观测数据的检核

①数据剔除率。剔除的观测值个数与应获得的观测值个数的比值称为数据剔除率。同一时段的数据剔除率应小于10%。

②采用单基线处理模式时,对于采用同一种数学模型的基线,其同步时段中任一三边同步环的坐标分量相对闭合差和全长相对闭合差不得超过表7-17所列限差。

表7-17　同步环坐标分量及环线全长相对闭合差限差

等　级	二等	三等	四等	一级	二级
坐标分量相对闭合差/10^{-6}	2.0	3.0	6.0	9.0	9.0
环线全长相对闭合差/10^{-6}	3.0	5.0	10.0	15.0	15.0

(2)重复基线检查

同一条基线进行了多次观测,可得多个基线向量值。这种具有多个独立观测结果的基线称为重复基线。对于重复基线的任意两个时段的成果互差,不得超过$2\sqrt{2}\sigma$。其中,σ是按相应精度等级的平均基线长度计算的基线长度中误差(见式(7-1))。

(3)异步环检验

无论采用单基线模式或多基线模式解算基线,都应在整个 GPS 网中选取一组完全的独立基线构成独立环,各独立环的坐标分量闭合差和全长闭合差应符合下式的规定:

$$\begin{cases} w_x = 2\sqrt{n}\sigma \\ w_y = 2\sqrt{n}\sigma \\ w_z = 2\sqrt{n}\sigma \\ w = 2\sqrt{3n}\sigma \end{cases} \tag{7-7}$$

当发现同步环、异步环和重复基线闭合差超限时,应分析原因并对其中部分或全部成果重测,而需要重测的基线,应尽量安排在一起进行同步观测。

3. 外业返工

对经过检核超限的基线在充分分析基础上,进行野外返工观测。基线返工应注意以下 3 个问题:

①无论何种原因造成一个控制点不能与两条合格独立基线相联结,则在该点上应补测或重测不少于一条独立基线。

②可以舍弃在重复基线检验、同步环检验、异步环检验中超限的基线,但必须保证舍弃基线后的独立环所含基线数,不得超过表 7-4 的规定,否则,应重测该基线或者有关的同步图形。

③由于点位不符合 GPS 测量要求而造成一个测站多次重测仍不能满足各项限差规定时,可按技术设计要求另增选新点进行重测。

【技能实训 3】 GPS 外业观测工作实训

1. 实训名称、时间、地点

实训名称:GPS 外业观测工作实训。

实训时间:4 学时。

实训地点:GPS 实训基地。

2. 实训仪器

每组:Ashtech Locus 静态接收机 3 台或北极星 9600 静态接收机 3 台。记录手簿 3 张,铅笔 1 支。1 号电池 12 节。

3. 实训组织与形式

分组进行,每组 6 人。各组独立进行实训。

4. 实训内容

①熟悉接收机各部件的名称和作用。

②对中整平,量取天线高。

③开机。

④观察卫星跟踪、数据量、采样间隔及电源等信息。

⑤外业记录。

⑥关机。

5. 实习要求

①必须熟练掌握 ASHTECH 接收机和北极星 9600 接收机的外业观测方法。

②应采集 50 min 以上的数据量。

6. 实训方法

①装电池。必须使用 1#或 2#碱性电池。

②对中整平。采用光学对中。

③量取天线高：

a. 将天线高测量扩展板置于天线之上。

b. 用天线高测量尺量取天线测量扩展板边缘至地面点的斜高。

④开机。按下电源开关持续 2 s。

⑤记录点名、仪器号、卫星数、数据量、开始时间及结束时间（记录格式见表 7-18）。

⑥关机。

表 7-18　GPS 野外测量记录表

GPS 外业观测手簿

第　　页

GPS 外业观测手簿
观测者：________日 期________年________月________日 测站名：____________测站号：________等级：________ 天气：________
接收机号：________天线高：1：________ 2：________ 开始时间________结束时间________
观测状况记录 电池________ 跟踪卫星________ 接收卫星________ 采样间隔________ 观测时间指示器________
本点为：□新建________等 GPS 点 □________等 GPS 旧点 □________等三角点 □________水准点

子情境 5　GPS 测量的数据处理

一、数据处理流程

GPS 接收机采集记录的是 GPS 接收机天线至卫星的伪距、载波相位和卫星星历等数据。如果采样间隔为 15 s，则每 15 s 记录一组观测值，一台接收机连续观测 1 h 将有 240 组观测值。观测值中包含对 4 颗以上卫星的观测数据以及地面气象观测数据等。GPS 数据处理就是从原始观测值出发得到最终的测量定位成果，其数据处理过程大致可划分为数据传输、格式转换（可选）、基线解算和网平差以及 GPS 网与地面网联合平差等 4 个阶段。GPS 测量数据处理的流程如图 7-35 所示。

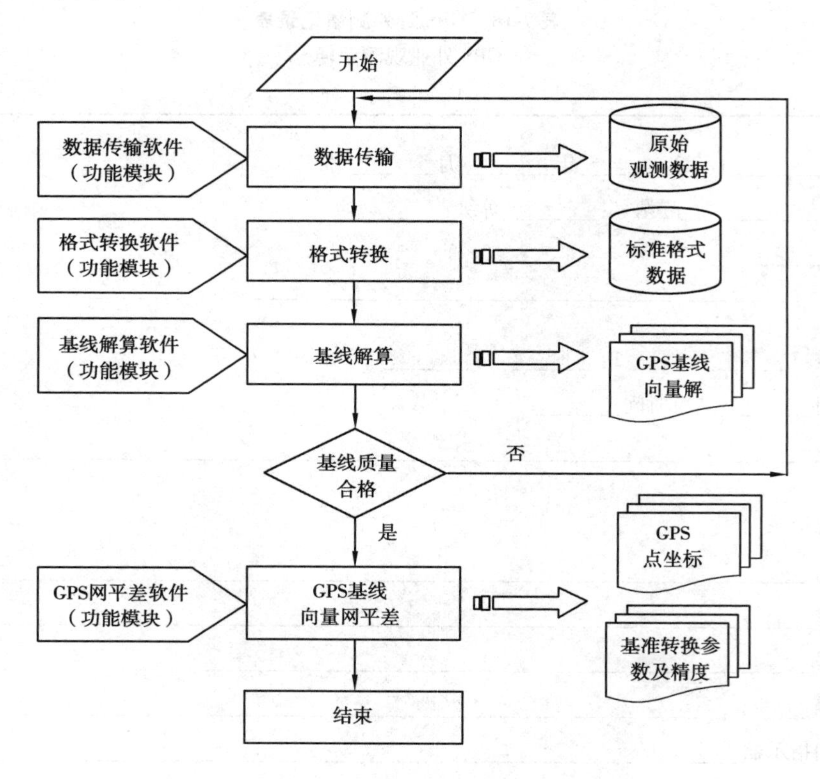

图 7-35　数据处理流程

本子情境重点介绍基线解算、网平差计算和 GPS 高程计算的原理和方法，而不涉及软件操作。

二、基线解算

1. 基线解算的基本原理

在学习情境 5 中学习了相对定位原理及单差、双差和三差模型。本子情境重点介绍利用双差观测值求解基线向量的方法。

(1)双差观测方程与误差方程

设在测站 1、2 同时对卫星 k、j 进行了载波相位测量,则双差观测值模型为:

$$\begin{aligned} DD_{12}^{kj}(t_i) &= \varphi_2^j(t_i) - \varphi_1^j(t_i) - \varphi_2^k(t_i) + \varphi_1^k(t_i) \\ &= -\frac{f}{c}(\Delta\rho_{12}^j - \delta\rho_2^j + \delta\rho_1^j) + \frac{f}{c}(\Delta\rho_{12}^k - \delta\rho_2^k + \delta\rho_1^k) + N_{12}^{kj} \end{aligned} \tag{7-8}$$

利用向量计算方法,对上式进行整理并线性化,可写出误差方程的最终形式:

$$V_{12}^{kj}(t_i) = a_{12}^{jk}\delta x_{12} + b_{12}^{jk}\delta y_{12} + c_{12}^{jk}\delta z_{12} + \delta N_{12}^{kj} + W_{12}^{kj} \tag{7-9}$$

式中

$$\begin{cases} a_{12}^{jk} = \dfrac{f}{2c}\left(\dfrac{\Delta x_1^k}{\rho_1^k} + \dfrac{\Delta x_2^k}{\rho_2^k} - \dfrac{\Delta x_1^j}{\rho_1^j} - \dfrac{\Delta x_2^j}{\rho_1^j}\right) \\ b_{12}^{jk} = \dfrac{f}{2c}\left(\dfrac{\Delta y_1^k}{\rho_1^k} + \dfrac{\Delta y_2^k}{\rho_2^k} - \dfrac{\Delta y_1^j}{\rho_1^j} - \dfrac{\Delta y_2^j}{\rho_1^j}\right) \\ c_{12}^{jk} = \dfrac{f}{2c}\left(\dfrac{\Delta z_1^k}{\rho_1^k} + \dfrac{\Delta z_2^k}{\rho_2^k} - \dfrac{\Delta z_1^j}{\rho_1^j} - \dfrac{\Delta z_2^j}{\rho_1^j}\right) \\ W_{12}^{kj} = a_{12}^{jk}\Delta x_{12}^0 + b_{12}^{jk}\Delta y_{12}^0 + c_{12}^{jk}\Delta z_{12}^0 + (N_{12}^{kj})^0 + \Delta_{12}^{kj} - DD_{12}^{kj} \end{cases} \tag{7-10}$$

式中,卫星 k、j 在选择 $k=1$ 的卫星为参考时,$j=2,3,4,\cdots$,对于 $k=1,j=2$;$k=1,j=3,\cdots$,其双差观测值方程可仿照式(7-9)、式(7-10)写出。对不同观测历元,可分别列出类似的一组误差方程。

(2)法方程的组成与解算

在 t_i 历元,在 1、2 测站上观测了 k 个卫星,可列出 $k-1$ 个误差方程。如在 1、2 测站上连续观测 m 个历元,则共有 $n=m(k-1)$ 个误差方程。

将所有误差方程写成矩阵形式:

$$\boldsymbol{V} = \boldsymbol{AX} + \boldsymbol{L} \tag{7-11}$$

式中

$$\boldsymbol{V} = (V_1, V_2, \cdots, V_n)^{\mathrm{T}}$$

$$\boldsymbol{X} = (\delta X, \delta Y, \delta Z, \delta N_1, \delta N_2, \cdots, \delta N_{k-1})^{\mathrm{T}}$$

$$\boldsymbol{L} = (W_1, W_2, \cdots, W_n)^{\mathrm{T}}$$

$$\boldsymbol{A} = \begin{bmatrix} a_{11} & a_{12} & a_{13} & 1 & 0 & \cdots & 0 \\ a_{21} & a_{22} & a_{23} & 1 & 0 & \cdots & 0 \\ \vdots & \vdots & \vdots & \vdots & \vdots & & \vdots \\ a_{j1} & a_{j2} & a_{j3} & 1 & 0 & \cdots & 1 \\ \vdots & \vdots & \vdots & \vdots & \vdots & & \vdots \\ a_{n-j,1} & a_{n-j,2} & a_{n-j,3} & 0 & 0 & \cdots & 1 \\ \vdots & \vdots & \vdots & \vdots & \vdots & & \vdots \\ a_{n-1,1} & a_{n-1,2} & a_{n-1,3} & 0 & 0 & \cdots & 1 \\ a_{n1} & a_{n2} & a_{n3} & 0 & 0 & \cdots & 1 \end{bmatrix} \begin{matrix} \left.\begin{matrix} \\ \\ \\ \\ \end{matrix}\right\} \text{第 1 对卫星} \\ \\ \left.\begin{matrix} \\ \\ \\ \\ \end{matrix}\right\} \text{第 } k-1 \text{ 对卫星} \end{matrix}$$

由误差方程组成法方程:

$$\boldsymbol{A}^{\mathrm{T}}\boldsymbol{AX} + \boldsymbol{A}^{\mathrm{T}}\boldsymbol{L} = 0 \tag{7-12}$$

解此式可得 X：

$$\boldsymbol{X} = (\boldsymbol{A}^{\mathrm{T}}\boldsymbol{A})^{-1}(\boldsymbol{A}^{\mathrm{T}}\boldsymbol{L}) \tag{7-13}$$

基线向量坐标平差值和整周未知数平差值分别为：

$$\begin{cases}\Delta x_{12} = \Delta x_{12}^{0} + \delta x_{12} \\ \Delta y_{12} = \Delta y_{12}^{0} + \delta y_{12} \\ \Delta z_{12} = \Delta z_{12}^{0} + \delta z_{12}\end{cases} \tag{7-14}$$

$$N_i = N_i^0 + \delta N_i \qquad (i = 1,2,\cdots,k-1) \tag{7-15}$$

若已知 1 点坐标，可求得 2 点坐标为：

$$\begin{cases}x_2 = x_1 + \Delta x_{12} + \delta x_{12} \\ y_2 = y_1 + \Delta y_{12} + \delta y_{12} \\ z_2 = z_1 + \Delta z_{12} + \delta z_{12}\end{cases} \tag{7-16}$$

以上介绍了单基线解算方法，它是将网中的观测基线逐条解算的。基线解算还可采用多基线解算方法。所谓多基线解算，就是将所有同步观测的独立基线一并解算。采用多基线解算方法可解决各同步观测基线的误差相关问题。

(3)整周未知数的确定

式(7-15)给出了整周未知数解算的基本方法。事实上，由于 GPS 观测量受对流层折射、电离层折射、电磁波干扰、多路径等多种误差影响，而这些误差要比载波波长大得多，因而使解算出的整周未知数误差较大。为了提高整周未知数的解算精度，目前多采用搜索法。其步骤如下：

①以式(7-15)求得的整周未知数作为初始解，以初始解为中心，以其中误差的若干倍为半径，搜索得到一组整数值的整周未知数，作为整周未知数的备选整数解。

②从备选整数解中一次选一个值，逐一代入基线解算公式(7-13)，求得新的基线解，并计算各基线解对应的单位权中误差。

③在所求得的一组单位权中误差中，必有一个单位权中误差最小，则最小单位权中误差所对应的基线解就是最终的解算结果，称为固定解。

在出现下面式(7-17)的情况时，认为整周未知数无法确定。

$$\frac{m_{0\text{次小}}}{m_{0\text{最小}}} \leqslant T \qquad T = \xi_{Ff,f;1-\alpha/2} \tag{7-17}$$

$\xi_{Ff,f;1-\alpha/2}$ 置信水平为 $1-\alpha$ 时 F 分布的接受域，其自由度为 f 和 f_0。

(4)精度评定

①单位权中误差：

$$m_0 = \sqrt{\frac{V^{\mathrm{T}}PV}{n-k-2}} \tag{7-18}$$

②基线向量的坐标分量中误差：

令

$$Q = (A^{\mathrm{T}}A)^{-1} \tag{7-19}$$

则基线向量坐标分量的权可由 Q 的主对角线元素求得为：

$$P_i = \frac{1}{Q_{ii}}$$

式中，$i=1,2,3$。

基线向量坐标分量中误差为：

$$m_i = m_0\sqrt{\frac{1}{P_i}} = m_0\sqrt{Q_{ii}} \tag{7-20}$$

③基线长度中误差：

基线长度改正数为：

$$\delta b = (f_1 \quad f_2 \quad f_3)\begin{pmatrix}\Delta X_{12}^0 \\ \Delta Y_{12}^0 \\ \Delta Z_{12}^0\end{pmatrix} = f^{\mathrm{T}}\Delta X$$

由协因素传播律可得：

$$Q_{bb} = f^{\mathrm{T}}Q\Delta Xf$$

则基线长度中误差为：

$$m_b = m_0\sqrt{Q_{bb}} \tag{7-21}$$

④基线长度相对中误差：

$$f_b = \frac{m_b}{b \cdot 10^6} \tag{7-22}$$

2. 基线解算阶段的质量控制

(1)质量控制指标

1)单位权中误差

单位权中误差的计算式见式(7-18)。平差后单位权中误差值一般为0.05周以下，否则，表明观测值中存在某些问题。例如，可能存在受多路径干扰、外界无线电信号干扰或接收机时钟不稳定等影响的低精度观测值；观测值改正模型不适宜；周跳未被完全修复；整周未知数解算不成功使观测值存在系统误差等。当然单位权中误差较大也可能是由于起算数据存在问题，如存在基线固定端点坐标误差或存在基准数据的卫星星历误差的影响。

2)数据删除率

基线解算时，如果观测值的改正数超过某一限值，则认为该观测值含有粗差，应将其删除。被删除的观测值的数量与观测值总数的比值，称为数据删除率。数据删除率越大，说明观测质量越低。

3)RATIO

RATIO 由下式定义：

$$\mathrm{RATIO} = \frac{m_{0次小}}{m_{0最小}}$$

RATIO 反映了所确定出的整周未知数的可靠性，这一指标取决于多种因素，既与观测值的质量有关，也与观测条件的好坏有关。所谓观测条件，是指卫星星座的几何图形和卫星的运行轨迹。

4)RDOP

RDOP 值是指在基线解算时由式(7-19)协因素阵 Q 的迹 $\mathrm{trace}(Q)$ 的平方根，即

$$\mathrm{RDOP} = \sqrt{\mathrm{trace}(Q)}$$

RDOP 的大小与基线位置和卫星在空间的几何分布及运行轨迹(即观测条件)有关。当基线位置确定以后,RDOP 值就只与观测条件有关。而观测条件又是时间的函数,因此,RDOP 值的大小与基线的观测时间段有关。

5)RMS

RMS 由下式定义:

$$RMS = \sqrt{\frac{V^T PV}{n - 1}}$$

式中 V——基线向量改正数,也称观测值残差;

P——观测基线的权;

N——观测基线总数。

RMS 只与观测值的质量有关,观测值的质量越好,RMS 越小,它与观测条件无关。

6)同步环闭合差

同步环闭合差是由同步观测基线所组成的闭合环的闭合差。由于同步观测基线间具有一定的内在联系,从而使得同步环闭合差在理论上应总是为零的。由于基线解算的模型误差和数据处理软件的内在缺陷,使得同步环的闭合差实际上不能为零。如果同步环闭合差超限,则说明组成同步环的基线中至少存在一条基线向量是错误的,但反过来,如果同步环闭合差没有超限,还不能说明组成同步环的所有基线在质量上均合格。

7)异步环闭合差

构成闭合环的基线不是由各接收机同步观测的基线,这样的闭合环称为异步环,异步环的闭合差称为异步环闭合差。

当异步环闭合差满足限差要求时,则表明组成异步环的基线向量的质量是合格的;当异步环闭合差不满足限差要求时,则表明组成异步环的基线向量中至少有一条基线向量的质量不合格,要确定出哪些基线向量的质量不合格,可以通过多个相邻的异步环或重复基线来进行。

8)重复基线较差

不同观测时段对同一条基线的观测结果,就是所谓重复基线。这些观测结果之间的差异,就是重复基线较差。

(2)质量控制指标的应用

RATIO、RDOP 和 RMS 这几个质量指标只具有某种相对意义,它们数值的高低不能绝对地说明基线质量的高低。若 RMS 偏大,则说明观测值质量较差,若 RDOP 值较大,则说明观测条件较差。

3. 影响 GPS 基线解算结果的因素及其对策

(1)影响 GPS 基线解算结果的因素

影响基线解算结果的因素主要有以下 5 个:

①基线解算时所设定的起点坐标不准确。起点坐标不准确,会导致基线出现尺度和方向上的偏差。

②少数卫星的观测时间太短,导致这些卫星的整周未知数无法准确确定。当卫星的观测时间太短时,会导致与该颗卫星有关的整周未知数无法准确确定。而对于基线解算来讲,如果参与计算的卫星相关的整周未知数没有准确确定,则将影响整个 GPS 基线解算结果。

③在整个观测时段里,有个别时间段里周跳太多,致使周跳修复不完善。

④在观测时段内,多路径效应比较严重,观测值的改正数普遍较大。

⑤对流层或电离层折射影响过大。

(2)影响GPS基线解算结果因素的判别及应对措施

1)影响GPS基线解算结果因素的判别

对于影响GPS基线解算结果因素,有些是较容易判别的,如卫星观测时间太短、周跳太多、多路径效应严重、对流层或电离层折射影响过大等;但对于另外一些因素却不好判断,如起点坐标不准确。

①基线起点坐标

对于由起点坐标不准确对基线解算质量造成的影响,目前还没有较容易的方法来加以判别,因此,在实际工作中,只有尽量提高起点坐标的准确度,以避免这种情况的发生。

②卫星观测时间短的判别

关于卫星观测时间太短这类问题的判断比较简单,只要查看观测数据的记录文件中有关每个卫星的观测数据的数量就可以了,有些数据处理软件还输出卫星的可见性图,这就更直观了。

③周跳太多的判别

对于卫星观测值中周跳太多的情况,可以从基线解算后所获得的观测值残差上来分析。目前,大部分的基线处理软件一般采用双差观测值,当在某测站对某颗卫星的观测值中含有未修复的周跳时,与此相关的所有双差观测值的残差都会出现显著的整数倍增大。

④多路径效应严重、对流层或电离层折射影响过大的判别

对于多路径效应、对流层或电离层折射影响的判别,也是通过观测值残差来进行的。不过与整周跳变不同的是,当多路径效应严重、对流层或电离层折射影响过大时,观测值残差不是像周跳未修复那样出现整数倍的增大,而只是出现非整数倍的增大,一般不超过1周,但却又明显的大于正常观测值的残差。

2)应对措施

①基线起点坐标不准确的应对方法

要解决基线起点坐标不准确的问题,可以在进行基线解算时,使用坐标准确度较高的点作为基线解算的起点,较为准确的起点坐标可以通过进行较长时间的单点定位或通过与WGS-84坐标较准确的点联测得到,也可以采用在进行整网的基线解算时,所有基线起点的坐标均由一个点坐标衍生而来,使得基线结果均具有某一系统偏差,然后,再在GPS网平差处理时,引入系统参数的方法加以解决。

②卫星观测时间短的应对方法

若某颗卫星的观测时间太短,则可以删除该卫星的观测数据,不让它们参加基线解算,这样可以保证基线解算结果的质量。

③周跳太多的应对方法

若多颗卫星在相同的时间段内经常发生周跳时,则可采用删除周跳严重的时间段的方法,来尝试改善基线解算结果的质量,若只是个别卫星经常发生周跳,则可采用删除经常发生周跳的卫星的观测值的方法,来尝试改善基线解算结果的质量。

④多路径效应严重的应对方法

由于多路径效应往往造成观测值残差较大,因此,可以通过缩小编辑因子的方法来剔除残

差较大的观测值。另外,也可以采用删除多路径效应严重的时间段或卫星的方法。

⑤对流层或电离层折射影响过大的应对方法

对于对流层或电离层折射影响过大的问题,可以采用下列方法:

a. 提高截止高度角,剔除易受对流层或电离层影响的低高度角观测数据。但这种方法具有一定的盲目性,因为高度角低的信号不一定受对流层或电离层的影响就大。

b. 分别采用模型对对流层和电离层延迟进行改正。

c. 如果观测值是双频观测值,则可以使用消除了电离层折射影响的观测值来进行基线解算。

三、GPS 控制网的三维平差

GPS 控制网是由相对定位所求得的基线向量而构成的空间基线向量网,在 GPS 控制网的平差中,是以基线向量及协方差为基本观测量。通常采用三维无约束平差、三维约束平差及三维联合平差 3 种平差模型。

1. 三维无约束平差

所谓三维无约束平差,就是在 WGS-84 三维空间直角坐标系中,GPS 控制网中只有一个已知点坐标的情况下所进行的平差。三维无约束平差的主要目的是考察 GPS 基线向量网本身的内符合精度以及考察基线向量之间有无明显的系统误差和粗差,其平差无外部基准,或者引入外部基准,但并不会由其误差使控制网产生变形和改正。由于 GPS 基线向量本身提供了尺度基准和定向基准,故在 GPS 网平差时,只需提供一个位置基准。因此网不会因为该基准误差而产生变形,故为一种无约束平差。

(1)三维无约束平差的原理

1)误差方程

设 $(\Delta x_{ij},\Delta y_{ij},\Delta z_{ij})^{\mathrm{T}}$ 为 GPS 网任一基线向量,则不难列出网平差时的误差方程为:

$$\begin{bmatrix} V_{\Delta x_{ij}} \\ V_{\Delta y_{ij}} \\ V_{\Delta z_{ij}} \end{bmatrix} = -\begin{bmatrix} 1 & 0 & 0 \\ 0 & 1 & 0 \\ 0 & 0 & 1 \end{bmatrix}\begin{bmatrix} \mathrm{d}x_i \\ \mathrm{d}y_i \\ \mathrm{d}z_i \end{bmatrix} + \begin{bmatrix} 1 & 0 & 0 \\ 0 & 1 & 0 \\ 0 & 0 & 1 \end{bmatrix}\begin{bmatrix} \mathrm{d}x_j \\ \mathrm{d}y_j \\ \mathrm{d}z_j \end{bmatrix} - \begin{bmatrix} \Delta x_{ij}^0 + x_i^0 - x_j^0 \\ \Delta y_{ij}^0 + y_i^0 - y_j^0 \\ \Delta z_{ij}^0 + z_i^0 - z_j^0 \end{bmatrix} \tag{7-23}$$

写成矩阵形式:

$$V_{ij} = -E\mathrm{d}X_i + E\mathrm{d}X_j - L_{ij}$$

其对应的方差协方差阵、协因素阵和权阵分别为:

$$D_{ij} = \begin{bmatrix} \sigma_{\Delta X}^2 & \sigma_{\Delta X\Delta Y} & \sigma_{\Delta X\Delta Z} \\ \sigma_{\Delta Y\Delta X} & \sigma_{\Delta Y}^2 & \sigma_{\Delta Y\Delta Z} \\ \sigma_{\Delta Z\Delta X} & \sigma_{\Delta Z\Delta Y} & \sigma_{\Delta Z}^2 \end{bmatrix}$$

$$Q_{ij} = \frac{1}{\sigma_0^2}D_{ij} \tag{7-24}$$

$$P_{ij} = D_{ij}^2$$

式中 σ_0——先验单位权中误差。

2)位置基准方程

当引入一个点的伪距定位值作为固定位置时,设第 k 点为固定点,则基准方程为:

$$\begin{bmatrix} dX_k \\ dY_k \\ dZ_k \end{bmatrix} = \begin{bmatrix} X_k^0 \\ Y_k^0 \\ Z_k^0 \end{bmatrix} - \begin{bmatrix} X_k \\ Y_k \\ Z_k \end{bmatrix} = 0 \tag{7-25}$$

而对秩亏自由网平差位置基准,有基准方程:

$$G^{T} dB = 0 \tag{7-26}$$

式中

$$G^{T} = \begin{bmatrix} 1 & 0 & 0 & \cdots & 1 & 0 & 0 \\ 0 & 1 & 0 & \cdots & 0 & 1 & 0 \\ 0 & 0 & 1 & \cdots & 0 & 0 & 1 \end{bmatrix} = [E \quad E \quad \cdots \quad E] \tag{7-27}$$

$$dB = [dX_1 \quad dY_1 \quad dZ_1 \quad \cdots \quad dX_n \quad dY_n \quad dZ_n]^{T} \tag{7-28}$$

3)法方程的组成及解算

由于 GPS 网各基线向量观测值之间是相互独立的,且误差方程的坐标未知数的系数均是单位阵,因而其法方程既简单又有规律,可分别对每个基线向量观测值方程组成法方程,由公式(7-23)得:

$$\begin{bmatrix} P_{ij} & -P_{ij} \\ -P_{ij} & P_{ij} \end{bmatrix} \begin{bmatrix} dX_i \\ dY_i \end{bmatrix} - \begin{bmatrix} -P_{ij} & L_{ij} \\ P_{ij} & L_{ij} \end{bmatrix} = 0 \tag{7-29}$$

再将这些单个法方程的系数项和常数项加到总法方程对应的系数项和常数项上去,得:

$$\begin{bmatrix} \sum P_1 & -\sum P_{12} & \cdots & -\sum P_{1n} \\ -\sum P_{21} & \sum P_2 & \cdots & -\sum P_{2n} \\ \vdots & \vdots & & \vdots \\ -\sum P_{n1} & -\sum P_{n2} & \cdots & \sum P_n \end{bmatrix} \begin{bmatrix} dX_1 \\ dX_2 \\ \vdots \\ dX_n \end{bmatrix} - \begin{bmatrix} \sum P_1 L_{1k} \\ \sum P_2 L_{2k} \\ \vdots \\ \sum P_n L_{nk} \end{bmatrix} = 0 \tag{7-30}$$

或

$$N dX - U = 0 \tag{7-31}$$

式中

$$dX = (dX_1^{T} \quad dX_2^{T} \quad \cdots \quad dX_n^{T})^{T}$$

于是可解得坐标未知数:

$$dX = -N^{-1} U \tag{7-32}$$

4)精度评定

单位权中误差值为:

$$\sigma_0^2 = \frac{V^{T} P V}{3m - 3n + 3} \tag{7-33}$$

式中　m——网中的基线向量数;

n——网的总点数。

坐标未知数的方差估计值为:

$$D_i = \sigma_0^2 N^{-1} \tag{7-34}$$

(2)三维无约束平差的意义

GPS 网的三维无约束平差的意义有以下 3 个方面:

1)改善 GPS 网的质量,评定 GPS 网的内部符合精度

通过网平差,可得出一系列可用于评估 GPS 网精度的指标,如观测值改正数、观测值验后方差、观测值单位权方差、相邻点距离中误差、点位中误差等。发现和剔除 GPS 观测值中可能存在的粗差。由于三维无约束平差的结果完全取决于 GPS 网的布设方法和 GPS 观测值的质量,因此,三维无约束平差的结果就完全反映了 GPS 网本身的质量好坏,如果平差结果质量不好,则说明 GPS 网的布设或 GPS 观测值的质量有问题;反之,则说明 GPS 网的布设或 GPS 观测值的质量没有问题。结合这些精度指标,还可以设法确定出质量不佳的观测值,并对它们进行相应的处理,从而达到改善网的质量的目的。

2)消除由观测量和已知条件中所存在的误差而引起的 GPS 网在几何上的不一致

由于观测值中存在误差以及数据处理过程中存在模型误差等因素,通过基线解算得到的基线向量中必然存在误差。另外,起算数据也可能存在误差。这些误差将使得 GPS 网存在几何上的不一致,它们包括:闭合环闭合差不为零;复测基线较差不为零;通过由基线向量所形成的闭合环和附合路线,将坐标由一个已知点传算到另一个已知点的符合差不为零等。通过网平差,可以消除这些不一致,得到 GPS 网中各个点经过了平差处理的三维空间直角坐标。

在进行 GPS 网的三维无约束平差时,如果指定网中某点准确的 WGS-84 坐标系的三维坐标作为起算数据,则最后可得到 GPS 网中各个点经过了平差处理的 WGS-84 坐标系中的坐标。

3)确定 GPS 网中点在指定参照系下的坐标以及其他所需参数的估值

在网平差过程中,通过引入起算数据,如已知点、已知边长、已知方向等,可最终确定出点在指定参照系下的坐标及其他一些参数,如基准转换参数等。

4)为将来可能进行的高程拟合提供经过了平差处理的大地高数据

用 GPS 水准替代常规水准测量获取各点的正高或正常高是目前 GPS 应用中一个较新的领域,现在一般采用的是利用公共点进行高程拟合的方法。在进行高程拟合之前,必须获得经过平差的大地高数据,三维无约束平差可以提供这些数据。

2. 三维约束平差

所谓三维约束平差,就是指以国家大地坐标系或地方坐标系的某些固定点的坐标、固定边长及固定方位为网的基准,并将其作为平差中的约束条件,在平差计算中考虑 GPS 网与地面网之间的转换参数。

(1)三维约束平差原理

1)GPS 基线向量观测方程

观测方程必须顾及 WGS-84 坐标系与国家大地坐标系间的转换参数,即应顾及 7 个转换参数。但由于观测量——基线向量是以三维坐标差的形式表示的,转换关系与平移参数无关,因此,7 个参数中只需考虑尺度参数 m 和 3 个旋转参数 ε_x、ε_y、ε_z,两坐标系的坐标差转换模型为:

$$\begin{bmatrix}\Delta X_{ij}\\ \Delta Y_{ij}\\ \Delta Z_{ij}\end{bmatrix}_S=(1+m)\begin{bmatrix}\Delta X_{ij}\\ \Delta Y_{ij}\\ \Delta Z_{ij}\end{bmatrix}_T+R_{ij}\begin{bmatrix}\varepsilon_x\\ \varepsilon_y\\ \varepsilon_z\end{bmatrix} \tag{7-35}$$

式中

$$R_{ij}=\begin{bmatrix}0 & -\Delta Z_{ij} & \Delta Y_{ij}\\ \Delta Z_{ij} & 0 & -\Delta X_{ij}\\ -\Delta Y_{ij} & \Delta X_{ij} & 0\end{bmatrix}$$

由式(7-35）可得在考虑转换参数后的 GPS 基线向量观测方程：

$$\begin{bmatrix} V_{\Delta X_{ij}} \\ V_{\Delta Y_{ij}} \\ V_{\Delta Z_{ij}} \end{bmatrix} = -\begin{bmatrix} \mathrm{d}X_i \\ \mathrm{d}Y_i \\ \mathrm{d}Z_i \end{bmatrix} + \begin{bmatrix} \mathrm{d}X_j \\ \mathrm{d}Y_j \\ \mathrm{d}Z_j \end{bmatrix} + \begin{bmatrix} \Delta X_{ij} \\ \Delta Y_{ij} \\ \Delta Z_{ij} \end{bmatrix} m + R_{ij} \begin{bmatrix} \varepsilon_x \\ \varepsilon_y \\ \varepsilon_z \end{bmatrix} - \begin{bmatrix} L_{\Delta X_{ij}} \\ L_{\Delta Y_{ij}} \\ L_{\Delta Z_{ij}} \end{bmatrix} \tag{7-36}$$

式中

$$\begin{bmatrix} L_{\Delta X_{ij}} \\ L_{\Delta Y_{ij}} \\ L_{\Delta Z_{ij}} \end{bmatrix} = \begin{bmatrix} X_j^0 - X_i^0 - \Delta X_{ij} \\ Y_j^0 - Y_i^0 - \Delta Y_{ij} \\ Z_j^0 - Z_i^0 - \Delta Z_{ij} \end{bmatrix}$$

通常 GPS 基线向量以空间直角坐标表示，而地面网坐标系统的坐标是以大地坐标表示，因此，应将两坐标系的转换关系线性化，则观测值误差方程为：

$$\begin{bmatrix} V_{\Delta X_{ij}} \\ V_{\Delta Y_{ij}} \\ V_{\Delta Z_{ij}} \end{bmatrix} = -A_i \begin{bmatrix} \mathrm{d}B_i \\ \mathrm{d}L_i \\ \mathrm{d}H_i \end{bmatrix} + A_j \begin{bmatrix} \mathrm{d}B_j \\ \mathrm{d}L_j \\ \mathrm{d}H_j \end{bmatrix} + \begin{bmatrix} \Delta X_{ij}^0 \\ \Delta Y_{ij}^0 \\ \Delta Z_{ij}^0 \end{bmatrix} m + R_{ij} \begin{bmatrix} \varepsilon_x \\ \varepsilon_y \\ \varepsilon_z \end{bmatrix} - \begin{bmatrix} L_{\Delta X_{ij}} \\ L_{\Delta Y_{ij}} \\ L_{\Delta Z_{ij}} \end{bmatrix} \tag{7-37}$$

式中

$$\begin{bmatrix} \Delta X_{ij}^0 \\ \Delta Y_{ij}^0 \\ \Delta Z_{ij}^0 \end{bmatrix} = \begin{bmatrix} X_j^0 - X_i^0 \\ Y_j^0 - Y_i^0 \\ Z_j^0 - Z_i^0 \end{bmatrix}$$

$$\begin{bmatrix} X_i^0 \\ Y_i^0 \\ Z_i^0 \end{bmatrix} = \begin{bmatrix} (N_i + H_i)\cos B_i^0 \cos L_i^0 \\ (N_i + H_i)\cos B_i^0 \sin L_i^0 \\ [N_i(1 - e^2) + H_i]\sin B_i^0 \end{bmatrix}$$

B_i^0、L_i^0、H_i^0 为地面测量系统中 GPS 网控制点的近似大地坐标，故权系数阵 A_i、A_j、R_{ij} 等均为以近似值为依据计算。

2)约束条件方程

对于已知点的坐标，其坐标约束条件为：

$$\begin{bmatrix} \mathrm{d}B_k \\ \mathrm{d}L_k \\ \mathrm{d}H_k \end{bmatrix} = \begin{bmatrix} 0 \\ 0 \\ 0 \end{bmatrix} \quad (k\text{ 为已知地面坐标点}) \tag{7-38}$$

在平差中，对于已知的地面高精度测距值，可用来作为 GPS 网平差的尺度基准，其约束条件为：

$$-C_{ij}A_i \begin{bmatrix} \mathrm{d}B_i \\ \mathrm{d}L_i \\ \mathrm{d}H_i \end{bmatrix} + C_{ij}A_j \begin{bmatrix} \mathrm{d}B_j \\ \mathrm{d}L_j \\ \mathrm{d}H_j \end{bmatrix} + W_D = 0 \tag{7-39}$$

式中

$$C_{ij} = (\Delta X_{ij}^0 / D_{ij}, \Delta Y_{ij}^0 / D_{ij}, \Delta Z_{ij}^0 / D_{ij})$$

$$W_D = (\Delta X_{ij}^{02} + \Delta Y_{ij}^{02} + \Delta Z_{ij}^{02})^{1/2} - D_{ij}$$

式中　D_{ij} ——已知的距离值。

对于已知的大地方位角，可用其作为网的定向基准，约束条件方程为：

$$-F_{kj}A_k\begin{bmatrix}dB_k\\dL_k\\dH_k\end{bmatrix}+F_{kj}A_j\begin{bmatrix}dB_j\\dL_j\\dH_j\end{bmatrix}+W_\alpha=0 \tag{7-40}$$

式中

$$F_{kj}^{T}=\begin{bmatrix}\dfrac{\sin A_{kj}^0\sin B_k^0\cos L_k^0-\cos A_{kj}^0\sin L_k^0}{D_{kj}^0\sin Z_{kj}^0}\\ \dfrac{\sin A_{kj}^0\sin B_k^0\sin L_k^0+\cos A_{kj}^0\cos L_k^0}{D_{kj}^0\sin Z_{kj}^0}\\ -\dfrac{\sin A_{kj}^0\cos B_k^0}{D_{kj}^0\sin Z_{kj}^0}\end{bmatrix}^{T}$$

$$W_\alpha=\arctan\frac{(N_j^0+H_j^0)\cos B_j^0\sin(L_j^0-L_k^0)}{X_{kj}^0}-\alpha_{kj}$$

$$X_{kj}^0=[\cos B_k^0\cos B_j^0-\sin B_k^0\cos B_j^0\cos(L_j^0-L_k^0)](N_j^0+H_j^0)+(N_K^0\sin B_k^0-N_j^0\sin B_j^0)e^2\cos B_k^0$$

式中　D_{kj}^0——两点的近似弦长；

Z_{kj}^0——k 点至 j 点的天顶距近似值；

α_{kj}——地面网已知方位角。

3）法方程的组成及解算

GPS 网三维约束平差即为附有条件的相关间接平差，其误差方程为基线向量的观测方程，写成矩阵式为：

$$V=B\mathrm{d}\overline{B}-L$$

其约束条件方程为：

$$C\mathrm{d}\overline{B}+W=0$$

则可按最小二乘组成法方程：

$$\begin{bmatrix}N & C^T\\ C & 0\end{bmatrix}\begin{bmatrix}\mathrm{d}\overline{B}\\ K\end{bmatrix}+\begin{bmatrix}-U\\ W\end{bmatrix}=0 \tag{7-41}$$

式中

$$N=B^TPB$$
$$U=B^TPL$$
$$\mathrm{d}\overline{B}=[\mathrm{d}B_1^T\quad \mathrm{d}B_{2T}\quad \cdots\quad \mathrm{d}B_n^T\quad m\quad \varepsilon_x\quad \varepsilon_y\quad \varepsilon_z]^T$$

K 为联系数。按矩阵分块求逆，可解出未知数，即

$$K=[CN^{-1}C^T]^{-1}[W+CN^{-1}U] \tag{7-42}$$
$$\mathrm{d}\overline{B}=N^{-1}(U-C^TK) \tag{7-43}$$

平差后未知数的协因数阵为：

$$Q_{kk}=(CN^{-1}C^T)^{-1}$$

$$Q_{\bar{B}} = N^{-1} + N^{-1}C^{\mathrm{T}}Q_{kk}CN^{-1} \tag{7-44}$$

单位权方差估值为：

$$\sigma_0^2 = \frac{V^{\mathrm{T}}PV}{3m - n + r} \tag{7-45}$$

式中　m——基线数；

n——未知数个数；

r——条件方程个数。

平差后未知数的方差估值为：

$$D_{\hat{\bar{B}}} = \sigma_0^2 Q_{\hat{\bar{B}}} \tag{7-46}$$

(2)三维约束平差的意义

GPS网的三维约束平差主要作用是：确定GPS网中各个点在国家大地坐标系或在指定参照系中经过了平差处理的三维空间直角坐标以及其他所需参数的估值。通过引入起算数据如已知点、已知边长等，可最终确定出点在指定参照系中的坐标及其他一些参数，如基准转换参数等。在进行GPS网的三维约束平差时，如果配置足够数量的国家大地坐标系或地方坐标系基准数据作为GPS网的约束起算数据，则最后可得到的GPS网中各个点经过了平差处理的在国家大地坐标系或地方坐标系中的坐标。

国家大地坐标系或地方坐标系约束基准数据的数量与质量以及在网中的分布均对平差结果精度产生影响。一般来说，平差前必须选择满足要求的基准数据，获得经过平差的大地高数据。三维无约束平差可以提供这些数据。

3. GPS网与地面网的三维联合平差

三维联合平差是除了顾及上述GPS基线向量的观测方程和作为基准的约束条件外，同时顾及地面中的常规观测值（如方向、距离、天顶距等）的平差。GPS基线向量观测值误差方程以及约束条件同上，而地面网观测值的误差方程为：

①方向观测值(β_{ij})的误差方程：

$$V_{\beta_{ij}} = -\mathrm{d}\theta_i - F_{ij}A_i\begin{bmatrix}\mathrm{d}B_i\\ \mathrm{d}L_i\\ \mathrm{d}H_i\end{bmatrix} + F_{ij}A_j\begin{bmatrix}\mathrm{d}B_j\\ \mathrm{d}L_j\\ \mathrm{d}H_j\end{bmatrix} - L_{\beta_{ij}} \tag{7-47}$$

式中，$L_{\beta_{ij}} = \beta_{ij} + \theta_i^0 - \alpha_{ij}^0$；$\theta_i^0$和$\mathrm{d}\theta$表示测站上定向角的近似值和改正值。

②方位观测值(α_{ij})的误差方程：

$$V_{\alpha_{ij}} = -F_{ij}A_k\begin{bmatrix}\mathrm{d}B_k\\ \mathrm{d}L_k\\ \mathrm{d}H_k\end{bmatrix} + F_{kj}A_j\begin{bmatrix}\mathrm{d}B_j\\ \mathrm{d}L_j\\ \mathrm{d}H_j\end{bmatrix} - L_{\alpha_{ij}} \tag{7-48}$$

$$L_{\alpha_{ki}} = \alpha_{\alpha_{ki}} - \alpha_{\alpha_{ki}}^0$$

③距离观测值(D_{ij})的误差方程：

$$V_{D_{ij}} = -C_{ij}A_i\begin{bmatrix}\mathrm{d}B_i\\ \mathrm{d}L_i\\ \mathrm{d}H_i\end{bmatrix} + c_{ij}A_j\begin{bmatrix}\mathrm{d}B_j\\ \mathrm{d}L_j\\ \mathrm{d}H_j\end{bmatrix} - L_{D_{ij}} \tag{7-49}$$

$$L_{D_{ki}} = D_{ij} - D_{kj}^0$$

④水准测量高差值(h_{ij})的误差方程：

$$\begin{cases} V_{hij} = -\mathrm{d}H_i + \mathrm{d}H_j - \Delta N_{ij} - L_{hij} \\ L_{hij} = h_{ij} - h_{ij}^0 \end{cases} \tag{7-50}$$

式中，ΔN_{ij}是 i、j 两点大地水准面差距之差。

若考虑天顶距和天文经纬度观测值，在未知数中还要加上各点的垂线偏差及折光系数改正数，平差中法方程的组成及解算方法均与三维约束平差相同，这里就不再赘述。

经过 GPS 网与地面网的联合差，可使新布设的 GPS 网与地面原有的控制网构成一个整体，使其精度能够较均匀地分布，消除新旧网结合部的缝隙。

GPS 三维平差的主要流程图如图 7-36 所示。在 GPS 网三维平差中，首先应进行三维无约束平差，平差后通过观测值改正数检验，发现基线向量中是否存在粗差，并剔除含有粗差的基线向量，再重新进行平差，直至确定网中没有粗差后，再对单位权方差因子进行χ^2 检验，判断平差的基线向量随机模型是否存在误差，并对随机模型进行改正，以提供较为合适的平差随机模型。然后对 GPS 网进行约束平差或联合平差，并对平差中加入的转换参数进行显著性检验，对于不显著的参数应剔除，以免破坏平差方程的性态。

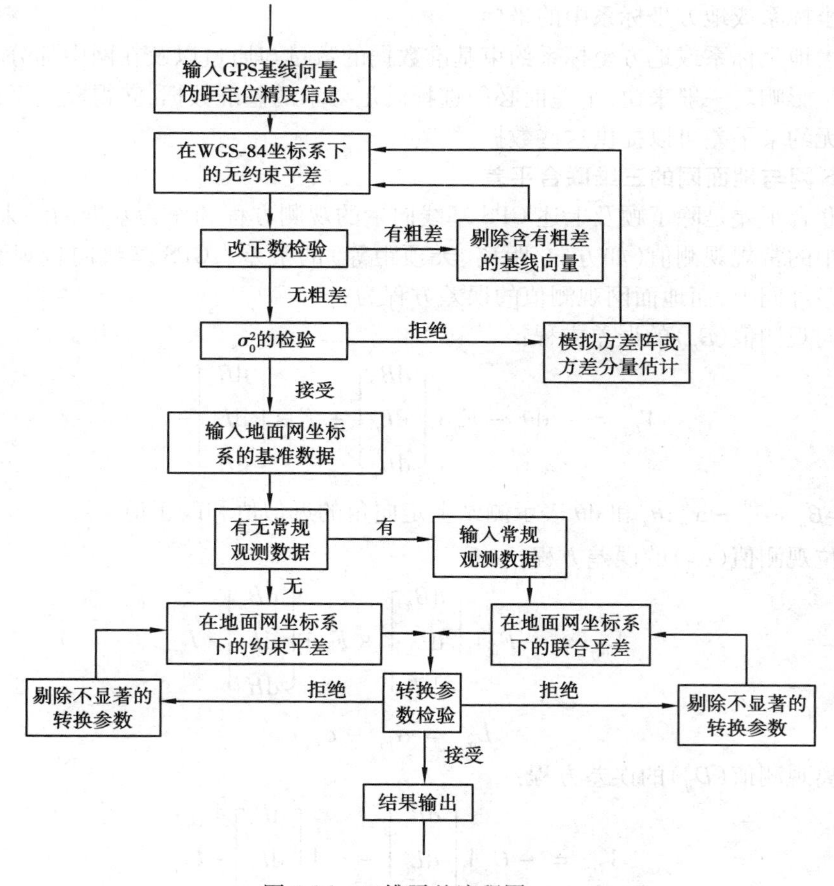

图 7-36　三维平差流程图

四、GPS 网的二维平差

由于大多数工程及生产实用坐标系均采用平面坐标和正常高程坐标系统，因此，将 GPS 基线向量投影到平面上，进行二维平面约束平差是十分必要的。由于 GPS 基线向量网二维平差应在某一参考椭球面或某一投影平面坐标系上进行。因此，平差前必须将 GPS 三维基线向量观测值及其协方差阵转换投影至二维平差计算面上，也就是从三维基线向量中提取二维信息，在平差计算面上构成一个二维 GPS 基线向量网。

GPS 基线向量网二维平差也可分为无约束平差、约束平差和联合平差 3 类，平差原理及方法均与三维平差相同。由二维约束平差和联合平差获得的 GPS 平面成果，就是国家坐标系中或地方坐标系中具有传统意义的控制成果。在平差中的约束条件往往是由地面网与 GPS 网重合的已知点坐标，这些作为基准的已知点的精度或它们之间的兼容性是必须保证的。否则，由于基准本身误差太大互不兼容，将会导致平差后的 GPS 网产生严重变形，精度大大降低。因此在平差中，应通过检验发现并淘汰精度低且不兼容地面网的已知点，再重新平差。

在三维基线向量转换成二维基线向量中，应避免地面网中大地高程不准确引起的尺度误差和 GPS 网变形，以保证 GPS 网转换后整体及相对几何关系不变。因此，可采用在一点上实行位置强制约束，在一条基线的空间方向上实行方向约束的三维转换方法，也可在一点上实行位置强制约束，在一条基线的参考椭球面投影的法截弧和大地线方向上实行定向约束的准三维转换方法。使得转换后的 GPS 网与地面网在一个基准点上和一条基线上的方向完全一致，而两网之间只存在尺度比差和残余定向差。

坐标转换模型可参阅本书学习情境 2。

通过坐标系的转换，将基线向量与其协方差阵变换到二维平面坐标系中之后，便可进行二维平差。

设二维基线向量观测值为 $\Delta X_{ij}=(\Delta x_{ij},\Delta y_{ij})^{\mathrm{T}}$，而待定坐标改正数 $\mathrm{d}X=(\mathrm{d}x_i,\ \mathrm{d}y_i)^{\mathrm{T}}$，尺度差参数 m 以及残余定向差参数 $\mathrm{d}\alpha$ 为平差未知参数，则 GPS 基线向量的观测误差方程为：

$$\begin{bmatrix} V\Delta x_{ij} \\ V\Delta y_{ij} \end{bmatrix} = \begin{bmatrix} -1 & 0 \\ 0 & -1 \end{bmatrix}\begin{bmatrix} \mathrm{d}x_i \\ \mathrm{d}y_i \end{bmatrix} + \begin{bmatrix} 1 & 0 \\ 0 & 1 \end{bmatrix}\begin{bmatrix} \mathrm{d}x_i \\ \mathrm{d}y_i \end{bmatrix} + \begin{bmatrix} \Delta x_{ij} \\ \Delta y_{ij} \end{bmatrix} m + \begin{bmatrix} \dfrac{-\Delta y_{ij}}{\rho} \\ \dfrac{\Delta x_{ij}}{\rho} \end{bmatrix} \mathrm{d}\alpha - \begin{bmatrix} l_{\Delta x_{ij}} \\ l_{\Delta y_{ij}} \end{bmatrix} \tag{7-51}$$

式中

$$\begin{bmatrix} l_{\Delta x_{ij}} \\ l_{\Delta y_{ij}} \end{bmatrix} = \begin{bmatrix} \Delta x_{ij} \\ \Delta y_{ij} \end{bmatrix} - \begin{bmatrix} x_j - x_i \\ y_j - y_i \end{bmatrix} \tag{7-52}$$

$$m = (S_G - S_T)/S_T,\ \mathrm{d}\alpha = \alpha_G - \alpha_T$$

当网中有已知点的坐标约束时，则 GPS 网中与已知点重合的基线向量的坐标改正数为零，即

$$\begin{bmatrix} \mathrm{d}x_i \\ \mathrm{d}y_i \end{bmatrix} = 0 \tag{7-53}$$

当网中有边长约束时,则边长约束条件方程为:

$$-\cos\alpha_{ij}^{0}\mathrm{d}x_{i}-\sin\alpha_{ij}^{0}\mathrm{d}y_{i}+\cos\alpha_{ij}^{0}\mathrm{d}x_{j}+\sin\alpha_{ij}^{0}\mathrm{d}y_{j}+\omega_{Sij}=0 \tag{7-54}$$

式中

$$\left.\begin{aligned}\alpha_{ij}^{0}&=\arctan\left(\frac{y_{j}^{0}-y_{i}^{0}}{x_{j}^{0}-x_{i}^{0}}\right)\\ \omega_{Sij}&=\sqrt{(x_{j}^{0}-x_{i}^{0})^{2}+(y_{j}^{0}-y_{i}^{0})^{2}}-S_{ij}\end{aligned}\right\} \tag{7-55}$$

这里的 S_{ij} 即为 GPS 网的尺度基准。

当网中有已知方位角约束时,其约束条件方程为:

$$\alpha_{ij}\mathrm{d}x_{i}+b_{ij}\mathrm{d}y_{i}-\alpha_{ij}\mathrm{d}x_{j}-b_{ij}\mathrm{d}y_{j}+\omega_{\alpha_{ij}}=0 \tag{7-56}$$

式中

$$\alpha_{ij}=\frac{\rho''\sin\alpha_{ij}^{0}}{S_{ij}^{0}};b_{ij}=-\frac{\rho''\cos\alpha_{ij}^{0}}{S_{ij}^{0}};\omega_{\alpha_{ij}}=\arctan\left(\frac{y_{j}^{0}-y_{i}^{0}}{x_{j}^{0}-y_{i}^{0}}\right)-\alpha_{ij} \tag{7-57}$$

此处,α_{ij}是已知方位,它是 GPS 网的外部定向基准。

五、GPS 高程

由 GPS 相对定位得到的基线向量,经平差后可得到高精度的大地高程。若网中有一点或多点具有精确的 WGS-84 大地坐标系的大地高程,则在 GPS 网平差后,即可得各 GPS 点的 WGS-84 大地高程。然而在实际应用中,地面点一般采用正常高程系统。因此,应找出 GPS 点的大地高程同正常高程的关系,并采用一定模型进行转换。

在 GPS 相对定位中,高程的相对精度一般可达$(2\sim3)\times10^{-6}$,在绝对精度方面,对于 10 km以下的基线边长,可达几个厘米,如果在观测和计算时采用一些消除误差的措施,其精度将优于 1 cm。然而,将 GPS 所测的大地高转换为正常高时,会产生显著误差。

GPS 测量的高程系统及其转换,在学习情境 2 中已经述及,此处只介绍 GPS 水准高程的精度和提高 GPS 水准精度的措施。

1. 多项式曲面拟合法的精度

(1)内符合精度

为了能应用多项式曲面拟合法求得 GPS 点的高程,应在 GPS 网中选择足够数目的点,用精密水准测量的方法测出其水准高程。这些点称为重合点。重合点的数目不能少于所选计算模型中未知参数的数目。

由重合点的大地高和正常高求得拟合参数后,便可求得其他 GPS 点的正常高。为了检核所得 GPS 点正常高的可靠性,还应在 GPS 网周围连测若干几何水准点。

设参与拟合参数计算的已知点高程异常为 ζ_i ,高程异常的拟合值为 ζ'_i,其改正数为 $V_i=\zeta'_i-\zeta_i$,可按下式计算 GPS 水准拟合的内符合精度μ,即

$$\mu=\pm\sqrt{\frac{[VV]}{n-1}} \tag{7-58}$$

式中 n——V 的个数(即重合点的个数)。

(2)外符合精度

设检核点的高程异常为 ζ_i,其高程异常拟合值为 ζ'_i,两者之差为 V_i,按下式计算 GPS 水准的外符合精度 M,即

$$M = \pm \sqrt{\frac{[VV]}{n-1}} \tag{7-59}$$

式中　n——检核点的个数。

(3)GPS水准精度评定

①根据检核点与已知点的距离L,则检核点拟合残差的限值如表7-19所示,据此可评定GPS水准所能达到的精度。

表7-19　GPS水准限差

等　级	允许残差/mm
三等几何水准	$\pm 12\sqrt{L}$
四等几何水准	$\pm 20\sqrt{L}$
普通几何水准	$\pm 30\sqrt{L}$

②用GPS水准求出的GPS点间的正常高高差,在已知点间组成附合或闭合路线,按计算的闭合差与表7-19中的允许残差比较,来衡量GPS水准的精度。

(4)外围点的精度估算

各种拟合模型都不宜外推,但在实际工作中,测区的GPS点不可能全部都包含在已知点连成的几何图形内。对这些外围点,GPS水准计算时只能外推,外推点的残差V按下式来估算:

$$V = a + cD \tag{7-60}$$

式中

$$\begin{cases} \dfrac{\sum D - \sum D \dfrac{\sum V}{n}}{\sum D^2 - \dfrac{(\sum D)^2}{n}} \\ a = \dfrac{\sum V}{n} - c\dfrac{\sum D}{n} \end{cases}$$

式中　D——待求点至最近已知点的距离,km。

按式(7-60)计算出残差V,根据表7-18估算精度。

2. GPS几何水准的布设原则

①测区联测几何水准点的点数,视测区的大小和测区似大地水准面变化情况而定。一般地区能每20~30 km^{2}联测一个几何水准点为宜,平原地区可少一些,山区应多一些。一个局部GPS网中最小联测几何水准的点数,不能少于选用计算模型中未知参数的个数。

②联测几何水准点的点位,应均匀布设于测区。测区周围应有几何水准联测点,由这些已知点连成的多边形,应包围整个测区。这是因为拟合不宜外推,否则会发生振荡。

③若测区有明显的几种趋势地形,对地形突变部位的GPS点,应联测几何水准点。

3. 提高GPS水准测量的措施

(1)提高大地高的测量精度

①提高基线解算的起算点坐标精度。基线解算的起算点坐标有10 m误差,会引起GPS

点的高程产生 10 mm 的误差。因此,应尽量采用国家 A、B 级 GPS 网点作为基线解算的起算点。

②采用精密星历。用精密星历比用广播星历可提高精度 34%。

③选用双频接收机。

④观测时段应选择最佳卫星分布,即 PDOP 最小。

⑤减弱多路径误差和对流层折射误差。

⑥大于 10 km 的基线应实测气象参数。

(2)提高几何水准的精度

一般应采用三等几何水准联测 GPS 点。

(3)提高转换参数的精度

可用国家 A、B 级 GPS 点求转换参数。

(4)提高拟合计算的精度

①合理布设已知点。

②选用合适的拟合模型。

③对含有不同趋势地形的大测区,可采用分区计算的办法。

六、GPS 技术总结

1. 技术总结的作用

在完成了 GPS 网的布设后,应该认真完成技术总结。每项 GPS 工程的技术总结不仅是工程系列必要文档的主要组成部分,而且它还能够使各方面对工程的各个细节有完整而充分的了解,从而便于今后对成果充分而全面地加以利用。另一方面,通过对整个工程的总结,测量作业单位还能够总结经验,发现不足,为今后进行新的工程提供参考。

2. 技术总结的内容

技术总结需要包含以下内容:

①项目来源:介绍项目的来源、性质。

②测区概况:介绍测区的地理位置、气候、人文、经济发展状况、交通条件、通讯条件等。

③工程概况:介绍工程目的、作用、要求、等级(精度)、完成时间等。

④技术依据:介绍作业所依据的测量规范、工程规范、行业标准等。

⑤施测方案:介绍测量所采用的仪器、采取的布网方法等。

⑥作业要求:介绍外业观测时的具体操作规程、技术要求等,包括仪器参数的设置(如采样率、截止高度角等)、对中精度、整平精度、天线高的量测方法及精度要求等。

⑦作业情况:介绍外业观测时实际遵循的操作规程,技术要求,包括仪器参数的设置(如采样率、截止高度角等),对中精度,整平精度,天线高的量测方法及精度要求等,作业观测情况,工作量,观测成果,等等。

⑧观测质量控制:介绍外业观测的质量要求,包括质量控制方法及各项限差要求等。

⑨数据处理情况:介绍数据处理方法、过程、结果及精度统计与分析情况。

⑩结论:对整个工程的质量及成果做出结论。

3. 上交成果资料

GPS 工程项目应整理上交以下技术成果资料:

①测量任务书和专业设计书。

②点之记、环视图、测量标志委托保管书。

③接收设备、气象及其他仪器的检验资料。

④外业观测记录、测量手簿及其他记录。

⑤数据处理中生成的文件、资料和成果表。

⑥GPS网展点图。

⑦技术总结和成果验收报告。

子情境6　数据处理软件

一、Ashtech Locus 数据处理软件

1. 软件安装与启动

①启动 Windows。如果 Windows 已经运行,关闭全部应用程序。

②将光盘插入 CD-ROM 驱动器,安装程序会自动运行。单击“Install Locus Processor”。如果光盘插入 CD-ROM 驱动器时,安装程序没有自动运行,可打开光盘中的文件夹,双击“Setup”也可运行安装程序。

图7-37　Ashtech Locus 安装

③按照安装程序的提示完成安装。

④从开始菜单所有程序中的“Locus Processor”中找到“Project Manager”菜单项,单击该菜单项运行“Locus Processor”。

2. 建立工程

①程序运行时出现“欢迎使用 Locus”对话框,选择“Create a new project”项,打开新建立工程对话框,如图7-39所示。

②单击“General”选项卡,输入工程名称(GPS控制网名称),选择工程保存路径,单击“确定”按钮。

③出现添加文件对话框。单击“Add raw data from receiver”可从接收机下载原始观测数据,单击“Add raw data from disk”可从磁盘添加原始观测数据。

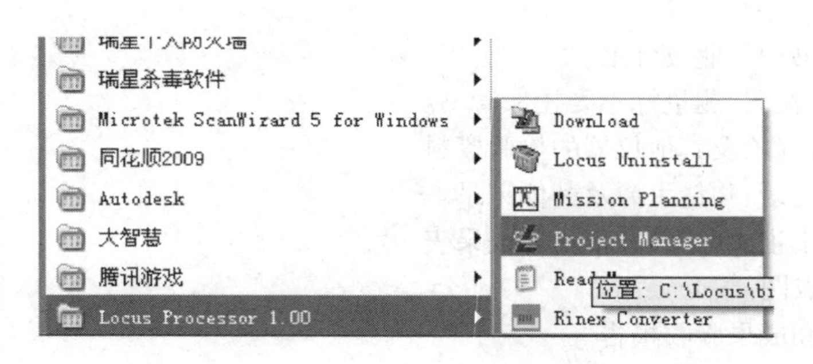

图 7-38　启动 ASHTECH Locus

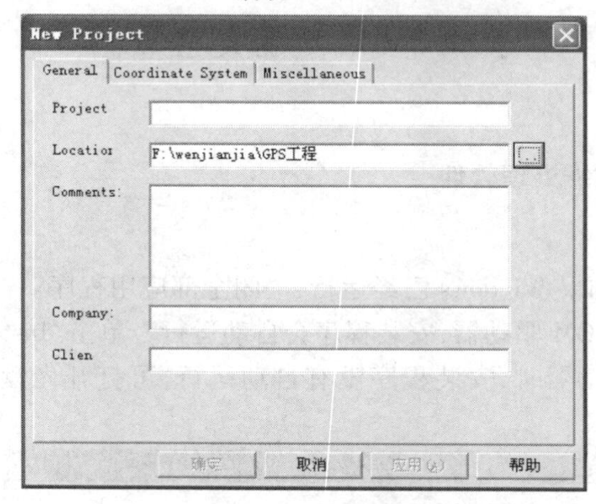

图 7-39　建立工程

3. 从接收机下载数据

①红外传输装置接计算机 COM1 接口。按图 7-40 将接收机置于距红外传输装置 61 cm 内,并对准。

②接收机开机。

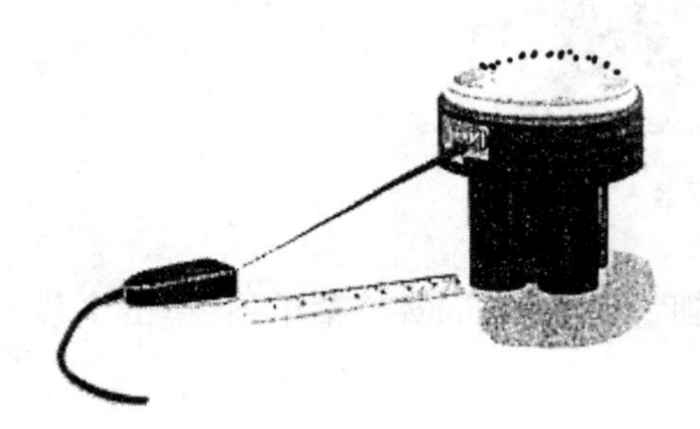

图 7-40　红外传输

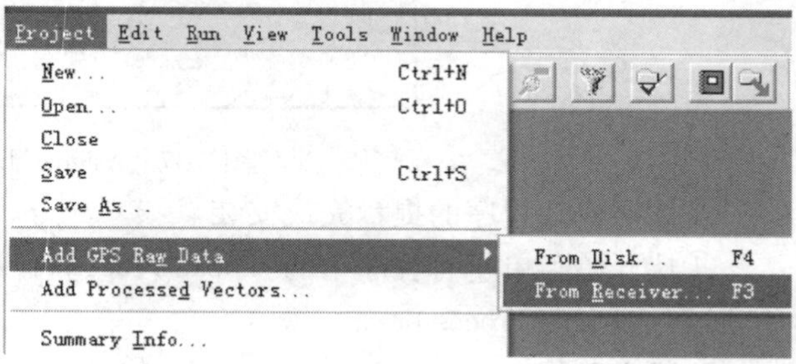

图 7-41

③从“Project”菜单中选择“Add GPS Raw Data”“From Receiver”,打开数据下载软件如图 7-41 所示。

④从文件菜单中选择“Connect”,打开红外连接框。

⑤设置通讯接口和传输速率。单击“确定”按钮。

⑥图 7-42 中左边窗口中是接收机中的文件,右边窗口中是计算机中的文件。从左边窗口中选取要下载的文件,在右边窗口中设置保存路径。单击“Copy to”工具图标,开始复制文件。

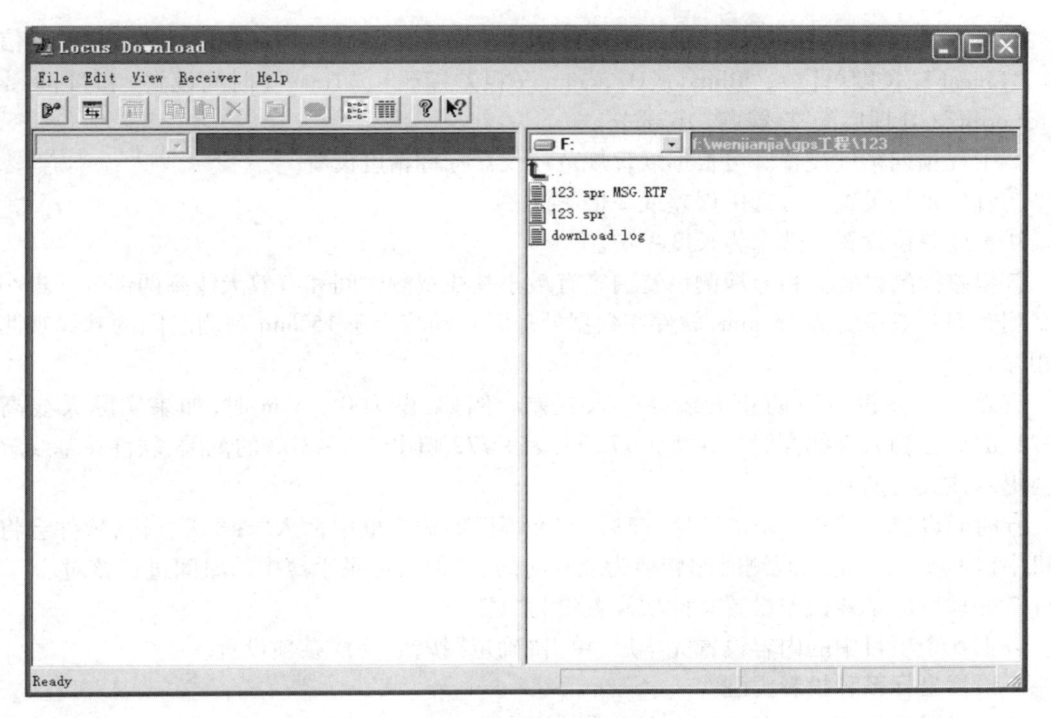

图 7-42　数据下载

⑦从文件菜单中选择“Switch Data Source”(更换数据源),将另一台接收机与红外装置对准并开机,单击“确定”按钮。

全部接收机数据下载完成后,可关闭数据下载工具软件。也可点击“Receiver”菜单,对接收机进行采样间隔等项设置。

4. 杂项设置

①从“Project”中选出“Settings”,打开工程设置对话框,单击“Miscellaneous”选项卡,如图 7-43 所示。

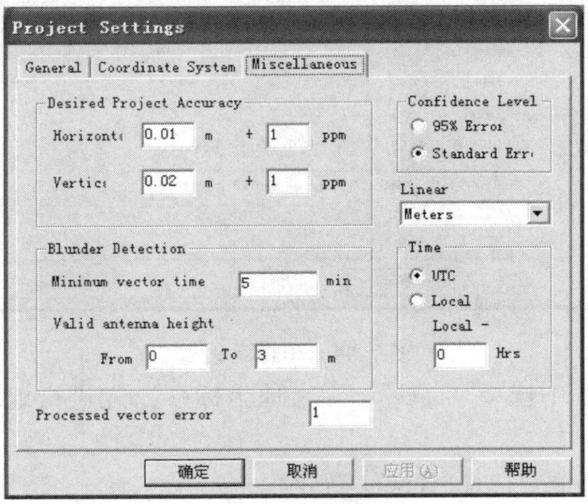

图 7-43　杂项设置

杂项设置内容分"Desired Project Accuracy"(预期工程精度)、"Confidence Level"(置信水平)、"Linear"(长度单位)、"Blunder Detection"(粗差探测)、"Time"(时间设置)和"Processed vector error"(处理后的基线误差)6 部分。

②工程预期精度设置。可根据规程规范或仪器标称精度设置。

③置信水平设置。可选中误差或 2 倍中误差。

④长度单位设置。选米为长度单位。

⑤粗差探测设置。粗差探测设置内容有最小基线观测时间和有效天线高两部分。最小基线观测时间一般设置为 15 min,软件在数据处理时自动将小于 15 min 观测时间的基线观测数据删除。

有效天线高设置可防止天线高输入粗差。例如,设为 0 ~ 3 m 时,如果实际天线高为 1.772 m,而在输入天线高时误输为 1 772 m,因 1 772 超出了 0 ~ 3 m 的范围,软件在基线解算时会提示该天线高有误。

⑥时间设置。选择"Local"(地方时),并在下面的输入框中输入" +8",这样,软件会将接收机中以 GPS 时为准的观测时间转换为北京时间,以便与记录手簿中的时间进行核对。

⑦处理后的基线误差设置。此项设置设为"1"。

以上 6 个项目中的内容设置完毕后,单击"确定"按钮,完成杂项设置。

5. 设置坐标系和投影类型

此项设置的作用是将 WGS-84 坐标系转换为北京 54 或西安 80 坐标系。但要事先拥有转换参数。

①从"Project"中选出"Settings",打开工程设置对话框,单击"Coordinate System"(坐标系统)选项卡,如图 7-44 所示。

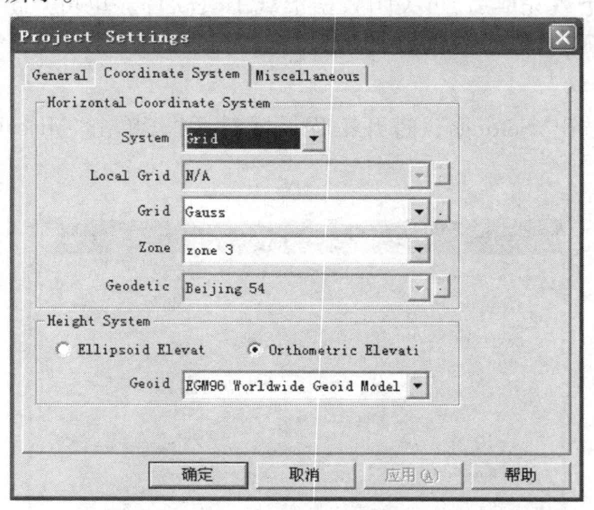

图 7-44　坐标系设置

②在"System"多选框中选择"Geodetic"(大地坐标系),先进行地球空间直角坐标系和大地坐标系的设置。

③在"Geodetic"多选框中选择"New"(新建)。

④单击"Geodetic"多选框后的定义按钮"…",打开大地坐标系转换对话框,如图 7-45 所示。

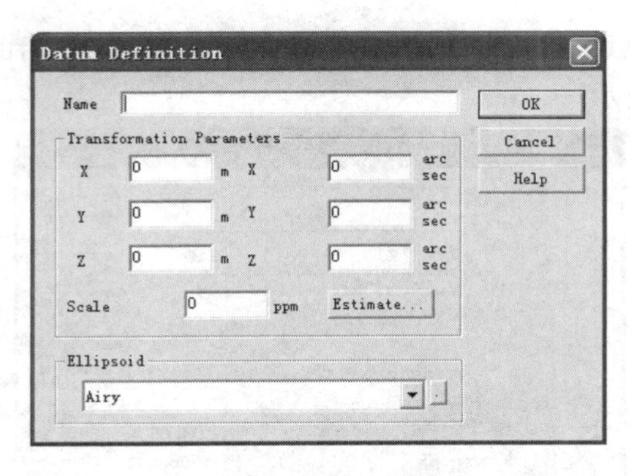

图7-45　WGS-84与54/80大地坐标系的转换

⑤输入3个平移参数(米)、3个旋转参数(弧度)和尺度比因子。

⑥在“Ellipsoid”(椭球)项内选“Krassorsky”(克拉索夫斯基椭球)或“China Geodetic Ref. sys. 1980”(中国1980国家大地坐标系)。单击“OK”按钮,完成大地基准设置。

下面是地球投影的类型设置。

⑦在“System”多选框中选择“Grid”(格网即平面直角坐标系),打开地球投影设置对话框,如图7-46所示。

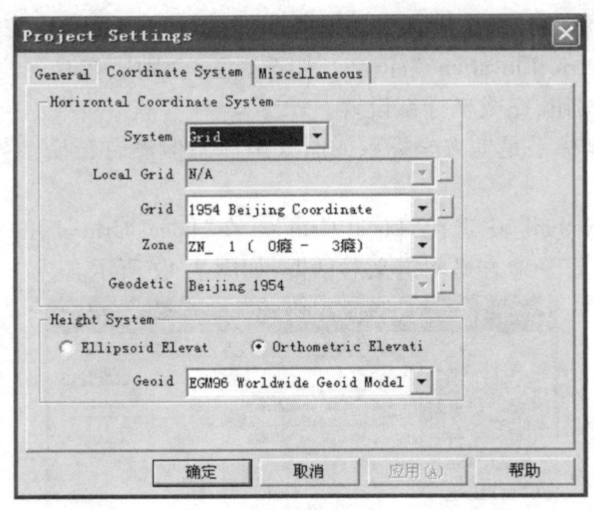

图7-46　地球投影设置

⑧在“Grid”多选框中选择“New”项。

⑨单击“Grid”多选框后的“…”按钮,打开格网坐标系定义对话框,如图7-47所示。

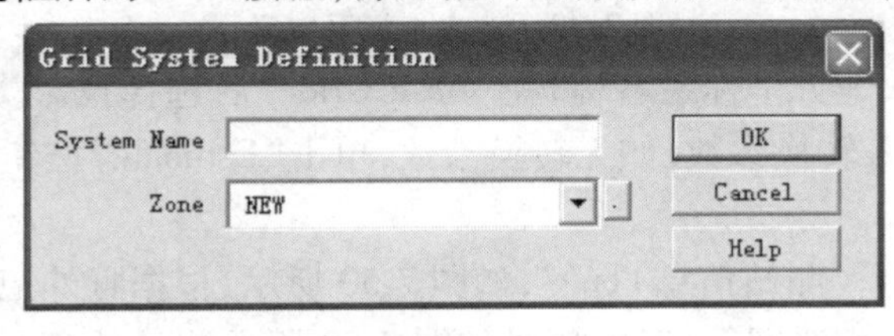

图7-47　格网坐标系定义

⑩在“System Name”后的编辑框中输入格网名称，单击“Zone”后的“…”按钮，打开定义投影带对话框，如图 7-48 所示。

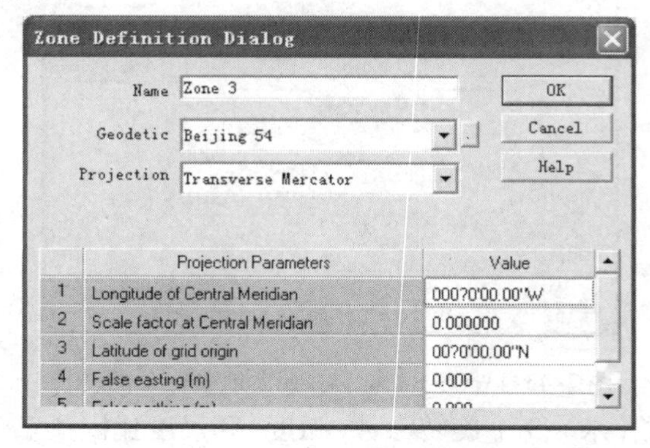

图 7-48　定义投影带

⑪在“Name”后输入投影带名称，在“Geodetic”后前述定义的大地坐标系，在“Projection”（投影类型）后选“Transverse Mercator”（横轴墨卡托）。输入中央子午线经度、中央子午线投影比、原点纬度、向东加常数和向北加常数等。连续单击“OK”按钮，关闭格网坐标系定义对话框和投影带定义对话框。

⑫在如图 7-44 所示的坐标系设置对话框的下部，选择高程类型。Ellipsoid Elevation 为椭球高即大地高，Orthometric Elevation 为正高。如选择正高，则应在其下的多选框中选大地水准面模型。单击“确定”按钮，完成坐标系设置。

如成果所采用的坐标系是地方坐标系或国家坐标系但没有转换参数，其坐标系设置与上述有两点不同。

a. 图 7-44 中的“System” 中选择“Local Grid”。在“Local Grid”后的多选框中选“New”项，单击其后的“…”按钮，打开地方格网定义对话框，如图 7-49 所示。

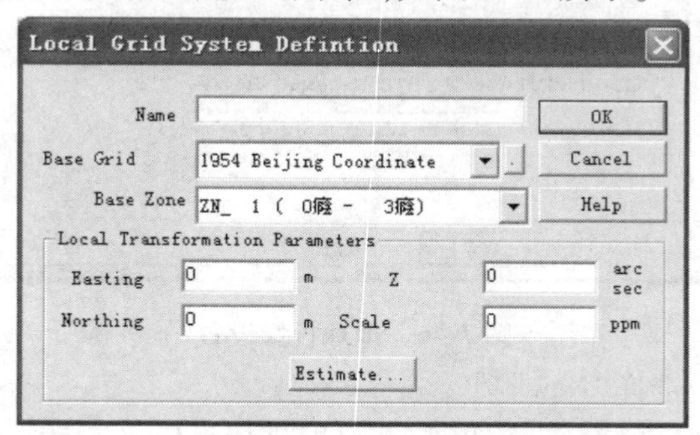

图 7-49　地方坐标系定义

b. 在“Name”后输入地方坐标系名称，在“Base Grid” 后选择投影类型，在“Local Transformation Parameters”下输入转换参数，如无转换参数，单击“Estimate”按钮。

6. 基线解算

①单击“Occupations”（测站信息）标签，如图 7-50 所示，根据野外记录手簿中的观测日期、接收机号、开始时间与结束时间等信息，核对如图 7-50 所示测站信息标签的“File Name”栏和 Start Time、End Time 信息。如 B5156C05. 351 文件，B 表示观测数据文件，5156 为仪器号，C 为

时段编号,05是年份,351表示当年第351天,即2005年12月17日。在“Site ID”(点号)栏,输入点号。点号只能是4个字符,可用英文字母和阿拉伯数字。

Workbook

	Site ID	Ant. Slant	Ant. Radius	Ant. Vert. Offs.	Start Time	End Time	File Name
1	????	0.000	0.000	0.000	05:21:40	07:32:40	B5156C05.351
2	????	0.000	0.000	0.000	00:40:30	03:33:30	B3098A05.351
3	????	0.000	0.000	0.000	03:47:50	04:55:20	B3098B05.351
4	????	0.000	0.000	0.000	05:19:50	06:21:10	B3098C05.351
5	????	0.000	0.000	0.000	00:22:40	01:43:00	B4982A05.351
6	????	0.000	0.000	0.000	02:30:50	03:35:30	B4982B05.351
7	????	0.000	0.000	0.000	03:48:40	04:52:50	B4982C05.351
8	????	0.000	0.000	0.000	00:43:40	03:35:30	B5156A05.351
9	????	0.000	0.000	0.000	03:48:20	04:55:40	B5156B05.351

Files　Occupations　Sites　Control Sites　Vectors　Repeat Vectors　Loop Closure　Control Tie　Adjustmer

图7-50　测站信息

②在“Ant. Stant”和“Ant.　Radius”栏分别输入野外记录的天线高和天线半径,天线半径均为0.1 m。

③单击“Control Sites”标签,如图7-51所示,选择一个起算点输入起算点坐标。也可采用默认的单点定位坐标。

④在“Run”菜单的“Processing”项中单击“All”按钮,开始基线解算。

基线解算完成后,进行下列各项质量检核:

⑤基线向量质量(QA)检验,即检验向量的相对中误差是否达到了杂项中预期精度要求。方法是看“Vectors”标签(见图7-52)中的“QA”(质量检核)栏,如此栏无任何信息,表示质量合格,否则质量不合格。

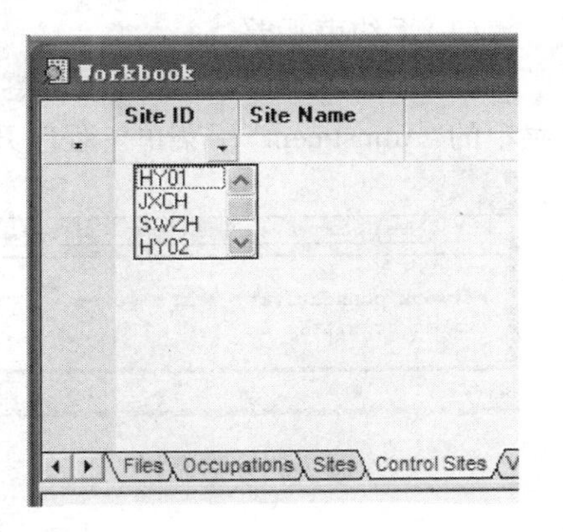

图7-51　选择起算点

⑥检查基线坐标分量误差和基线长度误差,如有突变,说明有粗差存在。

Workbook

	From - To	Observed	QA	Delta X	Std. Err.	Delta Y	Std. Err.	Delta Z	Std. Err.	Length	Std. Err.
1	JXCH - HY01	12/17 00:43		158.953	0.001	593.951	0.001	-956.470	0.002	1137.049	0.002
2	SWZH - JXCH	12/17 00:40		-2921.894	0.002	-269.756	0.002	-1042.141	0.004	3113.887	0.005
3	SWZH - HY01	12/17 00:43		-2762.941	0.002	324.195	0.002	-1998.612	0.004	3425.404	0.005
4	JXCH - HY02	12/17 02:30		-2231.364	0.002	599.906	0.003	-1989.944	0.003	3049.385	0.004
5	HY01 - HY02	12/17 02:30		-2390.317	0.002	5.956	0.002	-1033.472	0.003	2604.173	0.004
6	HY01 - HY03	12/17 03:48		-1386.009	0.001	191.834	0.001	-946.449	0.003	1689.257	0.004
7	HY01 - HY02	12/17 03:48		-2390.318	0.001	5.949	0.002	-1033.483	0.004	2604.178	0.005
8	HY03 - HY02	12/17 03:48		-1004.309	0.001	-185.883	0.001	-87.032	0.002	1025.067	0.003

Files　Occupations　Sites　Control Sites　Vectors　Repeat Vectors　Loop Closure　Control Tie　Adjustment Analysis　Network Rel. Accurac

Processing Summary:

图7-52　基线向量

⑦重复基线检验。即检查同一基线多次观测的长度之差是否达到规程要求。单击“Repeat Vectors”标签,查看“QA”栏是否有超限。

⑧同步环检验。单击“Loop Closure”标签,用鼠标在图形窗口中选择基线构成同步环。在“Loop Closure”标签中查看闭合差,如图7-53所示。

Workbook

	Loop Number	Loop QA	Vectors In Loop	Observed	Loop Length	X Miscl.	Y Miscl.	Z Miscl.	Length Miscl.
1	Loop 1		SWZH - HY01	12/17 00:43	7676.339	-0.001	0.000	-0.000	0.001
			SWZH - JXCH	12/17 00:40					
			JXCH - HY01	12/17 00:43					
4	Loop 2		JXCH - HY02	12/17 02:30	6790.606	-0.000	0.002	0.002	0.003
			JXCH - HY01	12/17 00:43					
			HY01 - HY02	12/17 02:30					
▸	Loop 3		HY03 - HY02	12/17 03:48	5318.502	0.000	-0.002	-0.001	0.002
			HY01 - HY03	12/17 03:48					

图 7-53　闭合环检验

⑨异步环检验。操作方法与同步环检验相同,只是构成闭合环的基线不是同步观测图形中的基线。

基线解算应当日进行。对不合格基线和观测数据文件应删除或第 2 天重测。

7. 网平差

(1)无约束平差

在如图 7-51 所示的起算点标签中,输入一个已知点坐标。单击“Run”目录下“Processing”菜单的“Adjustment”子菜单。程序开始平差计算。

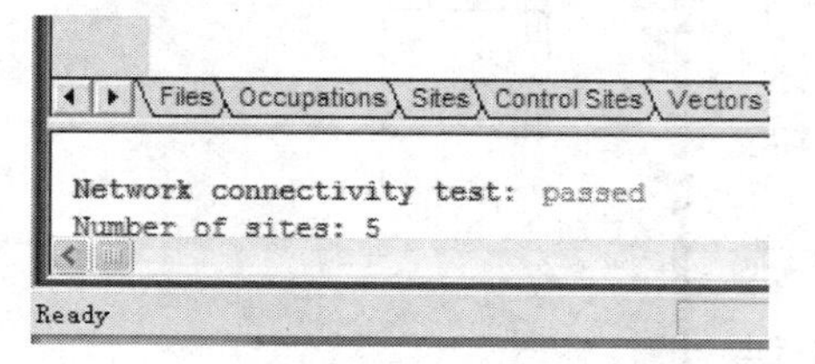

图 7-54　信息栏

无约束平差完成后应检查以下项目:

1)网连接性检验

查看工作簿下方的信息栏,如图 7-54 所示,查看 GPS 网是否连接。

2)单位权中误差检验

拉动信息栏滚动条,查看单位权中误差,如图7-55 所示。

3)χ^2 检验

查看方法如图 7-56 所示。此项检验如失败,应检查先验及后验单位权中误差。

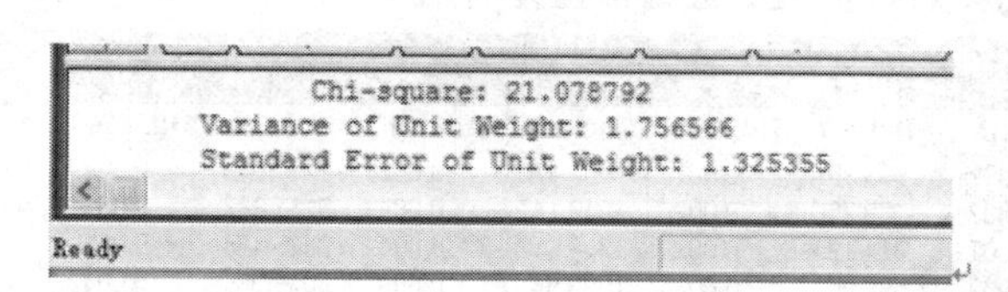

图 7-55　单位权中误差检验

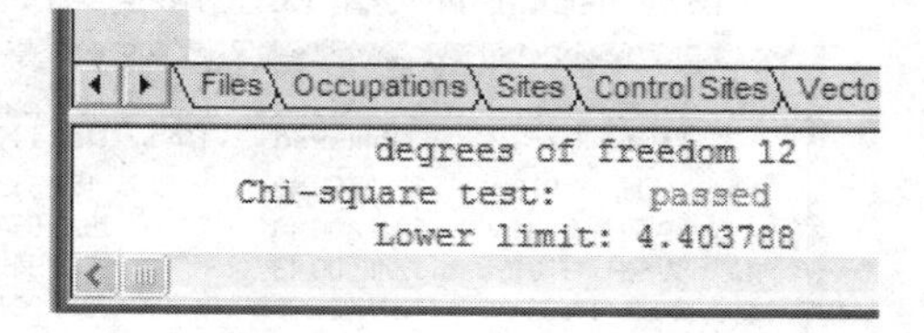

图 7-56　χ^2 检验

4)τ 检验

如图 7-57 所示,在“Adjustment Analysis”标签中查看“Tau Test”栏有无超限信息。

(2)约束平差

在如图 7-51 所示的起算点标签中,输入多个已知点坐标。单击“Run”目录下“Processing”菜单的“Adjustment”子菜单。程序开始平差计算。

在平差计算中,如果无约束平差未通过,说明观测数据质量不合格,应对观测数据加工或重测后重新平差。如果无约束平差通过而约束平差未通过,说明起算数据有问题,应输入其他起算数据重新计算。

Workbook

	From - To	Observed	Tau Test	Delta X	Std. Res.	Delta Y	Std. Res.	Delta Z	Std. Res.	Length	Std. Res.
1	JXCH - HY01	12/17 00:43		158.953	0.000	593.951	0.000	-956.470	0.001	1137.048	0.001
2	SWZH - JXCH	12/17 00:40		-2921.894	0.000	-269.756	-0.000	-1042.142	-0.000	3113.887	0.000
3	SWZH - HY01	12/17 00:43		-2762.941	-0.000	324.196	0.000	-1998.611	0.000	3425.404	0.000
4	JXCH - HY02	12/17 02:30		-2231.366	-0.001	599.906	0.000	-1989.947	-0.004	3049.388	0.004
5	HY01 - HY02	12/17 02:30		-2390.319	-0.001	5.954	-0.002	-1033.478	-0.006	2604.176	0.007
6	HY01 - HY03	12/17 03:48		-1386.010	-0.000	191.836	0.002	-946.447	0.002	1689.256	0.003
7	HY01 - HY02	12/17 03:48		-2390.319	-0.001	5.954	0.005	-1033.478	0.005	2604.176	0.007
8	HY03 - HY02	12/17 03:48		-1004.309	-0.000	-185.882	0.001	-87.031	0.001	1025.067	0.002

Files　Occupations　Sites　Control Sites　Vectors　Repeat Vectors　Loop Closure　Control Tie　Adjustment Analysis　Network Rel. Accuracy

degrees of freedom 12
Chi-square test:　passed

图 7-57　τ 检验

8. 作业计划

①单击工具菜单"Tools"下的"Planning"菜单项，打开如图 7-58 所示的任务计算工具软件。单击"Site list"菜单中的"Open"菜单项，从"Locus"安装目录中找到"bin"文件夹，从该文件夹中打开"usasites"文件，出现如图 7-59 所示的点位编辑工具。

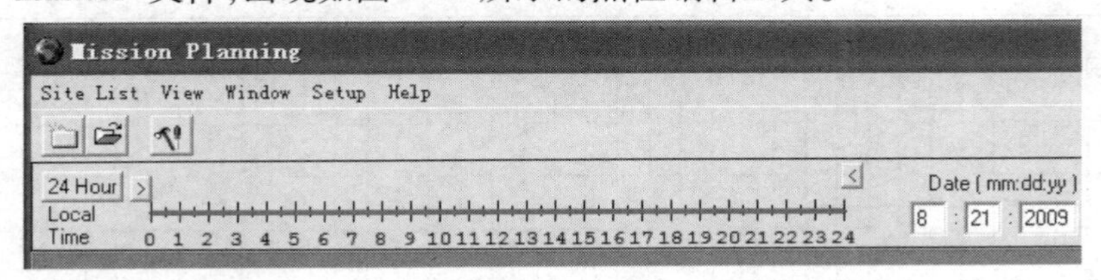

图 7-58　任务计划

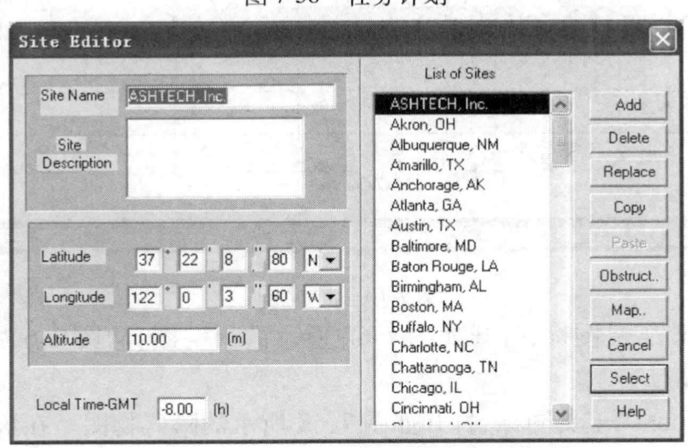

图 7-59　点位编辑

②输入测站点名、点的概略纬度和经度、卫星高度角和地方时 8，点击右侧的"Add"按钮，将测站点添加到点列表中，选择该点并单击"Select"按钮。

③单击工具栏中的"Options"按钮。打开如图 7-60 所示的计划选项对话框，单击"Change dir"(改变目录)按钮，从最近观测数据中找到最新的"alm"(历书)文件，单击"OK"按钮。

④单击"Dop plot"工具图标，打开 DOP 图如图 7-61 所示，从中查看 DOP 和可视卫星数。

从图 7-61 中可以看出，2009 年 8 月 21 日 8 点到 18 点，PDOP 均小于 4，可视卫星数最小 6 颗，最多 9 颗。

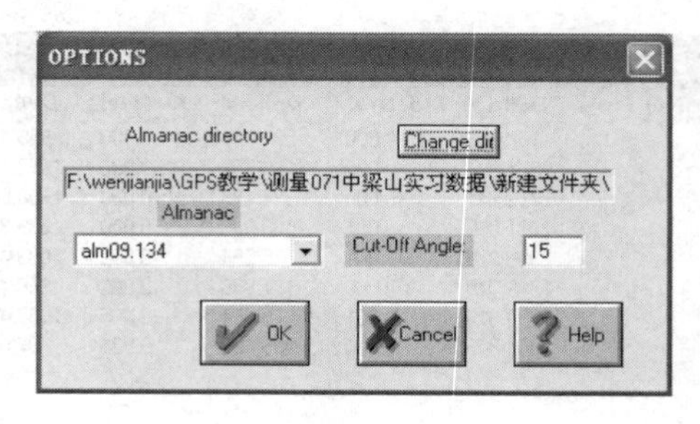

图 7-60　计划选项

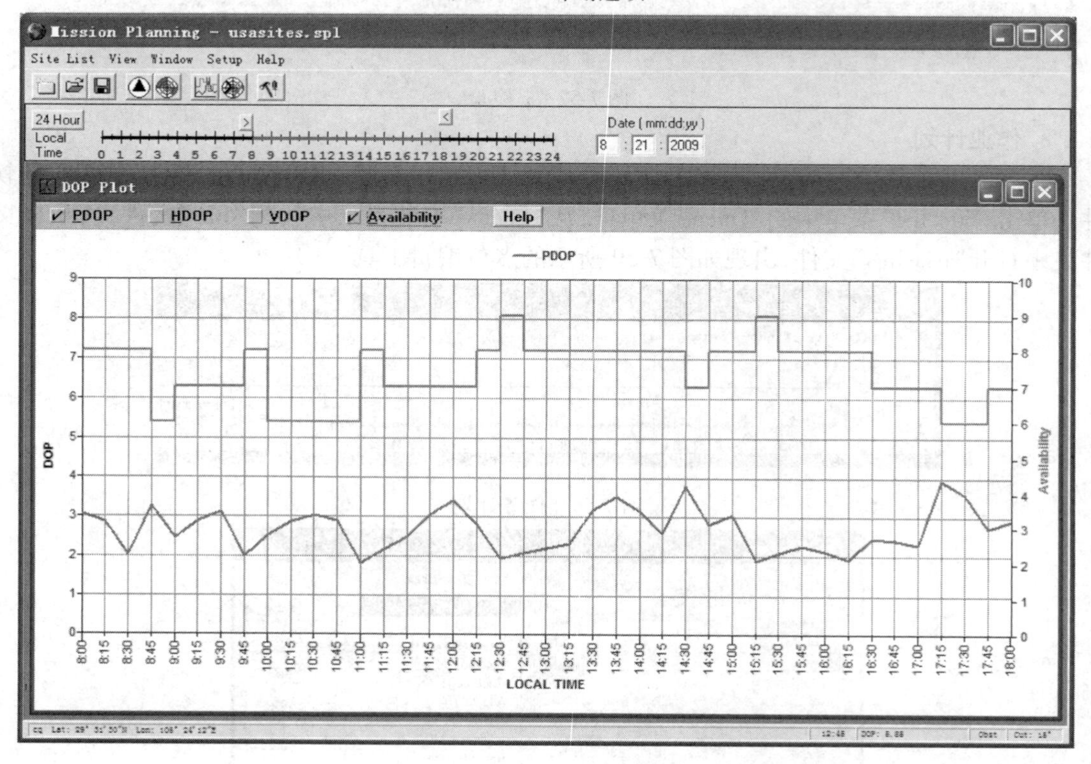

图 7-61　DOP 图

⑤单击“Sky plot”工具图标，打开如图 7-62 所示的天空图，从图 7-62 中查看卫星在天空中的分布及运行情况。

⑥单击“Obstructions”工具图标，打开如图 7-63 所示的障碍物图。在该图上可编辑测站周围卫星信号遮挡情况，并开成环视图。

9. 成果报告输出

①从“Project”菜单下选择“Report”，打开成果报告输出对话框，如图 7-64 所示。

②“Available Item”栏中的内容是工程中的文件，“Items to Report”栏中是输出文件。

③从“Available Item”栏中选取要输出的文件后，单击“Add”按钮，这些文件被添加到“Items to Report”栏中。单击“OK”按钮，生成 Word 文件输出。

以上介绍了 Ashtech Locus 数据处理软件的主要功能和基本操作方法，实际工作中，要根据 GPS 网的具体情况灵活使用。

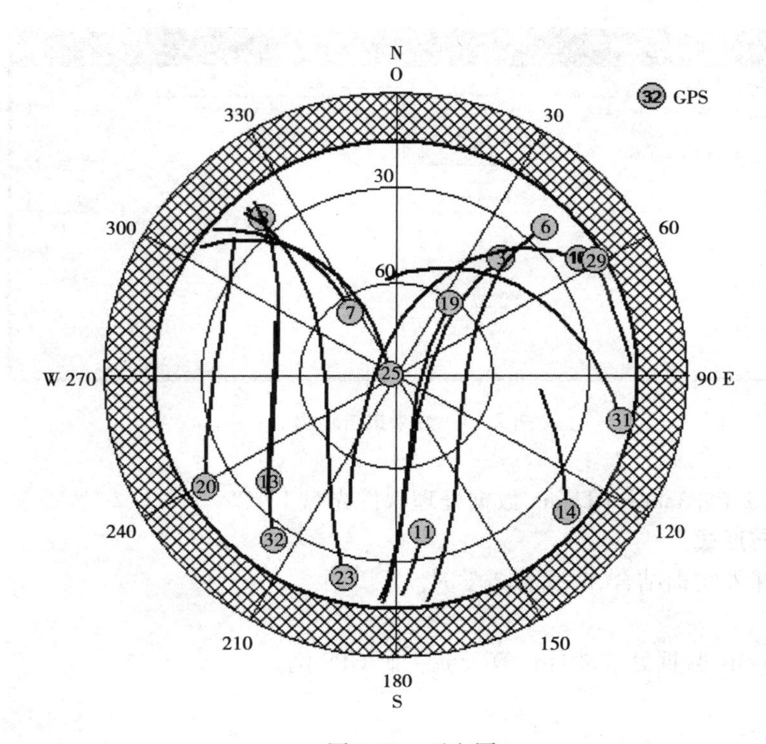

图7-62　天空图

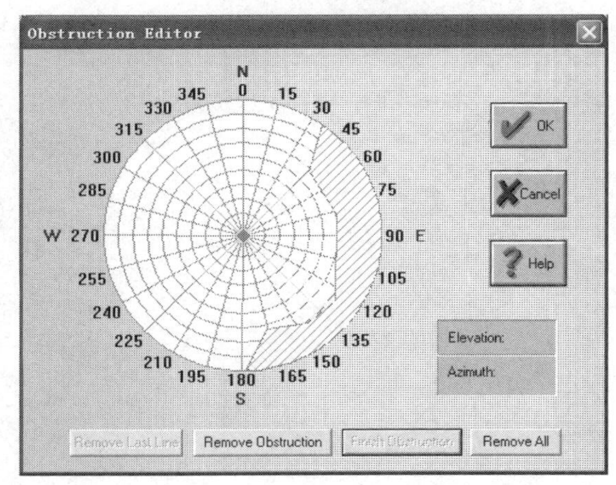

图7-63　环视图编辑

软件操作过程中,点击右键可收到事半功倍的效果。

【技能实训4】　Ashtech Locus 数据处理软件操作实训

1. 实训名称、时间、地点

实训名称:Ashtech Locus 数据处理软件操作实训。

实训时间:4学时。

实训地点:信息化实训室。

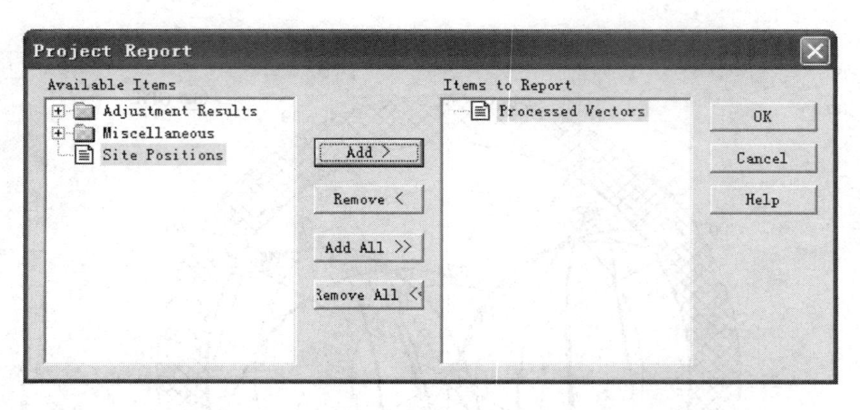

图 7-64 成果报告输出

2. 实训仪器

每人:计算机 1 台,Ashtech Locus 数据处理软件光盘 1 张。

3. 实训组织与形式

课堂实训与课外实训结合,时间各 2 学时。

4. 实训内容

用 Ashtech Locus 数据处理软件计算天弘一矿 GPS 网。

5. 实习要求

①计算方法正确。

②计算结果正确。

③成果保存。

6. 实训方法

①建立工程。

②添加数据。

③杂项设置。

④设置坐标系。

⑤基线解算。

⑥平差计算。

⑦作业计划。

⑧成果报告。

二、南方 GPS 数据处理软件

1. 软件安装与启动

双击软件压缩包,弹出如图 7-65 所示的安装向导,软件开始自解压,解压完毕进入软件安装的提示窗口,如图 7-66 所示。

图 7-65 解压窗口

然后按照安装向导提示,直到完成安装。

点击"南方 GPS 数据处理"桌面快捷方式进入基线处理软件,界面如图 7-67 所示。

图7-66　安装提示窗口

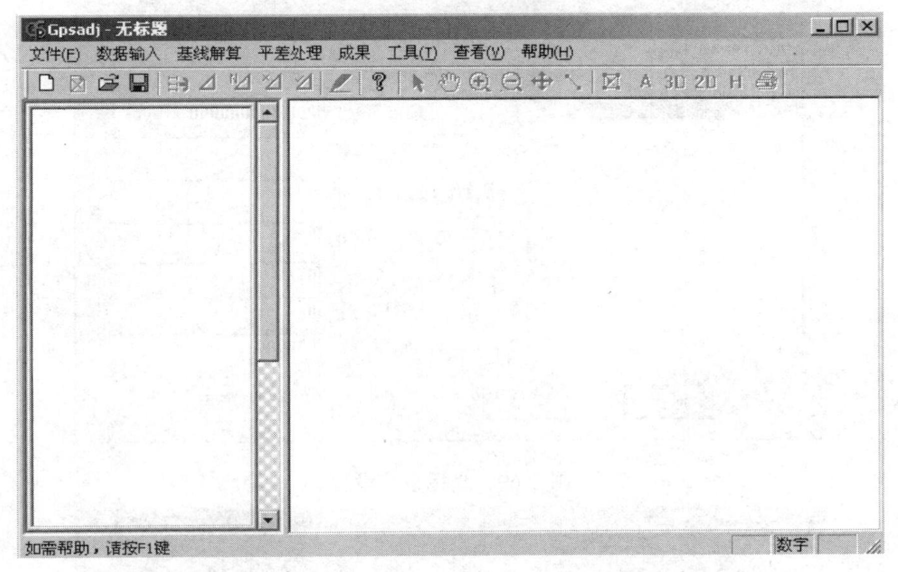

图7-67　GPS处理软件界面主界面

2. 新建工程

点击“文件”菜单下的“新建”项目，弹出如图7-68所示的界面。

在对话框中按照要求填入“项目名称”“施工单位”“负责人”，选择相应的“坐标系统”“分度带”“控制网等级”“基线剔除方式”，最后点击“确定”按钮，完成操作。

在图7-68建立项目中根据要求完成各个项目的填写，并点击“确认”按钮。在选择坐标系时若是自定义坐标系点击“定义坐标系统”按钮，弹出对话框如图7-69所示，根据“系统参数”中的配置完成自定义坐标系。

3. 从接收机下载数据

数据传输是通过数据传输工具软件进行的。在如图7-67所示的软件界面中，点击工具菜单中的南方接收机数据下载，打开数据传输工具软件，其界面如图7-70所示。

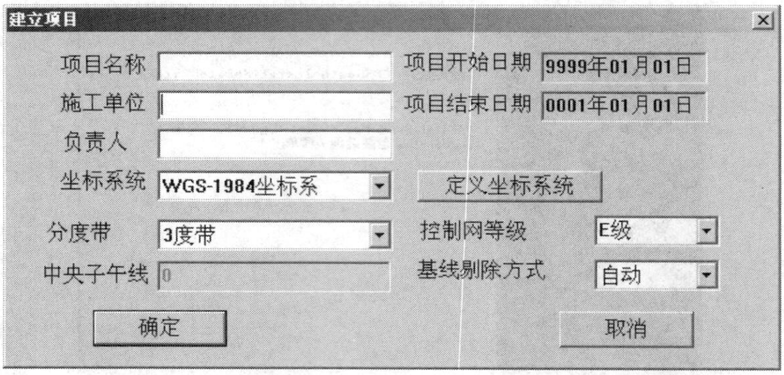

建立项目
项目名称
项目开始日期
9999年01月01日
施工单位
项目结束日期
0001年01月01日
负责人
坐标系统
WGS-1984坐标系
定义坐标系统
分度带
3度带
控制网等级
E级
中央子午线
0
基线剔除方式
自动
确定
取消

图 7-68　新建工程项目

坐标系统设置
坐标系统列表
WGS-1984坐标系
国家1954北京坐标系
国家1980西安坐标系
自定义坐标系统
系统参数
坐标系统
自定义坐标系统
椭球长半轴
6378245
扁率倒数
298.300000000
原点精度投影比
1
原点纬度[度.分秒]
0
中央子午线[度.分秒]
0
投影高
0
X向偏移[米]
0
Y向偏移[米]
500000
退出
新建
删除
应用

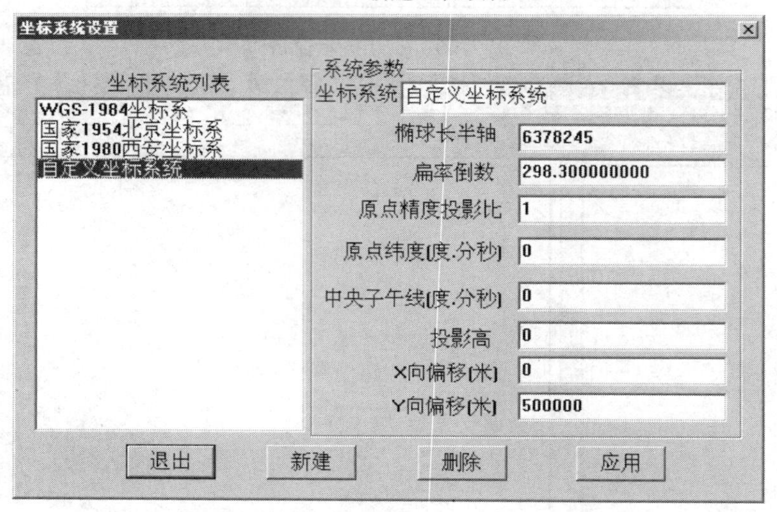

图 7-69　坐标系统设置

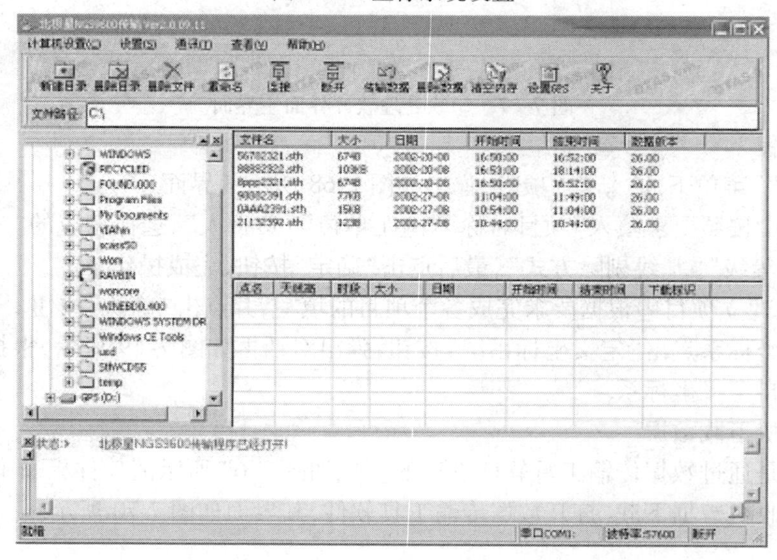

图 7-70　数据传输软件主界面

(1)菜单栏与工具栏

1)计算机设置菜单

计算机设置菜单主要是对文件夹等的操作,如图7-71所示。

①新建文件夹:输入文件夹名称,在当前路径下新建文件夹。选择该菜单后系统弹出如图7-72所示的对话框,输入要建立的文件夹的名称,单击“确定”按钮。

②删除文件夹:对选中的文件夹进行删除。

③删除文件:对选中的文件进行删除。

④重命名:对文件名进行设置。

⑤退出程序:退出数据传输程序。

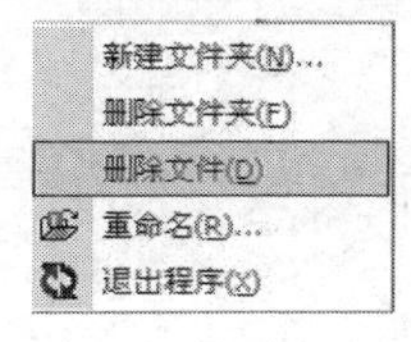

图7-71　计算机设置菜单

图7-72　新建文件夹对话框

2)设置菜单

设置菜单主要是对GPS接收机的操作,如图7-73所示。

①GPS设置:对高度角和采集间隔进行设置,选择该菜单后系统弹出如图7-74所示的GPS设置对话框,输入相应的采样频率值和卫星高度角,单击“确定”按钮即可。

图7-73　设置菜单

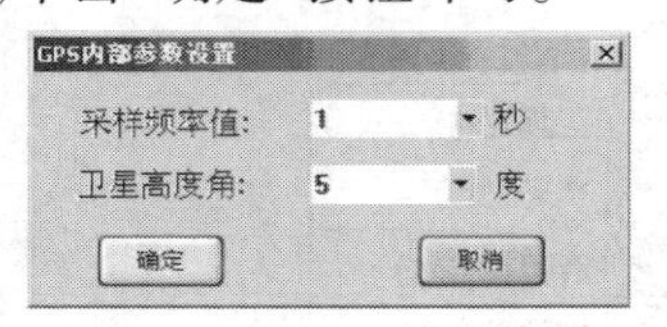

图7-74　GPS设置对话框

②删除数据:对9600内存中的数据进行选择删除。

③数据清空:对9600接收机内存中的数据全部清空。

3)通讯菜单

通讯菜单主要是进行计算机和GPS接收机通讯的设置,如图7-75所示。

①通讯接口:对通讯口和波特率进行设置,选择该菜单后系统弹出如图7-76所示的通讯参数设置对话框,选择计算机和GPS连接的接口,单击“确定”按钮即可。

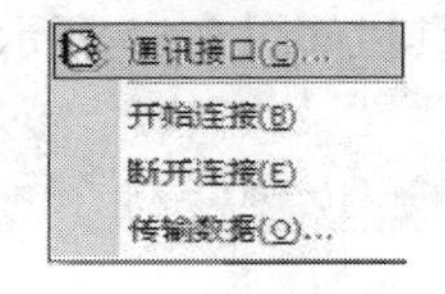

图7-75　通讯菜单

图7-76　通讯参数设置对话框

②开始连接:连接北极星9600。

③断开连接:断开和北极星9600的连接。

④传输数据:选择要传输的文件,执行此功能,弹出如图7-77所示的对话框。

选择对应的文件后,单击“开始”按钮,9600上的数据就会传输到计算机对应的目录下。在连通状态下执行此功能,可以对点名、天线高和时段号进行更改,点名为4个字母或数字组成。

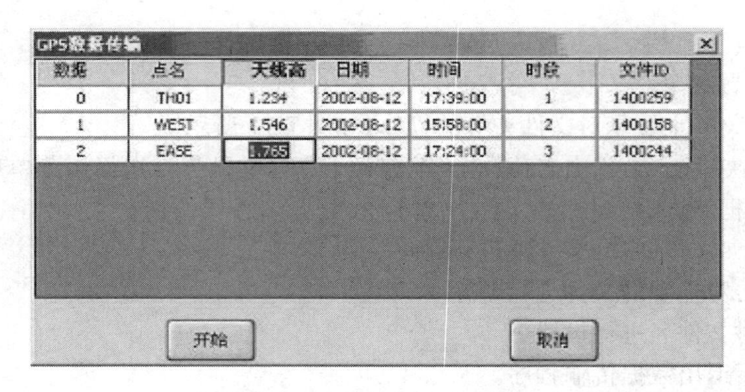

GPS数据传输
数据 点名 天线高 日期 时间 时段 文件ID
0 TH01 1.234 2002-08-12 17:39:00 1 1400259
1 WEST 1.546 2002-08-12 15:58:00 2 1400158
2 EASE 1.765 2002-08-12 17:24:00 3 1400244
开始
取消

图 7-77　传输数据对话框

4）查看菜单

查看菜单主要是进行传输软件本身界面的操作，如图 7-78 所示。

①工具栏：控制工具栏的可见性。

②状态栏：显示连接状态及传输进度。

③连接状态：对传输过程中各种状态进行跟踪显示。

④文件信息：显示计算机文件目录信息。

5）帮助菜单

帮助菜单主要是关于传输软件操作的在线帮助和 GPS 接收机注册等的操作，如图 7-79 所示。

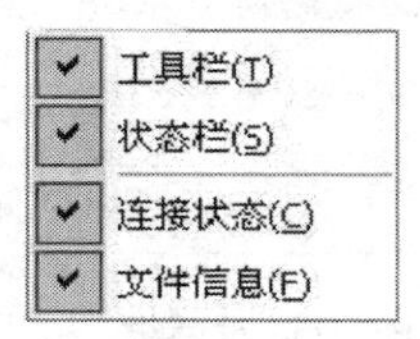

工具栏(T)
状态栏(S)
连接状态(C)
文件信息(F)

图 7-78　查看菜单

帮助主题(H)...
软件注册
关于StarTransfers(A)...

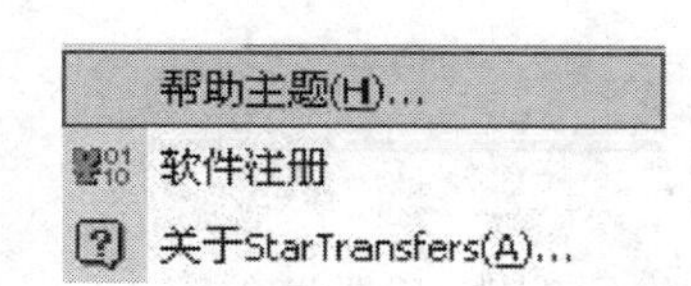

图 7-79　帮助菜单

①帮助主题：关于传输软件的在线帮助。

②软件注册：对 GPS 接收机注册，选择该菜单后系统弹出如图 7-80 所示的对话框，输入对应 GPS 接收机的注册码，单击“确定”按钮即可。

接收机注册
注册码：
确定
取消

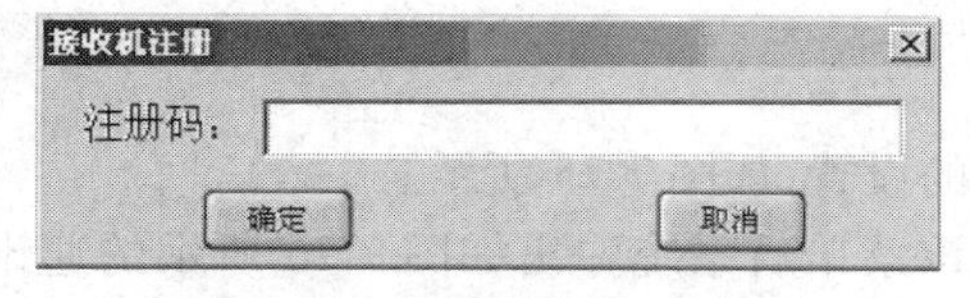

图 7-80　接收机注册对话框

6）工具栏

工具栏中菜单都为菜单项中的快捷方式，数据传输软件的工具栏如图 7-81 所示。

新建目录 删除目录 删除文件 重命名 连接 断开 传输数据 删除数据 清空内存 设置GPS 关于

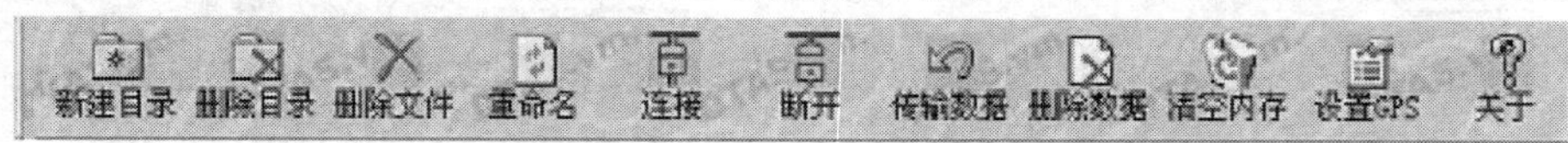

图 7-81　数据传输软件的工具栏

①
新建目录
：输入文件夹名称，在当前路径下新建文件夹。

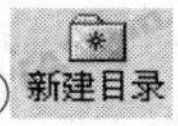

②
删除目录
：对选中的文件夹进行删除。

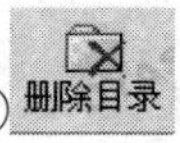

③
删除文件
：对选中的计算机中文件进行删除。

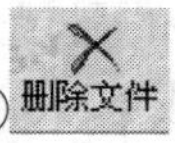

④重命名：对文件名进行设置。

⑤连接：连接北极星 9600 与计算机。

⑥断开：断开串口，中断北极星 9600 与计算机通讯。

⑦传输数据：选择要传输的文件，将它传回到计算机中。

⑧删除数据：对 9600 数据进行选择删除。

⑨清空内存：对 9600 接收机数据全部清空（慎用此命令，在确保数据都已安全传回电脑中，方可使用该命令，否则数据全部丢失）。

⑩设置GPS：对高度角和采集间隔进行设置。

7）状态栏

位于程序左窗口，显示用户每一步操作的详细过程。

8）程序视窗

位于程序右窗口，其中上半部分显示计算机中的文件内容，下半部分显示 9600 主机中的数据。

（2）数据传输

把野外的观测数据传输到计算机中的操作步骤如下：

1）连接前的准备

①保证 9600 主机电源充足，打开电源。

②用通讯电缆连接好电脑的串口 1（COM1）或串口 2（COM2）。

③要等待（约 10 s）9600 主机进入主界面后再进行连接和传输，初始界面不能传输。

④设置要存放野外观测数据的文件夹，可以在数据通讯软件中设置。

2）进行通讯参数的设置

①选择“通讯”菜单中的“通讯接口”功能，系统弹出如图 7-82 所示的通讯参数设置对话框。

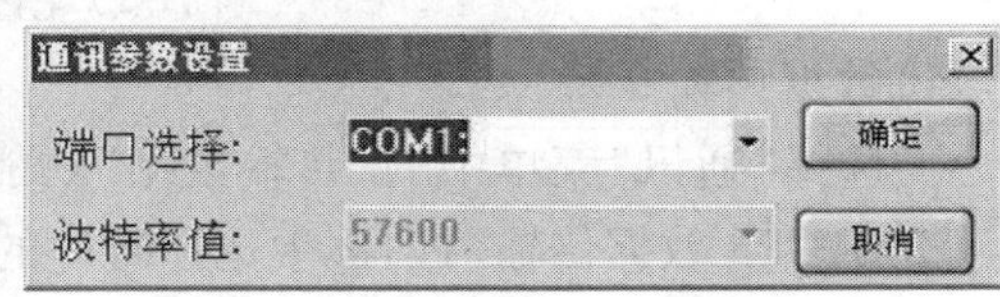

图 7-82　通讯参数设置对话框

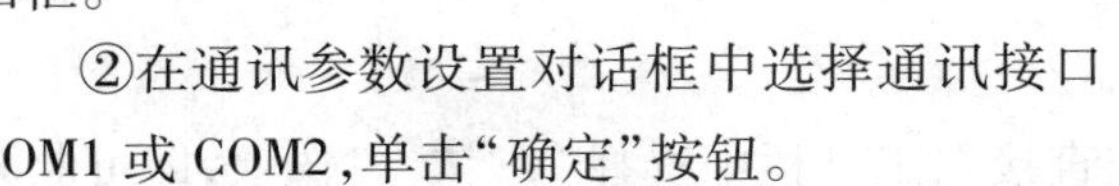

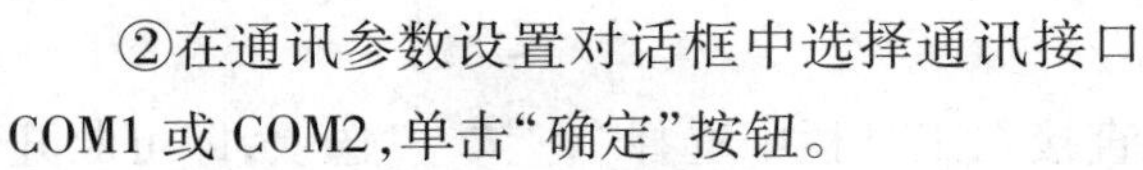

②在通讯参数设置对话框中选择通讯接口 COM1 或 COM2，单击“确定”按钮。

3）连接计算机和 GPS 接收机

选择“通讯”菜单中的“开始连接”功能或直接在工具栏中选择“连接”选项。如果在第 2 步中设置的通讯参数正确系统将连接计算机和 GPS 接收机，在程序视窗的下半部分显示 GPS 接收机内的野外观测数据，如图 7-83 所示。如果通讯参数设置不正确，请重复第 2 步的操作。

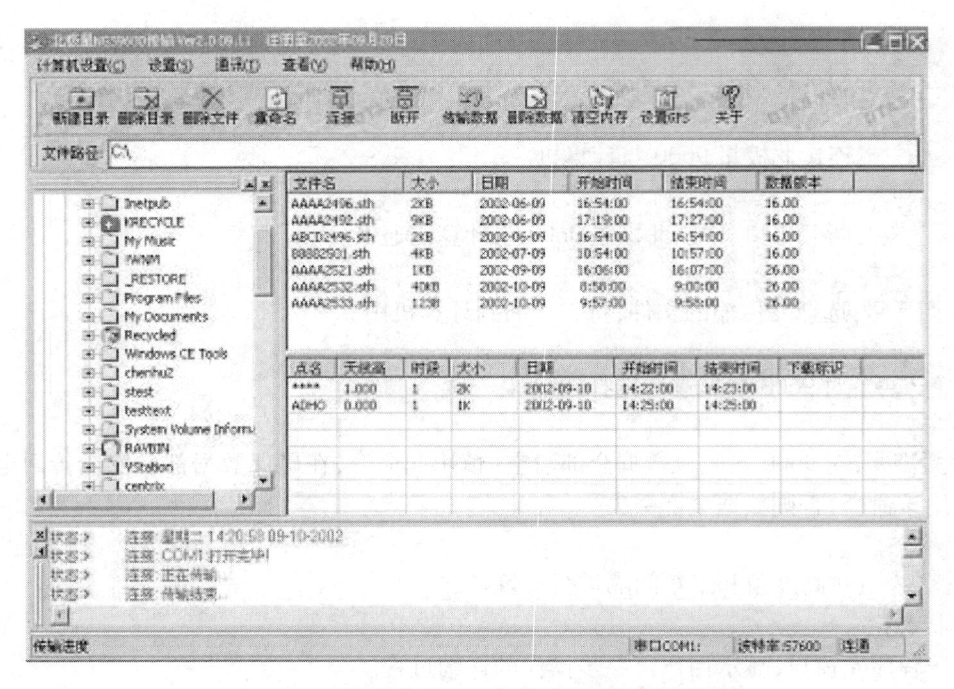

图 7-83　连接计算机和 GPS 接收机后的程序菜单

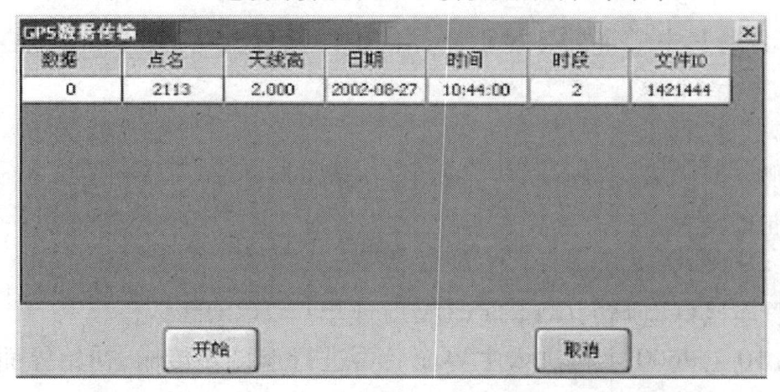

图 7-84　GPS 数据传输对话框

4)数据传输

①选择“通讯”菜单中的“传输数据”功能,系统弹出如图 7-84 所示的对话框。

②在 GPS 数据传输对话框中选择野外的观测数据文件,单击“开始”按钮。

5)断开连接

选择“通讯”菜单中的“断开连接”功能或直接在工具栏中选择“断开”选项,即可断开计算机和 GPS 接收机的连接。

(3)数据传输软件的扩展作用

1)输入注册码

注册码是保证用户正确、合法使用南方公司 GPS 产品的用户标识码,请用户妥善保管。注册 GPS 的步骤如下:

①选择“帮助”菜单中的“软件注册”功能,系统弹出如图 7-85 所示的对话框。

图7-85　接收机注册对话框

②在接收机注册对话框中的注册码编辑框中输入在南方公司申请到的注册码，单击“确定”按钮。

注意：注册码为21位，如果长度不足程序不能接受。

如果输入的注册码正确，系统提示注册成功对话框，如图7-86所示。

如果注册码错误，则提示注册码输入错误对话框，如图7-87所示。

图7-86　注册成功对话框

图7-87　注册失败对话框

2）检测注册码

连接GPS接收机和计算机，启动数据传输软件，在软件的标题栏会显示注册码的日期，如果提示的时间比当前的时间少，则表明注册码日期已到，可与开发商联系，索取正确的注册码。

3）设置功能

在数据传输软件中可以对GPS接收机采样间隔和卫星高度截止角进行设置。

在“设置”菜单下“GPS机设置”功能，弹出如图7-88所示的参数设置对话框。

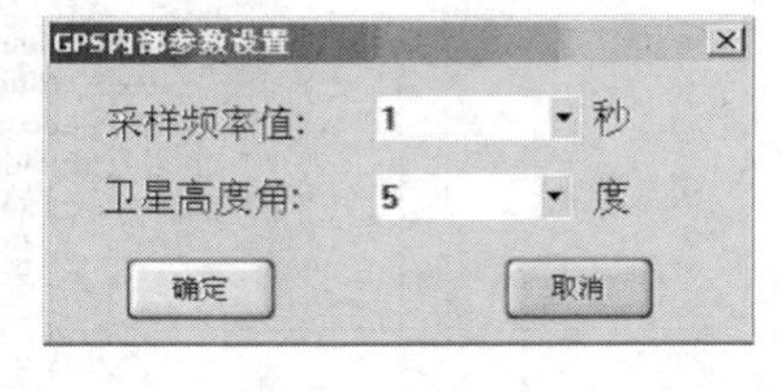

图7-88　参数设置对话框

采样频率值：设置采集间隔，例如设成5 s，则接收机每隔5 s采集一个历元数据，1 min则可采集12个历元数据。

卫星高度角即卫星截止角，若设成10°，则接收机只对水平仰角10°以上卫星锁定，而屏蔽10°以下的卫星。

参加作业的每台GPS的设置应该保持一致。如更改了一台GPS接收机的内部参数，其他的GPS接收机也应该更改成同样的内部参数。

4. 从磁盘增加观测数据

新建工程完成后，软件界面如图7-89所示。

从“数据输入”菜单中选择“增加观测数据文件”选项，出现如图7-90所示的选择文件路径对话框，从中选择观测文件所在文件夹及文件。点击“确定”按钮。

然后稍等片刻，调入完毕后，其网图如图7-91所示。

点击左侧快捷键窗口中“观测数据文件”，可显示每个原始数据文件的详细信息，包括所在路径，每个观测站数据的文件名、点名、天线高、采集日期、开始和结束时间、单点定位的经纬

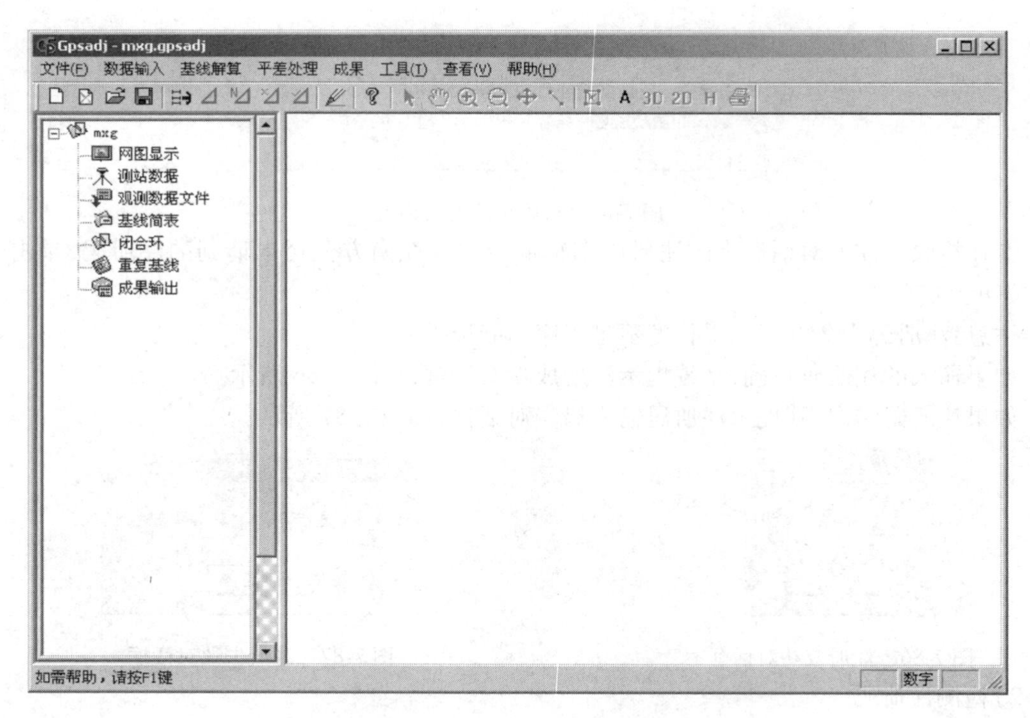

图 7-89　主界面

图 7-90　打开数据文件

度大地高等。在该状态下，可以增加或者删除数据文件以及修改点名和天线高。

点击左侧快捷键窗口中“测站数据”，可输入已知点坐标。

5. 解算基线

(1)基线解算设置

在基线处理前对基线的解算条件进行设置，点击“设置”菜单中的“基线处理设置”菜单项，弹出基线设置对话框如图 7-92 所示。图中各项目的含义如下：

1)设置作用选择

全部解算：对所有调入软件的观测数据文件进行解算。当一条基线解算结束并解算合格(一般情况下要求比值即方差比大于 3.0)后，网图上表示的基线边将变红。不合格的基线将

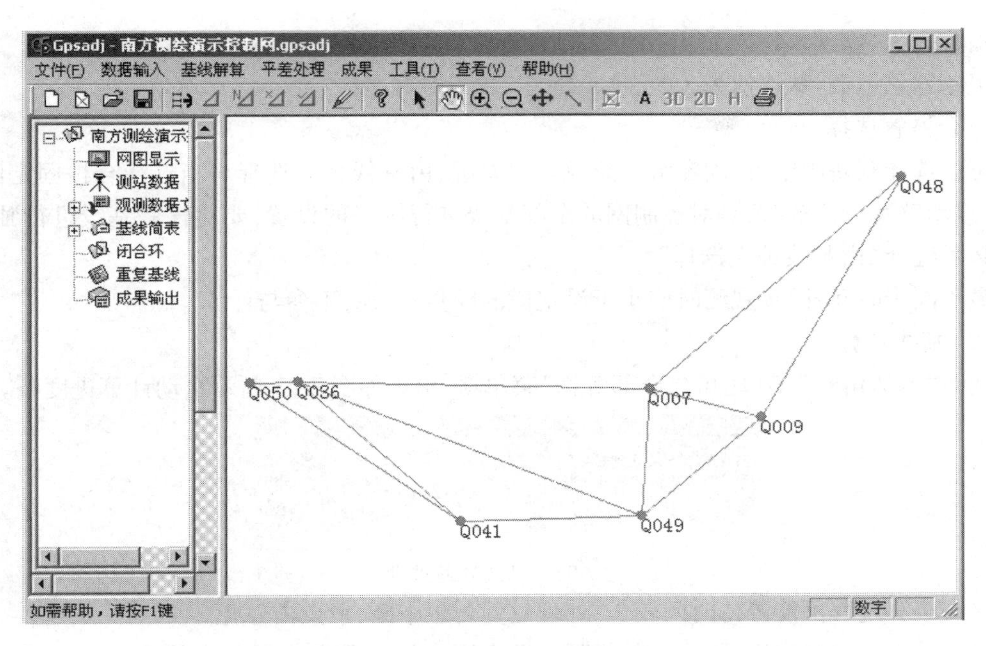

图 7-91　演示网图

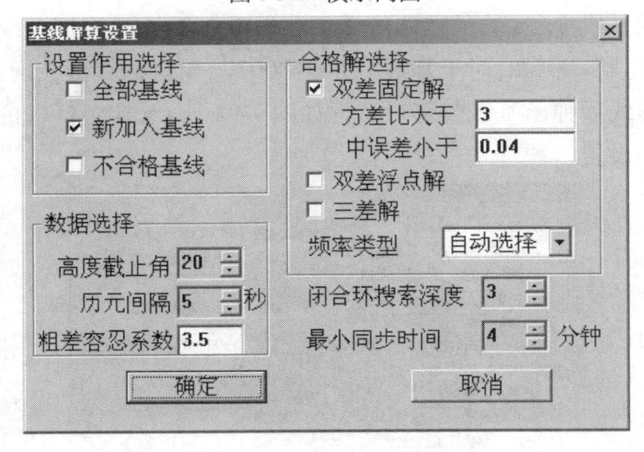

图 7-92　基线处理设置窗口

维持灰色。

新增基线：对新增加进来的基线单独解算。

不合格基线：软件只处理上次解算后不合格的基线。

2）数据选择

高度截止角：即卫星高度角截止角，通常情况下取其值为 20.0（°），用户也可以适当地调整使其增大或者减小，但应当注意，当增大卫星高度截止角时，参与处理的卫星数据将减少，因此要保证有足够多的卫星参与运算，且 GDOP 良好，在卫星较多时，取 20.0 较为适宜。默认的设置为 20.0。

历元间隔：指运算时的历元间隔，该值默认取 5 s，可以任意指定，但是必须是采集间隔的整数倍。例如，采集数据时设置历元间隔为 15 s，而采样历元间隔设定 20 s，则实际处理的历元间隔将为 30 s。

粗差容忍系数:默认值为 3.5。

3)合格解选择

可以选择双差固定解、固定解、浮动解、三差解、由基线独立选择。当选择合格固定解、固定解、浮动解及三差解时,是对控制网的全部基线进行统一的设置,要对任一基线进行独立设置则必须选择“由基线独立选择”。

最小同步时间:同步观测时间小于设定值的同步基线将不参与计算。

(2)基线解算

选择“基线解算”菜单中的“全部解算”菜单项,出现如图 7-93 所示自动计算进度条。

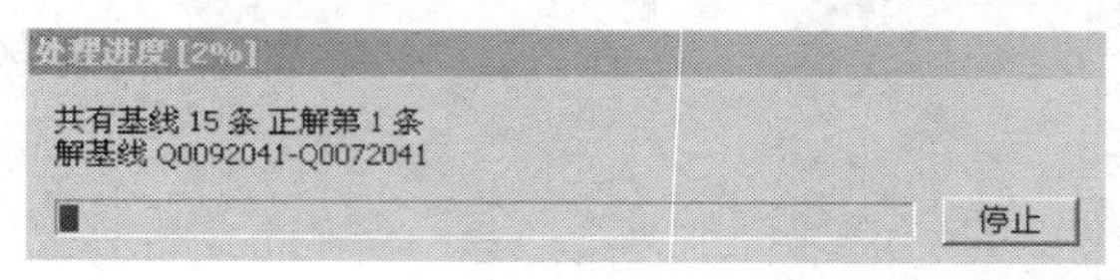

图 7-93　基线处理进度条

这一解算过程可能等待时间较长,处理过程若想中断,请点击停止。

基线处理完全结束后,网图中基线颜色已由原来的绿色变成红色或灰色。基线双差固定解方差比大于 2.5 的基线变红(软件默认值 2.5),小于 2.5 的基线颜色变灰色。灰色基线方差比过低,可以进行重解。例如,对于基线“Q009-Q007”,用鼠标直接在网图上双击该基线,选中基线由实线变成虚线后弹出基线解算对话框如图 7-94 所示,在对话框的显示项目中可以对基线解算进行必要的设置。

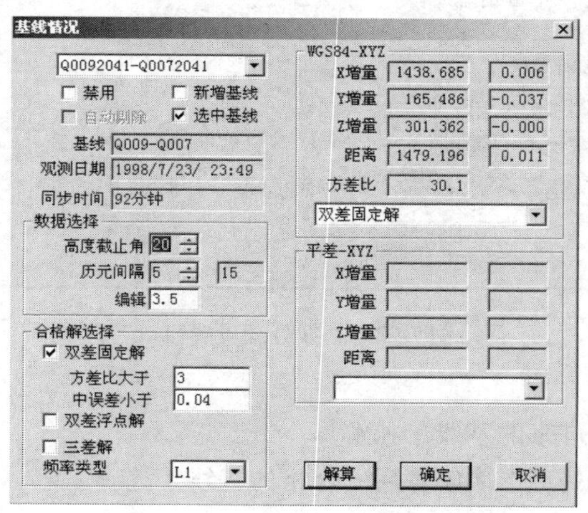

图 7-94　基线情况

Q0092041-Q0072041
Q0092041-Q0072041
Q0092052-Q0072052

图 7-95

基线解算对话框各项设置的意义和使用说明如下:

Q0092041-Q0072041:显示当前处理的基线。当基线“Q009-Q007”中存在重复基线,可点击右端的小三角框选择要修改的重复基线,如图 7-95 所示。

文件“Q0092041”中“Q009”表示点名,“204”表示测量日期是 1 年 365 天中的第 204 天,

“1”表示时段编号。

禁用　新增基线　自动剔除　选中基线:在白色小方框中单击鼠标左键后小方框中出现小钩,表示此功能已经被选中。“禁用”表现禁用当前的基线;“新增基线”表示当前基线为新增基线;“选中基线”表示当前基线为正在处理的选中基线。

数据选择　高度截止角 20　历元间隔 5　15　编辑 3.5:数据选择系列中的条件是对基线进行重解的重要条件。可以对高度截至角和历元间隔进行组合设置完成基线的重新解算以提高基线的方差比。历元间隔中的左边第1个数字历元项为解算历元,第2项为数据采集历元。当解算历元小于采集历元时,软件解算采用采集历元,反之则采用设置的解算历元。“编辑”中的数字表示误差放大系数。

“合格解选择”为设置基线解的方法。分别有“双差固定解”“双差浮点解”“三差解”3种,默认设置为双差固定解。

在反复组合高度截至角和历元间隔进行解算仍不合格的情况下,可点状态栏基线简表查看该条基线详表。点击左边状态栏中“基线简表”,点击基线“Q0092041-Q0072041”,显示栏中会显示基线详情,如图7-96所示。

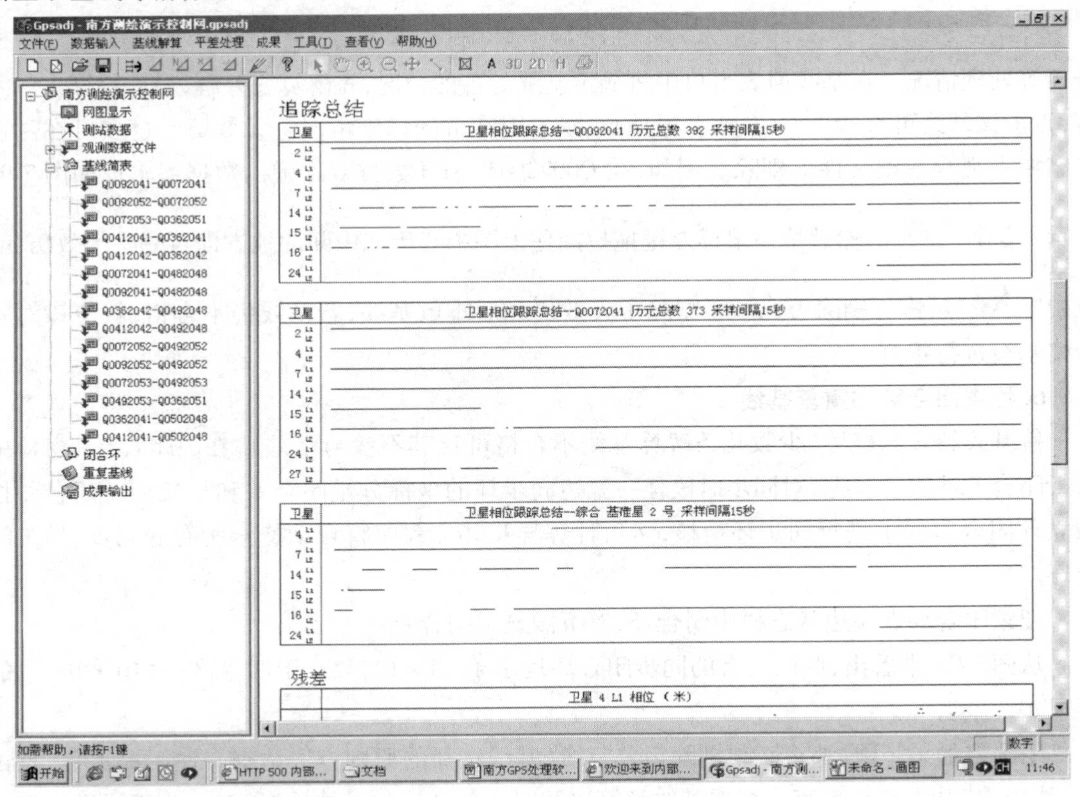

图7-96　基线详解

图7-96中详细列出了每条基线的测站、星历情况,以及基线解算处理中周跳、剔除、精度

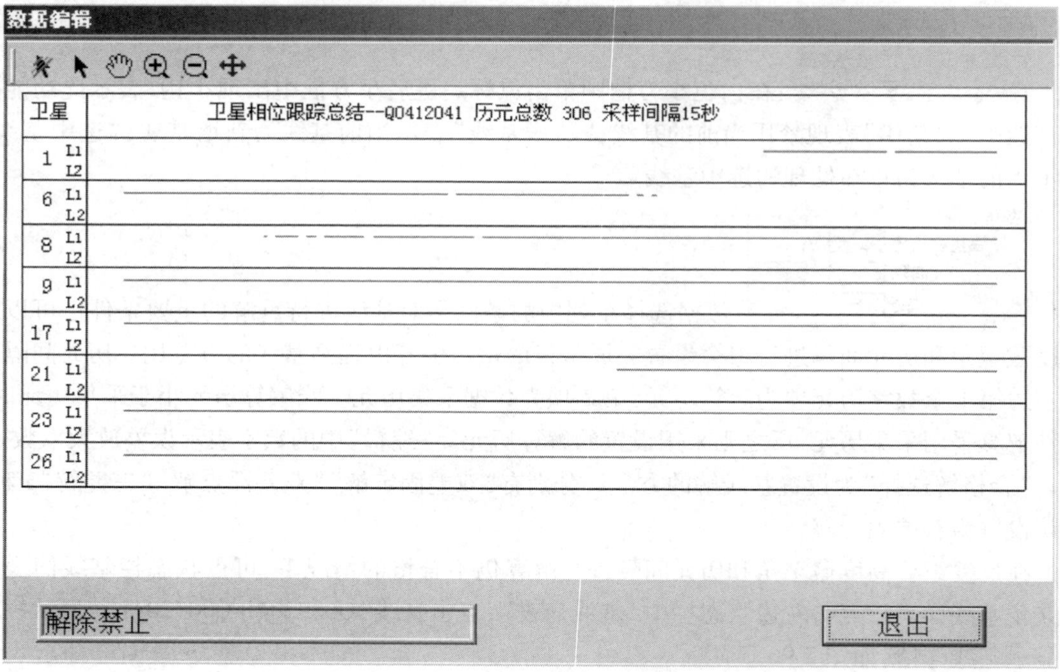

数据编辑

卫星	卫星相位跟踪总结--Q0412041 历元总数 306 采样间隔15秒
1 L1 L2	
6 L1 L2	
8 L1 L2	
9 L1 L2	
17 L1 L2	
21 L1 L2	
23 L1 L2	
26 L1 L2	

解除禁止　　退出

图 7-97　数据编辑

分析等处理情况。在基线简表窗口中将显示基线处理的情况，先解算三差解，最后解算出双差解，点击该基线可查看三差解、双差浮动解、双差固定解的详细情况。无效历元过多可在左边状态栏中观测数据文件下剔除。例如，在 Q0072041. STH 数据双击弹出数据编辑框如图 7-97 所示。点中“ ”，然后按住鼠标左键拖拉圈住上图中有历元中断的地方即可剔除无效历元，点中“  ”可恢复剔除历元。在删除了无效历元后重解基线，若基线仍不合格，就应该对不合格基线进行重测。

6. 检查闭合环和重复基线

待基线解算合格后(少数几条解算基线不合格可让其不参与平差)，在“闭合环”窗口中进行闭合差计算。首先，对同步时段任一三边同步环的坐标分量闭合差和全长相对闭合差按独立环闭合差要求进行同步环检核，然后计算异步环。程序将自动搜索所有的同步、异步闭合环。

搜索闭合环点左边状态栏中闭合环，有下图显示闭合差：

从图 7-98 中看出，此网所有的同步闭合环均小于 10×10^{-6}，小于四等网($\leqslant10\times10^{-6}$)的要求。

闭合差如果超限，那么必须剔除粗差基线(基线选择的原则方法请查看使用提示)。点击“基线简表”状态栏重新算。根据基线解算以及闭合差计算的具体情况，对一些基线进行重新解算，具有多次观测基线的情况下可以不使用或者删除该基线。当出现孤点(即该点仅有一条合格基线相连)的情况下，必须野外重测该基线或者闭合环。

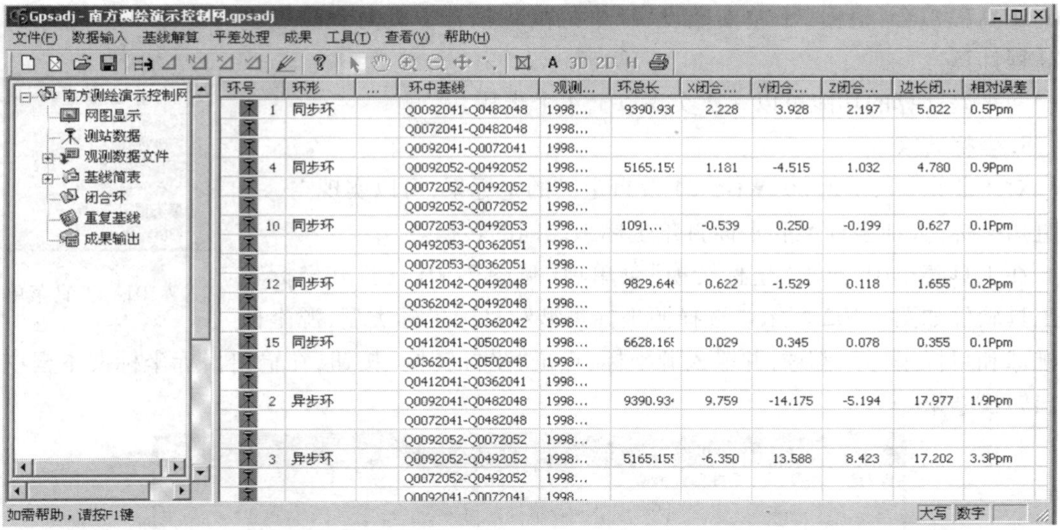

环号	环形	…	环中基线	观测…	环总长	X闭合…	Y闭合…	Z闭合…	边长闭…	相对误差
1	同步环		Q0092041-Q0482048	1998…	9390.93(	2.228	3.928	2.197	5.022	0.5Ppm
			Q0072041-Q0482048	1998…						
			Q0092041-Q0072041	1998…						
4	同步环		Q0092052-Q0492052	1998…	5165.15!	1.181	-4.515	1.032	4.780	0.9Ppm
			Q0072052-Q0492052	1998…						
			Q0092052-Q0072052	1998…						
10	同步环		Q0072053-Q0492053	1998…	1091…	-0.539	0.250	-0.199	0.627	0.1Ppm
			Q0492053-Q0362051	1998…						
			Q0072053-Q0362051	1998…						
12	同步环		Q0412042-Q0492048	1998…	9829.64(	0.622	-1.529	0.118	1.655	0.2Ppm
			Q0362042-Q0492048	1998…						
			Q0412042-Q0362042	1998…						
15	同步环		Q0412041-Q0502048	1998…	6628.16!	0.029	0.345	0.078	0.355	0.1Ppm
			Q0362041-Q0502048	1998…						
			Q0412041-Q0362041	1998…						
2	异步环		Q0092041-Q0482048	1998…	9390.93	9.759	-14.175	-5.194	17.977	1.9Ppm
			Q0072041-Q0482048	1998…						
			Q0092052-Q0072052	1998…						
3	异步环		Q0092052-Q0492052	1998…	5165.15!	-6.350	13.588	8.423	17.202	3.3Ppm
			Q0072052-Q0492052	1998…						
			Q0092041-Q0072041	1998…						

图 7-98　闭合环

点 名	状 态	北 向 X	东 向 Y	高 程	大 地 高
Q007	xyH	3424416.455	435526.496	478.490	
Q049	xyH	3422789.008	435769.851	542.040	
请选择					

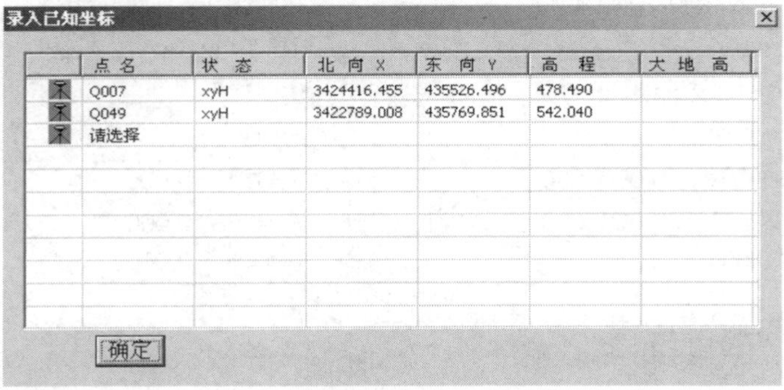

图 7-99　录入已知数据

7. 网平差及高程拟合

(1)数据录入

输入已知点坐标,给定约束条件。

在本例控制网中,Q007、Q049 为已知约束点,在点击“数据输入”菜单中的“坐标数据录入”,弹出对话框如图 7-99 所示,在“请选择”中选中“Q007”,单击“Q007”对应的“北向 X”的空白框后,空白框就被激活,此时可录入坐标。通过以上操作最终完成已知数据的录入。

(2)平差处理

进行整网无约束平差和已知点联合平差。根据以下步骤依次处理:

①自动处理:基线处理完后点此菜单,软件将会自动选择合格基线组网,进行环闭合差。

②三维平差:进行 WGS-84 坐标系下的自由网平差。

③二维平差:把已知点坐标带入网中进行整网约束二维平差。但要注意的是,当已知点的点位误差太大时,软件会提示如图 7-100 所示。在此时点击“二维平差”是不能进行计算的。用户需要对已知数据进行检合。

图 7-100

④高程拟合：根据“平差参数设置”中的高程拟合方案对观测点进行高程计算。

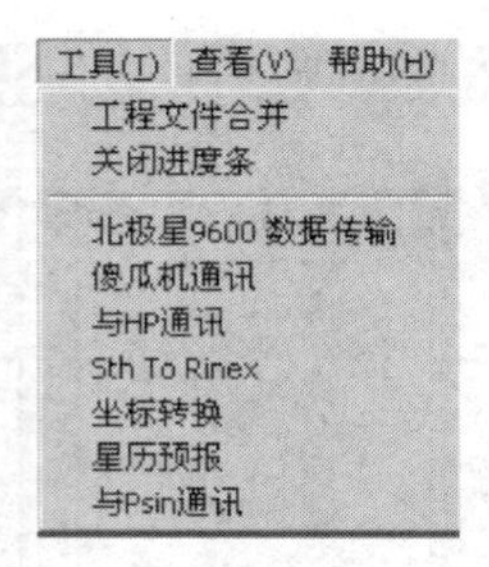

图 7-101　工具菜单

网平差计算的功能可以一次实现以上 4 个步骤。

8. 坐标转换

对于北京 54、全国 80、WGS-84 及自定义的坐标系，可以实现空间直角坐标、大地坐标系和平面直角坐标系之间的转换。

在工具菜单中，点击“坐标转换”菜单项（见图 7-101），打开坐标转换工具软件如图 7-102 所示。选择源坐标类型和目标坐标类型，源坐标系椭球和目标坐标系椭球，并输入源坐标，点击“坐标转换”按钮，在输出目标坐标文本框中显示出转换结果。

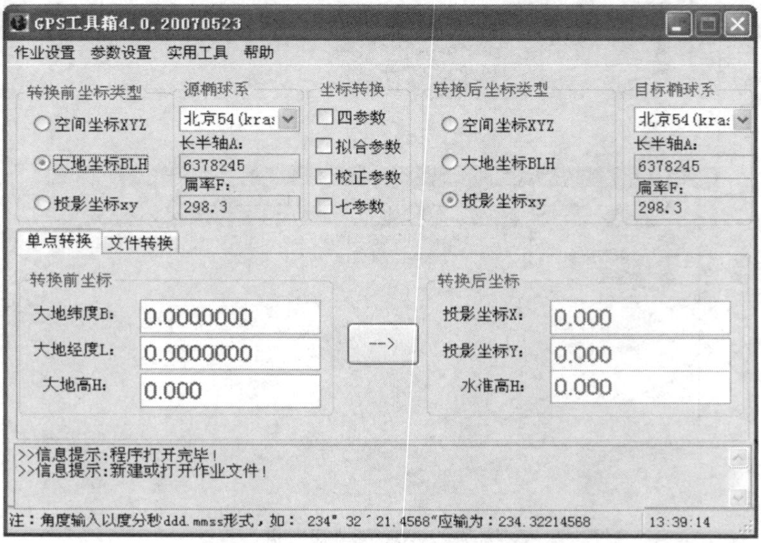

图 7-102

9. 数据格式转换

在成果菜单中点击“Rinex”输出菜单项，打开如图 7-103所示的选择目标文件目录对话框，点击目标文件夹，则将文件夹中所有的南方格式文件转换成“Rinex”格式。

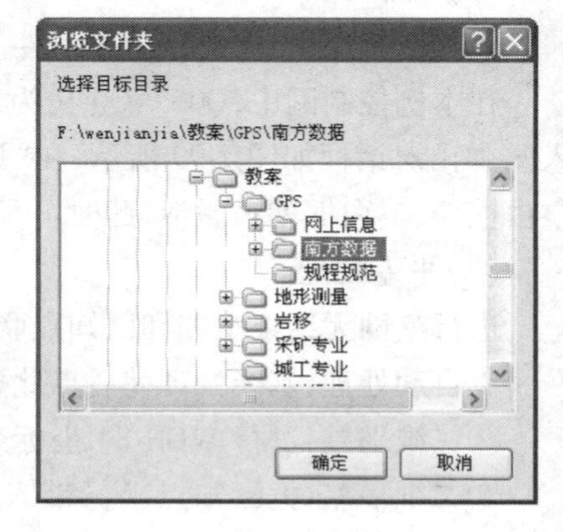

图 7-103　选择格式转换的文件夹

10. 星历预报

在工具菜单中点击“星历预报“，打开如图 7-104 所示的星历预报工具软件，从中可以查看卫星数、DOP、卫星分布和卫星轨道等信息，以便选择最佳观测时间。

11. 成果输出

点击如图 7-105 所示的“成果”菜单，可输出基线解算、网平差等成果。

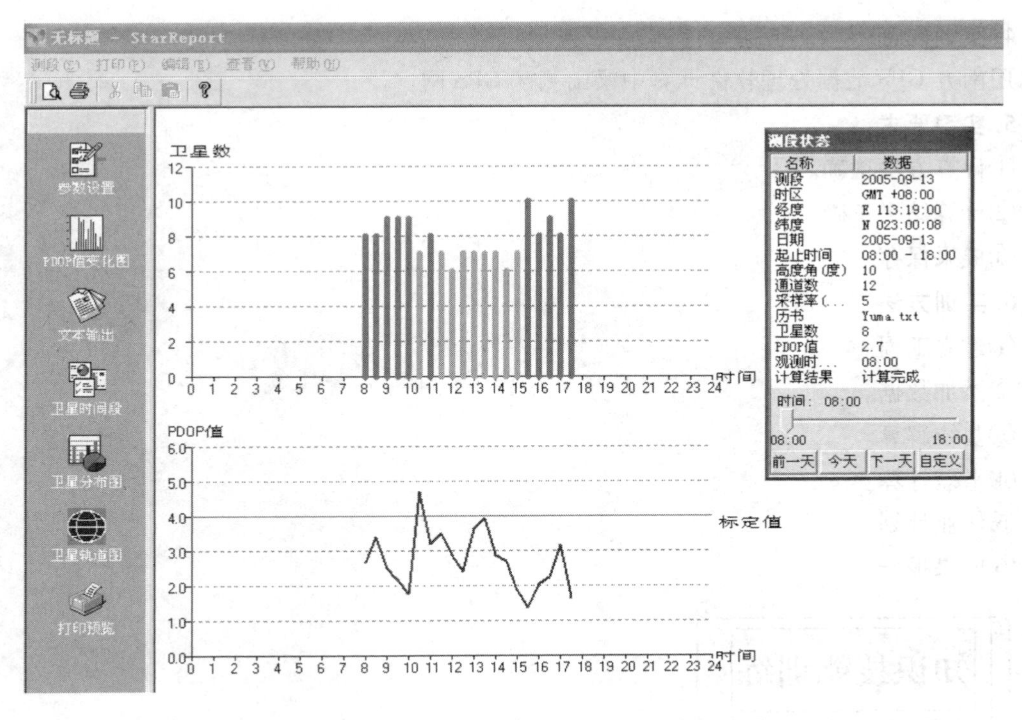

图 7-104

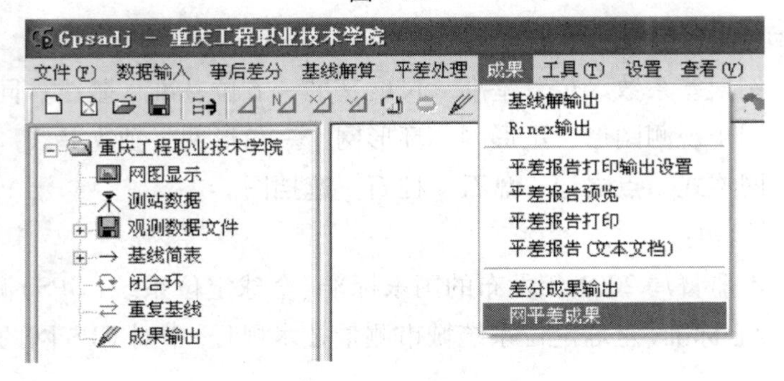

图 7-105　成果输出

【技能实训 5】　南方数据处理软件操作实训

1. 实训名称、时间、地点

实训名称：南方 GPS 数据处理软件操作实训。

实训时间:4 学时。

实训地点:信息化实训室。

2. 实训仪器

每人:计算机 1 台,南方 GPS 数据处理软件光盘 1 张。

3. 实训组织与形式

课堂实训与课外实训结合,时间各 2 学时。

4. 实训内容

用南方 GPS 数据处理软件计算中梁山测区 GPS 网。

5. 实习要求

①计算方法正确。

②计算结果正确。

③成果保存。

6. 实训方法

①建立工程。

②添加数据。

③基线解算。

④平差计算。

⑤作业计划。

⑥成果报告。

7-1　解释下列名词：

固定误差　比例误差系数　位置基准　尺度基准　方位基准　基线　同步观测　时段　同步环　异步环　同步观测图形　星形网　环形网　三角形网　独立基线　同步图形扩展式　点连式　边连式　网连式　点之记　盘石　柱石　遮挡图。

7-2　回答下列问题：

①国家质量技术监督局 2001 年发布的国家标准《全球定位系统（GPS）测量规范》和建设部 1997 年发布的行业标准《全球定位系统城市测量技术规程》中对 GPS 网的精度等级是如何划分的？

②怎样确定首级网精度等级？

③基准设计包括哪些内容？怎样设计？

7-3　完成 × × 测区 GPS 网的技术设计。

7-4　GPS 网选点时对点位有哪些要求？

7-5　Ashtech Locus 接收机和北极星 9600 接收机各有哪些主要性能指标？

7-6　Ashtech Locus 接收机的开关键有哪些功能？指示器灯有哪些显示信息？

7-7　用 Ashtech Locus 接收机和北极星 9600 接收机各观测一个微边三角形，并与钢尺量边成果比较。

7-8　外业观测工作有哪些基本要求？

7-9　分别用 Ashtech Locus 和北极星 9600 观测由 6 个点组成的短边网，边长为 2 km。

7-10　GPS 数据预处理包括哪些内容？

7-11　对GPS基线解算结果进行检核的目标是什么？检核的内容有哪些？请说明各自的作用。

7-12　GPS基线向量网平差有哪些内容？各起何作用？

7-13　如何将GPS高程观测结果变为可实用的正常高程结果？如何保障GPS高程的精度？

7-14　一项GPS工程应上交哪些技术成果资料？

7-15　杂项设置中各项目有何意义？如何设置？

7-16　基线解算的质量检核有哪些？

7-17　三维无约束平差和三维约束平差各起何作用？

学习情境 8

GPS 测量技术的应用

教学内容

GPS 在大地测量、地形测量、变形观测、工程建设、海洋测绘、测时测速中的应用。

知识目标

了解 GPS 在大地测量中的具体应用;掌握各种大地测量参考基准的差异;掌握 GPS 测量在地球动力学中如何应用;掌握 GPS 在工程建设中的主要应用内容;掌握 GPS 测量在各种变形监测中的具体应用方法和内容。

技能目标

能够准确描述 GPS 定位在大地测量中应用的具体方法和内容;能够运用 GPS 进行常规工程测量;能够运用 GPS 进行各种变形监测;能够应用 GPS 进行常规地形测量。

GPS 系统的建立给定位技术带来了革命性的巨大变化。从最初为全球导航目的而研发,到近期已成功用于各个专业领域与人们的日常生活。30 多年来,GPS 技术已发展成多领域、多模式、多用途、多机型的国际性高新技术产业,GPS 信号成为一种重要的资源。随着 GPS 系统的不断发展与完善,其应用领域也在不断扩展。

子情境 1　GPS 在大地测量及控制测量中的应用

应用 GPS 静态定位技术在多个测站长时间观测,再经过事后数据处理,可以在数百公里甚至上千公里的距离上达到厘米级甚至毫米级的精度,因而为大地测量和地震监测,以及研究地球动力学、地壳运动、地球自转和极移等提供了新的理想的观测手段。

一、GPS在大地测量中的应用

GPS在大地测量方面的应用最为广泛和成熟。时至今日，可以说GPS定位技术已完全取代了用常规测角、测距手段建立大地控制网的方法，成为大地控制测量的主要技术手段。GPS在大地测量中的应用大体上包括以下几个方面：

①建立和维持高精度的三维地心参考基准；

②建立全球或国家的高精度GPS网；

③加密或扩展地区性的GPS控制网；

④检核、分析与改进原有的地面控制网；

⑤确定高程与进行精化大地水准面研究。

1.现代大地测量参考基准

传统大地测量由于受到观测技术的限制存在局限性，特别是传统大地测量在参考基准上的局限性，随着技术进步表现得越来越明显。

首先，传统大地测量采用的坐标系统是一种非地心的参考基准。传统的大地坐标系所提供的位置基准、方向基准与尺度基准取决于所采用的参考椭球的大小、定位与定向参数，以及大地原点的起算数据。不同的定位与定向方式，或者不同的大地原点的起算数据决定了不同的大地坐标系，因此，传统大地测量坐标系统不是严格意义上的地心坐标系。

其次，传统大地坐标系是一种近似的三维坐标参考系。众所周知，传统大地坐标系统是由二维水平坐标系统与正高和大地水准面差距（或正常高加高程异常）所构成的垂直坐标系合成的，因此，它同样不是严格意义上的三维参考系。

再次，传统大地坐标系统是一种静态的坐标参考基准。传统大地坐标系统忽略了地球的各种变化，如极地的变化、地球自转速度的变化、地球表面不同块体间的相对运动与变化，认为所有参考点的坐标都是固定不变的。然而由于上面提到的地球本身的运动和变化，可以使参考点的坐标每年产生大到几个厘米的变化。因此，静态的坐标参考基准随着时间的推移，其误差将越来越大。

除此以外，静态的坐标参考基准通常由各个国家或地区自己定义和建立，具有明显的地区性，不同的国家和地区其参考基准不同，不能适应全球实时导航、定位，以及全球性的地壳运动与气象、海洋监测需要。再由于受到观测仪器、计算工具与计算方法的限制，传统大地坐标系的精度通常只能达到$10^{-5}\sim10^{-6}$，对于现代高精度测量已不能起到“控制”和“基准”的作用。

自20世纪60年代以来，随着空间技术（如VLBI、SLR、LLR等）的进步，特别是近年来GPS的迅速发展，建立和维持一个基于空间技术的现代大地测量参考系统已成为可能。

2.国家高精度GPS网

由于ITRF是全球坐标参考框架，其框架点的密度不能满足区域大地测量应用要求，因此，自20世纪80年代后期以来，一些国家和地区通过高精度的GPS测量建立区域性的与ITRF框架一致的三维地心坐标参考基准。

ITRF在欧洲的测站点称为ETRF（European terrestrial reference frame），是ITRF的一部分，但其密度远不能满足欧洲大地测量坐标基准的需要。1989年，欧洲通过一次大规模的GPS会战（近100个测站），并采用ETRF89（ETRF框架，1989.0历元）的站坐标作为固定基准，建立了欧洲89参考框架EUREF89，如图8-1所示。

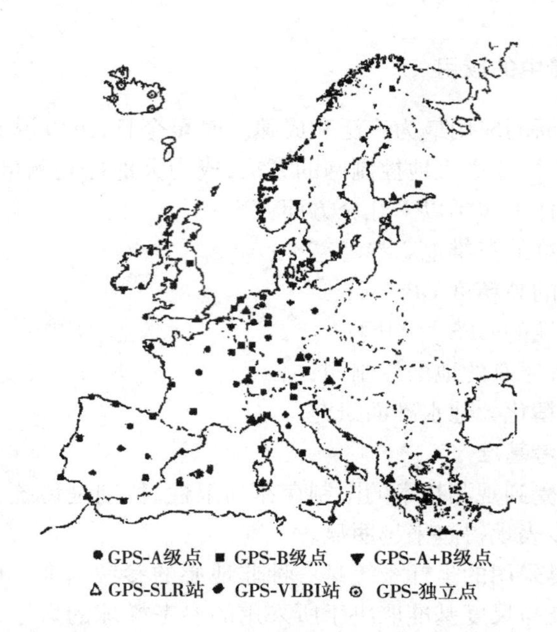

图 8-1　欧洲参考框架网 EUREF89

我国于 1992 年首次进行全国范围的大规模 GPS 会战,建立了 ITRF 坐标框架下的 1992 国家 GPS A 级网。1996 年为了进一步提高 A 级网的精度,由国家测绘局组织 A 级网进行复测。1991—1997 年,由国家测绘局组织建立了覆盖全国的国家精度 GPS B 级网。B 级 GPS 网由 818 个点组成,其中大部分重合了原天文大地网的天文点、三角点或重力点,新埋设的仅 89 个点。全部 B 级网点都联测了精密水准。布设 B 级网的目的除了建立我国新一代基于 GPS 等空间技术的三维地心坐标框架外,另一个重要目的是为了改善我国似大地水准面的精度和分辨率,以满足基础测绘、资源勘查和环境变化监测,以及经济和国防建设的需要。考虑到我国幅员辽阔,经济发展不平衡的特点,国家 GPS B 级网的布设采用了不同的分辨率,其中,沿海经济发达地区平均点距为 50 ~ 70 km,中部地区为 100 km,西部地区为 150 km。

B 级网的内业数据处理同样采用 GAMIT 软件进行,以国家高精度 A 级 GPS 网点坐标为基准,按同步图形逐一递推。另外又用 BERNESE 软件(瑞士伯尔尼大学研制)解算部分基线,以检核 GAMIT 软件解算基线的正确性。基线解算时卫星轨道固定。GPS 网平差前依据不同情况将全网分成 25 个子网,然后采用 PowerADJVer2.0 软件分别进行三维无约束平差。其目的是通过粗差分析和方差分量因子分析以剔除粗差,改善基线观测量的方差协方差阵的相互兼容性和实际可靠性,从而提高全网的平差精度。最后在进行全网三维约束平差时,首先,将经过子网无约束平差剔除了粗差,又经过方差协方差分析修正后的基线作为观测量。我国建成的高精度国家 A、B 级 GPS 网已成为我国现代大地测量和基础测绘的基本框架,将在国民经济建设中发挥越来越重要的作用。国家 A、B 级 GPS 网以特有的高精度把我国传统天文大地网进行了全面改善和加强,从而克服了传统天文大地网的精度不均匀、系统误差较大等传统测量手段不可避免的缺点。通过求定 A、B 级 GPS 网与天文大地网之间的转换参数,建立起了地心参考框架和我国国家坐标的数学转换关系,从而使国家大地点的服务应用领域更宽广。利用 A、B 级 GPS 网的高精度三维大地坐标,并结合高精度水准联测,从而大大提高了确定我国大地水准面的精度,特别是克服我国西部地区大地水准面存在较大系统误差的缺陷。

3. 地区性 GPS 大地控制网

国家高精度 GPS 网的网点密度远不能满足城市建设、工程勘测、土地与资源调查等 GPS 应用领域的需要，因此，需要对 A、B 级网加密，建立 C、D、E 级 GPS 网。除此之外某些工程项目，特别是一些大型工程项目，如水坝、高速公路、桥梁、矿区等，需要布设专用的 GPS 工程控制网。国家 C 级网的平均边长为 10 ~ 15 km、D 级网为 5 ~ 10 km、E 级网为 2 ~ 5 km，通常可作为城市或者矿区的一、二级控制，要求联测国家坐标系。专用的 GPS 工程控制网其平均边长可由数百米到数十公里不等，坐标系统往往采用自定义的工程椭球建立地方独立坐标系。GPS 定位具有精度高、速度快和费用低等优点，因此，目前地区性的大地控制网已基本被 GPS 网所取代。

二、GPS 在地球动力学研究中的应用

地球动力学是研究地球各种运动状态及其力学机制的一门学科。它所研究的运动，包括地球整体的自转和公转运动、地球内部、地壳、水圈、大气圈的物质运动等。

这些运动的力学机制涉及地球内部的结构、物理性质和物质运动，如地核与地幔、地幔与地壳的相互作用；地磁场和重力场的精细结构及其变化；地球水圈和大气圈的大规模物质运动；地球所在的宇宙空间中的引力场和电磁场的作用以及地球和太阳系的起源和演化；等等。

除上述有重大意义的基础理论的研究外，对地球自转速度与极移的研究，还关系到确定地面观测站在宇宙空间的精确位置和地球坐标系在空间的指向，这是地面精密测绘和宇宙飞船跟踪所需要的参数。板块运动和断层位移，则是大地测量和地震监测所需要的资料。板块和断裂构造同地下矿藏、能源的分布有关。因此，地球动力学研究有明显的实际意义。

GPS 在地球动力学研究中的应用主要包括：测定现代板块运动速率；监测区域性地壳运动；研究地球自转速度与重力场变化等。

1. 现代板块运动

地球动力学研究表明，地壳被划分为若干个彼此相对运动的刚性板块，构造活动主要发生在板块的边缘。板块运动的理论来源于 20 世纪 60 年代赫斯与迪茨提出的海底扩张观点。按照这一观点大洋岩石圈在地壳较为薄弱的洋中脊处裂开，地幔中炽热的岩浆从这里涌出，并冷却结成新的大洋岩石圈，把先期形成的岩石圈向两侧对称地推挤，导致洋底不断扩张。另一方面，在假设地球的体积和面积不变的情况下，大洋岩石圈也必然在大陆边缘的海沟处沿着消减带向大陆岩石圈之下俯冲，消亡于软流圈中。因此，海底扩张实质上是全球洋壳在不断循环变化，$2 \times 10^8 \sim 3 \times 10^8$ 年内更新一次。海底扩张说的确凿证据是海底岩石年龄的分布：以年龄最新的大洋中脊为轴，向两侧呈对称地分布，离中脊越远越老，如图 8-2 所示。

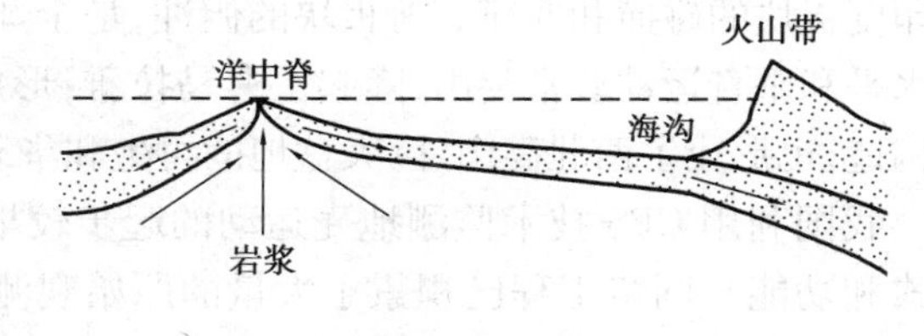

图 8-2　海底扩张

2. GPS 在全球与洲际板块运动监测中的应用

证明板块运动的主要方法，是在各板块上设立固定观测站，利用空间测量技术（VLBI、SLR、LLR）等，长期观测各站的位置及各站间长度、高差的变化。对各时期观测资料的分析，就可发现板块之间移动的速度和移动的方向。到 1985 年止，全球已建立了包括 44 个站的板块运动监测网，通过观测发现大西洋在扩大，太平洋在缩小。

上述空间技术与 GPS 相比,不但设备庞大而且维护费用也较高。为了用 GPS 技术监测全球或洲际板块运动,1992 年全球组织 GPS 地球动力学联测,联测的结果显示了 GPS 定位技术具有高精度测量地面点位及监测地球动态变化的巨大能力。这次联测的成功,促使全球 GPS 的国际合作,国际大地测量协会(IAG)成立了一个 GPS 的机构——国际地球动力学 GPS 服务(IGS)。其目的就是提供为全球的地球动力学研究和大地测量 GPS 方面的服务。IGS 有一个中央局,几个数据采集中心和几个数据分析中心。IGS 的全球跟踪网由全球 2 000 多个基准站组成,目前我国的 IGS 基准站有上海、武汉、拉萨、西安、昆明、北京、乌鲁木齐和台北。

同时,IGS 的数据中心还提供 IGS 跟踪站的 GPS 数据。IGS 自 1994 年起正式运行,目前 IGS 提供的 GPS 卫星的综合星历的定轨精度为 5 ~ 10 cm。大部分 IGS 基准站的地心坐标精度优于 1 cm。位移速率的精度达 1 ~ 3 mm/a。

3. GPS 在区域性地壳运动监测中的应用

目前,除了监测全球与洲际板块运动的 IGS 全球网外,在板块边缘地壳运动剧烈,地震活动频繁的地区也已布设了许多区域性的 GPS 监测网。

在美国西部从阿拉斯加到加利福尼亚沿板块边界区建立了多个永久台与流动台结合的监测网,其中包括在加州南部由 250 个观测站组成的永久性密集网。这些台网产生的数据已服务于地震监测与科学研究,其中包括区域性中长期地震危险性估计,地壳结构、断层演化过程及地震破裂动力学过程研究等。

日本作为一个地震灾害频繁的国家,建立了由 1 200 多个固定 GPS 观测站组成的日本地壳运动连续观测网络,大大强化了对日本列岛地壳运动和变形的监测。由观测资料初步确立了由于太平洋与菲律宾板块下插造成地壳形变的运动学模型,并在局部地区观测到由于断层及岩浆活动造成的地表形变,为研究形变源的时空演化提供了重要基础。

我国位于欧亚板块的东南端,被印度板块、菲律宾海板块、西伯利亚和蒙古板块所包围,它受到印度板块的碰撞和菲律宾海板块的俯冲,是全球板块及板内地壳构成运动最强烈的地区。它的水平和垂直运动非常突出,隆起了喜马拉雅,形成了青藏高原,创造了好几条大尺度的走滑断裂构造,也形成了西北高山、巨大盆地的再生和华北新生代裂陷伸展构造以及很强的地震活动。

我国利用 GPS 技术监测地壳运动的起步较早,从根本上改善了我国地球表层的动态监测方式和功能。网络工程已积累了大量的原始观测数据,其中有部分全球网的观测数据。利用网络工程的观测资料,我国可以自主发布 GPS 卫星精密星历,提供给国内大地测量、军事测绘等应用领域,摆脱了精密星历完全依赖国外的历史。连续产出目前国内精度最高的我国地壳运动图,包括我国内地的三维运动速率矢量图、主要构造块体间相对运动图及各基准站位移的时间序列图,为地震预报、国土规划及经济建设服务。此外,改进了我国地心坐标系,提高了地面点的地心坐标精度,精化了我国大地控制网。网络工程的建成提高了我国对大地震的预测预报能力。基准网、基本网 GPS 联测的基线长度相对精度平均为 3×10^{-9},这一精度可以监测地壳运动的变化并提供相关信息。

4. GPS 连续大地参考站系统

在应用 GPS 定位技术监测全球板块运动与区域地壳运动中,广泛应用了 GPS 连续大地参考站系统。

目前,IGS 全球监测网、美国南加州地壳运动监测网以及我国地壳运动观测网络工程等都配了适当数量的 GPS 连续大地参考站。利用参考站的连续监测数据,不但可提高监测网的精度,并且可实现一网多用,建成 GPS 综合服务网,即兼顾形变监测、高精度控制、发布 RTK 与 RTD 信号,甚至提供气象服务等。我国深圳、上海等大城市都相继建成了 GPS 综合服务网,为城市建设和市民生活服务。

子情境 2　GPS 在工程测量中的应用

目前,在工程测量中 GPS 技术已在许多工程测量领域中获得应用,如桥梁工程和隧道工程,铁路、公路等各种线路工程,水利工程,管道工程等。在摄影测量与遥感技术中,GPS 也已经在航测外业控制点联测、航空摄影导航、遥感定位以及 GPS 辅助空中三角测量等许多方面获得应用。

一、GPS 在桥梁与隧道控制测量中的应用

近年来,随着铁路和公路建设的飞速发展,建设大跨度桥梁与隧道贯通工程也发展很快。GPS 在大型桥梁工程与隧道工程中已经获得广泛应用。采用 GPS 静态相对定位技术建立桥梁与隧道施工控制网,既能满足工程精度要求,又能提高功效、满足工程进度要求。因此,GPS 定位技术在桥梁与隧道控制测量中已获得广泛的应用。

1. GPS 大桥控制测量

GPS 大桥控制网通常采用桥梁轴线坐标系。具体做法,可以联测或者假定桥梁主轴线上的一个控制点坐标为位置基准,以正桥轴线作为 y 轴,并以此确定 GPS 网的方位基准,而网的尺度基准由高精度测距仪器(ME5000 等)测定的正桥轴线两端控制点间的长度来确定。GPS 大桥控制网的投影面可以选用正桥高程面,控制点的布设应遵循以下原则:

①正桥轴线方向上,除桥位控制点以外,两岸至少应各设置 1 ~ 2 个方向控制点。

②GPS 网可由三角形或大地四边形组成,最适宜的方案是布设成以正桥轴线为公共边的多个大地四边形组成的网形。

③控制点应布设在两岸与正桥轴线两侧,控制与桥轴线的垂距,应不小于桥梁轴线长的 0.6 倍。在选点时应注意满足 GPS 对点位的要求,并考虑交会桥墩时对控制点位置的要求。

④相邻控制点之间应力求通视,在有困难的情况,也要保证每个控制点至少与另外两个控制点通视。

⑤GPS 网应能控制全桥(包括正桥与引桥)的长度和方向。

GPS 大桥控制网(见图 8-3)的测量精度,对于正桥轴线长度超过 2 km 的大型铁路桥,长度相对精度应不低于 1/200 000。这样的精度要求,对于 GPS 静态定位来说并不困难。只要各控制点具有良好的天空观测环境,采用 4 台双频或者单频 GPS

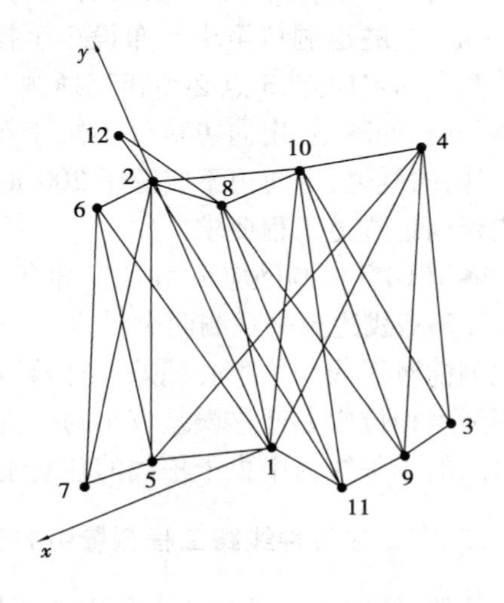

图 8-3　江阴长江大桥 GPS 控制网

接收机,按 15″或者 10″采样间隔,同步观测 1 ~2 h,就完全可以满足上述精度要求。GPS 基线处理可以采用一般商用静态后处理软件和广播星历,有条件的话,也可使用高精度软件和精密星历。如果已经选定了正桥高程面作为大桥控制网的投影面,那么就应当事先将正桥轴线边长和联测得到的控制点坐标投影到该高程面上,然后再进行二维坐标变换和 GPS 网的约束平差。

2. GPS 隧道控制测量

隧道贯通是隧道工程中最重要的环节,而隧道是否能顺利贯通,又在很大程度上取决于隧道洞口外平面控制网的精度。隧道洞外平面控制网的精度,直接影响到地下两相向开挖面在横向上的准确贯通,即直接影响横向贯通误差的大小。应用 GPS 技术布设隧道洞外平面控制网,可以免去通视上的困难,无须布设中间过渡点,点数少、工期短、精度高、费用低。

布设 GPS 隧道平面控制网通常采用隧道工程坐标系。隧道工程坐标系的设置,通常以隧道洞口控制点为坐标原点,x 轴正向与线路的前进方向一致,y 轴与 x 轴正交成右手规则。如图 8-4 所示是几种不同形式的隧道工程坐标系示意图,大体有直线状、曲线状、直线和曲线组合3 种形式。

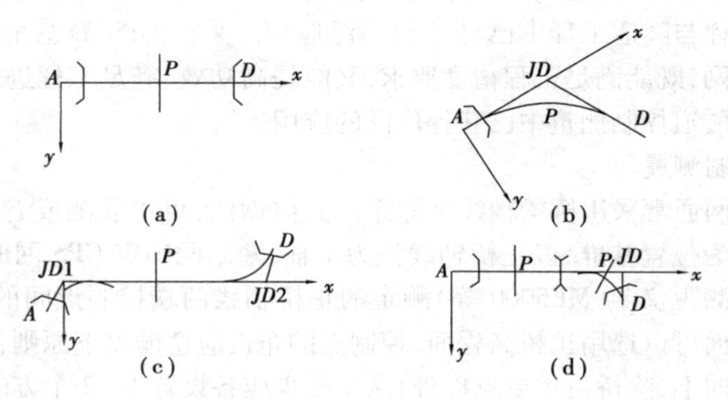

图 8-4 隧道工程坐标系

确定 GPS 隧道平面控制网网点时既要顾及 GPS 测量的要求,又必须考虑隧道施工的要求,一般的,隧道洞口至少要布设 3 个控制点,其中一点布置在隧道中线上,即洞口控制点 A,另外两点为定向点,3 点必须相互通视。为了满足横向贯通误差要求,定向边不宜过短,对于3 ~6 km长的隧道,定向边最好不短于 500 m,在困难地区也不得短于 300 m。对于长度在 3 km 以内的隧道,定向边不应短于 200 m。隧道平面控制网布设还需估计横向贯通误差,以确定能否满足隧道工程要求。

隧道 GPS 控制网应采用 GPS 静态相对定位作业模式进行观测,每时段观测时间不应少于2 h,每条基线边至少观测两个时段。为了减少天线相位中心迁移误差对进洞方位的影响,应在观测前对天线相位中心偏差进行检测,并在观测中严格对 GPS 天线定向,有条件的话尽量使用天线相位中心迁移误差较小的扼流圈天线。隧道 GPS 控制网的坐标系统,一般采用通过洞口点的子午线为中央子午线的独立坐标系,投影面采用隧道轴线平均高程面。

二、GPS 在各种线路工程测量中的应用

公路、铁路等各种线路工程中的测量工作,包括线路控制测量、线路的定测和施工测量,目前大多用 GPS 定位技术来完成。其中,GPS 静态定位技术主要用于线路控制测量,GPS RTK

技术主要用于线路的定测和施工测量，以及线路工程中需要的小块面积的地形测量工作。

1. GPS **线路工程控制测量**

各种线路工程测量控制网多数总是只沿线路的延伸方向布设，因此网的长度可能有数十公里、甚至上百公里，而网的宽度可能不到几公里，使控制网呈狭长的带状图形。采用常规测量方法布设这类具有带状图形的狭长控制网，由于其图形结构差，因此很难控制误差的积累。尤其方向误差往往过大，引起横向误差超限。在联测国家控制点方面，常规测量方法由于受到通视和距离的限制，不得不增加一些中间过渡点，增加不少工作量。而 GPS 网的精度只与天空中 GPS 卫星的分布有关，而与地面网的图形结构无关，因此完全适应这类带状控制网的布设。在联测国家控制点方面，GPS 不受通视与距离的限制，与常规测量相比更有其明显的优点。

2. GPS RTK **技术在线路定测中的应用**

GPS RTK 技术能以厘米级精度进行实时动态定位，具有速度快、节省人力和经费等许多优点，因此，目前已广泛用于线路工程中的定测工作，并取得了良好的效果。应用 GPS RTK 技术进行线路定测具有如下一些优点：

①常规的中线测量总是先确定平面位置，而后再确定高程。即先放线，后做中平测量。GPS RTK 技术可提供三维坐标信息，因此，在放样中线的同时也获得了点位的高程信息，无须再进行中平测量，大大提高了工作效率。

②目前，GPS RTK 基准站数据链的作用半径可以达到 10 ~ 20 km，因此整个线路上只要布设首级控制网便可完成控制，而不必布设以下几级的控制网，如一、二级导线等。只要保存好首级点，即可随时放样中线或恢复整个线路，因此也不必担心一些重要桩位如交点桩的遗失而给线路测量带来困难等。

③GPS RTK 基准站发出的定位信息，可供多个流动站应用，而流动站只需有一个人单独操作，这就大大节省了人力，提高了功效。

④在 GPS RTK 定线测量中首级控制网直接与中线桩点联系，不存在中间点的误差积累问题，因此能达到很高的精度，适合高等级线路工程的要求。

应用 GPS RTK 技术进行线路定测的作业方法如下：首先，在内业根据设计数据计算出各待定点的坐标，包括整桩、曲线主点、桥位等加桩。然后将这些待定点坐标数据，以及沿线路的控制点坐标数据传送到专为 RTK 设备配备的电子手簿中。有了这些坐标数据，就可以按坐标放样的方法在作业现场进行定线测量。目前，各 GPS 生产厂家制造的 RTK 设备，除坐标放样功能外，一般都还具有直线放样、圆曲线放样等功能，因此只要知道曲线的设计参数也能在现场进行定线工作。

在现场工作中，GPS RTK 基准站架设在线路控制点上，开机后按软件的提示输入基准站控制点坐标与高程，并按设备使用手册的指导进行基准站设置。完成上述工作后，基准站接收机正常工作，基准站电台即发布 RTK 信号。接着要做的是按使用手册的要求设置流动站，一旦流动站设置完成，基准站和流动站之间就可以实现通信，流动站就能以厘米级精度采集数据放样。为了使 GPS 测量结果转换到工程采用的坐标系统中，在应用 GPS RTK 流动站进行定测工作之前，还需要连测两个以上的已知控制点，以便计算坐标转换参数，有了坐标转换参数便可进行线路的定测工作。应用 GPS RTK 技术进行线路定测工作比较轻松，流动站作业员只要进入放样模式，并调出放样点，手簿软件中的电子罗盘就会引导你到达放样点。指针标明了到达放样点的移动方向和需要移动的距离,作业员仅需按照罗盘的指示工作。GPS RTK 技术还可用于线路施工工程测量,如:道路施工过程中恢复中线,施工控制桩测设,竖曲线测设,以及路基边桩、边坡和路面的测设,收费站、停车场、停车坪等面状施工区域的测设,等等。

三、GPS 在摄影测量与遥感技术中的应用

摄影测量与遥感中的定位问题,通常可采取两种不同的途径实现:一种是通过各种直接测量的方法求定摄影机和传感器的空间位置和姿态,并由此测量出相片上任意一点的坐标;另一种是借助若干已知空间坐标的地面控制点在相片上的影像,先求出相片的外方位元素,进而确定像片上任一目标的空间位置。

在摄影测量中是采用解析空中三角测量的方法解决定位问题,而在遥感技术中是通过航天摄影机和 CCD 阵线扫描仪的影像定位,与解析空中三角测量的方法等同。因此,解决摄影测量与遥感中的定位问题,或者必须依靠一定数量的地面控制点,或者需要直接测定摄影机和传感器的空间位置和姿态。GPS 定位技术恰好能够快速、自动测定摄影机和传感器的空间位置和姿态,因此 GPS 技术解决了摄影测量与遥感中的定位问题,可以加快摄影测量与遥感数据处理速度,大幅度减少外业工作量。GPS 快速、高精度、易操作等优点使其在摄影测量与遥感领域中有广泛的应用前景。就目前来看,GPS 在摄影测量与遥感领域中主要用于以下各个方面:

①测定航片和卫片上的地面控制点。

②用于航摄飞机的实时导航。

③进行由 GPS 辅助的空中三角测量。

④直接测定摄影机和传感器的空间位置和姿态。

1. GPS 用于航测外业控制点联测

应用 GPS 替代常规控制测量方法测定像片控制点坐标,目前已在航外控制点测量中普遍使用。GPS 航外像片控制点联测一般可按 E 级网的技术要求施测,在布设 GPS 网时应按像片控制点要求,在每对相片上选定 4 ~6 个公共外部控制点,而在制定点位时应考虑到 GPS 测量对观测环境的要求。GPS 网可以由若干个三角形或四边形同步环结构的闭合环路组成,一般不需要分级布网,可以直接联测已知控制点一次形成,网中允许存在单基线。像片控制点联测可以采用静态定位或快速静态定位模式进行。数据处理可采用一般商用软件与广播星历进行,为了获得 GPS 高程,就应该按高程拟合的方法进行计算。

2. GPS 在航空摄影导航中的应用

采用 GPS 技术导航完全能够满足航空摄影与遥感的要求,而且用于导航的 GPS 接收机价格低廉。目前一些厂家已将导航用的 GPS 接收机与航空摄影机联成一体,使得能够顺利地完成航空摄影工作,提供符合摄影设计要求的高质量的航摄负片资料。导航 GPS 接收机还可与 PC 计算机、电子地图与数据库技术集成,构成自动化导航与航空摄影系统。

3. GPS 辅助空中三角测量

应用 GPS 测定摄影中心位置,用于改进传统的空中三角测量,可以节约大量的地面工作量。

传统的空中三角测量分为两大主要部分:第一部分工作是数据采集,包括转点、像点坐标或模型点坐标量测、坐标改正。第二部分工作是数据处理,通常称为区域网平差。平差的目的

是要将空中三角测量网纳入规定的地面坐标系中。区域网平差所需要的地面控制点,可以用GPS接收机在野外进行联测确定,但仍需要作业员携带GPS接收机在野外跋山涉水,并没有改变航测生产的流程和周期,只不过是用卫星测量方法代替常规的地面测量方法,不可能产生本质上的变革。

随着GPS技术的成熟,利用载波相位差分GPS定位方法,可以精确地测定摄影中心的空间坐标。将它作为附加非摄影测量观测值与摄影测量观测值一起进行区域网联合平差,可以在只需少量周边或四角控制的情况下,完成各种精度要求的空中三角测量,加密测图或其他目的需要的点位坐标。这是继GPS在大地测量中取得革命性成就之后,在摄影测量和遥感定位中又一具有划时代意义的成就。同时,它也为解析摄影测量向全数字化、自动化和智能化方向发展奠定了基础。如果采用了GPS辅助空中三角测量、多片影像匹配转点、自检校光束法平差和自动粗差探测技术,则解析空中三角测量就完全走上了全自动化的道路了。

子情境3　GPS在变形监测中的应用

灾害监测与预报,包括滑坡、地面沉降等自然灾害的监测与预报,以及水坝、大桥、海上钻井平台等工程建筑物的安全监测与预报。GPS由于其高精度和具备连续自动监测能力,在这些应用领域中也取得了巨大的成功。

一、GPS在滑坡、矿山地面沉陷等灾害地质监测中的应用

GPS在监测滑坡、矿山地面沉陷等灾害地质中的应用现在已经很普遍,许多重大工程项目在考虑防治滑坡或地面沉陷灾害时都采用GPS技术,尤其GPS远程控制自动监测技术更受欢迎。

1.滑坡地质灾害

滑坡是指在一定环境下斜坡岩土体在重力的作用下,由于内、外因素的影响,使其沿着坡体内一个(或几个)软弱面(带)发生的剪切下滑现象。

滑坡是一种常见、多发的地质灾害现象,被认为是仅次于地震的第二大地质灾害,危害人民的生命财产与国家建设。我国是世界上发生滑坡灾害严重的国家之一,据不完全统计,全国受到滑坡危害和可能受到滑坡危害的地区占陆地面积的1/5~1/4。平均每年至少造成15亿~20亿元的经济损失,使1 500~2 000人丧身。在各级工程项目,特别是重大工程项目(如三峡水利工程等)建设及运营过程中,往往受到滑坡灾害的威胁。因此对滑坡的监测以及预报具有十分重要的意义。如图8-5所示描绘了滑坡典型的结构断面图和平面图。

滑坡按其自然类别或与工程的关系可以分为自然边坡滑坡、水库库岸滑坡、铁路、公路边坡滑坡等。发生滑坡的原因,既有斜坡的内部结构、土石性质等内部因素,也有斜坡边界条件、地表与地下水影响、地震与人工开掘爆破等外部因素。在滑坡的防治方案中,监测滑坡体的水平和垂直位移具有重要意义。

滑坡变形监测方法很多,但大体上可分成两种类型:一种是采用特殊的变形观测专用仪器,如应变仪、倾斜仪、流体静力水准仪等,直接测定斜坡的地应力变化、斜坡倾斜以及垂直位移;另一种就是采用精密大地测量方法测定坡体的水平与垂直位移。应用GPS定位技术监测

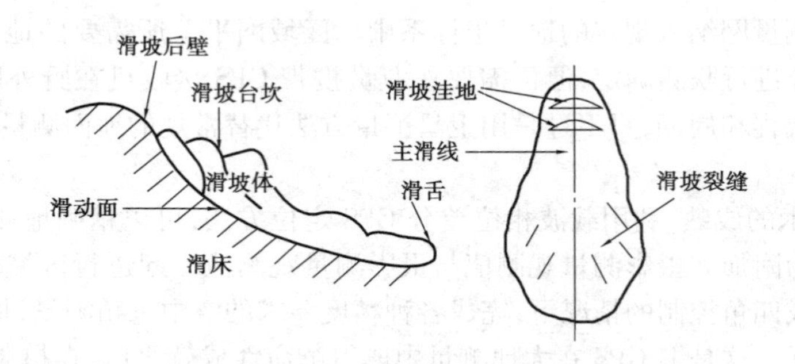

图 8-5　滑坡断面图与平面图

滑坡变形，属于精密大地测量方法。与常规大地测量方法相比，GPS 定位技术用于监测滑坡体水平和垂直位移不仅可以达到和常规大地测量相媲美的精度，同时又有如下一些明显的优点：

①克服了常规大地控制网点间必须通视的缺点，把滑坡监测控制网中的固定点、工作点（中间过渡点）和形变点的点位测量联成一体，减少布网层次及不必要的过渡点测量，既节省了人力物力，又可保证观测精度的均匀可靠。

②GPS 滑坡监测网可直接获得位于同一坡面上的点间的基线数据，更有利于直接分析滑坡体的位移情况，这是常规大地网所无法比拟的。

③应用 GPS 监测滑坡形变实现了真正意义上的三维变形监测，可获得滑坡体的三维整体形变信息，从而更准确地分析滑坡体的空间位移规律。

④GPS 自动化程度高，如采用 GPS 大地参考站系统，还可做到在无人值守的情况下通过计算机网络远程控制，实现对滑坡的连续自动监测，即自动按规定时刻下载数据、自动解算和分析。

2. 滑坡 GPS 监测网的布设、观测与数据处理

应用 GPS 定位技术监测滑坡体的水平与垂直位移，通常包括布设监测网，数据采集，数据处理与分析 3 个作业阶段。

布设滑坡监测网通常可以采用自定义的滑坡监测坐标系。滑坡监测坐标系的设计，可假定一点坐标作为位置基准；假定一条边的方位角作为方向基准；精确测定一条边的长度作为尺度基准。

在实际工作中，通常假定一个基准点坐标作为位置基准。基准点应埋设在滑坡体外的基岩上，基准点的个数不应少于 2 个。基准点之间的边长，通常可采用高精度的全站仪精确测定，并以此作为监测网的尺度基准。边长测量精度，一般不应低于 1×10^{-6}，以此保证坐标系统具有优于 1 mm 的分辨率。为了检验基准点的稳定性，还应定期复测边长。监测网的方向基准，通常可选用滑坡体主轴线的方位，这样使坐标系统 x 轴方向与滑坡位移方向大体一致，为分析、研究滑坡变形带来了方便。如图 8-6 所示为在滑坡监测坐标系中描绘的滑坡体水平位移场。

变形监测点应沿着滑坡体的主轴线及其两侧均匀布设。在选埋基准点与监测点观测墩时，应注意选择具有良好的天空观测环境的地点。

通常处在蠕变阶段的滑坡体，其位移量是比较小的。如果希望能分辨 3 mm 以上的水平位移量，那么监测网平差后的点位精度就应当优于 ±2 mm。要达到这一精度，不但要求各基准点和监测点有良好的天空观测环境，并且要保证足够的观测时间，通常采用 15″采样率，需

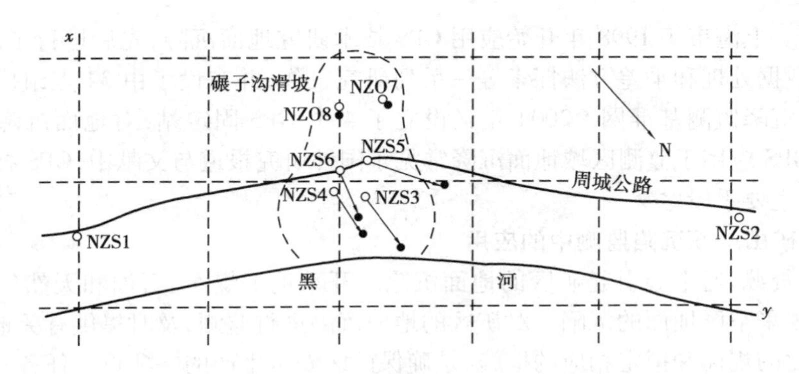

图 8-6　滑坡监测坐标系中描述的滑坡水平位移场

要 1 ~ 3 h 的观测时间。在观测设备上最好选用双频 GPS 接收机,并配备扼流圈天线。

应用 GPS 观测数据研究滑坡体的垂直位移时,通常采用监测点的大地高变化量作为它的垂直位移量。由于 GPS 垂直分量上观测精度较差,通常要比水平分量的精度低 1 倍,因此,GPS 研究滑坡体垂直位移时,其分辨率也降低 1 倍,即如果水平位移的设计分辨率为 3 mm,那么垂直位移的分辨率就是 6 mm。

由于滑坡体面积一般不大,故无论是基准点还是监测点,相邻点间的边长一般在数十米到数百米之间,因此,数据处理可采用随机配备的 GPS 商用软件包和广播星历。但要求软件具有设置自定义坐标系的功能,并且有进行二维坐标变换的功能。为了削弱 GPS 基准误差对监测结果带来的影响,最好已知网中一点精确的 WGS-84 坐标,并以此作为解算 GPS 基线的起算点。如果网中没有已知 WGS-84 坐标的点,而联测国家已知点也很困难,那么就要求作为解算 GPS 基线的起算点至少要观测 6 h,以保证单点定位精度优于 20 m。

目前,GPS 技术在滑坡监测中已经得到广泛的应用,例如,在长江三峡工程中,目前已建立了 GPS 滑坡监测网,用于监测著名的新滩滑坡的变形。

二、GPS 在大城市地面沉降监测中的应用

地面沉降是一种因多种原因引起的地表高程缓慢降低的现象,由于地面沉降发生范围大且不易察觉,又多发生在经济活跃的大、中城市,因此对人民生活、生产、交通和旅游影响极大,已成为一种世界性环境公害。

按照传统观念,地面沉降被定义为正常高的变化量,习惯上是通过重复精密水准测量测定。尽管精密水准测量可以达到很高的分辨率,但是,它存在作业周期长、实时性差,以及系统误差积累与大地水准面不平行性影响等瓶颈问题,使监测成果的可靠性与真实性受到严重影响。随着 GPS 技术的发展,高精度测定大地高变化量成为现实,而当不考虑高程异常的瞬时变化时,大地高变化量与正常高的变化量完全等价。GPS 具有经济、简便、高精度、高实时性,以及容易实现自动监测等优点,很自然地成为地面沉降研究工作者心目中的理想工具。

1. GPS 用于监测大城市地面沉降的发展概况

20 世纪 80 年代中期,GPS 工作卫星刚刚开始发射,GPS 信号接收机还处于早期发展阶段,能取得上述成果已经非常令人鼓舞了。90 年代中期,GPS 技术已趋于成熟,24 颗工作卫星全部上天并投入使用,测轨精度也有很大提高,GPS 信号接收机与后处理软件的性能也日益完善。GPS 技术进步,使大地高的测量精度稳定在 3 mm 以内,这就为应用 GPS 技术监测地面沉

降奠定了基础。上海市于 1998 年开始应用 GPS 技术研究地面沉降,先后进行了可行性论证、基准网建设、数据处理和平差方法探索等一系列研究工作,并布设了由 34 点组成的覆盖整个上海市的地面沉降监测基准网。2004 年又设立了 4 个 GPS 固定站,对地面沉降实施连续监测。近年来,GPS 应用于监测区域地面沉降常见于国外研究报道与文献中,GPS 技术已成为地面沉降监测的主要手段之一。

2. GPS 在矿山地面沉陷监测中的应用

开采地下资源,通常会引起矿区的地面沉陷。开采地下煤炭、石油和天然气等地下资源时,通常会发生采空区地面的沉陷。对矿区的地面沉陷进行监测,及时提供有关地面沉陷的数据,掌握其变化的规律和拟定相应的措施,是确保矿区安全生产的一项重要任务。在这一应用领域,GPS 技术也是经济而有效的。GPS 既可以提供沉陷区的水平位移,又可以通过大地高变化量描述采空区地面的沉陷量与沉陷速率。

应用 GPS 技术监测矿区地面沉陷的方法,与前面介绍的监测滑坡与城市地面沉降的方法大体相同。参考基准应设在沉陷区以外的稳定地点,最好是基岩点。而在沉陷区布设监测点,坐标系统可以像监测滑坡变形那样,设置监测矿区地面沉陷的独立坐标系,采用单频或双频 GPS 接收机静态观测 1 ~2 h,数据处理采用商用软件和广播星历。通过对两期以上监测结果的分析比较,可获得大地高变化量,由此分析测区的沉陷速率,并评价采空区的安全程度。

三、GPS 在大坝、桥梁、海上钻井平台等工程形变监测中的应用

水库或水电站的大坝由于水负荷的重压可能产生变形,危及坝体的安全,需要对大坝的变形进行连续而精密的监测。大型桥梁以及海上钻井平台,也同样会在风浪冲击与负荷作用下产生变形,影响桥梁与钻井平台的安全。

1. GPS 大坝外观连续变形监测

传统的大坝外观变形监测是采用全站仪进行的,采用传统的人工观测方式采集数据,自动化程度比较低,同时存在很大的局限性。由于监测环境的通视障碍,不得不在基准点和大坝变形监测点之间增加若干中间点,这样不但要浪费一部分工作量,而且由于观测误差的传递、积累,必然会影响监测精度;人工观测难以实现对大坝的自动化连续监测。近年来,国内外学者尝试应用 GPS 定位技术监测大坝外观变形,并在若干大坝安全预警系统中取得实效。应用 GPS 大地连续参考站系统研究大坝相对基准点的整体位移,不仅精度高,而且不受通视限制,可以在无人值守的情况下实现 24 h 连续监测,确保大坝安全。

参考基准站建在大坝邻近地区的稳定基岩上,并通过定期精确复测两基准点间的距离评价其稳定性。监测点可布设在大坝的顶点及其两侧,监测点的个数可根据实际需要确定。布设基准点与监测点时,应特别注意选择天空观测环境良好的地点建立监测墩,以免环境干扰降低监测精度。

大坝 GPS 监测网的基线边一般只有数百米长,而观测精度要求达到亚毫米级,因此,大坝监测实际是应用 GPS 技术在短基线上进行亚毫米级定位。按照国家《混凝土大坝安全监测技术规范》规定,要求拱坝位移量的切向精度优于 ±1.0 mm、径向精度优于 ±2.0 mm。这相当于要求切向点位精度优于 ±0.7 mm,径向点位精度优于 ±1.4 mm。

2. GPS 在大桥连续变形监测中的应用

GPS 连续大地参考站系统在大坝外观连续变形监测中获得了成功,但同样的思路用到大

桥连续变形监测时却遇到了困难。原因是监测大桥变形,除需要测定水平与垂直位移外,更重要的是测定大桥钢梁的挠度,这就需要使用更多的接收机,价格昂贵的参考站接收机往往使工程费用超出预算标准。这时采用GPS多天线阵列变形监测系统,无疑是十分理想的。所谓GPS多天线阵列变形监测系统,即通过多路天线共享器使接收机能控制多个接收天线(天线阵列),由此实现使用少量接收机即可监测多个天线相位中心的变化量。多路天线共享器的输入端口与GPS天线连接。

3. GPS海上钻井平台垂直形变监测

在海上,由于石油和天然气的开采,可能会引起海底地壳的沉降,从而引起勘探平台的下沉。根据北海油田的经验,典型的沉降速度每年可达10~15 cm。因此,随时监测海上勘探平台的水平和垂直位移情况,对于保障安全生产显然是极为重要的。随着我国海上资源勘探工作的发展,这项工作日益引起人们的关注。

用经典的大地测量方法监测海上平台位移,一般是极其困难的。而GPS测量技术由于其操作简单、快速,监测点之间不但不需通视,且距离一般也不受限制,故它为海上勘探平台的监测工作开辟了重要途径。

利用高精度的GPS静态相对定位法,对海上平台进行监测,应定期地重复观测。重复观测周期的长短,视相对定位的精度和平台可能的沉降量而定(如每月一次或每半年一次)。由于平台位移监测的精度要求很高,因此,在实际工作中,要注意削弱多路径效应等系统性误差的影响,同时在数据处理中要使用精密星历减弱卫星轨道误差的影响。

子情境4　GPS在地形测量中的应用

一、GPS RTK技术在地形数据采集中的应用

应用GPS RTK技术进行地形数据采集,可以收到快速、高精度、低成本的理想效果。尤其是适用于线路工程中的小块面积的地形测图,如管线与铁路、公路工程中的站址、输电线路工程中的塔址等地形测图。也可以在地籍和房地产测量中用于精确测定土地权属界址点的位置,为地籍和房产图采集数据。

与常规的测图方法(如经纬仪、全站仪测图)相比,GPS RTK采集地形数据不需要事先布设控制网,仅需在邻近地区有几个可作为RTK基准站的控制点就可以了。目前,GPS RTK基准站的有效控制半径都不会少于10 km,即以基准站为中心,以10 km为半径的范围内,GPS RTK流动站可以随意采集地形数据,而其测量精度可以达到厘米级,这也是常规测量方法所无法相比的。但是,RTK采集地形数据也会受到一些限制。目前,各个GPS著名生产厂家大都采用自适应技术确定整周未知数,即根据少量的甚至1个观测历元确定整周未知数,这样可以加快RTK初始化速度,但需要基准站和流动站同步跟踪5颗以上的GPS卫星。同时,RTK又要求基准站和流动站之间的数据传播路径不受干扰,这两点要求在高楼林立的大城市中心地区是不易实现的。

应用GPS RTK技术采集地形数据,需与自动化测图软件配合。目前,不少自动化测图软件都开通了GPS数据接口,GPS测量数据可以直接进入成图软件,经适当编辑后生成所需要

的地形图。

二、RTK 技术在地籍测量中的应用

地籍测量中应用 RTK 技术测定每一宗土地的权属界址点以及测绘地籍图，同上述测绘地形图一样，能实时测定有关界址点及一些地物点的位置并能达到要求的厘米级精度。将 GPS 获得的数据处理后直接录入 GPS 系统，可及时地、精确地获得地籍图。但在影响 GPS 卫星信号接收的遮蔽地带，则应使用全站仪、测距仪、经纬仪等测量工具，采用解析法或图解法进行细部测量。

在建设用地勘测定界测量中，RTK 技术可实时地测定界桩位置，确定土地使用界限范围、计算用地面积。利用 RTK 技术进行勘测定界放样是坐标的直接放样，建设用地勘测定界中的面积量算，实际上由 GPS 软件中的面积计算功能直接计算并进行检核。避免了常规的解析法放样的复杂性，简化了建设用地勘测定界的工作程序。

在土地利用动态检测中，也可利用 RTK 技术。传统的动态野外检测采用简易补测或平板仪补测法。如利用钢尺用距离交会、直角坐标法等进行实测丈量，对于变通范围较大的地区采用平板仪补测。这种方法速度慢、效率低。而应用 RTK 新技术进行动态监测则可提高检测的速度和精度，省时省工，真正实现实时动态监测，保证了土地利用状况调查的现实性。因此，积极利用 GPS 等现代信息技术，充分发挥其科技引导优势，以加强地籍管理基础工作的建设，促进国土资源事业的健康、有序、快步大发展。地籍和房地产测量中，GPS RTK 技术更多地用于实时更新每一宗土地的权属界址点以及地籍与房产图，将 GPS 采集的数据处理后直接录入 GIS 系统，可实时地获得精确的地籍和房地产图。

子情境 5　GPS 在其他方面的应用

一、GPS 在海洋测绘中的应用

海洋测绘主要包括海上定位、海洋大地测量和水下地形测量。海上定位通常是指在海上确定船位的工作，主要用于舰船导航。海洋大地测量主要包括在海洋范围内布设大地控制网，进行海洋重力测量，测定海洋大地水准面。在此基础上进行水下地形测量，测绘水下地形图。此外，海洋测绘的工作还包括海洋划界、航道测量，以及海洋资源勘探与开采，如海洋渔业、海上石油工业、大陆架以及专属经济区的开发、海底管道的敷设、近海工程、海港工程、打捞、疏浚等海洋工程测量，以及平均海面测量、海面地形测量，海流和海面变化、板块运动及海啸等测量。海洋测绘工作涉及面广，内容丰富，为 GPS 定位技术的应用开辟了更为广阔的领域。

1. GPS 在海上定位中的应用

采用 GPS 技术进行海上定位，目前已相当普遍。最简单的方法是采用一台 GPS 接收机进行单点绝对定位，其实时定位精度，对于 C/A 码伪距可达 15 ~ 20 m。这样的定位精度对于多数海洋定位工作，是可以满足要求的。对于精度要求较高的定位，可采用 GPS 伪距差分实时定位（GPS RTD）方法，包括单站差分（SRD GPS）、局部区域差分（LAD GPS）和广域差分（WAD GPS）等，精度一般可达米级和亚米级。应用差分 GPS 进行海上定位，都必须建立一个甚至若

干个基准站,安装在舰船上的流动站,只有在收到基准站发出的差分改正数信号之后才能定位,在使用上多少还存在一些不方便之处。而增强广域差分系统(WAAS)是通过地球同步卫星(GEO)传递差分信号,利用同步卫星的 L1 波段转发广域差分 GPS 改正信号,同时发射调制在 L1 上的 C/A 码伪距信号。这一系统完全抛弃了附加的差分数据通信链系统,直接利用 GPS 接收天线识别、接收、解调由地球同步卫星发送的差分信号。并同时利用该系统发射 C/A 码测距信号,从而大大提高了系统的导航精度、可靠性和完备性。

2. GPS 在海洋大地测量中的应用

海洋大地测量的工作内容包括:建立海洋大地控制网,测定海洋大地水准面,进行海岛间的联测,以及海洋重力测量等。以下介绍 GPS 定位技术建立海洋大地控制网的基本思路。海洋大地控制网,是由分布在岛屿、暗礁上的控制点和海底的控制点所组成。传统的海洋大地测量方法,由于受点间距离、通视条件以及动态的海洋作业环境等限制,建立大规模、高精度的海洋大地控制网,往往十分复杂和困难。而 GPS 定位技术恰好不受距离与通视限制,自然就成为建立海洋大地控制网以及进行大陆与海洋联测的有效方法。对位于海岛与海礁上的大地控制点,可用静态相对定位模式进行定位,确定其在统一参考系中的坐标。而对于海底大地控制点的定位,则需要应用特殊的方法完成。实际上,测定海底控制点的位置包含两个同步过程:一是确定海上测量船的位置,另一个是确定海底控制点相对于测量船的位置。由于测量船受到海浪影响而不可能静止不动,因此,这两个过程必须在一瞬间完成。

3. GPS 在海底(水下)地形测量中的应用

海洋的建设、航道的疏浚和整治、海岸和江岸码头的施工和设计及现有港口的扩建和改造等,一切有关水下建筑物的建设都需要进行(海底水下)地形测量。海底地形测量,通常包括水深测量、平面位置测量、自动成图等内容。

最常用的水深测量仪器是回声探测仪,它依靠安装在测量船底部的发射机换能器,向海底垂直发射一定频率的声波脉冲,并记录下由声波发射瞬间开始到返回被换能器接收为止的时间间隔 t。如果已知声波在水中的传播速度 C,那么由换能器表面到海底的距离 H 如图 8-7 所示,可按下式计算:

$$H = \frac{\sqrt{(C \cdot t)^2 - L^2}}{2} \qquad (8\text{-}1)$$

式中,L 称为基线长,是发射机与换能器之间的距离。

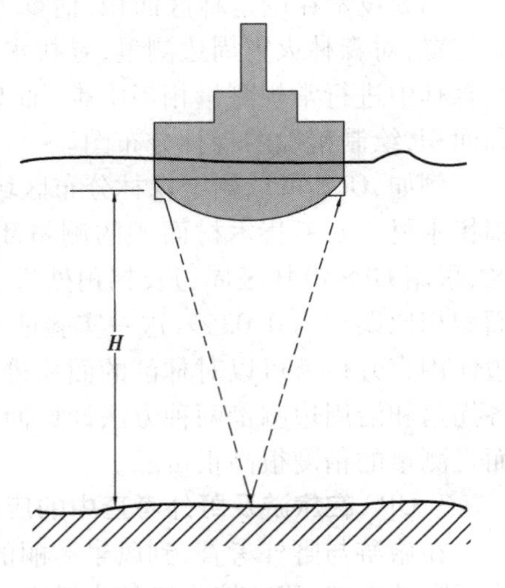

图 8-7　测深原理示意图

平面位置测量,目前已摆脱了经纬仪测角交会、全站仪距离交会,以及无线电定位等传统定位方法。而采用 GPS 差分定位,包括单站差分(SRD GPS)、局部区域差分(LAD GPS)和广域差分(WAD GPS)等,定位精度为米级和亚米级。为了使定位结果的坐标系统与成图坐标系统一致,在进行平面位置测量之前,应联测 3 个以上已知成图坐标的控制点,进行坐标变换。将测深仪、潮位仪、差分 GPS 系统以及计算机和水下测量软件结合起来,构成完整的水下地形测绘系统,能应用于一切航道、海港等领域内的各种作业。这种系统可以具备如下一些功能:

①自动引航到所从事的海域去作业,引导测量船沿预先编制的断面进行测量。
②在作业前预先编制断面航线。
③同步进行 GPS 差分定位、水深测量、潮位测量的数据采集工作。
④利用计算机控制导航、采集数据、编辑数据和潮位改正等一系列工作。
⑤在各种坐标系中进行测量,即具备坐标变换功能。

二、GPS 在农业、林业、旅游与野外考查中的应用

在农业、林业、旅游与野外考查等领域,也越来越广泛地应用 GPS 技术。GPS 与 GIS 集成,为这一领域的用户创造了巨大的效益。

1. GPS 在农业中的应用

农业生产中增加产量和提高效益是根本目的。要达到增产高效的目的,除了适时种植高产作物,加强田间管理等技术措施外,弄清土壤性质,检测农作物产量、分布、合理施肥以及播种和喷洒农药等也是农业生产中重要的管理技术。尤其是现代农业生产走向大农业和机械化道路,大量采用飞机撒播和喷药,为降低投资成本,如何引导飞机作业做到准确投放,也是十分重要的。

利用 GPS 技术,配合遥感技术(RS)和地理信息系统(GIS),能够做到监测农作物产量分布、土壤成分和性质分布,做到合理施肥、播种和喷洒农药,节约费用、降低成本、达到增加产量提高效益的目的。让自动行驶的农业机械在田间检测土壤中氮、碳含量以及氢离子浓度等,以此决定水肥用量,实现精确耕作。利用 GPS 系统进行精细管理,然后验证能否达到计划产量。这就是环境效益与经济效益双管齐下的所谓“精确耕作”农业生产方式。

2. GPS 在林业中的应用

GPS 技术在确定林区面积,估算木材量,计算可采伐木材面积,确定原始森林的边界、道路的位置,对森林火灾周边测量,寻找水源和测定地区界线等方面可以发挥其独特的重要作用。在森林中进行常规测量相当困难,而 GPS 定位技术可以发挥它的优越性,精确测定森林位置和面积,绘制精确的森林分布图。

例如,GPS 可以测定森林分布区域。美国林业局是根据林区的面积和区内树木的密度来销售木材。对所售木材面积的测量闭合差必须小于 1%。在一块用经纬仪测量过面积的林区,采用 GPS 沿林区周边及拐角处进行了 GPS 定位测量并进行偏差纠正,得到的结果与已测面积相比误差为 0.03%,这一实验证明了测量人员只要利用 GPS 技术和相应的软件沿林区周边使用直升机就可以对林区的面积进行测量。过去测定所出售木材的面积要求用测定面积的各拐角和沿周边测量两种方法计算面积,使用 GPS 进行测量时,沿周边每点上都进行了测量,而且测量的精度很高很可靠。

3. GPS 在旅游及野外考查中的应用

在旅游与野外考查,到风景秀丽的地区去旅游,到原始大森林、雪山峡谷或大沙漠地区去进行野外考察,GPS 接收机是你最忠实的向导。它可以随时知道你所在的位置及行走速度和方向,使你不会迷失路途。目前,掌上型导航接收机已经广泛应用于旅游和野外考察。在特殊的野外科学考查活动中,GPS 技术的作用更加明显。

三、GPS 在导航、航天、天气预报中的应用

GPS 在导航与航天科学中的应用开始较早,“全球、全天候、实时导航定位”本是 GPS 系统

的设计目标,随着广域差分 GPS(WAD GPS)与增强广域差分 GPS(WAAS)系统的完善,GPS 技术可以说已经完全实现了上述目标。GPS 信号在通过地球上空大气层时,对流层中的水汽会使 GPS 信号发生变形,产生 GPS 信号的对流层延迟。然而通过反演 GPS 信号的对流层延迟,却可以分离出 GPS 信号传播路径上的水汽分量,从而为天气预报提供基础数据。目前,应用 GPS 技术预报天气已经实现,并表现出巨大的优越性。

1. GPS 导航

陆地导航是 GPS 技术最早进入的应用领域,近年来随着 GPS 接收机价格的下降,GPS 的陆地导航用户大幅度增加。预计今后陆地导航用户,将是 GPS 卫星系统最大的用户群。

GPS 陆地导航包括如下应用领域;

①汽车定位。在汽车上装配 GPS 接收机,可以实现汽车的实时定位,并为汽车提供导航、报警、防盗等服务和功能。若在汽车上配以电子数字地图,可给驾驶员提供各种道路、服务网点、安全系统等的位置。

②行业车辆管理。如出租车、银行、公安、交通、急救、消防等,既可为单车定位,又可为指挥管理部门提供车辆运行信息,方便车辆的管理与调度。

③列车监控。利用 GPS 对列车统一调度和交通管理,可保证安全、正点,缩短行车间隔,增加车流量,大大提高列车营运的效益。

④野外作业。在沙漠、深山、森林等陌生地带对车辆和人员导航,为野外考察或救援行动提供准确的定位信息。

⑤陆军移动定位。如车辆、坦克、装甲车、火炮、野战部队等的导航定位,可大大提高部队的战斗效率和野外生存能力。

民用航空是 GPS 卫星导航最重要的用户之一,GPS 在民航各方面的应用研究和试验几乎与卫星导航系统本身的发展是同步进行的。系统也将作为机场表面引导和精密进场的手段,并逐步撤离其他陆基无线电导航设施。GPS 卫星导航的全球、全时、全天候、精密、实时、近于连续的特点,使它具有其他系统无法比拟的优点,并且改变了传统的概念和方式。它可对民航飞机提供“导航—着陆”一体化服务,从地面到高空的一体化服务。用于航路导航,作为空中交通管制的一部分,可以改变航路上交通拥挤状况,改善高度分层,对飞机全程监视。用于进场着陆,不仅着陆设备简单,还可实现曲线进场,多跑道同时工作。用于机场场面监控,可代替场面雷达管理各种机动车辆和飞机。

2. GPS 在航天科学中的应用

卫星定位系统是航天飞机最理想的制导、导航系统。它能提供航天飞机的位置、速度和姿态参数,可以为航天飞机的起飞、在轨运行、再入过程及进场着陆连续服务。航天飞机是载人的再入式航天器,其导航系统要求有很高的精度和可靠性,因此,需要惯性测量装置、微波着陆系统、雷达高度表、大气数据计算机、星光跟踪器和乘员光学观测器等。采用 GPS 后,可以大大简化原有系统。美国航天飞机已正式安装了两套 GPS。卫星定位还可用于低轨卫星和空间站的定轨,用差分 GPS 完成飞船的交会和对接,其优点如下:

①减少和简化地球观测站,降低费用。

②近乎实时地作轨道改正,消除星地间信息往返延迟,省去地面数据处理,提高卫星工作效率。

③减少传统测控系统的各种误差,如电波传播误差、地球自转、极移、重力场、测站位置误

差等。

④GPS 卫星轨道高,对中、低轨用户观测几何关系好,跟踪时间长。

我国对 GPS 在航天领域的应用的跟踪研究从 20 世纪 80 年代初就已开始,主要活动集中在航天研究院和几所航空、航天院校,包括方案探讨、算法研究、仿真及硬件设备的改进等工作。可以肯定,利用国内外现有设备对航天器制导、定轨及测控等可以获得其他设备无法达到的精度和方便程度。

3. GPS 在天气预报中的应用

GPS 技术除了定位以外的一个重要的应用领域就是气象学研究。利用 GPS 理论和技术来遥感地球大气,进行气象学的理论和方法研究,如测定大气温度及水汽含量,监测气候变化等,称为 GPS 气象学(GPS/MET)。GPS 气象学的研究始于 20 世纪 80 年代后期,最先在美国起步。在美国取得理想的试验结果之后,其他国家如日本等也逐步开始 GPS 在气象学中的研究。我国上海于 2002 年开始采用 GPS 技术进行天气预报,市区实现了半小时天气预报。研究大气状态的传统方法是应用无线电探测、卫星红外线探测和微波探测等手段获取大气气温、气压和湿度等参数。这些方法与 GPS 技术相比,具有明显的局限性。无线电探测法的观测值精度较好,垂直分辨率高,但地区覆盖不均匀,在海洋上几乎没有数据。被动式的卫星遥感技术可以获得较好的全球覆盖率和较高的水平分辨率,但垂直分辨率和时间分辨率很低。利用 GPS 手段来遥感大气的优点是,它是全球覆盖的,费用低廉,精度高,垂直分辨率高。当 GPS 发出的信号穿过大气层中对流层时,受到对流层的折射影响,GPS 信号要发生弯曲和延迟,其中信号的弯曲量很小,而信号的延迟量很大,通常在 2.3 m 左右。在 GPS 精密定位测量中,大气折射的影响是被当作误差源而要尽可能将它的影响消除干净。而在 GPS/MET 中,与之相反,所要求得的量就是大气折射量。通过计算可以得到所需的大气折射量,再通过大气折射率与大气折射量之间的函数关系可以求得大气折射率。大气折射率是气温,气压和水汽压力的函数,通过一定关系,则可以求得所需要的水汽分量。

根据 GPS/MET 观测站的空间分布,可以将其分为两大类:地基 GPS 气象学与空基 GPS 气象学。地基 GPS 气象学就是将 GPS 接收机安放在地面上,像常规的 GPS 测量一样,通过地面布设 GPS 接收机网络,来估算一个地区的气象元素。空基 GPS 气象学就是利用安装在低轨卫星上的 GPS 接收机来接收 GPS 信号。

四、GPS 测时、测速

应用 GPS 技术进行测时、测速,不仅精度较高,而且设备简单、经济可靠。因此,GPS 测时与测定接收机载体的运动速度,是 GPS 技术的另一重要应用领域。

1. GPS 测时

在科学技术高度发达的现代生活,时间对于科学研究、经济建设和日常生活的重要意义是不言而喻的,因此对时间的测量精度要求也在不断提高,精密测时是现代科学技术中的一项极为重要的任务。与经典的测时方法相比,GPS 测时的精度较高且设备简单,经济可靠,因而获得了广泛的应用。

2. GPS 测速

GPS 技术应用的另外一个重要方面,就是在确定 GPS 接收机载体的实时位置的同时,测定运动载体的实时航行速度。这些载体包括船只、飞机和陆上的各种车辆。导航型 GPS 接收机,可在显示运动载体实时位置的同时,显示载体的运动速度。

知识技能训练

8-1　简述GPS连续大地参考站系统及其应用。

8-2　介绍大桥GPS控制网的布设原则。

8-3　布设隧道GPS控制网时应注意哪些问题?

8-4　GPS定位技术在线路工程中有哪些应用?

8-5　简述大坝GPS外观连续监测系统的组成。

8-6　简述GPS在地形地籍测量中的应用。

8-7　GPS定位技术在海洋测绘中有哪些应用?

8-8　简述GPS在导航和天气预报中的应用内容。

8-9　简述GPS在测时和测速中的应用。

学习情境 9

GPS 控制测量工程项目实训

一、实训技能目标

①理解和消化课堂教学的内容,巩固和加深课堂所学的理论知识。

②了解 GPS 控制点的选点方法与要求。

③掌握 GPS 外业观测作业计划的制订方法。

④熟练掌握 GPS 仪器设备的使用方法,学会使用 GPS 仪器进行控制测量的基本方法,培养学生的实际动手能力。

⑤掌握 GPS 外业观测内容与方法。

⑥掌握 GPS 数据传输方法。

⑦培养学生 GPS 数据处理能力。

⑧了解 GPS 控制测量成果提交的主要内容。

⑨掌握 GPS 控制测量实习报告的编写内容与方法。

⑩培养学生 GPS 控制测量的组织能力、独立分析问题和解决问题的能力。

⑪培养学生的团队协作、吃苦耐劳的精神,养成严格按照测量规范进行测量作业的工作作风。

二、实训仪器工具

每组仪器:

①GPS 单频接收机 1 台。

②脚架 1 个。

③一号干电池 2 节。

④基座 1 个。

⑤接收机专用钢卷尺 1 把。

⑥工具包 1 个。

⑦记录板 1 块。

⑧记录表格若干。

⑨小测伞 1 把。

⑩Motorola对讲机1个,对讲机电池2块。

三、实训方法步骤

①选点并埋设标石。
②制订作业计划。
③外业观测。
④外业观测数据传输。
⑤设置统一坐标系统。
⑥设置地方坐标系统。
⑦基线解算。
⑧平差计算。
⑨实训报告编写。

四、实训基本要求

①等级:国家D级。
②控制网覆盖范围:约36 km^2。
③点数:10个。
④平均点间距:2 km。
⑤外业观测前需进行GPS接收机的检验:一般检视和通电检验。
⑥观测组严格按调度表规定的时间进行作业,保证同步观测同一卫星组。
⑦每时段开机前,作业员量取天线高,并及时输入测站名、年月日、时段号、天线高等信息。关机后再量取一次天线高作校核,两次量天线高互差不得大于3 mm,取平均值作为最后结果,记录在手簿中。
⑧仪器工作正常后,作业员及时逐项填写测量手簿中各项内容。
⑨一个时段观测过程中不得进行以下操作:关闭接收机又重新启动;进行自测试(发现故障除外);改变卫星高度角;改变数据采样间隔;改变天线位置;按动关闭文件和删除文件等功能键。
⑩观测员在作业期间不得擅自离开测站,并应防止仪器受震动和被移动,防止人和其他物体靠近天线,遮挡卫星信号。
⑪接收机在观测过程中不应在接收机近旁使用对讲机;雷雨过境时应关机停测,并卸下天线以防雷击。
⑫每日观测结束后,应及时将数据转存至计算机硬、软盘上,确保观测数据不丢失。
⑬严格按照仪器的操作规程进行观测,记录正确、字体端正、字迹清晰。
⑭绝对保证人身和仪器安全。在外业测量时,对仪器要爱护,不野蛮操作,坚决做到人不离仪器。如有违反仪器操作规程损坏仪器者,损坏仪器须照价赔偿,并给予相应的处分。
⑮同学之间要相互团结与协作,要互相帮助。
⑯遵守纪律,听从指挥,实习期间无特殊原因不得请假,请假须事先得到指导教师的批准,否则将对其进行相应的处理。在实习期间必须遵守学校的纪律和各项规章制度。
⑰有问题及时向指导教师、小队长或小组长报告。

五、实训上交成果资料

①GPS 卫星遮挡图。
②DOP 及可见卫星预报。
③GPS 控制点坐标、基线成果。
④GPS 控制点展点及通视图。
⑤GPS 点点之记。
⑥GPS 野外观测原始数据及平差计算资料。
⑦GPS 野外测量作业调度表。
⑧GPS 外业观测记录手簿。
⑨GPS 项目实训报告。

学习情境 10

GPS 控制测量工程项目设计

一、设计目的

GPS 控制测量工程项目设计是在 GPS 课堂教学完成以后的一个重要的实践性教学环节，其目的是使学生综合运用 GPS 测量、控制测量、地形测量及测量平差等前期所学理论知识，分析解决实际生产岗位中采用 GPS 进行控制测量工程项目的技术问题，理论结合实际，巩固和扩展所学理论知识，锻炼实际工作能力。

学生通过项目设计训练，力求达到如下教学目的：

①掌握 GPS 控制网的设计方法。

②能根据 GPS 控制网项目设计要求收集资料。

③能根据资料、规范规程和甲方要求设计控制网精度、基准和网形。

④能根据实际情况制订外业实施计划和内业数据处理计划。

⑤能独立编写 GPS 控制测量工程项目技术设计书。

⑥熟悉现行 GPS 测量规范规程。

⑦通过项目设计训练，全面复习巩固 GPS 测量课程课堂所学知识，对 GPS 测量课程与地形测量、测量平差和控制测量等课程的内容融会贯通。

⑧为工程测量项目设计、毕业设计等后续设计项目打下良好基础。

二、设计内容

根据测区资料和控制网用途，独立设计 GPS 控制网，包括控制网的精度设计、基准设计、图上设计、外业选点、埋点、仪器选择与检验、作业计划的制订、外业观测、数据处理、成果报告提交及技术总结编写要求等工作，并根据设计内容编制一份 GPS 控制网技术设计书。

三、设计时间

学生需要根据要求独立完成收集资料，设计精度、基准和网形，制订外业和内业计划，编写技术设计书等工作，根据设计内容和难度，安排一周即 28 学时的设计时间。

GPS 控制测量工程项目设计需要 GPS 测量、控制测量、地形测量及测量平差等前期理论知识，因此，本设计的时间宜安排在这些前期课程之后进行。

四、设计准备

1. 理论知识准备

GPS 测量的基本知识、大地测量的基本知识、测量平差基本知识及地形测量基本知识。

2. 技能知识准备

GPS 接收机检验、GPS 静态相对定位外业观测、GPS 软件制订作业计划、GPS 静态数据处理，计算机文字处理基本技能。

3. 项目设计准备

最新 GPS 测量规范，测区控制资料，测区旧图，测区交通及气候等资料。

五、设计方法与步骤

1. 测区踏勘

通过测区踏勘，达到以下目的：

①了解测区的气候、地形、地质、交通、物资供应、行政隶属及民情风俗等情况。

②了解测区的强电磁干扰、天空遮挡以及地面和建筑物对电磁波的反射情况。

③收集已有的控制点和地形图资料并了解已知点的保存情况。

④了解工程项目情况。

2. 分析

分析所收集的已有控制点精度情况，初步确定已知点的利用方案。

3. 选择

选择适合于工程项目的 GPS 测量规范规程。

4. 精度设计

根据工程项目对测量工作的要求和测区范围的大小，GPS 测量规范规程，确定 GPS 控制网的精度等级。

5. 基准设计

根据工程项目情况、已知点的精度及分布情况、已知点的坐标系统、测区经度、测区高程等要素进行 GPS 控制网的基准设计，包括：

①起算点的选择。

②坐标系统的选择，包括大地坐标系的选择和地球投影方法的选择。

③坐标转换参数的确定方法。

④尺度基准的确定方法。

⑤方位基准的确定。

6. 图形设计

根据工程要求、测区条件、精度等级和仪器设备情况在适当比例尺地形图上选择 GPS 点并构成 GPS 网，步骤如下：

①确定选点要求。

②选择适当比例尺地形图。

③展绘已知点，根据工程位置选择合适的已知点作为起算点（起算点应均匀分布在以测区中央划分的 4 个象限内）。

④由起算点开始,根据选点要求选择合适的GPS新点。

⑤确定GPS网的基本图形(星形、环形和三角形)。

⑥确定同步图形扩展方式(点连式、边连式和网连式,应考虑重复设站数或重复观测基线数)。

⑦根据⑤、⑥中确定的基本图形和连接方式将控制点连成网形。

7. 选择仪器,确定仪器检验项目及要求

仪器标称精度、单/双频、载波相位/码相位、台数、仪器检验项目与检验要求。

8. 确定作业计划的项目及要求

可见卫星数,包括DOP的选择与DOP限值、作业调度等。

9. 确定实地选点、埋点的方法及要求

选点要求及注意事项、遮挡图测绘、点之记填写、点标志制作与埋设要求、上交资料。

10. 观测方法与观测要求

时段长度、时段数、卫星截止高度角、采样间隔、对中和整平要求、天线高量取要求、接收机定向要求、手簿记录格式及要求等。

11. 数据处理软件选择

软件的品牌、模式、指标等选择要求。

12. 数据传输要求

数据传输的波段、串口号等参数设置要求。

13. 参数设置要求

坐标基准转换参数设置要求和杂项参数设置要求。

14. 基线解算

质量检验项目及限差、重测要求等。

15. 网平差

起算点、三维/二维平差、无约束/约束平差、质量检验项目及限差等。

16. 作业进度

考虑工作量、成本、气候、交通、技术力量、软硬件等因素综合制订项目的作业进度。

17. 经费预算

经费预算包括人力资源成本,仪器设备购买、租赁或维修成本,交通、材料和其他成本。

六、设计提纲

1. 项目概述

GPS项目来源、性质、用途及意义;项目的总体概况,如工作量等。

2. 测区概况

测区隶属的行政管辖;测区范围的地理坐标、控制面积;测区的交通状况和人文地理,测区的地形及气候状况;测区的控制点的分布及对控制点的分析、利用和评价。

3. 作业依据

完成该项目所需的所有测量规范、工程规范和行业标准。

4. 测区已有资料的收集和利用

所收集到的测区资料,特别是测区已有的控制点的成果资料,包括控制点的数量、点名、坐标、高程、等级，以及所属的系统，点位的保存状况和可利用的情况。测区的旧地图资料，包括测图比例尺，测图单位、方法、坐标系统等信息。

5. 技术要求

根据任务书或合同的要求，或网的用途提出具体的精度指标要求。根据测区资料、测区地理位置、控制网用途和控制网的精度要求，设计坐标基准，包括：平面坐标系的选择，如大地坐标系、投影方法、投影面等；坐标转换参数，起算点，尺度基准，方位基准等；高程系统的选择，如高程基准、起算点等。

6. 布网方案

在中比例尺的旧地形图上进行 GPS 网的图上设计，包括 GPS 网点的图形、网点数、连接形式，GPS 网结构特征的测算，精度估算和点位图的绘制。编制图形强度统计表，包括：最短基线、最长基线、平均基线长度、同步观测图形及其数目、同步环长度（最长、最短、平均、分段统计数目）、异步环长度（最长、最短、平均、分段统计数目）、重复基线数、重复设站数。

若布设多种方案，则对各种方案按照上述要求进行详细表述，并进行比较优选，确定最终方案。

7. 选点与埋标

GPS 的点位基本要求，点位标志的制作使用及埋设方法，点位的编号，点之记，遮挡图的制作等。高程点的选点要求，点位标志的制作使用及埋设方法，点位编号，点之记等。

8. GPS 网的施测

控制测量仪器的精度，单/双频，载波/码相位观测，台数，检验项目及要求；观测计划的拟定，包括可见卫星预报，DOP 的选择及限制，作业调度计划表的制订；观测的基本程序与基本要求，包括外业作业方法与操作规程，作业模式，时段长度，时段数，截止高度角，采样间隔，对中整平要求，天线高量取方法与要求，接收机的定向要求，手簿记录格式及要求等。

9. 数据处理

GPS 数据处理的软件选择，数据传输要求，参数设置要求，基线解算要求（质量检验项目及限差，重测要求等），网平差要求（起算点，三维/二维平差，无约束/约束平差，质量检验项目及限差）等。

10. 人员与设备配备情况

工程师、技术员、工人配备与组织；GPS 接收机、高程测量仪器的配备，其他辅助设备的配备。

11. 工作量及工作进度

工作量统计表，作业进度及作业组织表。

12. 经费预算

经费预算表。

13. 质量保证措施

要求措施具体，方法可靠，能在实际观测中执行。其内容包括政策法规保证；人员组织保证；物力资源保证；质量检验，等等。

14. 验收与上交成果资料

技术设计书，仪器检定资料，埋石点点之记，外业观测原始资料，控制网布点图，成果表，技术总结，等等。

七、设计要求

本设计的基本要求如下：
①必须符合国家的现行政策和规范；
②必须与设计地区的实际情况相吻合；
③理论正确、逻辑严谨、层次分明；
④字迹工整，图件整洁、美观。

八、组织

本设计一般由任课教师担任主要指导教师，全面负责整个班级的设计工作。班级根据实际人数分为若干个学习小组，另安排2～3名辅导教师，每人具体负责2～3个学习小组的设计辅导工作。设计过程中遵守正常的作息制度，设计地点可在设计教室，经许可可到图书馆查阅资料。

本设计一般按照教师安排的设计题目和提供的设计资料进行，学生也可根据自己收集的资料自定设计题目进行。

九、评分标准

项目设计的评分按照设计的质量和创造性，文字表达能力，字迹、图件是否工整，设计过程中的表现几个方面综合评分，由设计指导教师按照上述评分标准分5个等级（优秀、良好、中等、及格、不及格）给出。

十、GPS控制测量工程项目设计实例

某矿井建设工程控制测量技术设计

一、概述

1. 任务来源

在西部大开发的历史机遇下，某省的能源建设进入了一个新的高潮。为加快某矿井建设步伐，缩短矿井建设周期，跟上盘南特大型电厂的建设进度，确保按时供煤，某煤电（集团）有限责任公司（甲方）委托中煤国际工程集团重庆设计研究院（乙方）进行该矿井（一期）的地面勘察设计工作，第十设计所承担地面矿区控制测量和地形测量以及线路测量。

2. 测区自然地理概况

测区位于盘县特区南部，西南面与云南省富源县接壤，行政区划属于响水镇和大山镇管辖，距盘县特区城关镇45 km。其地理位置为东经104°34′20″～东经104°39′10″，北纬25°27′30″～北纬25°30′50″。测区内交通方便，已建成的南昆铁路威（舍）红（果）段穿过主工业广场，并建有小雨谷车站，火车站至响水镇有公路相连；河西广场及田坝排矸场（毗邻响水镇政府）有新建的红（果）威（箐）公路通过场地；扩建的响水至兴义210县道通过庙田排矸场（距响水3 km）和播土排矸场（距响水11 km）。

测区属于亚热带高原性季风气候区，气候温和湿润，冬无严寒，夏无酷暑，雨量充沛。月平均气温15.2 ℃，月平均最高气温31 ℃。

主工业广场以沟谷及山丘地形为主，最低处约1 380 m，最高处约1 510 m，地物以松树、玉

米、豆类作物为主,通视条件较差;与盘南电厂交界附近已在施工,车辆繁多,尘土飞扬,给通行通视带来一定的影响。河西广场地势较平坦,地物稀少,测绘方便。田坝、庙田及播土排矸场以沟谷地形为主,沟谷两岸地势较陡峭,相对高差较大,主要为成片梯田地或林地,梯田地中有水稻、玉米、豆类等作物,林地中以杉树、松树为主,间夹灌木及杂树,通行通视条件都较差。综合来看,本次测量为一般地区的复杂地形类别。

二、编写方案的技术依据

①甲乙双方签订的合同。

②国家技术监督局《工程测量规范》(GB 50026—93)。

③建设部《全球定位系统城市测量技术规程》(CJJ 73—97)。

三、已有测绘资料的利用

1. 平面控制点资料

测区附近有从某省测绘局收集的Ⅳ等三角点平头山和金豆山两个点。两点标石保存完好,点标志中心清晰可辨,有 1954 年北京坐标系成果资料,可作为平面起算依据。

2. 高程控制点资料

在测区以东有某省测绘局提供的盘兴 10 号国家Ⅲ等水准点,经现场踏勘,该点保存完好,可作为本次高程测量的已知点。

3. 地图资料

测区内有某省测绘局和四川省测绘局于 1987 年出版的 1:10 000 比例尺地形图资料,本测量区利用其作为四等 GPS 控制网的方案设计。

四、坐标系统的采用

1. 平面坐标系统

由于使用 1954 年北京坐标系 3 度带第 35 带系统在本测区的长度投影变形值经计算已超过规范允许的 2.5 cm/km,故本次测量的平面坐标系统采用经改算的 1954 年北京坐标系。这个系统可满足本次测图的要求,其具体参数如下:采用克拉索夫斯基参考椭球,中央子午线经度为东经 105°00′00″,边长的高程归化面为 1 500 m,测区的参考椭球平均曲率半径为 6 364 746 m。坐标值取通用值。

2. 高程系统

高程系统采用 1956 年黄海高程系。

五、四等 GPS 矿区控制网的布设和施测

1. 四等 GPS 网的布设

以四等三角点平头山、金豆山为平面起算数据,同级扩展四等 GPS 网,构网采用边连式的方法进行,平均边长 2 km。

2. 四等 GPS 网的选点及埋设

四等 GPS 网的点位选择严格按照《城市测量规范》《全球定位系统城市测量技术规程》《全球定位系统(GPS)测量规范》要求以及实地的具体情况进行。

选点时应符合下列要求:

①点位的选择应有利于其他测量手段扩展和联测。

②点位应选在坚实稳定,易于长期保存,视野开阔,便于安置仪器。

③点位选取应注意被测卫星的地平高度角应大于 15°。

④点位应离大功率无线电发射源200 m以上,并应离高压电线50 m以上。

⑤避开建筑、水域等反射物体。

四等GPS点标石按照《全球定位系统城市测量技术规程》及其附录B要求制造和埋设。岩石标志按《城市测量规范》附录C.2.3岩石地区平面控制点标石埋设。中心标志皆采取专用不锈钢GPS点标志,标石采用预制或现浇混凝土。四等GPS点均按规范要求格式制作点之记。

3. 四等GPS点点名点号的取用

四等GPS点点名取用村名、山名、地名等,点号有汉语拼音。如响水水库(XSSK)。

4. 四等GPS点测量所用的仪器

四等GPS点控制点用美国生产的ASTECH LOCUS单频接收机(3台套)进行野外数据采集,接收机标称精度为$\pm(5\ \text{mm}+1\times10^{-6}\times D)$,$D$为观测基线长度,单位为km。

5. 四等GPS网点的野外数据采集

(1)技术要求

四等GPS网的观测按照《全球定位系统城市测量技术规程》的要求进行,其基本要求应符合表10-1的规定。

表10-1　四等GPS网作业的基本技术要求

项目	观测方法	卫星高度角	有效观测卫星数	平均重复设站数	观测时段长度/min	数据采集间隔/s
四等	静态	≥15°	≥4	≥1.6	≥45	

(2)观测作业要求

①观测组应严格按调度表规定的时间进行作业,保证同步观测同一卫星组,当情况有变化时,未经作业队负责人同意,观测组不得擅自更改计划。

②每一时段开机前后应各量一次天线高,两次量得的天线高互差不大于3 mm,取平均值作为最后结果,并及时输入测站名、观测日时段号等信息。

③观测员在作业期间不得擅自离开测站,并应防止仪器受震动和被移动,防止人和其他物体靠近天线,遮挡卫星信号。

④接收机在观测过程中不应在接收机近旁使用对讲机;雷雨过境时应关机停测,并取下天线,以防雷电。

⑤每日观测结束后,应及时将数据转存到计算机上,确保观测数据不丢失,同时应进行当天的基线计算。

6. GPS网的数据处理

①数据处理软件包的选用。基线解算、同步环、异步环闭合差检验、网的三维无约束平差、平面约束平差采用该机配置的软件包进行平差计算。

②基线向量解算。基线向量解算统一采用软件包自动处理程序进行。若自动处理精度不理想时,采用手动方法进行补救。否则,应进行返工重测。

③采用单基线处理模式时,对于采用同一种数学模型的基线解,其同步时段中任意三边同步环的坐标分量相对闭合差不超过6×10^{-6},环线全长相对闭合差四等不超过10×10^{-6}。

④无论采用单基线模式或多基线模式解算基线，都应在整个 GPS 网中选取一组完全独立基线构成独立环，各独立环的坐标分量闭合差和全长闭合差应满足：

$$W_X \leqslant 2\sigma\sqrt{n}$$
$$W_Y \leqslant 2\sigma\sqrt{n}$$
$$W_Z \leqslant 2\sigma\sqrt{n}$$
$$W \leqslant 2\sigma\sqrt{3n}$$

式中　n——独立环中的边数；

σ——相邻点间弦长精度，根据相应等级精度要求计算；

W——环闭合差，即

$$W = \sqrt{W_X^2 + W_Y^2 + W_Z^2}$$

⑤基线向量网及平差：

a. 基线向量组网

整网观测结束及基线解算工作结束后，可通过软件进行组网。

b. GPS 间向量网的三维无约束平差

组网工作结束后，应在 WGS-84F 地心坐标系下进行三维无约束平差，以检验空间向量网的内符精度，再次检验组网基线是否存在粗差基线。

在无约束平差中，基线向量的改正数绝对值应满足下式要求：

$$V_{\Delta X} \leqslant 3\sigma \quad V_{\Delta Y} \leqslant 3\sigma \quad V_{\Delta Z} \leqslant 3\sigma$$

c. 1954 年北京坐标系下的二维约束平差

在三维无约束平差结束后，将 GPS 空间向量网经投影变换至本次测量采用的 1954 年北京坐标系(经改算的系统)平面，再固定联测的起算点平面坐标进行平在网的二维约束平差，同时进行高程拟合，计算点的未知点高程。平差结束后，应对平差点位中误差、边长相对进行分析统计。并在技术总结中予以说明，最弱边相对中误差应小于 1/45 000。

在约束平差中，基线向量的改正数与剔除粗差后的无约束平差结果的同名基线相应改正数的较差应符合下式要求：

$$\mathrm{d}V_{\Delta X} \leqslant 2\sigma \quad \mathrm{d}V_{\Delta Y} \leqslant 2\sigma \quad \mathrm{d}V_{\Delta Z} \leqslant 2\sigma$$

附　录

附录1　年积日计算表

日＼月	1	2	3	4	5	6	7	8	9	10	11	12
1	1	32	60	91	121	152	182	213	244	274	305	335
2	2	33	61	92	122	153	183	214	245	275	306	336
3	3	34	62	93	123	154	184	215	246	276	307	337
4	4	35	63	94	124	155	185	216	247	277	308	338
5	5	36	64	95	125	156	186	217	248	278	309	339
6	6	37	65	96	126	157	187	218	249	279	310	340
7	7	38	66	97	127	158	188	219	250	280	311	341
8	8	39	67	98	128	159	189	220	251	281	312	342
9	9	40	68	99	129	160	190	221	252	282	313	343
10	10	41	69	100	130	161	191	222	253	283	314	344
11	11	42	70	101	131	162	192	223	254	284	315	345
12	12	43	71	102	132	163	193	224	255	285	316	346
13	13	44	72	103	133	164	194	225	256	286	317	347
14	14	45	73	104	134	165	195	226	257	287	318	348
15	15	46	74	105	135	166	196	227	258	288	319	349
16	16	47	75	106	136	167	197	228	259	289	320	350
17	17	48	76	107	137	168	198	229	260	290	321	351
18	18	49	77	108	138	169	199	230	261	291	322	352

续表

日\月	1	2	3	4	5	6	7	8	9	10	11	12
19	19	50	78	109	139	170	200	231	262	292	323	353
20	20	51	79	110	140	171	201	232	263	293	324	354
21	21	52	80	111	141	172	202	233	264	294	325	355
22	22	53	81	112	142	173	203	234	265	295	326	356
23	23	54	82	113	143	174	204	235	266	296	327	357
24	24	55	83	114	144	175	205	236	267	297	328	358
25	25	56	84	115	145	176	206	237	268	298	329	359
26	26	57	85	116	146	177	207	238	269	299	330	360
27	27	58	86	117	147	178	208	239	270	300	331	361
28	28	59	87	118	148	179	209	240	271	301	332	362
29	29		88	119	149	180	210	241	272	302	333	363
30	30		89	120	150	181	211	242	273	303	334	364
31	31		90		151		212	243		304		365

注:1. 闰年的 2 月为 29 天,故 2 月 29 日的年积日为 60,其余每天均比表列值大 1。

2. 凡公元年数能被 4 整除(世纪年数能被 400 整除)的年份为闰年,至下一世纪初为:1992、1996、2000、2004、2008 等。

附录 2　GPS 点之记

所在图幅	149E008013
点号	C002

网区:平陆区

点　名	南疙瘩	类　级	A	概略位置	$B=34°50'$　$L=111°10'$　$H=484$ m		
所在地	山西省平陆县城关镇上岭村			最近住所及距离	平陆县城招待所距点 8 km		
地　类	山地	土　质	黄土	冻土深度		解冻深度	
最近邮电设施		平陆县城邮电局		供电情况	上岭村每天有交流电		
最近水源及距离		上岭村有自来水距点 800 m		石子来源	山上有石块	沙子来源	县城建筑公司

续表

本点交通情况（至本点道路与最近车站、码头名称及距离）	由三门峡搭乘轮渡过黄河向北到山西平陆县城约 8 km，再由平陆县城搭车向东南到上岭村 7 km（每天有两班车），再步行到点约 800 m，两轮人力车可到达点位	交通线路图	N 平陆县 南疙瘩 上岭村 茅津 盘南 黄河 三门峡市 1∶200 000

选点情况				点位略图
单　位	黄河水利委员会测量队			800 上岭村 200 100 400 单位：m 1∶20 000 盘南
选点员	李　纯	日　期	1990.06.05	
是否需联测坐标与高程	联测高程			
建议联测等级与方法	Ⅲ等水准测量			
距起始水准点距离	1.5 km			
地质概要、构造背景				地形地质构造略图

埋石情况				标石断面图	接收天线计划位置
单　位	黄河水利委员会测量队			40 150 15 10 120 70 单位:cm	天线可直接安置在墩标顶面上
埋石员	张　勇	日　期	1990.07.12		
利用旧点及情况	利用原有的墩标				
保管人	陈生明				
保管人单位及职务	山西省平陆县上岭村会计				
保管人住址	山西省平陆县上岭村				
备　注					

附录3　GPS 点环视图

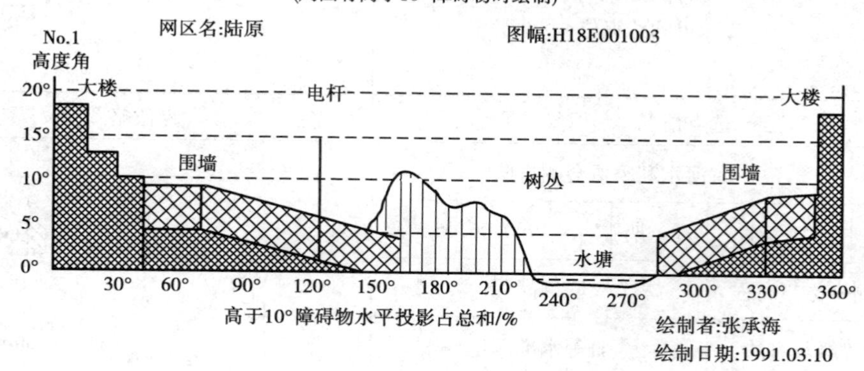

附图 3-1　断面形环视图

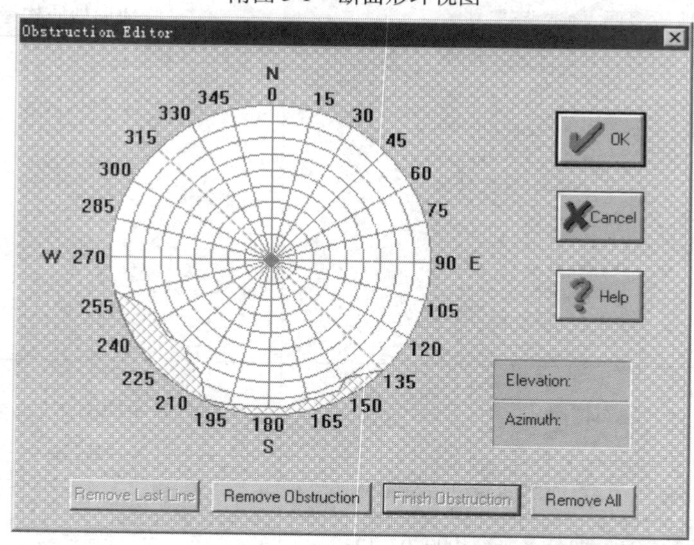

附图 3-2　LOCUS 软件绘制的 GPS 点圆周形图

附录4 GPS点标石类型与埋设要求

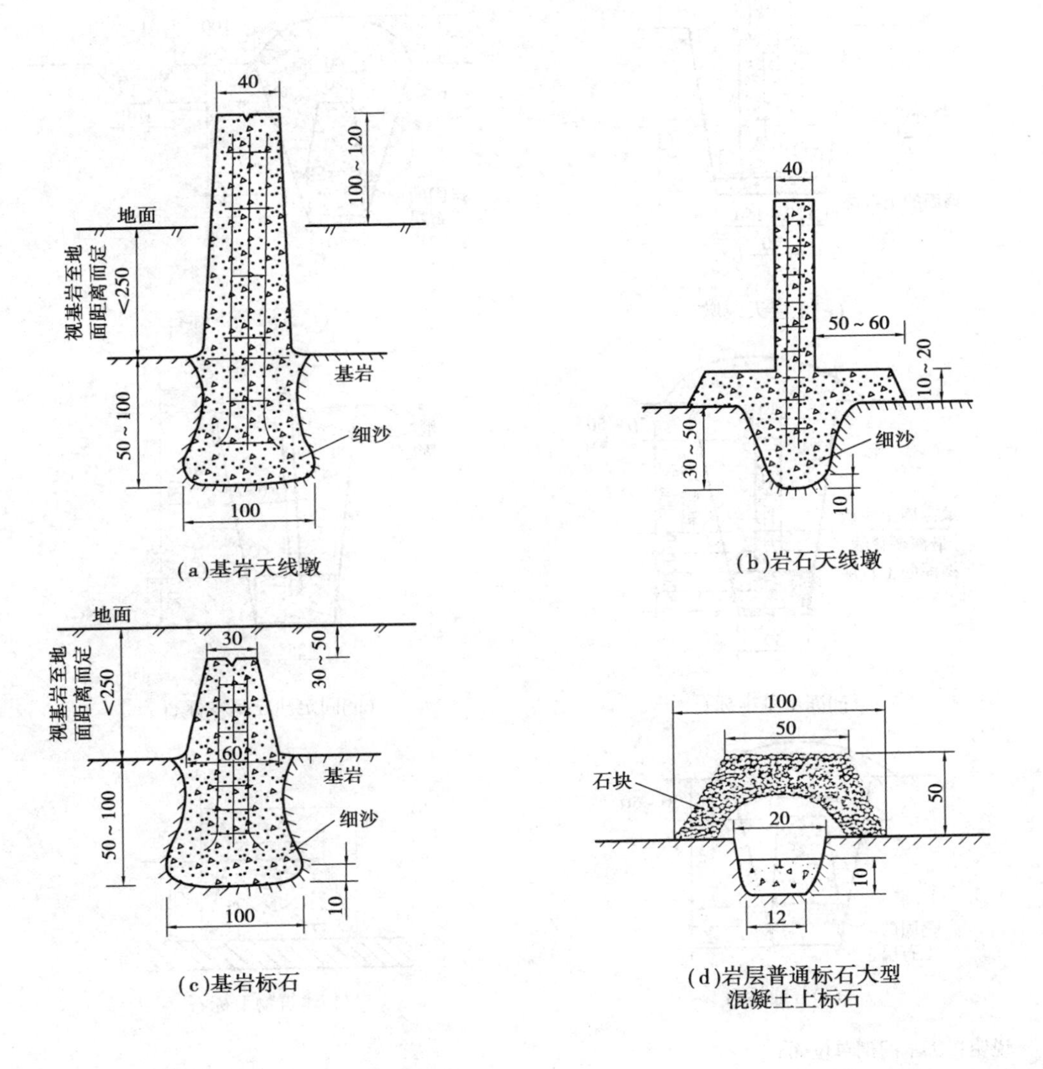

(a)基岩天线墩

(b)岩石天线墩

(c)基岩标石

(d)岩层普通标石大型混凝土上标石

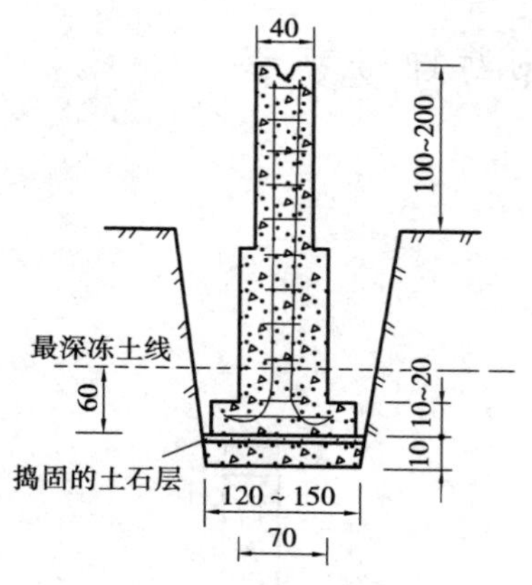

(e)土层天线墩

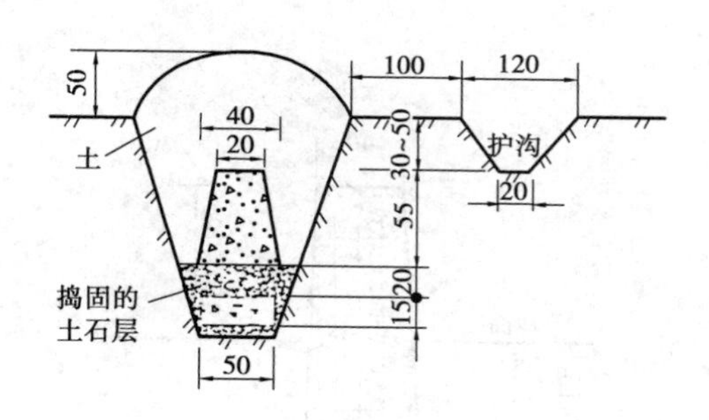

(f)普通基本标石

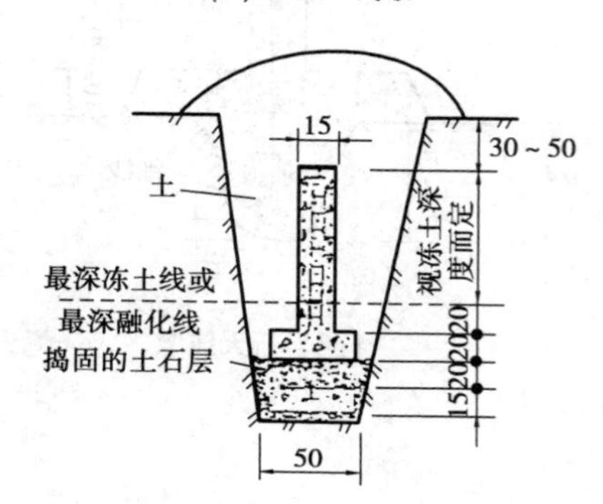

(g)冻土基本标石

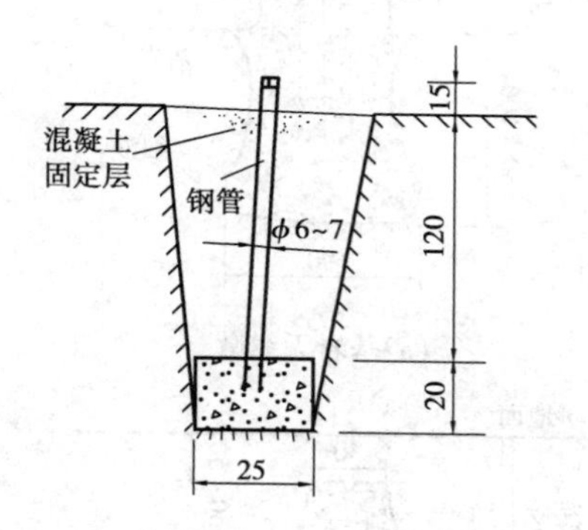

(h)固定沙丘基本标石

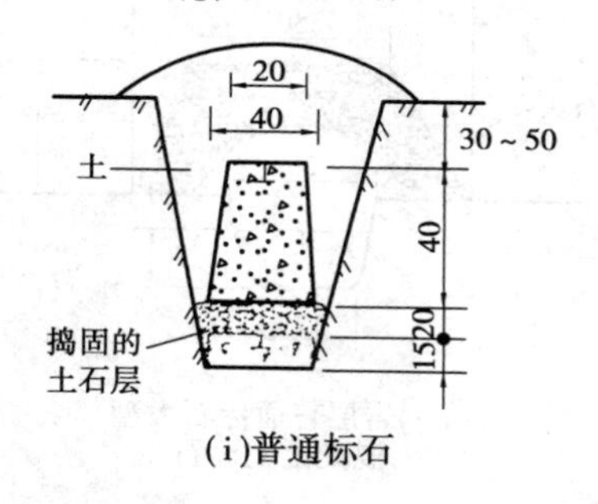

(i)普通标石

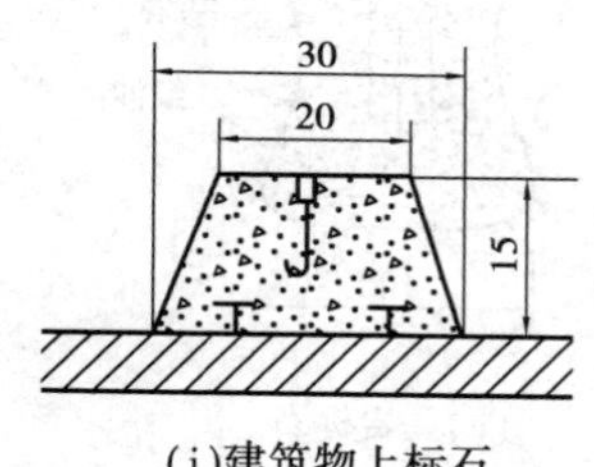

(j)建筑物上标石

说明：①本图例单位:cm

②天线墩足筋 ϕ12 ~ 20 mm　裹筋 ϕ7 ~ 10 mm。

附图 4-1

附录5 GPS外业观测手簿

第 页

观测者:____________________日期:________________年________月________日

测站名:________________测站号:____________等级:________

天气:________________

接收机号:________________天线高:1:____________ 2:____________

开始时间:________________ 结束时间:________________

观测状况记录

电池:____

跟踪卫星:____

接收卫星:____

采样间隔:____

观测时间指示器:____

本点为:□新建________等 GPS 点

□________等 GPS 旧点

□________等三角点

□________水准点

参考文献

[1] 周忠谟,等. GPS 卫星测量原理与应用[M]. 北京:测绘出版社,2004.
[2] 王惠南. GPS 导航原理与应用[M]. 北京:科学出版社,2003.
[3] 徐绍铨,等. GPS 测量原理及应用[M]. 武汉:武汉大学出版社,2003.
[4] 胡伍生,等. GPS 测量原理及其应用[M]. 北京:人民交通出版社,2004.
[5] 贺英魁,等. GPS 测量技术[M]. 北京:煤炭工业出版社:2007.
[6] 周立,等. GPS 测量技术[M]. 郑州:黄河水利出版社:2006.
[7] 刘经南,等. 广域差分 GPS 原理和方法[M]. 北京:测绘出版社,1999.
[8] 刘基余. GPS 卫星导航定位原理与方法[M]. 北京:科学出版社,2003.
[9] 宁津生,等. 测绘学概论[M]. 武汉:武汉大学出版社,2004.
[10] 熊福文. 应用 GPS 技术监测上海市地面沉降研究总结报告[J]. 上海地质调查研究院,2004.
[11] 沈镜祥,等. 空间大地测量[M]. 武汉:中国地质大学出版社,2000.
[12] 施闯. 大规模高精度 GPS 网平差与分析理论及其应用[M]. 北京:测绘出版社,2002.
[13] 高成发. GPS 测量[M]. 北京:人民交通出版社,2000.
[14] 国家质量技术监督局. GB/T 18314—2001 全球定位系统(GPS)测量规范[S]. 北京:中国标准出版社,2001.
[15] 李庆海,崔春芳. 卫星大地测量原理[M]. 武汉:测绘出版社,1989.
[16] 魏二虎,黄劲松. GPS 测量操作与数据处理[M]. 武汉:武汉大学出版社,2004.
[17] 宁津生,等. 现代大地测量理论与技术[M]. 武汉:武汉大学出版社,2006.
[18] 孔祥元,等. 大地测量学基础[M]. 武汉:武汉大学出版社,2001.
[19] 中华人民共和国建设部. 城市测量规范[S]. 北京:中国建筑工业出版社,1999.
[20] 北京市测绘设计研究院. 全球定位系统城市测量技术规程[S]. 北京:中国建筑工业出版社,1997.
[21] 国家测绘局. 全球定位系统(GPS)测量型接收机检定规程[S]. 北京:测绘出版社,1995.